电磁兼容
(EMC)
原理、设计与故障排除实例详解

张伯龙　主编

公　倩　解东艳　张校珩　副主编

U0258458

化学工业出版社

·北京·

内 容 简 介

本书全面介绍了电磁兼容设计和测试的有关技术知识与注意事项，具体内容包括电磁兼容（EMC）标准知识、电磁兼容各项试验要求、接地设计、屏蔽设计、干扰滤波、电缆及连接器的设计、瞬态干扰抑制器件、隔离器件、产品整机及电路板设计、产品的电气设计和装配、电磁兼容故障的诊断及整改措施等。书中大量设计实例和技巧都是作者自身实践经验的总结。书中还详细讲解了电子产品在电磁兼容测试过程中出现的一些常见问题以及补救方法，可以帮助读者全面了解和掌握电磁兼容设计和测试的相关知识与技能。

本书可供电子爱好者、电磁兼容检测人员阅读，也可作为中高等院校电子类及相关专业的教材使用。

图书在版编目（CIP）数据

电磁兼容（EMC）原理、设计与故障排除实例详解/
张伯龙主编 . —北京：化学工业出版社，2020.6（2022.9重印）
ISBN 978-7-122-36557-6

Ⅰ.①电… Ⅱ.①张… Ⅲ.①电磁兼容性-研究
Ⅳ.①TN03

中国版本图书馆CIP数据核字（2020）第053671号

责任编辑：刘丽宏　　　　　　　　　　　　文字编辑：林　丹
责任校对：王素芹　　　　　　　　　　　　装帧设计：刘丽华

出版发行：化学工业出版社（北京市东城区青年湖南街13号　邮政编码100011）
印　　装：涿州市般润文化传播有限公司
787mm×1092mm　1/16　印张23½　字数600千字　2022年9月北京第1版第2次印刷

购书咨询：010-64518888　　　　　　　　　售后服务：010-64518899
网　　址：http://www.cip.com.cn
凡购买本书，如有缺损质量问题，本社销售中心负责调换。

定　　价：99.00元

前言

　　电磁兼容一般指电气、电子设备在共同的电磁环境中能执行各自功能的共存状态，既要求都能正常工作又互不干扰，达到"兼容"状态。随着科技的发展，人们在生产、生活中使用的电气、电子设备越来越广泛。这些设备在工作中产生一些有用或无用的电磁能量，这些能量影响到其他设备的工作，就形成了电磁干扰。严格地讲，只要将两个以上的元件（或电路、设备、系统）置于同一电磁环境中，就会产生电磁干扰。

　　近年来，电磁干扰问题越来越成为电子设备或系统中的一个严重的问题，电磁兼容技术已成为许多技术人员和管理人员十分重视的内容。究其原因主要有以下几点：

　　1. 电子设备的密集度已成为衡量现代化程度的一个重要指标，大量的电子设备在同一电磁环境中工作，电磁干扰的问题呈现出前所未有的严重性；

　　2. 现代电子产品的一个主要特征是数字化，微处理器的应用十分普遍，而这些数字电路在工作时，会产生很强的电磁干扰，不仅使产品不能通过有关的电磁兼容性标准测试，甚至连自身的稳定工作都不能保证；

　　3. 电磁兼容标准的强制执行使电子产品必须满足电磁兼容标准的要求；

　　4. 电磁兼容性标准已成为西方发达国家限制进口产品的一道坚固的技术壁垒，我国加入世贸组织后，这种技术壁垒对我们的障碍更大。

　　为了帮助我国的工程师们尽快提高电磁兼容设计水平，笔者根据自己多年的电子电路及电磁兼容测试经验，编写了这本书。

　　书中既全面介绍了电磁兼容设计的方法和注意事项，又结合实际介绍了电磁兼容测试的相关技术和标准，具体内容包括电磁兼容（EMC）标准知识、电磁兼容各项试验要求、接地设计、屏蔽设计、干扰滤波、电缆及连接器的设计、瞬态干扰抑制器件、隔离器件、产品整机及电路板设计、产品的电气设计和装配、电磁兼容故障的诊断及整改措施等。

电磁兼容测试检测工程师们可以根据本书了解电子产品电磁兼容测试的深层意义，而电子工程师可以在产品设计之初就避免出现电磁干扰的问题，提高产品的可靠性。本书中还详细地讲解了电子产品在电磁兼容测试过程中出现的一些常见问题以及补救方法，这对没有经过电磁兼容设计的产品测试是非常有帮助的。本书可供电子爱好者、电磁兼容检测人员阅读，也可作为中高等院校电子类及相关专业的教材使用。

全书由张伯龙主编，公倩、解东艳、张校珩副主编，参加本书编写的还有张振文、张校铭、曹振华、赵书芬、王桂英、曹祥、焦凤敏、张胤涵、孔凡桂、孔祥涛、曹铮、王俊华、张伯虎、蔺书兰等。在此成书之际，向有关作者一并表示衷心感谢。

由于编者的水平有限，书中难免有不足之处，恳请广大读者批评指正（欢迎关注下方二维码交流）。

编者

目录

第 1 章　电磁兼容（EMC）基础

第 2 章　EMC 试验项目详解

第 3 章　接地设计

第 4 章　电磁屏蔽

第 5 章　干扰滤波

第 6 章　电缆及连接器的设计

第 7 章　瞬态干扰抑制器件

第 8 章　隔离变压器

第 9 章　整机电路及电路板的设计

第 10 章　产品的电气设计和装配

第 11 章　电磁兼容故障的诊断及整改

第 12 章　单片机、可编程控制器及工控机的抗扰问题

第 13 章　家用电器的电磁兼容测试及整改

第 14 章　开关电源的传导干扰

第 15 章　汽车电子产品的电磁兼容设计

第 16 章　铁路信号的电磁兼容技术

二维码讲解目录

电子器件检修实战视频集锦/364

第 1 章

电磁兼容（EMC）基础

1.1

什么是电磁兼容（EMC）

电磁兼容 (Electro Magnetic Compatibility，EMC) 是电子、电气设备或系统的一种重要的技术性能。其定义为：设备或系统在其电磁环境中符合要求运行并不对其环境中的任何设备产生无法忍受的电磁干扰的能力。

① 电磁干扰（Electro Magnetic Interference，EMI），是指任何在传导或电磁场伴随着电压、电流的作用而产生会降低某个装置、设备或系统的性能，或可能对生物或物质产生不良影响的电磁现象。相对应的测试项目根据产品类型及标准不同而不同。

② 电磁抗扰度（Electro Magnetic Susceptibility，EMS），是指处在一定环境中的设备或系统，在正常运行时，承受相应标准相应规定范围内的电磁能量干扰的能力。

1.2

各种各样的"干扰"

使用吹风机时收音机会出现"啪啦，啪啦"的噪声，原因是吹风机的电机产生的微弱（低强度高频的）电压/电流变化通过电源线传递进入收音机，以噪声的形式表现出来。这种由一个设备中产生的电压/电流通过电源线、信号线传导并影响其他设备时，将这个电压/电流的变化称为"传导干扰"。"对付"这种干扰通常采用给干扰源及被干扰设备的电源线等安装滤波器，阻止传导干扰的传输。当信号线上出现噪声时，可将信号线改为光纤，这样也能隔断传输途径。

在使用手机时，旁边的电视机 CRT 图像会出现抖动，扬声器中也会发出"嘟嘟嘟"的噪声，这是因为手机工作时的信号通过空间以电磁场的形式传输到电视机内部。当汽车从附近道路经过时，电视会出现雪花状干扰，这是因为汽车点火装置的脉冲电流产生了电磁波，传到空间再传到附近的电视天线、电路上，产生了干扰电压 / 电流。像这种通过空间传播，并且对其他设备电路产生无用电压 / 电流，造成危害的干扰称为"辐射干扰"。辐射现象的产生必然有天线与源存在。像这种传播途径是空间的干扰，可以通过屏蔽的手段来解决。

通过上述内容不难看出，电磁干扰的根源其实就是电压 / 电流产生不必要的变化。这种变化通过电缆(电源线或信号线)直接传递给其他设备，造成危害，称为"传导干扰"。另外，由于电压 / 电流变化而产生的电磁波通过空间传播到其他设备中，在其导线或电路上产生不必要的电压 / 电流，并造成危害的干扰称为"辐射干扰"。在实际中干扰类型的区分并不是这样简单。

某些数字视听设备（例如液晶电视等）的干扰源，虽然是在设备内部电路上流动的数字信号的电压 / 电流，但这些干扰以传导干扰的方式通过电源线或信号线泄漏，直接传递给其他设备。同时这些导线产生的电磁波以辐射干扰的形式危及附近的设备。而且数字视听设备本身内部电路也产生电磁波，以辐射的形式危及其他设备。

辐射干扰现象的产生和天线是紧密相连的，根据天线理论，如果导线的长度与波长相等，就容易产生电磁波。例如，数米长的电源线就会产生 30 ～ 300MHz 频带的辐射发射。比此频率低的频段，因波长较长，当电源线中流过同样的电流时，不会辐射很强的电磁波。所以在 30MHz 以下的低频段主要是传导干扰。辐射干扰是比传导干扰还要严重的问题，因为在 30 ～ 300MHz 宽带内电源线泄漏的干扰可以转变成电磁波发射到空间。在比此更高的频率上，比电源线尺寸更小的设备内部电路会产生辐射干扰，对其他设备造成危害。

综合起来就是当设备和导线的长度比波长短时，主要问题是传导干扰，当它们的尺寸比波长长时，主要问题是辐射干扰。图 1-1 所示为各种电子干扰的现象。

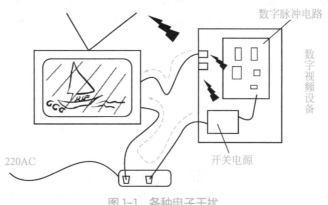

图 1-1　各种电子干扰

环境中还存在着一些短暂的高能量脉冲干扰，这些干扰对电子设备的危害很大，这种干扰一般称为瞬态干扰。瞬态干扰既可以通过电缆（包括电源线和信号线）进入设备，也可以以宽带辐射干扰的形式对设备造成影响。例如，汽车点火装置和直流电动机电刷产生的电火花对收音机的干扰。在现实环境中，雷电、静电放电、电力线上的负载通断（特别是感性负载）、核电磁脉冲等都是产生瞬态干扰的原因。可见瞬态干扰是指时间很短但幅度较大的电磁干扰。设备需要通过测试验证的瞬态干扰抗扰度有三种：各类电快速瞬变脉冲（EFT）、各类浪涌（SURGE）、静电放电（ESD）。图1-2所示为常见干扰源。

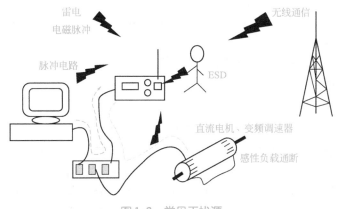

图 1-2　常见干扰源

1.3

电磁兼容三要素

产生电磁兼容（或者说电磁干扰）问题，必须同时具备三个条件：

① 干扰源：产生干扰的电路或设备；

② 敏感源：受这种干扰影响的电路或设备；

③ 耦合路径：能够将干扰源产生的干扰能量传递到敏感源的路径。

以上三个条件就是电磁兼容的三要素，只要将这三个要素中的一个去除掉，那么，电磁干扰的问题就不复存在了。电磁兼容技术就是通过研究每个要素的特点，提出消除每个要素的技术手段，以及这些技术手段在实际工程中的实现方法。

产生电磁干扰的条件：

① 突变的电压或电流（即 dv/dt 或 di/dt 很大）；

② 辐射天线或传导导体。

当电压或电流发生迅速变化时，就会产生电磁辐射现象，导致电磁干扰。

因此，最近电磁干扰问题日益突出的主要原因之一就是脉冲电路的大量应用。凡是这种电压或电流突然变化的环境，都要考虑电磁干扰问题，例如：

① 数字脉冲电路，随着产品的信息化和智能化发展，这种电路无所不在；

② 工作在开关模式的电源（开关电源），包括 AC/DC 变换器、DC/DC 变换器；

③ 电感性负载的接通和断开。

1.4 什么是分贝

在电磁兼容分析中，分贝（dB）是比较常用的物理量，对 dB 有一个正确的理解是十分必要的。例如对传导干扰的限值为 dBμV 或 dBμA，对辐射干扰的限值为 dBμV/m，金属机箱的屏蔽效能和滤波器的插入损耗也都用 dB 来衡量等。并且，就连频谱分析仪的幅度显示刻度一般也是以 dB 来标示的。在实际工程中，有许多错误也都是由于对 dB 的错误理解所造成的。

分贝的定义如下：

$$分贝数 = 10\lg (P_2/P_1)\ \text{dB}$$

式中，P_2 和 P_1 表示进行比较的两个功率值，如果 P_2 大于 P_1，分贝数即为正，表示有功率增益；如果 P_2 小于 P_1，分贝数即为负，表示功率发生损耗。

从定义中可知，分贝实际就是两个数值的比值，分贝数只表示两个数值的比值的大小，并没有给予对数量绝对值的概念。要牢记这一点，这在电磁兼容实践中是十分重要的。

在电路分析中，电压和电流的单位用得最多，因此，常用分贝来表示电压/电流的增益。由于电压和电流的平方对应功率，因此，对电压/电流增益使用分贝时，定义如下：

$$电压增益的分贝数 = 20\lg (V_2/V_1)\ \text{dB}$$

$$电流增益的分贝数 = 20\lg (I_2/I_1)\ \text{dB}$$

 注意

这些定义只有在相同的阻抗上测量 V_2 和 V_1（或 I_2 和 I_1）时才正确。

分贝也可以表示物理量的绝对数值，这里包含着一个比较基准，在使用这个物理量时，需要清楚这个基准是多少。通常，以"1"为参考值，这时常用物理量的单位就变成用分贝表示的形式了，见表 1-1。

表 1-1　以"1"为参考值时常用物理量单位转换成用分贝表示的形式

物理量	单　位	参考值
功率	dBm	1mW
电压	dBV	1V
	dBmV	1mV
	dBμV	1μV
电流	dBA	1A
	dBmA	1mA
	dBμA	1μA
电阻	dBΩ	1Ω

1.5 天线

电子、电气设备工作时会产生一种伴随电磁辐射，这种辐射并不是设备为了完成预定的功能而必须发射的。伴随辐射是一类主要的干扰源，所有的电子设备都必须尽量消除这种辐射。为了消除这种辐射干扰，我们需要了解电磁波辐射的条件。

电磁波辐射有两个必要的条件，那就是天线和流过天线的交变电流。在实际的设备中存在着许多寄生天线，这就是电气、电子设备在工作时产生伴随电磁辐射的原因。避免产生寄生天线，也是做电磁兼容设计的目的之一，分析和解决电磁兼容问题的一项主要内容就是发现和去除一些寄生的天线结构。如果不能彻底去除寄生天线结构，也应该避免交变电流进入天线，降低它们的辐射效率。为了达到目的，我们首先需要认识一下天线的结构，也就是说什么样的结构能起到天线的作用。

电偶极和电流环是两个基本的天线结构，如图 1-3 所示。图 1-4 为我们日常生活中常见的电视天线实物。

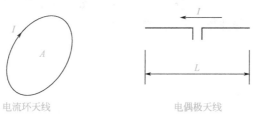

电流环天线　　　　　　　　电偶极天线

图 1-3　基本天线结构

图 1-4　电视天线

单极天线形式是只有一根金属导体，另一根金属导体由大地或附近的其他大型金属物体充当，它是电偶极天线的一种变形。单极天线的辐射效率要低一些，但是辐射特性与偶极天线的基本相同。

电流环天线在电路中随处可见，因为任何一个电路回路都可以构成一个辐射天线。控制电流回路的面积是减小电流环路辐射的有效方法。在进行线路板设计和电缆设计时应该以此为依据。

其实之所以存在天线，实际上就是两个导体之间存在电压。单极天线就是导体和大地之间存在电压。只要去除两个导体之间的电压，或者去除导体与大地之间的电压，就能够减小辐射。屏蔽结构设计和搭接设计应该以此为依据。

电流环通常是由电路的工作回路形成的，很容易识别。偶极和单极天线就不那么容易被发现了，因为驱动这种天线的电压并不是电路的工作电压，而是一些无意产生的电压。

电子产品中常见的寄生偶极天线和单极天线有：线路板上的地线、线路板上的外拖电缆（包括机箱外拖电缆、I/O 电缆和电源线等）、数字地与模拟地分开的线路板、线路板与机箱连接的导线、金属机箱上的孔缝、电路板上较长的悬空走线、没有接地的散热片等。在电磁兼容设计时，要尽量消除这些结构或控制它们的辐射。外界电磁场会在金属部件上感应出电流，因为当系统的地线设计不合理时，电路的地线因为外界电磁场会在金属部件上感应出电流，当系统的地线设计不合理时，电路的地线电流也会流过金属部件，电流流过阻抗较大的部位（例如金属部件之间的孔缝或搭接点）时，会产生电压，因此金属部件很容易成为偶极或单极天线。

1.6

电磁兼容（EMC）的标准与测试内容

在国际范围上，电磁兼容标准的制定已经有了 70 多年的发展历程，最早为了保护无线电通信和广播，国际无线电干扰特别委员会（CISPR）对各种用电设备和系统提出了相关的电磁干扰发射限值和测量方法。到了 20 世纪 60 ～ 70 年代，由于电子、电气设备的小型化、数字化和低功耗化，人们开始考虑设备的抗干扰能力，世界各大标准化组织和各国政府机构也相继制定了许许多多的电磁兼容标准。

根据不同电磁兼容标准在电磁兼容测试中的不同地位，电磁兼容标准体系可分为基础标准、通用标准、产品族标准及专用产品标准等 4 级。

1.6.1　基础标准

基础标准仅对现象、环境、试验方法、试验仪器和基本试验配置等给出定义及详细描述，但不涉及具体产品。该类标准不给出指令性的限值及对产品性能的直接判据，但它是编制其他各级电磁兼容标准的基础。

例如下列标准均属于基础标准范围：

① GB/T 4365《电磁兼容术语》；

② GB/T 6113《无线电骚扰和抗扰度测量设备规范》；

③ GB/T 6113.2《无线电骚扰和抗扰度测量设备规范和测量方法第二部分：骚扰和抗扰度测量方法》；

④ GB/T 17626 有关产品抗扰度测量的系列标准等。

1.6.2　通用标准

通用标准给出了通用环境中的所有产品一系列最低的电磁兼容性要求（包括必须进行的试验项目和必须达到的试验要求）。通用标准中提到的试验项目及其试验方法可以在相应的基础标准中找到，通用标准中不做任何介绍。通用标准给出的试验环境、试验要求可以作为产品族标准以及专用产品标准的编制导则。同时对于那些暂时尚未建立电磁兼容试验标准的产品，可以参照通用标准来进行其电磁兼容性能的摸底试验。

1.6.3　产品族标准

产品族标准是根据特定产品类别而制定的电磁兼容性能的测试标准。它主要包括产品的电磁干扰发射和产品的抗扰度要求这两个方面的内容。产品族标准中规定的测试内容及限值应与通用标准一致，但与通用标准相比，产品族标准根据产品的特殊性，在测试内容的选择、限值及性能的判据等方面有一定的特殊性和具体性（比如提高干扰试验的限值或增加试验的项目）。

产品族标准是电磁兼容性标准中内容最多的一类标准。例如 GB/T 17743、GB4343、GB/T 9254 和 GB/T 13837 分别是关于照明工具、家用电器和电动工具、信息技术设备、声音和广播电视接收设备的无线电干扰特性测量及限值的标准，这些标准分别代表一个大类产品对电磁干扰发射限度的要求。

1.6.4　专用产品标准

该标准是将专门条款包含在产品的通用技术条件中，一般不单独形成电磁兼容标准。专用产品标准对电磁兼容的要求与相应的产品族标准一致，在考虑了产品的特殊性之后，也可增加试验项目以及对电磁兼容性能要求做某些改变。与产品族标准相比，专用产品标准对电磁兼容性的要求更加明确、更加具体，而且增加了对产品性能试验的标准。

1.6.5　电磁兼容标准的测试内容分类

电磁能量从设备内传出或从外界传入设备的途径只有两个，一个是以电磁波的形式从空间传播，另一个是以电流的形式沿导线传播。因此，电磁干扰发射可以分为传导发射和辐射发射；抗扰度也可以分为传导抗扰度和辐射抗扰度（图 1-5）。

电磁兼容标准的测试内容包括：传导发射、辐射发射、传导抗扰度、辐射抗扰度。

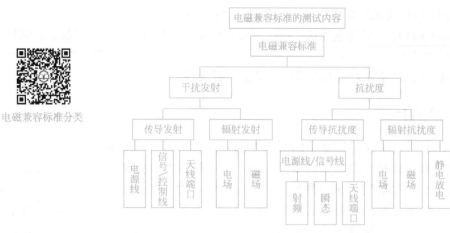

电磁兼容标准分类

图1-5 电磁兼容标准的测试内容

1.6.6 电磁兼容的试验方法

在进行电磁兼容试验时，经常发现一些很随意的现象，例如设备不能通过试验时，有人会建议将电缆换成屏蔽电缆，或者将设备机箱接地等。这都是对电磁兼容试验的目的没有正确理解造成的。许多人做试验的目的是为了取得认证，这就导致了在试验中怎样能通过试验就怎样做的情况。我们应该认识到做电磁兼容试验的目的就是为了确认电子产品能否在实际环境中正常地工作，包括不干扰其他设备，也不被其他设备所干扰。所以在进行试验时一定要遵循下面原则：

① 受试设备处于实际工作的状态，这包括所连接的辅助设备、电缆的种类及长度、是否接地、安装状态（在非金属平台还是在金属平台上）等。

② 受试设备处于"最严酷"状态。做抗扰度试验时，应使设备处于最敏感状态，做干扰试验时，设备处于发射最强状态。例如，在信号线上正好传输信号时，对信号线进行传导抗扰度试验；对手机做辐射发射测试时，应该使手机处于呼叫状态。

③ 使用最接近限值的数据，这包括做辐射发射试验时，受试设备的最大辐射发射面对着天线，天线处于接收最强辐射的高度和极化方向等；在做传导发射试验时，电流卡钳或功率吸收钳在电缆上滑动，寻找最强干扰点。

正式的电磁兼容认证试验，需要在半无反射屏蔽室中进行。屏蔽室的目的是隔离外部环境的干扰，使试验更准确。半无反射屏蔽室是指屏蔽室的地面是有反射的，四周和天花板上贴有吸波材料。

当进行涉及较高频率的试验时，例如辐射相关的试验（辐射干扰、辐射抗扰度）、静电放电试验、电快速脉冲试验等，受试设备在摆放方式上的微小差异也可能导致完全不同的试验结果（合格或不合格）。因此，在进行涉及较高频率的试验时，要严格遵守标准中的规定，保证设备摆放方式的一致。

许多人觉得，了解试验方法是试验操作人员的事情，作为产品开发人员并不需要关心这些内容。其实不然，俗话说"知己知彼，百战不殆"，大多数人对产品进行电磁兼容设计的目的是通过电磁兼容试验，因此必须了解试验的具体方法才能够

"对症下药"，根据需要进行设计，这一点对于抗扰度试验更加重要。例如，在做电缆传导抗扰度试验时，不了解干扰的频率范围，不了解注入的是差模干扰还是共模干扰，不了解干扰注入方式是电容耦合方式还是电感耦合方式，就无法正确地采取措施进行防护。

1.7

电磁兼容试验概述

1.7.1　通用标准中各试验端口的干扰标准

试验端口

端口是指产品的电磁干扰可能发射或者可能侵入的部位（图1-6所示），分别指机壳、交流电源线、直流电源线、接地线、信号线和过程控制线。具体到产品，不一定包含所有的电磁干扰发射端口，所以试验应根据实际情况进行。

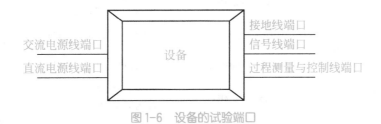

图1-6　设备的试验端口

在试验时有如下几点注意事项。

① 试验应在产品正常使用情况下，以能产生最大电磁干扰发射的工作方式进行。试验中还要适当地改变受试设备的布局，以便使干扰发射最大。

② 应将试验中用到的试验仪器、试验方法、试验配置和试验布局等明确记录在案，以使试验能重复进行，试验结果可以追溯。

③ 如果受试设备只是系统的一部分，或者可能还要连接辅助设备方能体现其功能，则受试设备应连接必需的最少辅助设备，并用 GB/T 9254 标准中所描述的方法来检查端口。对于辅助设备的连接情况应记录在案。

④ 如果受试设备有许多类似的试验端口或接法类似的端口，那么应当选择其中足够数量的端口或接法类似的端口，但要保证这种选择能够覆盖所有不同类型的端口，试验中应将端口选择情况记录在案。

⑤ 除非另外说明，试验应在额定电压和规定工作条件下进行。

设备的电磁干扰发射通用标准见表 1-2。

表 1-2　设备的电磁干扰发射通用标准

环境	序号	端口名称	频率范围	限值	相应的基础标准
1. 住宅、商业和轻工业环境下的干扰发射限值	1.1	机箱	30～230MHz 230～1000MHz	在 10m 处 30dB（μV/m）准峰值 在 10m 处 37dB（μV/m）准峰值	GB/T 9254 B 级 CISPR 22 B 级
	1.2	交流电源线	0～2kHz		GB 17625.1 IEC 61000-3-2
			0.15～0.5MHz	56～66dB（μV）准峰值 46～56dB（μV）平均值	GB/T 9254 B 级 CISPR 22 B 级
			0.5～5MHz	56dB（μV）准峰值 46dB（μV）平均值	
			5～30MHz	60dB（μV）准峰值 50dB（μV）平均值	
			0.15～30MHz	见基础标准"断续干扰"一节	GB 4343 CISPR 14.1
	1.3	信号、控制、直流输入、直流电源输出等	0.15～0.5MHz 限值随频率的对数线性降低	30～40dB（μA）准峰值 20～30dB（μA）平均值	GB/T 9254 B 级 CISPR 22 B 级
			0.5～30MHz	30dB（μA）准峰值 20dB（μA）平均值	
2. 工业环境下的电磁干扰发射限值	2.1	机箱	20～30MHz	在 30m 处 30dB（μV/m）准峰值	CISPR 11 GB 4824
			230～1000MHz	在 30m 处 37dB（μV/m）准峰值	
	2.2	交流电源线	0.15～0.5MHz	79dB（μV）准峰值 66dB（μV）平均值	GB 4824 CISPR 11
			0.5～5MHz	73dB（μV）准峰值 60dB（μV）平均值	
			5～30MHz	73dB（μV）准峰值 60dB（μV）平均值	
	2.3	交流电源线输入端	0～2kHz	在考虑中	GB 17625.1 IEC 61000-3-2
	2.4	信号、控制、直流电源输入、直流电源输出、交流电源输出等	0.15～0.5MHz	涉及在改版中的基础标准	在考虑中
			0.5～30MHz	涉及在改版中的基础标准	

1.7.2　通用标准中的抗扰度标准

试验端口

　　端口是指产品可能感受干扰的部位，与通用的电磁干扰发射标准中的端口概念相类似，也是指机壳、交流电源线、直流电源线、接地线、信号线和过程控制线。对一个电气和电子产品来说，有可能只包含其中的一部分，故试验应按实际情况来进行（表 1-3）。

表 1-3　各试验端口的抗扰度要求

试验部位	序号	试验项目	试验要求		相应的基础标准
			住宅、商业和轻工业环境	工业环境	
1. 设备外壳端口	1.1	工频磁场	50/60Hz 3A/m，均方根值	50Hz 30A/m，均方根值	GB/T 17626.8 IEC 61000-4-8
	1.2	辐射电磁场（调幅）	80 ～ 1000MHz 3V/m，未调制时的均方根值 1kHz，80% 调幅	80 ～ 1000MHz 10V/m，未调制时的均方根值 1kHz，80% 调幅	GB/T 17626.3 IEC 61000-4-3
	1.3	静电放电	± 4kV，接触放电 ± 8kV，空气放电	± 4kV，接触放电 ± 8kV，空气放电	GB/T 17626.2 IEC 61000-4-2
2. 信号线和控制线端口	2.1	射频传导，共模调幅	0.15 ～ 80MHz 3V，未调制时的均方根值 1kHz，80% 调幅 150Ω，源阻抗	0.15 ～ 80MHz 10V，未调制时的均方根值 1kHz，80% 调幅 150Ω，源阻抗	GB/T 17626.6 IEC 61000-4-6
	2.2	电快速瞬变脉冲群	± 0.5kV，充电电压 5/50ns，前沿 / 半峰 5kHz，重复频率	± 0.5kV，充电电压 5/50ns，前沿 / 半峰 5kHz，重复频率	GB/T 17626.4 IEC 61000-4-4
	2.3	工频共模		50Hz 10V，均方根值，电动势推荐今后使用，但数据可能有适当修改	IEC TC77 委员会考虑中
3. 过程测量和控制线及长距离总线和控制端	3.1	射频传导，共模调幅		0.15 ～ 80MHz 10V，未调制时的均方根值 1kHz，80% 调幅 150Ω，源阻抗	GB/T 17626.6 IEC 61000-4-6
	3.2	电快速瞬变脉冲群		± 2kV，充电电压 5/50ns，前沿 / 半峰 5kHz，重复频率	GB/T 17626.4 IEC 61000-4-4
	3.3	工频共模		50Hz 20V 均方根值，电动势推荐今后使用，但数据可能有适当修改	IEC TC77 委员会考虑中
	3.4	浪涌 线—地 线—线		1.2/50（8/20）μs，前沿 / 半峰 2kV 1kV	GB/T 17626.6 IEC 61000-4-5
4. 接地线端口	4.1	射频传导，共模调幅	0.15 ～ 80MHz 3V，未调制时的均方根值 1kHz，80% 调幅 150Ω，源阻抗	0.15 ～ 80MHz 3V，未调制时的均方根值 1kHz，80% 调幅 150Ω，源阻抗	GB/T 17626.6 IEC 61000-4-6
	4.2	电快速瞬变脉冲群	± 0.5kV，充电电压 5/50ns，前沿 / 半峰 5kHz，重复频率		GB/T 17626.4 IEC 61000-4-4

续表

试验部位	序号	试验项目	试验要求		相应的基础标准
			住宅、商业和轻工业环境	工业环境	
5. 直流输入和输出电源线端口的抗扰度试验	5.1	射频传导，共模调幅	0.15～80MHz 3V，未调制时的均方根值 1kHz，80% 调幅 150Ω，源阻抗	0.15～80MHz 3V，未调制时的均方根值 1kHz，80% 调幅 150Ω，源阻抗	GB/T 17626.6 IEC 61000-4-6
	5.2	浪涌 线—地 线—线	1.2/50（8/20）μs，前沿/半峰 ±0.5kV ±0.5kV	推荐今后使用，但数据可能有适当修改 1.2/50（8/20）μs，前沿/半峰 ±0.5kV ±0.5kV	GB/T 17626.5 IEC 61000-4-5
	5.3	电快速瞬变脉冲群	±0.5kV，充电电压 5/50ns，前沿/半峰 5kHz，重复频率	±2kV，充电电压 5/50ns，前沿/半峰 5kHz，重复频率	GB/T 17626.4 IEC 61000-4-4
	5.4	电压跌落		推荐今后使用，但数据可能有适当修改 100% 降低，50ms 0% 降低，100ms	GB/T 17626.4 IEC 61000-4-4
	5.5	电压波动		推荐今后使用，但数据可能有适当修改 $U_{标称}$ +20% $U_{标称}$ -20%	IEC 61000-4-29
6. 交流输入和输出电源线端口抗扰度试验	6.1	射频传，共模调幅	0.15～80MHz 3V，未调制时的均方根值 1kHz，80% 调幅 150Ω，源阻抗	0.15～80MHz 3V，未调制时的均方根值 1kHz，80% 调幅 150Ω，源阻抗	GB/T 17626.6 IEC 61000-4-6
	6.2	电压跌落	30% 降低 5 周波	推荐今后使用，但数据可能有适当修改 30% 降低 5 周波	GB/T 17626.11 IEC 61000-4-11
			60% 降低 0.5 周波	60% 降低 0.5 周波	
	6.3	电压中断	>95% 降低 350 周波	推荐今后使用，但数据可能有适当修改 >95% 降低 350 周波	GB/T 17626.11 IEC 61000-4-11
	6.4	浪涌 线—地 线—线	1.2/50（8/20）μs，前沿/半峰 ±0.5kV ±0.5kV	推荐今后使用，但数据可能有适当修改 1.2/50（8/20）μs，前沿/半峰 ±0.5kV ±0.5kV	GB/T 17626.5 IEC 61000-4-5
	6.5	电快速瞬变脉冲群	±1kV，充电电压 5/50ns，前沿/半峰 5kHz，重复频率	±2kV，充电电压 5/50ns，前沿/半峰 5kHz，重复频率	GB/T 17626.4 IEC 61000-4-4
	6.6	电压波动		推荐今后使用，但数据可能有适当修改 $U_{标称}$ +10% $U_{标称}$ -10%	IEC TC77 委员会考虑中
	6.7	代频谐波		推荐今后使用，但数据可能有适当修改 0～2kHz %（未定）	IEC TC77 委员会考虑中

在试验时有如下几点注意事项：

① 受试设备应根据实际使用情况在对干扰最敏感的工作模式下进行试验。试验中还要适当改变布局以求达到最大敏感度。

② 试验中应将试验配置、受试设备的工作方式及试验的布局等情况明确记录在案，以便必要时可以重现及对比试验结果。

③ 如果在被试产品的用户手册中规定了受试设备所需的外部保护装置（或保护措施），那么受试设备就应在有保护的情况下进行试验。

④ 如果受试设备有许多类似的端口或接法类似的端口，则试验应当选择足够数量的端口来模拟实际工作情况，并保证能覆盖各种不同类型的端口，但对端口的选择情况要记录在案。

⑤ 除非另外说明，试验应在额定电压和规定的工作条件下进行。

通用标准中受试设备的性能判据

通用抗扰度标准对受试设备的性能判据有以下几种：

① 判据 A：受试设备在试验中和试验后都能正常工作，无性能下降和低于制造商规定性能等级现象发生。

② 判据 B：受试设备在试验后可以正常工作，且无性能下降和低于制造商所规定的性能等级现象发生。

③ 判据 C：允许受试设备有暂时性的性能降低，只要这种功能是可以通过控制操作、人工复位，甚至是关机后恢复。

通过上述不难看出，三种判据对产品的要求是不一样的，判据 A 为最高，判据 C 为最低。对于具体产品是否合格的判定（所谓受试设备性能的评定准则），通用标准不直接给出，应由相应的产品标准或产品制造商给出。

附 基础标准中受试设备的性能判据

由于受试设备和系统的多样性和差异性，确定试验对设备和系统的影响变得比较困难。

若有关专业标准化技术委员会或产品技术规范没有给出不同的技术要求，试验结果应该按受试设备的运行条件和功能规范进行如下分类：

① 在技术要求限值内性能正常；

② 功能或性能暂时降低或丧失，但能自行恢复；

③ 功能或性能暂时降低或丧失，但需操作者干预或系统复位；

④ 因设备（元件）或软件损坏，或数据丢失而造成不能自行恢复至正常状态的功能降低或丧失。

第 2 章

EMC 试验项目详解

2.1

辐射发射（辐射干扰）试验（30MHz～1GHz）

2.1.1　辐射发射的试验目的

电子、电气产品的电磁干扰主要是由其内部电路在工作时造成的（比如开关电源电路、振荡电路、高速数字电路等）。干扰按传播途径，主要有沿电缆（包括电源线及信号线）方向传播的传导干扰（传导发射）和向周围空间发射的辐射干扰（辐射发射）。前者用干扰电平度量，后者则用干扰功率和辐射场强度量。

辐射干扰测试的目的是为了测试电子、电气和机电产品及其部件所产生的辐射干扰，包括来自机箱、所有部件、电缆及连接线上的辐射干扰。试验主要判定其辐射是否符合标准的要求，以至于在正常使用过程中不对在同一环境中的其他设备或系统造成影响。

2.1.2　主要试验设备及必备条件

根据常用普通电子设备的辐射发射测试标准（如 CISPR 16、CISPR 11、CISPR 13、CISPR 15、CISPR 22 等）中的规定，辐射发射测试主要需要如下设备：

①EMI 自动测试控制系统（包括电脑及软件）；

②EMI 测量接收机；

③各种天线（包括大小形状环路天线、功率双锥天线、对数周期天线、喇叭天线等）及天线控制单元等；

④半电波暗室或开阔场。

EMI 测量接收机是 EMI 测试中最常用的基本测试仪器，基于测量接收机的频率响应特性要求，CISPR 16 中规定，测量接收机应有准峰值检波、均方根值检波、平均值检波和峰值检波四种基本测波方式。在无线广播频率领域，CISPR 所推荐的 EMC 性规范采用准峰值检波。这是因为，大多数电磁干扰都是脉冲干扰，它们对音频影响的客观效果随着重复频率的增高而增大，具有特定时间常数的准峰值检波器的输出特性，可以近似反映这种影响。由于准峰值检波既要利用干扰信号的幅度，又要反映它的时间分布，因此其充电时间常数比峰值检波器大，而放电时间常数比峰值检波器小，不同频谱段应有不同的充放电时间参数，这两种检波方式主要用于脉冲干扰测试。

天线是辐射发射测试的接收装置，辐射发射测试频率从几十千赫到几十吉赫，在这么宽的频率范围内测试，所需要的天线种类繁多，且必须借助各种探测天线把测试场强转换成电压。例如，在 30 ～ 230MHz 频率范围内，常采用偶极子与双锥天线；230MHz ～ 1GHz 频率范围内，采用对数周期、偶极子及对数螺旋天线；1 ～ 40GHz 频率范围内，采用喇叭天线，这些天线的相关参数可参考供应商提供的天线出厂资料。一般情况下，辐射发射测试用的天线应具有以下特点：

① 天线频带范围宽，为了提高测试速度，最好采用宽频带天线，除非只对少数已知的干扰频率点进行测试。

② 宽频带天线在使用时需输入校正曲线，此曲线由天线制造厂商在出厂时测试出来并提供给用户。

③ 很多测试用的天线都工作在近场区，测试距离对测试结果影响很大，因此测试中必须严格按测试规定进行。有些天线虽然给了电场、磁场的校正参数，但只有当这些天线作远场测试时才有效，因为在近场区电场 / 磁场（波阻抗）不再是个常数，在测试近场干扰时，电场和磁场测试结果不能再按此换算，这是在测试中容易忽略的问题。

开阔场是专业辐射发射测试场地，应满足标准对测试距离的要求，在标准要求的测试范围内（无障碍区）没有与测试无关的架空走线、建筑物、发射物体，而且应该避开地下电缆，必要时还应该有气候保护罩。该场地还应满足 CISPR 16、EN 50147-2、ANSI 63.4 等标准关于场地衰减的要求。半电波暗室是一个模拟开阔场的屏蔽室，除地面安装反射平面外，其余五个内表面均安装吸波材料，该场地也满足 CISPR 16、EN 50147-2、ANSI 63.4 等标准关于场地衰减的要求。

控制单元的作用是使测试中各个设备之间协调动作，自动完成辐射发射测试。

2.1.3　试验方法及试验布置

电场辐射发射试验的布置如图 2-1 所示。受试设备按照标准的规定放在测试台上，处于最大辐射的工作状态，天线根据标准的要求摆放在距离受试设备一定距离处（GB/T 9254 标准是 3m 或 10m）。依次测量受试设备的每个面，并改变天线的高度和极化方向记录下最大的测试结果。

对于频率较高的辐射，试验时要注意确定受试设备或系统摆放方式，因为受试设备或系统的摆放方式的微小变化也会导致测试结果的差异，特别是电缆的状态对辐射的情况影响很大。

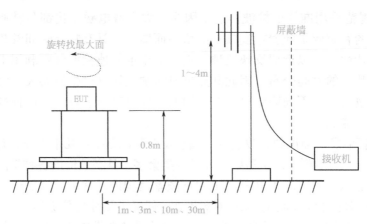

图 2-1　电场辐射发射试验的布置图

台式受试设备的试验布置如图 2-2 所示（EUT 为受试设备，AE 为辅助设备），具体要求如下：

① 互连 I/O 线缆距离地面不应该小于 40cm；

② 除了实际负载连接外，受试设备可以接模拟负载，但是模拟负载应该能够符合阻抗关系，同时还要能够代表产品应用的实际情况；

③ 受试设备与辅助设备 AE 的电源线直接插入地面的插座，而不应该将插座延长。

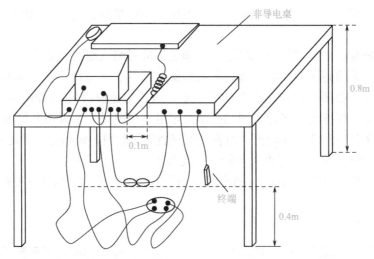

图 2-2　台式受试设备的试验布置

立式受试设备的试验布置如图 2-3 所示（EUT 为受试设备，AE 为辅助设备），具体要求如下：

① 柜之间的 I/O 互连线应该自然放置，如果过长，能够扎成 30 ～ 40cm 的线束就一定要扎；

② 受试设备置于金属平面上，同金属平面绝缘间隔 10cm 左右，接模拟负载或者暗室外端口的线缆应该注意其同金属平面的绝缘性；

③ 受试设备电源线过长，应该扎成长度为 30 ～ 40cm 的线束，或者缩短到刚好

够用；

④ 如果受试设备本身的线缆比较多，应该仔细理顺，分别处理，并且在测试报告中记录，以获得再次测试的重复性。

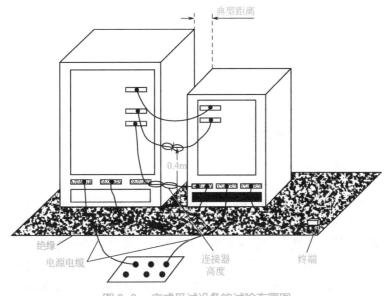

图 2-3 立式受试设备的试验布置图

2.1.4 试验标准限值

GB 9254 将受试设备分为 A 级和 B 级两类。

B 级设备

B 级设备是指满足 B 级干扰限值的那类设备。

它主要用于生活环境中，可包括：

不在固定场所使用的设备，例如由内置电池供电的便携式设备；

通过电信网络供电的电信终端设备；

个人计算机及相连的辅助设备。

注：生活环境是指那种有可能在离受试设备 10m 远的范围内使用广播和电视接收机的环境。

A 级设备

A 级设备是指满足 A 级限值但不满足 B 级限值要求的那类设备。对于这类设备不限制其销售，但应在其有关的使用说明书中包含如下内容：

 警 告

此为 A 级产品。在生活环境中，该产品可能会造成无线电干扰。在这种情况下，可能需要用户对干扰采取切实可行的措施。

试验时，接收机从 30MHz ～ 1GHz 进行扫频测量，并记录下相应频点的最高干扰电平，该电平不得超出一定的限值，该限值标准略有不同；GB/T 9254 限值见表 2-1。

表 2-1　辐射干扰试验限值

项目	频率范围 /MHz	测量距离 10m 准峰值限值 /(dBμV/m)	测量距离 3m 准峰值限值 /(dBμV/m)
A 级	30 ~ 230	40	50
	230 ~ 1000	47	57
B 级	30 ~ 230	30	40
	230 ~ 1000	37	47

注：1. 在过渡频率（230MHz）处应采用较低的限值。
　　2. 当发生干扰时，允许补充其他的规定。

2.1.5　测试案例分析

图 2-4 为辐射干扰试验实际布置图，试验在半电波暗室中进行，这是一个典型的柜式设备，在机柜下方垫有 10cm 的绝缘木块作为绝缘支撑，受试设备放在转台上，受试设备前端距接收天线中心处的水平距离为 3m，接收天线位于 1m 高度，转台位于 0°。在此方向上，自动化测试系统对受试设备辐射干扰进行峰值测量，对于接近或超出限制线的频率点应进行准峰值的单点测量，此时接收天线从 1 ~ 4m 垂直移动，转台从 0°～360° 旋转。若受试设备的干扰电平经准峰值测量后仍超出限制线，则判为不合格。

辐射干扰试验

图 2-4　辐射干扰试验实际布置图

图 2-5 为测试结果图。图中表格为测试数据，图中的粗实线为 A 级限值，粗实线下方的曲线为实测各个频率点的峰值，而 3 个菱形点为读取出的准峰值，该准峰值不得超出粗实线限值。

最终结果1

频率/MHz	准峰值 /(dBμV/m)	测量时间 /ms	频宽/kHz	高度/cm	极化	角度/(°)	校正/dB	边界/dB	限值 /(dBμV/m)
224.970000	39.7	5000.	120.000	100.0	H	244.0	13.6	10.3	50.0
330.021000	48.6	5000.	120.000	174.9	V	−11.0	16.2	8.4	57.0
990.006000	45.2	5000.	120.000	119.9	H	201.0	26.4	11.8	57.0

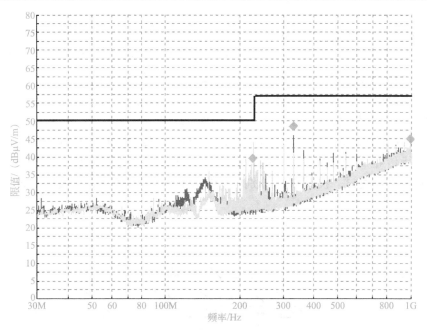

图 2-5　辐射干扰 A 级限值实测图

2.2

传导干扰测试（0.15 ～ 30MHz）

2.2.1　试验目的

传导干扰测试是为了衡量电子产品或系统从电源端口、信号端口通过电缆向电网或信号网络传输的干扰。

2.2.2　主要试验设备及必备条件

根据常用传导干扰测试标准 CISPR 11、CISPR 16、CISPR 13、CISPR 15、CISPR 22、EN 55022 及汽车传导干扰测试标准 CISPR 25 的要求，传导干扰测试主要需要如下设备：

①EMI 自动测试控制系统（电脑及界面单元）；

②EMI 测试接收机；

③电源线性阻抗模拟网络（LISN）或称为人工电源网络（AMN），电源阻抗模拟网络是一种耦合去耦电路，主要用来提供纯净的交流或直流电源，并使受试设备干

扰不会回馈至电源及 PF 耦合，同时提供特定的阻抗特性。

④ 电流探头（Current Probe），是利用流过导体的电流产生的磁场被另一线圈感应这一互感的原理制造的，一般用来对信号线进行传导干扰测试。

2.2.3　试验方法及试验配置

与辐射发射测试相比，传导干扰测试需要的仪器较少，不过，需要一个 2m×2m 以上面积的参考接地平面，并超出 EUT 边界至少 0.5m。因为屏蔽室的金属墙面或地板可以作为接地板，所以传导干扰测试通常在屏蔽室内进行。图 2-6 是普通电子产品台式设备的电源端口传导干扰测试配置图，LISN 实现传导干扰信号的获取和阻抗匹配，再将信号传送至接收机。对于落地式设备，测试时，需将受试设备放置在离地 0.1m 高的绝缘支撑上。除电源端口需要进行传导干扰测试外，信号、通信端口也要进行传导干扰测试。信号端口的测试方法，相对比较复杂，有电压法与电流法两种方法可以测试。测试结果分别与标准中的电流限值与电压限值比较，以确定测试是否合格。

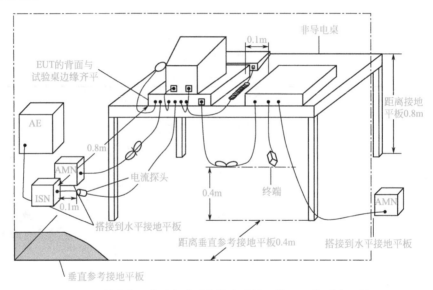

图 2-6　普通电子产品台式设备的电源端口传导干扰测试配置图

2.2.4　试验标准限值

试验时，接收机在 0.15～30MHz 进行扫频测量，并记录下相应频点的最高干扰电平，该电平不得超出一定的限值，该限值标准略有不同；GB /T 9254 限值见表 2-2。

表 2-2　传导干扰试验标注限值

项目	频率范围 /MHz	限值 /dBμV	
		准峰值	平均值
A 级	0.15～0.50	79	66
	0.50～30	73	60

续表

项目	频率范围 /MHz	限值 /dBμV	
		准峰值	平均值
B 级	0.15 ～ 0.50	66 ～ 56	56 ～ 46
	0.50 ～ 5	56	46
	5 ～ 30	60	50

注：1. 有过渡频率（0.50MHz）处应采用较低的限值。

2. 在 0.15 ～ 0.50MHz 频率范围内，限值随频率的对数呈线性减小。

2.2.5　测试案例分析

图 2-7 为传导干扰试验实际布置图，试验在屏蔽室中进行，这是一个典型的台式设备，受试设备放置在一个 0.8m 高的木桌上，电源线的走向及超长部分按照 GB/T 9254 的要求布置，测量采用线性阻抗稳定网络，测量频率为 150kHz ～ 30MHz。试验时先对受试设备进行峰值测量，对于接近或超出限制线的频率点应进行准峰值及平均值的单点测量。若受试设备的干扰电平经准峰值、平均值测量后仍超出限制线，则判为不合格。

传导干扰试验

图 2-7　传导干扰试验实际布置图

图 2-8 为传导干扰测试结果图。图中表格 1 为准峰值测试数据；表格 2 为平均值测试数据。图中的粗实线为准峰值 A 级限值，灰色实线为平均值 A 级限值，蓝色曲线为实测各个频率点的峰值，灰色曲线为实测各个频率点的平均值。图中蓝色菱形点为读取出的准峰值，该准峰值不得超出粗实线限值；3 个灰色菱形点为读取出的平均值，该平均值不得超过灰色实线限值。

最终结果1

频率/MHz	准峰值/dBμV	测量时间/ms	频宽/kHz	滤波器	限制线	校正/dB	边界/dB	限值/dBμV
0.693000	64.1	1000.	9.000	Off	N	19.5	8.9	73.0
0.701000	64.0	1000.	9.000	Off	L_1	19.5	9.0	73.0
0.765000	63.7	1000.	9.000	Off	L_1	19.5	9.3	73.0

图 2-8

最终结果2

频率/MHz	平均值/dBμV	测量时间/ms	频宽/kHz	滤波器	限制线	校正/dB	边界/dB	限值/dBμV
0.701000	55.6	1000.	9.000	Off	L₁	19.5	4.4	60.0
0.761000	52.6	1000.	9.000	Off	N	19.5	7.4	60.0
4.213000	41.0	1000.	9.000	Off	L₁	19.6	19.0	60.0

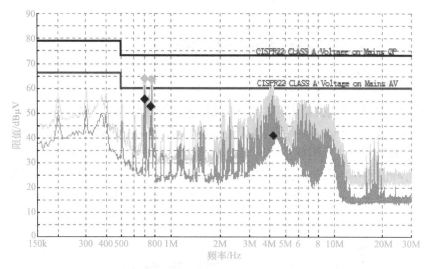

图 2-8　传导干扰 A 级限值测试结果图

2.3
谐波电流的测试

2.3.1　试验目的

　　电气和电子设备的大量应用，使得非线性电能转换在电网中产生了大量谐波电流。它不仅会对同一电网中其他用电设备产生干扰、造成故障，还会使电网的中线电流超载，影响输电效率，另外，对电源的通/断或相位控制会使电流有效值发生变化，可造成负载侧的电压有效值产生波动，同样会造成其他用电设备不能正常工作，影响群众的生产生活。

　　为了保障电网质量，我国相继公布了两个标准：GB 17625.1《电磁兼容限值低压电气及电子设备发出的谐波电流限值（设备每相输入电流小于或等于 16A）》及 GB 17625.2《电磁兼容限值对额定电流不大于 16A 的设备在低压供电系统中产生的电压波动和闪烁的限值》（这两个标准分别等同于 IEC 61000-3-2 和 IEC 61000-3-3）。其中，GB 17625.4 标准已经在强制性产品认证中的许多产品中执行了。

2.3.2　主要试验设备及必备条件

　　根据 GB 17625.1 标准，主要的试验设备有：

　　① 纯净电源。其作用是产生一个没有谐波的 50Hz 交流电源，这样可以保证测试到的谐波完全由受试设备（EUT）产生。

② 电流取样传感器。其主要作用是将 EUT 电源线中的电流进行取样，以便于分析；电流取样传感器的基本要求主要是不能对供电条件产生太大的影响；并且灵敏度不能太高，这样才能保证测试误差足够小。

③ 谐波分析仪。谐波分析仪的作用是分析供电电流中的谐波成分，可以使用专用的仪器，也可使用带 FFT 功能的示波器来代替。

2.3.3　试验方法及试验配置

除非另有规定，谐波电流发射试验在正常工作状态且预期能产生最大总谐波电流的模式下进行。

对相同的受试设备，一致的试验条件、相同的测试系统、一致的环境条件（如果有关的话），测量的重复性应高于 ±5%。谐波电流发射试验原理如图 2-9 所示。

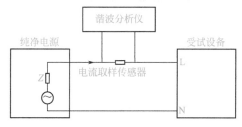

图 2-9　谐波电流发射试验原理图

2.3.4　试验标准限值

GB 17625.1 标准把设备分成 4 类：

① A 类。平衡的三相设备；家用电器（不包括归入 D 类的设备）、电动工具（不包括便携式工具）、白炽灯调光器、音频设备。凡未归入其他 3 类设备的均视为 A 类设备。

② B 类。便携式工具；非专用电弧焊接设备。

③ C 类。照明设备（包括灯和灯具；主要功能为照明的多功能设备中的照明部分；放电灯的镇流器和白炽灯的独立式变压器，紫外线或红外线辐射装置，广告标识的照明；除白炽灯的灯光调节器）。但照明设备不包括装在复印机、高架投影仪、幻灯机等设备的灯，或用于刻度照明及指示照明的装置，也不包括白炽灯的调光器。

④ D 类。功率小于或等于 600W 的个人计算机、计算机显示器及电视接收机。

各类设备的限值要求见表 2-3～表 2-5，其中 B 类设备的限值是 A 类设备限值的 1.5 倍。

表 2-3　A 类设备的限值

奇次谐波 n	最大允许谐波电流 /A	偶次谐波 n	最大允许谐波电流 /A
3	2.30		
5	1.14		
7	0.77	2	1.08
9	0.40	4	0.43
11	0.33	6	0.30
13	0.21	$8 \leqslant n \leqslant 40$	$0.23 \times 8/n$
$15 \leqslant n \leqslant 39$	$0.15 \times 15/n$		

表 2-4　C 类设备的限值

谐波次数 n	用基波频率下输入电流的百分数表示的最大允许谐波电流 /%
2	2
3	3λ
5	10
7	7
9	5
$11 \leqslant n \leqslant 39$（仅有奇次谐波）	3

注：λ 是电路的功率因数。

表 2-5　D 类设备的限值

谐波次数 n	每瓦允许的最大谐波电流 /（mA/W）	最大允许的谐波电流 /A
3	3.4	2.30
5	109	1.14
7	1.0	0.77
9	0.5	0.4
11	0.35	0.33
$11 \leqslant n \leqslant 39$（仅有奇次谐波）	3.85/ n	（见表 2-3）

对于 D 类设备，表 2-5 的第 2 列和第 3 列数据并用，设备的谐波电流不应超过任何一列的限值。

通过表 2-3～表 2-5 可以看出，限值数据对 C 类设备最严，D 类设备相对 C 类设备宽松些，因为这两类设备在日常生活中应用最为广泛。

2.4

静电放电抗扰度试验

静电放电抗扰度试验的国家标准为 GB/T 17626.2（等同于国际标准 IEC 61000-4-2）。

2.4.1　试验目的

静电放电是一种自然现象，当两种不同介电强度的材料相互摩擦时，就会产生静电电荷（摩擦起电原理）。如果其中一种材料上的静电荷积累到一定程度，并与另外一个物体接触时，就会通过这个物体到大地的阻抗进行放电。当设备发生接触或空气放电后，附着在设备机壳上的电荷会通过设备机箱上的孔缝与设备内部电路板或元器件间发生二次放电。因为设备内部电路板或元器件的阻抗较小，所以二次放电的危害有可能比一次放电更大。静电放电及其影响是电子设备的一个主要干扰源。

由于静电的存在，人体几乎成了对电子设备或爆炸性材料的最大危害。静电放电多发生于人体接触半导体器件时，有可能导致半导体材料击穿，产生不可逆转的损坏。静电放电及由此产生的电磁场变化可能危害电子设备的正常工作。

静电放电抗扰度试验模拟了以下两种情况：

① 设备操作人员直接触摸设备时对设备的放电和放电对设备工作的影响（直接放电）。

② 设备操作人员在触摸附近设备时，对所关心的设备的影响（间接放电）。

静电放电可能造成的后果是：

① 直接放电可引起设备中半导体器件的损坏，从而造成设备的永久性失效。

② 设备的误动作，这是由放电（可能是直接放电，也可能是间接放电）而引起的近场电磁场变化造成的。

2.4.2　主要试验设备及必备条件

如图 2-10 所示为静电放电模拟器的基本线路及放电电流波形。

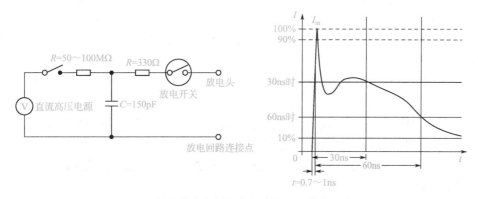

图 2-10　静电放电模拟器的基本线路及放电电流波形

高压真空继电器是目前唯一能产生高速和重复放电波形的器件。电路中的 150pF 电容代表人体的储能电容，330Ω 电阻代表人体在手握钥匙和其他金属工具时的人体电阻。标准认为用这种人体放电模型（包括电容量和电阻值）来描述静电放电是足够严酷的。

图中的放电电流波形（标准规定是放电电极对作为电流传感器的 2Ω 电阻接触放电时的电流波形）含有的谐波成分极其丰富，因此加大了试验的严酷程度。

2.4.3　试验方法及试验配置

试验室里的试验配置的规范性是保证试验结果重复性和可比性的一个关键因素，这是因为静电放电的电流波形十分陡峭，其前沿已经达到 0.7 ～ 1ns，包含的谐波成分至少达到 500MHz 以上。

2.4.3.1　直接放电

标准规定，凡受试设备正常工作时，人手可以触摸到的部位都要进行静电放电试验（这样的部位，除机箱以外，其他如控制键盘、按钮、指示灯、钥匙孔、显示屏等都在试验范围内）。

试验时，受试设备处在正常工作状态。试验正式开始前，试验人员对受试设备表面以 20 次 /s 的放电速率快速扫视一遍，以便寻找受试设备的敏感部位（凡扫视中有引起受试设备数显跳动、声光报警、动作异常等迹象的部位，都作为正式试验时的重点考查部位，应记录在案，并在正式试验时在其周围多增加几个考查点）。正式试验时，为了使受试设备来得及做出响应，放电以 1 次 /s 的速度进行（也有规定为 1 次 /5s 的产品）。一般对每一个选定点上放电 20 次（其中 10 次正的，10 次负的）。

原则上，凡可以采用接触放电的地方一律采用接触放电。对涂漆的机箱，如制造厂商没有说明是作为绝缘用的，试验时便用放电枪的尖端刺破漆膜对受试设备进行放电。如厂家说明是作为绝缘使用，则应改用空气放电。对空气放电应采用半圆头形的放电电极，在每次放电前，应先将放电枪从受试设备表面移开，然后将放电枪慢慢靠近受试设备，直到放电完成为止。

为改善试验结果的重复性和可比性，放电电极应与受试设备表面垂直。

除非在通用、专用产品或是产品族标准中另有规定，静电放电仅仅施加在受试设备正常使用中可以触及的点和面上。但下述情况被排除在外（换言之，对这些项目不进行放电）：

① 对于只有在维护时才能触及的点和面。在这种情况下，应在相应的文件中特别规定静电放电的简化试验。

② 只有最终用户检修时才能触及的点和面。例如对下述这些很少触及的点：在更换电池时触及的电池触点，录音电话的磁带盒等。

③ 对于在安装使用后不再触及的点和面。例如，设备的底部及靠墙壁的一侧和适配连接器的后面。

④ 同轴及多芯连接触点。因为它们都有一个金属的连接器外壳，在这种情况下，接触放电仅仅施加在连接器的金属外壳上。

⑤ 对非导电外壳（如塑料的）连接器中可接触到的触点，只采用空气放电来做试验。应当在静电放电发生器上采用圆头电极来做这个试验。

通常要考虑表 2-6 所示的 6 种情况。

表 2-6 6 种试验情况

情况	连接器外壳	涂层材料	空气放电	接触放电
1	金属	无	—	外壳
2	金属	绝缘	涂层	可接触的外壳
3	金属	金属	—	外壳和涂层
4	绝缘	无	①	—
5	绝缘	绝缘	涂层	—
6	绝缘	金属	—	涂层

① 如果产品（线产品族）标准要求对绝缘外壳连接器的有关触点进行试验，则应采用空气放电。

注：对于用涂层提供连接器触点屏蔽的情况，应该在涂层线设备靠近安装采用涂层连接器的地方给出静电的警告标识。

⑥ 由于功能的原因，对于那些对静电放电敏感的连接器的触点或其他可以触及部分，如测量、接收或其他通信功能的射频输入端，应采用静电放电的警告标识。

这是因为，许多连接器端口是用来处理模拟或数字高频信号的，因此不能提供有足够过电压保护能力的器件。在模拟信号的情况下，选用带通滤波器或许是一种解决方案。至于过电压保护二极管，由于寄生电容过大，因此对受试设备所采用的工作频率是不利的。

在上述所有情况中，要在相应的文件中推荐专门的受试设备简化试验。

2.4.3.2 间接放电

间接放电即对耦合板进行放电。至于对水平耦合板的放电，要在水平方向对水平耦合板的边进行，如图 2-11 所示。

在朝向 EUT 每一单元（若适用）的中心点且与 EUT 前端相距 0.1m 处的水平耦合板前缘处，以最敏感的极性，至少做 10 次单次放电。放电时，放电电极的长轴要处在水平耦合板的平面里且垂直于它的前缘。放电电极要与水平耦合板的边缘相接触。另外，要考虑对 EUT 所有的暴露面做这个试验。图 2-11 所示是台式和落地设备的试验配置与放电位置示例。

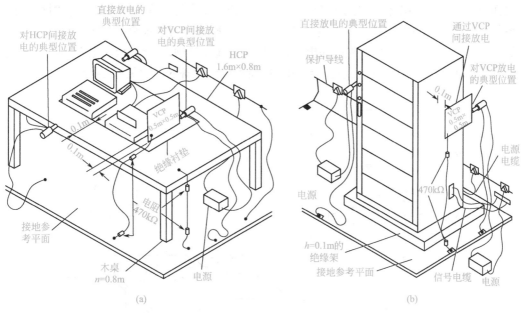

图 2-11 台式和落地设备的试验配置与放电位置示例

VCP —垂直耦合板；HCP —水平耦合板

2.4.3.3 注意事项

在距受试设备 1m 以内应无墙壁和其他金属物品（包括仪器）。

试验中受试设备要尽可能按实际情况布局（包括电源线、信号线和安装脚等）。接地线要按生产厂商的规定接地（没有接地线就不接），不允许有额外的接地线。

放电时，放电枪的接地回线与受试设备表面至少保持 0.2m 的间距，避免相互间有附加感应，从而影响试验结果。

2.4.3.4　不接地设备的试验

这里所描述的试验适合在安装说明或设计中已规定不与任何接地系统连接的设备或设备部件所采用。这里的设备或部件包括便携式的、电池供电的和双重绝缘的设备（Ⅱ类设备）。

基本原理是：不接地的设备或设备中不接地的部件不像Ⅰ类由电网供电的设备那样进行放电，如果在下一次 ESD 脉冲施加之前不能将电荷释放，就有可能使设备或设备部件达到所施试验电压的两倍。因此在Ⅱ类绝缘的设备电容里积累了几次 ESD 后，双重绝缘的设备可能被不切实际地充电至很多的电荷，最终以非常高的能量在绝缘体的击穿电压点上放电。

为了模拟单次放电（无论是空气放电，还是接触放电），受试设备上的电荷应在每次施加静电放电脉冲之前先行释放。以连接器的外壳、电池的充电端子、金属的天线为例，应当在每次施加静电放电试验脉冲时先行释放掉在需要施加静电放电的金属点或部位上的电荷。例如采用在水平和垂直耦合板上释放电荷的类似方法，即能对带有 470kΩ 泄放电阻的电缆进行放电。

由于在受试设备与水平耦合板（用于台式设备）及受试设备与参考接地板（用于地面设备）之间的电容取决于受试设备尺寸，若功能允许，在静电放电试验时可能保留带泄放电阻的电缆安装。在放电电缆中，一个电阻要尽可能地靠近 EUT 上的试验点，最好小于 20mm；另一个电阻接在电缆线的末端附近，与水平耦合板（对台式设备）或参考接地板（对地面设备）相连。台式、地面不接地设备的试验见图 2-12。

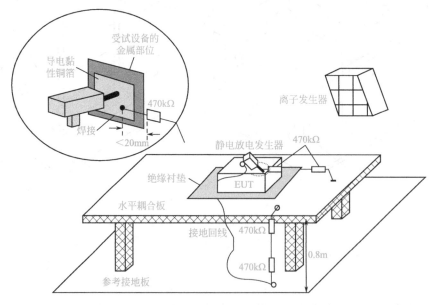

(a) 台式不接地设备的静电放电抗扰度试验

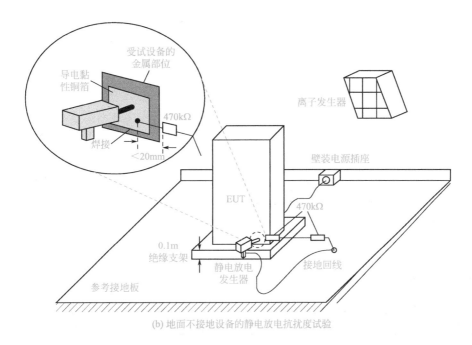

(b) 地面不接地设备的静电放电抗扰度试验

图 2-12　台式、地面不接地设备的试验

试验中，带泄放电阻的电缆的存在，可能会影响某些设备的试验结果。如果有争议的话，在试验期间可先卸掉电缆，再做试验，在一次放电试验结束后，再把电缆装上去，以便在两次连续放电之间使电荷有足够的衰减。

上述方法的主要缺点是操作过于麻烦。作为替代，可采用下述方案：

① 将两次连续放电之间的时间间隔加长，达到让受试设备上的电荷自然衰减到允许值所需的时间。

② 在接地电缆上采用带泄放电阻（如 $2 \times 470 \text{k}\Omega$）的碳纤维刷子。

③ 在试验环境里采用空气 - 离子发生器来加速受试设备的"自然"放电过程。

针对最后一种替代方案，在做空气放电试验时，离子发生器应关闭，避免放电枪头上的电荷离子发生器产生的离子中和。

上述任何一种替代方法的使用都要反映在试验报告里。对于电荷衰减的争议，受试设备上的电荷可以用一台非接触的电场计来监视。当电荷衰减到初始值的 10% 以下时，则认为受试设备已经放电。

放电时，静电放电发生器的电极应保持在正常的垂直于受试设备表面的位置。

2.4.4　试验等级

试验等级见表 2-7。

表 2-7　试验等级

1a		1b	
等级	试验电压 /kV	等级	试验电压 /kV
1	2	1	2
2	4	2	4
3	6	3	8
4	8	4	15
×	特殊	×	特殊

注："×"是开放等级，该等级必须在专用设备的规范中加以规定，如果规定了高于表格中的电压，则可能需要专用的试验设备。

2.4.5　试验案例

首先，确定受试设备的正常工作状态。然后，受试设备按要求放置，干扰信号施加于受试设备机壳、插座外壳等处，在每个试验点处进行直接放电不少于 10 次，每两次放电间隔 1s。

观察在干扰信号作用下，受试设备的性能是否下降。若受试设备在技术规范内性能正常，则判为 A 级；若受试设备功能或性能出现暂时性降低或丧失，但能自行恢复，则判为 B 级；若受试设备因元器件或软件损坏、数据丢失等造成不可自行恢复须人工干预的功能降低或丧失，则判为 C 级；D 级则属不合格。

2.5

射频辐射电磁场抗扰度试验

射频辐射电磁场抗扰度试验的国家标准为 GB/T 17626.3（国际标准 IEC 61000-4-3 与之等同）。

2.5.1　试验目的

射频辐射电磁场对设备的干扰往往是由设备操作、维修和安全检查人员使用移动电话、无线电台、电视发射、移动无线电发动机等电磁辐射源产生的（以上属有意发射），汽车点火装置、电焊机、晶闸管整流器、荧光灯工作时产生的寄生辐射（以上属无意发射）也都会产生射频辐射干扰。测试的目的是建立一个共同的标准来评价电气和电子产品或系统的抗射频辐射电磁场干扰的能力。

目前人们生活中不可缺少的手机产品，已经被标准作为辐射源的考虑重点，这一方面是由于当前手机的使用十分普遍，另一方面是由于手机的使用者与设备之间的距离比较近，因此手机对设备产生的辐射干扰在局部范围内非常强。

2.5.2　主要试验设备及必备条件

2.5.2.1　主要试验设备

① 信号发生器（主要指标是带宽、带调幅功能、能手动或自动扫描、扫描步长及扫描点上的留驻时间可设置、信号的幅度能自动控制等）。

② 功率放大器（要求在 1m 法、3m 法或 10m 法的情况下，能达到标准规定的场强。对于小产品，也可以采用 1m 法进行测试，但当 1m 法和 3m 法的测试结果有出入时，以 3m 法为准）。

③ 天线（在不同的频段下使用对数周期天线和双锥天线，目前已有可在全频段内使用的复合天线）。

④ 场强测试探头。

⑤ 场强测试与记录设备。在基本仪器的基础上再增加一些辅助设备（比如电脑、功率计、场强探头的自动行走机构等），可构成一个完整的自动测试系统。

⑥ 电波暗室。为了保证测试结果的对比性和重复性，要对测试场地的均匀性进行校准。

2.5.2.2　试验场地

试验应在电波暗室中进行。电波暗室相对受试设备来说，应具有足够的空间，而且在受试设备周围空间还要有均匀场的特性。电波暗室的均匀性每年校准一次。另外，每当暗室内的布置发生变化时（如更换吸波材料，试验位置的移动或试验设备的改变等），也要重新校准。

天线与受试设备间的距离取决于受试设备的大小。对小的受试设备来说，即使天线与受试设备间距离小至 1m，也足够保证受试设备正面辐照区的场的均匀性，这时可以采用 1m 法进行试验，从而选用更大的试验场地。

这里对几米的测量距离的规定是：对数周期天线是天线顶端到受试设备正面的距离；双锥天线是天线中央到受试设备正面的距离。

标准规定受试设备与产生电磁场的天线距离不得小于 1m。受试设备与天线之间的最佳距离是 3m。当对试验的距离有争议时，应优先使用 3m 法。但对大型设备，即使采用 3m 法试验，也难以保证受试设备正面辐照区场的均匀性，这时则应使用更大的电波暗室，更长的试验距离。

2.5.2.3　信号发生器产生的波形

标准规定，试验频率为 80 ～ 1000MHz。除试验频率范围外，标准还要求用 1kHz 的正弦波对载波频率进行调幅，调制深度 80%，为的是模拟语音信号对载波频率的幅度调制情况。调幅波的采用使得试验严酷度提高了很多，这是因为辐射波的瞬时功率与只用载波信号的辐射情况相比大了将近 4 倍。试验波形见图 2-13。

$V_{p\text{-}p} = 2.8\text{V}$　　　　　　　　　$V_{p\text{-}p} = 5.1\text{V}$

$V_{rms} = 1.0\text{V}$　　　　　　　　　$V_{rms} = 1.12\text{V}$

　　　　　　　　　　　　　　　　$V_{maximum\ rms} = 1.8\text{V}$

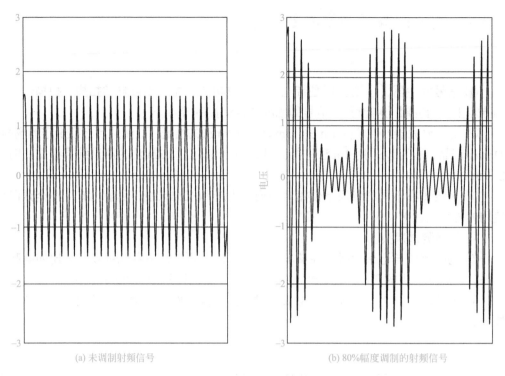

图 2-13　信号发生器产生的波形

2.5.3　试验方法及试验配置

2.5.3.1　试验布置

受试设备应该尽可能地在接近实际安装条件的情况下进行试验，布线也要按照制造商推荐的方式进行布局。除非另外说明，受试设备应该放置在其外壳内，所有的盖板应盖上。当受试设备被设计成要正常安装在机架或机柜里时，受试设备就应在这种状态下进行试验。

对不需要金属接地平面的受试设备，在摆放这个设备时，应该选用不导电的非金属材料来制作支架，但该设备外壳的接地还是应当按照制造商所推荐的安装规范进行。

当受试设备由台式和落地式部件组成时，要注意保持它们之间的相对位置。对于台式受试设备，应放在 0.8m 高的非金属工作台上，它可以防止受试设备的偶尔接地及产生场失真。台式设备布置如图 2-14 所示。EUT 应放置在一个 0.8m 高的绝缘试验台上。使用非导体支撑物可防止 EUT 偶然接地和场的畸变，支撑体应是非导体，而不是由绝缘层包裹的金属构架。

落地式设备的布置如图 2-15 所示。落地式设备应置于高出地面 0.1m 的非导体支撑物上，使用非导体支撑物可防止 EUT 偶然接地和场的畸变，支撑体应是非导体，而不是由绝缘层包裹的金属构架。

2.5.3.2　布线

如果对 EUT 的进、出线没有规定，则使用非屏蔽平行导线。从 EUT 引出的连线暴露在电磁场中的距离为 1m。

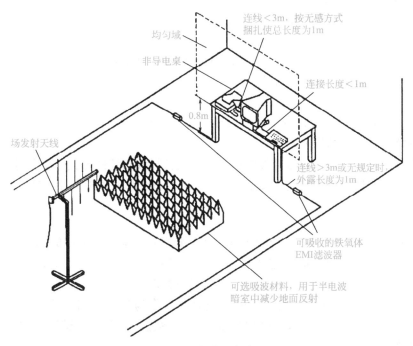

图 2-14 台式设备布置

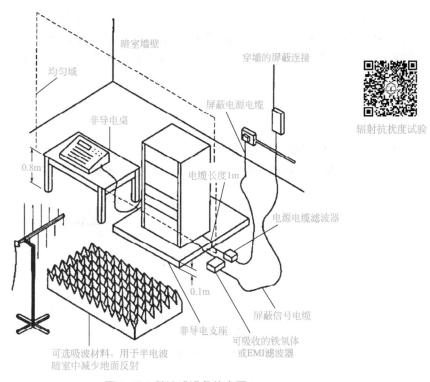

辐射抗扰度试验

图 2-15 落地式设备的布置

注：图中为了简明而省略了墙上的吸波材料。

EUT 壳体之间的布线按下列规定：

① 使用生产厂规定的导线类型和连接器；

② 如果生产厂规定导线长度不大于 3m，则按生产厂规定长度用线，导线捆扎成 1m 长的感应较小的线束；

③ 如果生产厂规定导线长度大于 3m 或未规定，则受辐射的线长为 1m，其余长度为去耦部分（比如套上射频损耗铁氧体管）。

采用电磁干扰滤波器不应妨碍 EUT 运行，使用的方法在试验报告中记录。EUT 的边线应平行于均匀域布置，以使影响最小。所有试验结果均应附有连线、设备位置及方向的完整描述，使结果能够被重复。

外露捆绑导线的那段长度应按能基本模拟正常导线布置的方式，即绕到 EUT 侧面，然后按安装说明规定向上或向下布线。垂直、水平布线有助于确保处于最严酷的环境。

2.5.3.3　试验方法

试验的扫频范围为 80 ～ 1000MHz，使用校准过程中所确定的功率电平，并以 1kHz 的正弦波来进行调幅，调制深度为 80%。扫频速率不超过 1.5×10^{-3} 十倍频程 /s。若扫频是以步进方式进行的，则步进幅度不超过前一频率的 1%，且在每一频率下的停顿时间应不小于受试设备对干扰的响应时间。作为替代，扫频的频幅也可以取前一频率的 4%，但此时的试验场强要比前一个方案提高一倍。但试验存在争议时应以前一个方案为准。

受试设备最好能放在转台上，以便让受试设备的 4 个面都有机会朝对天线来接受试验（受试设备不同面上抗干扰能力是不同的）。受试设备在一个朝对面上要做两次试验：一次是天线处在垂直位置上；另一次是天线处在水平位置上。若受试设备在不同位置上都能使用，则这个受试设备的 6 个面要依次朝对发射天线来做此试验。

2.5.4　试验等级

（1）一般试验等级

表 2-8 所示为频率范围为 80 ～ 1000MHz 的优选试验等级。

表 2-8　80 ～ 1000MHz 的优选试验等级

等级	试验场强 /（V/m）
1	1
2	3
3	10
×	特定

注：1. × 是一个开放级，可在产品规范中规定。

2. 表 2-8 中给出的是未经调制的信号场强，作为试验设备，要用 1kHz 的正弦波对未调制信号进行深度为 80% 的幅度调制。

3. 有关产品标准化技术委员会可以在 GB/T 17626.3 和 GB/T 17626.6 之间选择比 80MHz 略高或略低的过渡频率。

4. 有关产品标准化技术委员会在试验中也可以根据需要选择其他调制方式。

（2）保护（设备）抵抗数字无线电话的射频辐射设定的试验等级

表 2-9 所示为针对数字无线电话的射频辐射设定的试验等级。

表 2-9　针对数字无线电话的射频辐射设定的试验等级

（试验频率 800 ～ 960MHz 及 1.4 ～ 2.0GHz）

等级	试验场强 /（V/m）
1	1
2	3
3	10
4	30
×	特定

注：1. × 是一个开放级，可在产品规范中规定。

2. 表 2-9 中给出的是未经调制的信号场强，作为试验设备，要用 1kHz 的正弦波对未调制信号进行深度为 80% 的幅度调制来模拟实际情况。

3. 如果产品仅需符合有关方面的使用要求，则 1.4 ～ 2.0GHz 的试验范围可缩至仅我国规定的具体频段，此时应在试验报告中反映出这一决定。

4. 产品标准化技术委员会应对每一频率范围规定合适的试验等级。在此提到的频率范围中，只需对两个试验等级中较高的一个进行试验。

2.5.5　GTEM 小室

GTEM 小室是近年来才发展起来的新型电磁兼容试验设备，又称吉赫兹（GHz）横电磁波室，它的工作频率范围可以从直流至数吉赫兹以上，内部可用场区较大，最主要的是小室本身与其配套设备的总价相对合理性价比很高，大多数企业都能接受。因此 GTEM 小室在国内取得了长远的发展，对于外形尺寸不太大的产品（如电能表和开关电源等）来说，不失为开展射频辐射电磁场抗扰度试验的首选方案。

2.5.5.1　GTEM 小室的构造

GTEM 小室是根据同轴及非对称矩形传输线原理设计而成的。GTEM 小室在外形上看是一个尖尖的锥形，这样设计的目的是为了防止内部电磁波的谐振和反射，信号通过一个 N 型同轴接头输入，接头内部中心导体展平成一块扇形板，就是我们常说的芯板。芯板的终端采用了分布式电阻匹配网络，为的是保证球面波（由于所设计的张角很小，因而该球面波近似平面波）从输入端到负载端的传播特性，从而成为无反射终端。GTEM 小室的内部还装有吸波材料，用它对高端频率的电磁波做进一步吸收。因此在小室的芯板和底板之间产生了一个均匀场强的测试区域。试验时，受试设备放置在测试区中，为了保证受试设备的放置对场的均匀性影响最小，受试设备最好不要超过芯板和底板之间距离的 1/3。图 2-16 所示是 GTEM 小室的外形、典型工作特性及结构简图。

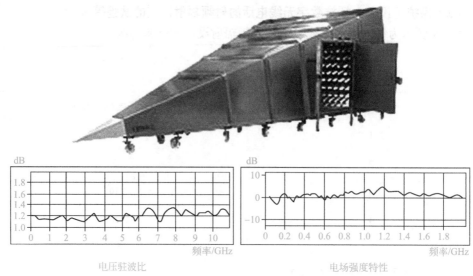

(a) GTEM小室的外形及典型工作特性

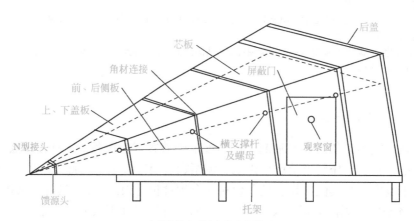

吉赫兹横电磁波室的立体视图

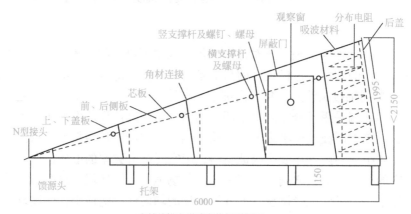

吉赫兹横电磁波室的侧面视图

(b) GTEM小室的结构简图

图 2-16　GTEM 小室的外形、典型工作特性及结构简图

2.5.5.2 用 GTEM 小室进行射频辐射电磁场抗扰度试验

GTEM 小室的射频辐射电磁场抗扰度试验系统如图 2-17 所示，主要由信号源、功率放大器、场强监视器、计算机及操控软件、GTEM 小室组成。

在图 2-17 中，当信号源经过功率放大器放大后注入 GTEM 小室的输入端，在芯板和底板之间形成较强的均匀电磁场，用放置在受试设备附近的电场监测探头来监测该场强，然后反馈给计算机得到输入功率值，计算机再调节信号源输出幅值，保证小室内的场强值符合要求。测控软件控制信号源按照标准的步长进行辐射场的频率扫描。小室内安装有摄像头，试验人员可在 GTEM 小室外通过监视器，观看受试设备在射频电磁场干扰下的工作情况。

操作方法：

① 将受试设备放置在 GTEM 小室内。

② 打开信号源，通过功率放大器在 GTEM 小室内建立均匀电磁场。

③ 确定扫频频率范围及调制方式、调制深度。

④ 调整信号源输出幅值。

⑤ 重复步骤③、④，通过观测判定受试设备的射频电磁场辐射抗扰度。

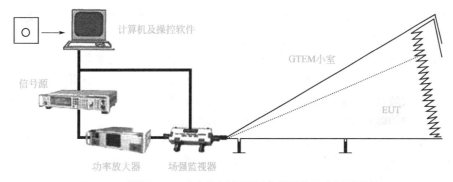

图 2-17　采用 GTEM 小室的射频辐射电磁场抗扰度试验系统

2.5.5.3 用 GTEM 小室进行辐射发射试验

GTEM 小室理论上也可以进行辐射发射值的测试。小室内芯板和底板可以代替暗室测试中的天线，接收受试设备工作过程中产生的辐射发射。将 GTEM 小室前端的 N 型接头连接到 EMI 接收机输入端，通过 EMI 接收机测试受试设备工作过程中电磁干扰的辐射发射值。再通过计算机和处理软件判定受试设备辐射发射的测试结果。注意，GTEM 小室在测试前需要和开阔场或电波暗室进行对比校准，从中找出规律（建立数学模型），通过测试软件进行必要的修正，这样才能作为辐射发射测试使用。另外，受试设备在 GTEM 小室中摆放的位置（也就是说在芯板与底板之间相对距离的不同），也会导致测试结果不同，试验人员必须充分注意。

在 GTEM 小室内做辐射发射试验的操作方法如下：

① 将受试设备置于 GTEM 小室内。

② 将 EMI 接收机连接到 GTEM 小室前端的 N 型接头上，并打开电源。

③ 按照测试标准要求，设置接收机的扫频范围、检波方式及分辨率带宽等。

④ EMI 接收机测试受试设备的辐射干扰电平值。

⑤ 通过计算机及软件进行数据分析及处理，得到最终测试结果。

无论是做射频辐射电磁场抗扰度试验，还是做辐射发射试验，都有一个极化问题。在开阔场和电波暗室中测试时，是通过改变测试天线的方向来实现的；但是，GTEM小室里是利用芯板和底板作为天线使用的，它们的位置是不能变化的。要想改变电磁场的极化方向，需要通过人为地改变受试设备相对于芯板和底板的摆放方向来实现。

2.6

电快速瞬变脉冲群抗扰度试验

电快速瞬变脉冲群抗扰度试验的国家标准为 GB/T 17626.4，等同的国际标准是 IEC 61000-4-4。

2.6.1　试验目的

标准模拟电网中切换瞬态过程（比如电感性负载切换、继电器触点弹跳等）时所引起的干扰，从而完成对电气和电子设备的电快速瞬变脉冲群抗扰性能方面的考核。

在工程实践中，电路中机械开关在切换电感性负载时，经常会干扰同一电路中的其他电气和电子设备。经研究发现，这种干扰的特点是：干扰波以群脉冲方式出现，且重复频率较高，脉冲波形的上升时间短暂。此类干扰经常会使设备产生误动作的情况，由于单个脉冲的能量较小，一般不会造成设备硬性故障。

脉冲群干扰之所以会造成设备发生误动作现象，是因为脉冲群会对电路中半导体器件的结电容充电，当结电容上的能量积累到一定程度时，便会使一些逻辑电路错误翻转，从而引起设备的误动作。

2.6.2　主要试验设备及必备条件

2.6.2.1　群脉冲发生器

图 2-18 给出了电快速瞬变脉冲群发生器的基本线路，其中，C_c 为储能电容，容值大小决定了单个脉冲的能量；R_s 为脉冲持续时间形成电阻，该电阻和储能电容配合，决定了波形的形状；R_{es} 为阻抗匹配电阻，决定了脉冲发生器的阻抗（标准为 $50\,\Omega$）；隔直电容 C_d 主要是为了隔离脉冲发生器中的直流成分。

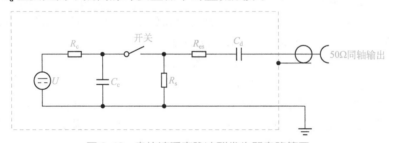

图 2-18　电快速瞬变脉冲群发生器电路简图

2.6.2.2　群脉冲发生器的输出特性及输出波形

对电快速瞬变脉冲群发生器的基本要求是：

脉冲的上升时间（指 10% ～ 90%）：5 ×（1 ± 30%）ns。

脉冲持续时间（上升沿的 50% 至下降沿的 50%）：50（1 ± 30%）ns。

脉冲重复频率：5kHz 或 100kHz。

脉冲群的持续时间：5kHz 时为 15 ×（1 ± 20%）ms。

　　　　　　　　　100kHz 时为 0.75 ×（1 ± 20%）ms。

脉冲群的重复周期：300 ×（1 ± 20%）ms。

发生器在 1000Ω 负载时输出电压（峰值）：0.25 ～ 4kV。

发生器在 50Ω 负载时输出电压（峰值）：0.125 ～ 2kV。

发生器的动态输出阻抗：50 ×（1 ± 20%）Ω。

输出脉冲的极性：正 / 负。

与电源的关系：异步。

群脉冲发生器的输出波形见图 2-19，输出特性见表 2-10。

表 2-10　输出特性表

设定电压 /kV	V_p（开路电压）/kV	V_p（1000Ω）/kV	V_p（50Ω）/kV	重复频率 /kHz
0.25	0.25	0.24	0.125	5 或 100
0.5	0.5	0.48	0.25	5 或 100
1	1	0.95	0.5	5 或 100
2	2	1.9	1	5 或 100
4	4	3.8	2	5 或 100

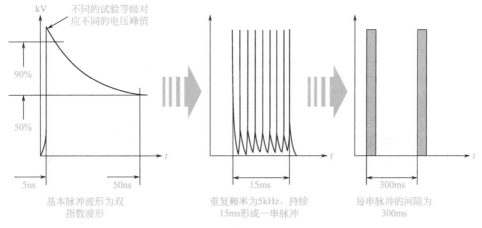

图 2-19　输出波形图

2.6.2.3　耦合 / 去耦网络（CDN）

交 / 直流电源端口的耦合 / 去耦网络（Couple and Decouple Networks，CDN），可以在不对称条件下把测试电压施加到受试设备的电源端口。不对称干扰是指电源线与大地之间的干扰。测试发生器的输出信号电缆芯线通过可供选择的耦合电容加到相应的电源线（L1、L2、L3、N 及 PE）上，信号电缆的屏蔽层与 CDN 的外壳相连，该机壳则接到参考接地端子上，CDN 的作用是将干扰信号耦合到受试设备并阻止干扰信号干扰连接在同一电网中的其他设备。一些电快速脉冲发生器内部已经集成了耦合 / 去耦网络。耦合 / 去耦交 / 直流电源端口见图 2-20。

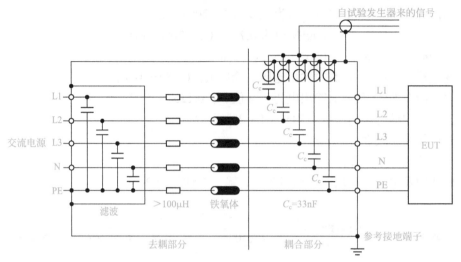

图 2-20　耦合 / 去耦交 / 直流电源端口

L1，L2，L3—相线；N—中线；PE —保护地；C_c—耦合电容。

耦合 / 去耦网络特性参数为：耦合电容为 33nF 为耦合方式为共模。

2.6.2.4　容性耦合夹

容性耦合夹见图 2-21。

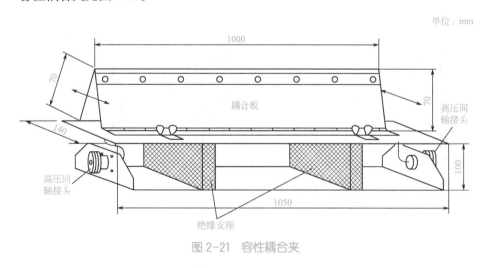

图 2-21　容性耦合夹

 警 告

耦合段与其他所有导电结构（受试电缆和接地平面除外）的间距应大于 0.5m。

特性参数：

电缆和耦合夹之间典型的耦合电容为 100 ～ 1000pF；

圆电缆可用的走私范围为 4 ～ 40mm；

绝缘耐压能力为 5kV（试验脉冲：1.2/50μs）。

对在输入/输出和通信端口上的连接线的验收试验采用耦合夹的耦合方式。只有当上面定义的耦合/去耦网络不适用时，耦合夹的耦合方式才可用于交流/直流电源端口的试验。

2.6.3 试验方法及试验配置

2.6.3.1 试验配置

试验配置的正确性影响到试验结果的重复性和可比性，因此，正确的试验配置是保证试验质量的关键。对于脉冲群抗扰度试验的这种高速脉冲试验，结果尤其如此。

固定落地式安装或者台式受试设备和设计安装于其他配置中的设备，都应放置在接地参考平面上，并用厚度为 0.1m±0.01m 的绝缘支座与之隔开（如图 2-22 所示）。

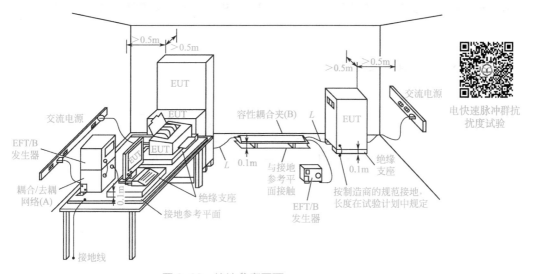

图 2-22 接地参考平面

关键点

L，即耦合夹与 EUT 之间的距离（应为 0.5m±0.05m）；电源线耦合位置；信号线耦合位置。

① 对于台式设备，则受试设备应放置在接地参考平面上方 0.1m±0.01m 处（见图 2-22），通常安装于天花板或者墙壁的设备应按台式设备试验，并放置于接地参考平面上方 0.1m±0.01m 处。

② 试验发生器和耦合/去耦网络应直接放置在参考地平面上，并与之搭接。

③ 接地参考平面应为一块厚度不小于 0.25mm 的金属板（铜或铝）；也可以使用其他金属材料，但其厚度至少应为 0.65mm。

④ 接地参考平面的最小尺寸为 1m×1m。其实际尺寸取决于受试设备的尺寸。接地参考平面的各边至少应超出受试设备 0.1m。

⑤ 接地参考平面应与保护地连接。

⑥ 受试设备应该按照设备安装规范进行布置和连接，以满足它的功能要求。

⑦ 除了接地参考平面，受试设备和其他导电性结构（如屏蔽室的墙壁）之间的最小距离应大于 0.5m。

⑧ 与受试设备相连接的所有电缆应放置在接地参考平面上方 0.1m 的绝缘支撑上。不经受电快速瞬变脉冲的电缆布线应尽量远离受试电缆，以使电缆间的耦合最小化。

⑨ 受试设备应按照制造商的安装规范连接到接地系统上，不允许有额外的接地。

⑩ 耦合／去耦网络连接到接地参考平面的接地电缆，以及所有搭接所产生的连接阻抗，其电感成分要小。

⑪ 应采用直接耦合和容性耦合夹施加试验电压。试验电压应耦合到受试设备的所有端口，包括受试设备两单元之间的端口，除非设备单元之间的互连线长度达不到进行试验的基本要求。

⑫ 应用去耦网络保护辅助设备和公共网络。

⑬ 使用耦合夹时，除耦合夹下方的接地参考平面外（耦合夹应放在参考接地地板上），耦合板和其他导电性结构之间的最小距离为 0.5m。

⑭ 除非其他产品标准或者产品类标准另有规定，耦合装置和受试设备之间的信号线和电源线的长度应为 0.5m±0.05m。

⑮ 如果制造商提供的与受试设备不可拆卸的电源电缆长度超过 0.5m±0.05m，那么电缆超出长度的部分应折叠，以避免形成一个扁平的环形，并放置于接地参考平面上方 0.1m 处。

图 2-23 为架式安装设备的试验配置示例。

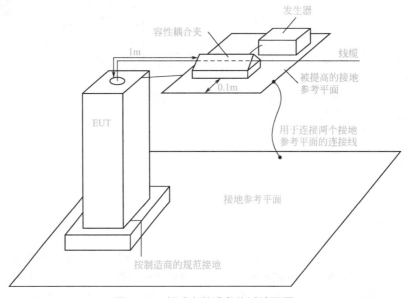

图 2-23 架式安装设备的试验配置

提示

耦合夹可安装在屏蔽室的墙壁上或者任何其他接地表面，并与受试设备搭接，电缆从顶部引出大型、落地安装的系统，耦合夹中心处于距离受试设备上方 10cm 处，电缆沿耦合平面的中心垂落布置。

2.6.3.2　试验方法

进行电源线试验时，通过耦合 / 去耦网络来施加试验电压。进行信号线试验时，控制线通过电容耦合夹来施加试验电压。

受试设备线路出错有一个过程，而且有一定偶然性，不能保证间隔一定时间后肯定出错，尤其是当试验电压接近临界值时，这种偶然性更大。因为脉冲群试验的实质是利用干扰对线路结电容充电，当其能量积累到一定程度时，才会引起线路（乃至系统）出错。为此，一些产品标准规定电源线上的试验要在线和地之间进行，要求每一根线在一种试验电压极性下进行 3 次试验，每次 1min，中间间隔 1min。一种极性做完后，要换另一种极性。一根线做完后，再换另一根线。当然也可以两根线同时注入脉冲，甚至几根线同时注入。由于脉冲群信号在电源线上的传输过程十分复杂，很难判断究竟是分别施加脉冲还是一起施加脉冲更为严酷，因此，同时加脉冲也仅仅是一种试验形式而已，最终要由试验来判定。

一般情况下，受试设备只对其中某根线和某个极性的试验比较敏感。如果特定的 I/O 和通信端口无法采用耦合夹来进行耦合，可以采用金属带或导电箔覆盖或缠绕在相应电缆上的方法来代替容性耦合夹进行试验。但是，要求其分布电容应与标准耦合夹相同。

2.6.3.3　试验中的注意事项

在电快速瞬变脉冲群试验中，试验配置的规范性是非常重要的，应主要注意以下几点：

① 参考接地，没有参考接地板，干扰就加不到受试设备上去，因为脉冲群施加的为不对称干扰，需要公共参考点。并且，为了保证试验结果的正确性，接地板的面积应足够大。

② 脉冲群干扰含有极其丰富的谐波成分，这是因为干扰波的单个脉冲十分陡峭，前沿为 5ns，半宽也达到了 50ns，其中幅度较大的频率可以达到 60MHz 以上。对电源线来讲，即使长度只有 1m，由于长度已可和传输频率的波长相比，因此信号在上面传输时，部分干扰通过线路进入受试设备（传导），部分要从线路逸出，成为辐射信号进入受试设备（辐射）。因此，受试设备受到的干扰实际上是传导与辐射的结合。传导与辐射的比例与电源线长度有关：线路短，传导成分较多；线路长，辐射成分较多。由于线路与参考地之间的分布电容的关系，辐射的强弱还和电源线与参考接地板的贴近程度有关，线路离接地板近，分布电容大（容抗小），干扰被分布电容滤掉的成分就越多，辐射分量较小；线路离接地板远，分布电容小（容抗大），干扰被分布电容滤掉的成分就越少，辐射分量较大。

综上所述，试验用电源线的长度、离参考接地板的高度乃至电源线与受试设备的相对位置，都有可能成为影响试验结果的因素。为了保证试验结果的重复性和可比性，注意试验配置的规范性就显得十分重要。由于脉冲群试验除了具有传导干扰外，还存在一定程度的辐射干扰。对于不同的导线数目和不同的导线摆放位置，受试设备对辐射干扰的响应情况是不同的。因此，除了试验配置的规范性外，还要注意每次试验时附在受试设备上的附加导线根数及摆放位置是否一致。

此外，由于不同的试验运行程序对受试设备结电容的充、放电情况是不同的，因此，不同的试验运行程序也可能影响试验结果。这一点，也需要试验人员加以注意。

总之，试验人员对试验情况都要仔细记录在案，以便使试验结果具有可追溯性。

2.6.4 试验等级

试验等级应按照设备预期安装使用的环境条件进行选择。环境条件分 5 个等级（表 2-11）：

第 1 级：具有良好保护的环境，典型的环境如计算机房等。

第 2 级：受保护的环境，典型的环境如工厂和发电厂的控制室和终端室等。

第 3 级：典型的工业环境，代表环境有工业过程控制设备的安装场所、发电厂和室外高压变电所的继电器房、铁路信号所机械室等。

第 4 级：严酷的工业环境，如未采用特别安装措施的电站、室外工业过程控制设备的安装区域、露天的高压变电站的配电设备和工作电压高达 500kV 及以上的开关设备等。

第 5 级：需要加以分析的特殊环境。

表 2-11 为开路输出试验电压和脉冲的重复频率。

表 2-11 开路输出试验电压和脉冲的重复频率

等级	在供电电源端口，保护接地（PE）		在 I/O（输入 / 输出）信号、数据和控制端口	
	电压峰值 /kV	重复频率 /kHz	电压峰值 /kV	重复频率 /kHz
1	0.5	5 或者 100	0.25	5 或者 100
2	1	5 或者 100	0.5	5 或者 100
3	2	5 或者 100	1	5 或者 100
4	4	5 或者 100	2	5 或者 100
×	特定	特定	特定	特定

注：1. 传统上用 5kHz 的重复频率，然而 100kHz 更接近实际情况，专业标准化技术委员会应决定与特定的产品或者产品类型相关的那些频率。

2. 对于某些产品，电源端口和 I/O 端口之间没有清晰的区别，在这种情况下，应由专业标准化技术委员会根据试验目的来确定如何进行。

3. "×"是一个开放等级，在专用设备技术规范中必须对这个级别加以规定。

2.7

浪涌（冲击）抗扰度试验

浪涌抗扰度试验的国家标准为 GB/T 17626.5，等同的国际标准是 IEC61000-4-5。具体试验内容可扫二维码学习。

浪涌（冲击）抗扰度试验

2.8

射频场感应的传导干扰抗扰度试验

射频场感应的传导干扰抗扰度试验的国家标准为 GB/T 17626.6（等同于国际标准 IEC 61000-4-6）。具体试验内容与规范可扫二维码学习。

试验内容　　　　　　　　试验讲解

2.9

电压暂降、短时中断和电压变化的抗扰度试验

电压暂降、短时中断和电压变化抗扰度试验的国家标准为 GB/T 17626.11（等同于国际标准 IEC 61000-4-11）。具体试验内容与规范可扫二维码学习。

试验内容

附录

电磁兼容测试报告样本

第 3 章

接地设计

3.1 接地设计的作用和分类

接地是提高电子、电气设备电磁兼容性的三种基本措施之一。正确的接地既能有效地提高设备的电磁抗扰度，又能抑制电子、电气设备向外部发射电磁波；但是错误的接地常常会造成相反的效果，甚至会使电子、电气设备无法正常工作。尤其是成套控制设备和自动化控制系统，需要在系统设计时周密考虑，而且在安装调试时也要仔细检查和做适当的调整。这是因为有多种控制装置布置比较分散，它们各自的接地往往会形成十分复杂的接地网络。

电子产品的接地线根据其功能分为两类：一类是为了让电路能够正常工作，称为信号地；另一类是为了保证设备的电气安全，称为安全地。信号地不一定与大地连接，可以是任何定义为电位参考点的位置。安全地则一般与大地连接，为的是保证接地的设备与大地处于同一个电位。

地线设计是难度较大的一项设计，也是一项非常重要的设计。在电磁兼容设计的初期就进行地线设计是解决电磁干扰问题的最有效、最廉价的方法。

3.2 安全地

许多家用电器（例如冰箱、空调等）的电源插头都是三个端子，其中中间的一个就是接地用的，还有些电气设备规定了接地电阻要小于多少欧姆。这个"地"是什么意思呢？还有，为什么要求接地电阻要很小呢？这些很少有人考虑。实际上，这个地就是"安全地"，接地电阻足够小是为了保证"安全地"确实能起到安全的作用。

　　"安全地"，顾名思义，它的作用是保证安全。一般情况下这里的安全指的是人身安全。安全地通常就是指我们所站立的大地。下面通过举例来理解安全地的原理。

　　图 3-1 所示就是一个安全地的例子。该设备外壳为金属机箱。为了防止设备工作期间，人体接触金属机箱时触电，金属机箱必须与大地连接。如果机箱不接地，当电源线与机箱之间的绝缘良好（绝缘电阻 R_1 很大）时，虽然机箱上的感应电压可能很高，但是人体接触机箱时也不会发生危险，因为流过人体的电流很小。

　　但如果电源线与机箱之间的绝缘层破损，使绝缘电阻 R_1 降低，当人体触及机箱时，流过人体的电流取决于人体的电阻 R_2。如果人站立在绝缘物体上（R_2 较大时），流过人体的电流并不大，不会造成伤害。如果人直接站在大地上（相当于 R_2 较小时），流过人体的电流可能很大，会导致产生电击的感觉，甚至造成人身伤害。最坏的情况是电源线与机箱之间短路，这时全部电压加在人体上。

　　若机箱接地，当人站在地面上触摸机箱时，就不会感到电击，这是因为机箱的电位与大地相同，人的身体上没有电压。当电源线与机箱之间的绝缘电阻降低到一定值时，这时由于漏电流过大就会烧断熔断器或导致漏电保护动作。

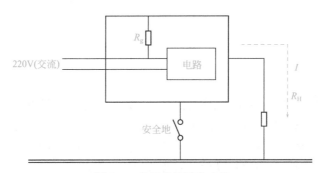

图 3-1　金属机箱的安全地

　　有些场合，为了对电源线进行有效的干扰滤波，需要在电源线与屏蔽体之间安装一只容量较大的滤波电容。这时，漏电流往往很大（跟电容阻抗有关），会达到数十安培，如果地线的电阻较大，就算 4Ω，尽管屏蔽体接地，屏蔽体上的电压仍然会超过安全电压，对人体造成伤害。这时，就需要对屏蔽体的接地电阻严格限制。

　　另一类需要进行安全接地的场合是为了泄放雷击能量。比如建筑物上的避雷针就是这种应用。需要注意的是，当雷电击中避雷针时，避雷针的接地导体上流过很大的电流，会在周围产生很强的磁场，这个磁场会在附近设备的电缆（包括电源线和信号线）上感应出很高的电压或很强的电流，导致设备工作不正常甚至损坏，通常称这种现象为浪涌的现象。为了防止浪涌使设备损坏，在设备的电缆端口处一般安装有浪涌抑制器。浪涌抑制器的原理是当浪涌电压到来时，将这股能量泄放到大地。因此，浪涌抑制器必须接地，否则无法泄放浪涌能量。由于流地浪涌抑制器的瞬间电流会很大（数百乃至上千安培），接地的阻抗必须尽可能地低，如果接地阻抗很大会有明显的地电位反弹现象，如图 3-2 所示。地电位反弹现象对于系统来说是十分有害的，因为如果很多设备连接在一起，这个地电位就会以共模噪声电压的形式影响另一台设备，导致另一台设备的误动作，甚至损坏。

不同物质相互摩擦后会产生静电荷，形成很高的电压和较强的电场，这对许多半导体器件来说是十分有害的，为了消除这种静电现象，需要将可能积累静电荷的物体与大地连接起来，及时泄放掉电荷。这是静电防护中的一项关键措施。例如，接触高敏感半导体器件的人员必须佩戴防静电腕套，这个腕套为了防止人身不慎接触到危险电压时受到伤害，一定要通过一个很大的电阻（MΩ 级）接地。

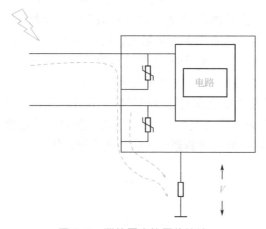

图 3-2　泄放雷击能量的接地

当带有电荷的人体接触到电子设备时，会发生静电放电现象（ESD），这是由人体上的电荷发生转移所导致的。发生静电放电时会产生很大的电流，这种电流会直接流进设备对其电路造成危害；另外，这种放电电流周围会产生很强的电磁场，影响邻近的电路。这就是进行电磁兼容设计时需要解决的一个问题。

随着开关电源的普遍应用，设备的安全地还有一种特殊的意义。开关电源以其适应电压范围宽、电源利用效率高、体积小而得到了广泛的应用。但是，开关电源的一个主要缺点是会产生很强的电磁干扰。为了通过电磁兼容试验，几乎所有使用了开关电源的设备在电源的入口处安装有电源线滤波器。电源线滤波器的电原理图如图 3-3 所示。有关电源线滤波器的详细内容将在第 5 章讨论，电路中 C_1 和 C_2 直接与金属机箱连接，因此机箱上的电压为交流 110V，如果机箱内的电路地与机箱相连接，那么，电路地的电位也是 110V。这时，如果这个机箱中的电路再与其他接地的设备相连接（电位为 0V），则两者之间会有交流 110V 的共模电压。这种共模电压会因为 50Hz 的干扰耦合进信号电缆造成信号传输质量下降，甚至导致电路中的器件（例如图 3-4 中的共模滤波电容 C_3 和 C_2）损坏，如图 3-4 所示。为了避免这种情况发生，所有使用了电源线滤波器的设备都应该接安全地。

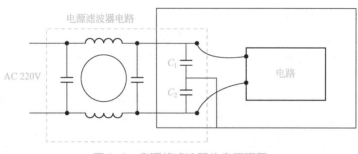

图 3-3　电源线滤波器的电原理图

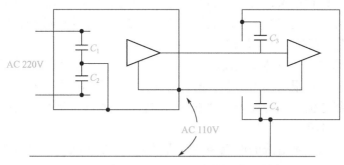

图 3-4　电源线滤波器在互连设备中的危害

3.3

信号地

　　信号地是指电路中各种电压信号的电位参考点，这是大部分电路的教科书中对信号地的定义。因此，地线电位为系统中的所有电路提供了一个电位基准。所以在设计电路时，要将所有标有地线符号的点连接到一起，使所有电路具有相同的参考电位。

　　这个定义与其说是地线的定义，不如说是对地线电位的一种假设。因为，这个定义实际上并没有反映地线的真实情况；也就是说，假设地线上的电位是一定的，就以这个假设的等电位作为整个电路的电位参考点。但是，实际电路的地线上的电位并不是一定的，因此就导致了实际情况与假设前提相矛盾的情况发生，既然假设的条件都不正确，电路工作异常也就是十分正常的事了。这就是地线所导致的电磁干扰问题。

　　地线连接不当会出现干扰问题的现象，对于经验丰富的电路工程师是再熟悉不过了，在调试电路时，可以尝试着改变地线的连接方式，大家会发现，有时仅将地线的连接方式改变一下，干扰问题就会改善，这是因为改变地线连接方式后，地线的电位情况恰好符合了假设条件，也就是说保持了地线的等电位。

　　从信号源发送到负载的信号电流最终消失在哪里了呢？在几乎所有的电路教材中，都忽略了这个问题的解释。根据电流连续性定律，流进一个节点的电流总量总是等于流出这个节点的电流总量。但是，流进负载的电流，从哪里流出了呢？从信号源流出的电流又从哪里流回信号源呢？实际上，这些电流的路径就是地。只不过我们在画电路图的时候，没有专门画出地线，而是用一个地线符号来表示，所有的地线符号都需要连接在一起，自然构成了一个电流的回路。因此，地线更客观的定义应该是，地线电流流回信号源的低阻抗路径。

这个定义突出了电流的流动，反映了地线的真实情况。当电流流过有限阻抗时，必然会导致电压降，因此地线上的电位不会相同，这个定义反映了实际地线上的电位情况，这与电路设计中对地线电位的假设完全不同，从而揭开了地线干扰问题的面纱。

另外，这个定义中强调的是低阻抗路径。因为电流的一个特性就是总是选择阻抗最小的通路，地线电流也是如此。通常在设计线路板或进行系统组装时，只是随便地将所有地线符号连接起来，可是我们想一想，这种连接是否真正提供了一条阻抗最小的路径呢？实际上，我们所连接的地线并不一定是阻抗最小的路径，也就是说真正的地线并不一定是实际所连接的那样。

很多工程师并不知道地线电流的真实情况，一旦出现地线导致的干扰问题，往往会感到莫名其妙，也很难找出一个方案来解决。这是因为，在没有认真进行地线设计的情况下，地线电流实际是处于一种不可控的状态，地线电流会自己打通一条阻抗最低的路径流回信号源。

综上所述，地线是电流的回流路径，所以对于电磁干扰来说是相当重要的，地线所导致的电磁干扰问题的实质主要如下：

① 地线电流及地线阻抗导致了地线各点电位的不同，这与地线电位是一定的假设相矛盾，导致了电路工作异常；

② 由于地线设计不当导致信号电流回路面积较大，这种面积较大的电流回路会产生很强的电磁辐射，导致辐射干扰的问题；

③ 较大的信号回路面积会令电路之间的互感耦合增加，导致电路工作异常；

④ 另外，较大的信号回路面积还会增加电路对外界电磁场的敏感性。

因此，在电路设计时，要精心设计地线，做到"两小"：地线阻抗要尽量小，地线环路面积尽量小。这样做的目的有二：第一个地线阻抗要尽量小的目的是，保证作为参考电位的地线电位尽量符合电位一致的假设；第二个地线环路面积尽量小的目的是，为信号电流提供一条抵抗的路径，使信号电流的回流处于受控状态，控制信号电流的回路面积，减小天线效应。

3.4

地线阻抗问题

根据地线就是信号电流的回流路径的定义，地线电流的频率与信号电流是相同的。对于高频电流，导线的阻抗不仅仅是直流电阻这么简单，下面通过两种情况分析地线的阻抗：一种是单根导体的阻抗，这可以说明电流流过导体时所产生的电压降；另一种是电流回路的阻抗，这关系到确定真正的地线电流路径的问题。

3.4.1 导线阻抗

导线的阻抗由电阻部分和内电感产生的感抗部分构成，因为任何导体都含有内电感成分（应该和我们通常讲的外电感区别开。外电感是导体所包围的面积的函数，是指电流回路的电感）。

（1）电阻成分 导体的电阻成分由直流电阻 R_{DC} 和交流电阻 R_{AC} 两部分组成。直流电阻的阻值为

$$R_{DC}=\rho S/A$$

式中，ρ 为导体材料的电阻率，$\Omega \cdot mm^2/m$（常用的电阻率有：铜的电阻率为 $1.7 \times 10^{-3} \Omega \cdot mm^2/m$，钢的电阻率为 $1.7 \times 10^{-3} \Omega \cdot mm^2/m$，铝的电阻率为 $2.8 \times 10^{-3} \Omega \cdot mm^2/m$）；$S$ 为电流流过导体的长度，m；A 为电流流过导体的截面面积，mm^2。

在电磁兼容分析中，交流信号是我们更为关心的。对于交流信号来讲，由于趋肤效应，交变电流会集中在导体的表面，从而导致电流的有效截面积减小，电阻增加。直流电阻和交流电阻的换算关系如下：

$$R_{AC}=0.076\, rf^{1/2}R_{DC}$$

式中，r 为导线的半径，cm；R_{DC} 为导线的直流电阻，Ω；f 为流过导线的交变电流频率，Hz。

导体截面的半径越大，交流电阻越小。因为导体截面的半径越大，意味着导体的表面积越大。对于任意截面形状的导体，$r=$ 截面周长 /（2π）（cm）。

（2）电感成分 内电感与导体所包围的面积无关，圆截面导体的内电感如下：

$$L=0.2S\,[\ln(4.5/d)-1]\ (\mu H)$$

式中，S 为导体长度，m；d 为导体直径，m。

从上式可知，导体的电感与导体横截面的直径关系并不是很密切，与导体的长度却有着密切的关系，导线电感一般可用 $1\mu H/m$ 的数值来估算。不同直径的圆形导体的阻抗见表 3-1。但是当频率较高时，导体的阻抗与导线直径关系就不像频率较低时那么明显了。这是因为当频率较低时，电阻成分起着主要作用；而频率较高时，电感的感抗部分起了主要作用。

由于上述的导体阻抗特性，因此在频率较高时，增加导体的截面积并不能明显地降低导体的阻抗。在实际工程中，可以通过缩短导体长度的方法来降低高频阻抗。另外，把多根导线并联起来，并且相隔一定的距离，可以降低并联导线的总体阻抗。

片状导体（导体宽度与导体厚度之比最小为 10：1）的电感计算方法为：

$$L=0.2S\,[\ln(2S/W)+0.5+0.2S/W]\ (\mu H)$$

式中，S 为导体长度，m；W 为宽度直径，m。

如果 $S/W < 4$，公式可以化简为

$$L=0.2S\ln(2S/W)$$

对于单位长度的导体，$S=1$，则金属片的电感为 $L=0.2\ln（2/W）$，而圆形导体的电感为 $L=0.2\,[\ln（4.5/d)-1]$，$W \gg d$，因此，片状导体的电感要小于圆形截面的导体。另外，当截面积一定时，片状导体高频时的电阻更小，这是因为片状导体截面的周长大于圆形导体截面的周长，相比圆形导体片状导体的表面积更大。因此，片状导体更加适合

高频电流，所以在实际工程中经常用金属片来作为地线。但是，随着导体的长度增加，这种差别逐渐减小。为了获得片状导体的这种好处，应控制 $S/W < 10$。

表 3-1　不同直径的圆形导体的阻抗

频率	直径 =0.65cm, 阻抗 /Ω			直径 =0.27cm, 阻抗 /Ω			直径 =0.065cm, 阻抗 /Ω		
	1cm	10cm	1m	1cm	10cm	1m	1cm	10cm	1m
10Hz	5.13μ	51.4μ	517μ	32.7μ	327μ	3.28m	529μ	5.29m	52.9m
50Hz	5.20μ	55.5μ	624μ	32.8μ	329μ	3.30m	530μ	5.30m	53m
100Hz	5.41μ	66.7μ	877μ	32.9μ	332μ	3.38m	530μ	5.30m	53m
1kHz	18.1μ	429μ	7.14μ	42.2μ	632μ	8.91m	531μ	5.34m	53.9m
10kHz	174μ	4.26m	71.2m	268μ	5.41m	82.9m	681μ	8.89m	113m
100kHz	1.74m	42.6m	712m	2.66m	54.0m	828m	4.31m	71.6m	1
1MHz	17.4m	426m	7.12	26m	540m	8.28	42.8m	714m	10
10MHz	174m	4.26	71.2	266m	5.4	82.8	428m	7.14	100
30MHz	523m	12.8	213	798m	16.2	248	1.28	21.4	
50MHz	871m	21.3	356	1.33	27.0	414	2.14	27.0	
100MHz	1.74	42.6		2.66	54.0		4.28	71.4	
200MHz	3.48	85.3		5.32	108		8.57	142	
300MHz	5.23	128		7.98	162		12.8	214	
500MHz	8.71	213		13.3	270		21.4	357	
700MHz	12.2	298		18.6	378		30.0	500	
1GHz	17.4			26.6			42.8		

3.4.2　信号回路阻抗

对于减小地线导致的噪声问题，地线的设计是十分关键的，地线电流应该处于受控状态。因此，当有多条地线存在时，电流取什么路径作为回路，成了一个十分棘手的问题。我们必须清楚电流回路的阻抗与什么有关系，才能彻底搞清楚这个问题。

电流回路的阻抗由两部分组成，即导线的电阻和环境电感形成的感抗，如图 3-5 所示，当频率较低时，感抗很小，回路的阻抗主要是导体的电阻。随着频率的升高，电感的感抗所占比重越来越大，回路的阻抗主要是电感部分，回路的电感越大，阻抗越高。

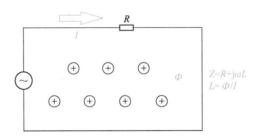

图 3-5　电流回路的阻抗

回路中的电感与导线的内电感不同，导线的内电感与导线周围的磁通是没有关系的，而回路中的电感为 Φ/I，其中 Φ 表示回路的磁通量，I 表示回路中的电流。这样，回路的面积越大，则回路所包围的磁通量越大，电感量也越大。

通过图 3-6 所示的试验来加深对电流回路阻抗的理解。

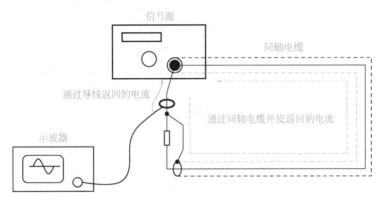

图 3-6　观察电流回流路径的试验

（1）试验设备　同轴电缆的一端接频率可调信号发生器，另一端接电阻负载。同轴电缆金属编织层的两端用一根电阻和内电感很小的短粗的铜线连接起来。这时，流过负载的电流可以分别通过同轴电缆的外皮和短粗的铜线，两个路径返回到信号源。然后，在铜线上套一个电流卡钳，用示波器来监视铜线中电流的大小。

（2）试验现象　将信号源的输出频率从低往高调，并适当调节信号幅值，使输出电流保持不变。观察铜线中电流的变化，可以发现：在频率低于 1kHz 时，几乎所有的电流都是通过铜线回到信号源的，随着频率的升高，铜线中的电流越来越小，直到最后铜线中几乎没有电流了。这个现象说明，当频率较高时，电流几乎全部从同轴电缆的外屏蔽层流回信号源。

（3）试验释疑　由同轴电缆芯线与短粗铜线构成的回路虽然电阻很小，但是由于回路面积很大的原因，电感很大，对于高频电流来讲具有较大的感抗；而由同轴电缆芯线与外皮构成的回路虽然具有较大的电阻，但由于电流回路面积非常小（几乎为零），因此电感很小，对于高频电流阻抗很小。当电流的频率较低时，由于回路的阻抗主要由电阻成分来决定，短粗铜线构成的回路阻抗较低，电流从这个路径流回信号源；随着电流频率的升高，感抗成为决定回路阻抗的主要因素，同轴电缆的芯线与外皮构成的回路阻抗相对较小，电流主要从同轴电缆外皮流回信号源。

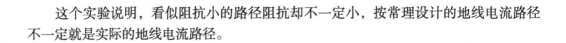
这个实验说明，看似阻抗小的路径阻抗却不一定小，按常理设计的地线电流路径不一定就是实际的地线电流路径。

3.5

地线干扰的来源

通过上节的学习，我们认识了地线实际上是信号电流的回流路径，并且对导体的阻抗及信号回路的阻抗的概念也有了深刻的认识，这对于我们认识地线形成的干扰问题就十分方便了。

由于信号电流都是经地线流回信号源的，而地线导体肯定会有一定的阻抗，因此地线上就必然会产生电压降。需要指出一点，流过地线的电流频率与信号的频率是完全一致的。而信号频率可能很高，因此导体的高频阻抗可能很大。由此产生的电压降也可能很大，导致地线上不同位置的电压会相差很多。这样就造成了实际情况与设计电路时的理论条件不符合，因此电路必然会出现问题。这就是地线干扰问题的实质。因此，有时在调试电路时会发现将电路换个接地位置，干扰问题就没有了，那是因为更换以后的地线位置正好是电位差最小的位置，从而消除了干扰。图 3-7 所示是地线电位的真实情况。

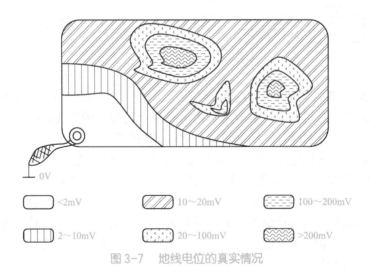

图 3-7　地线电位的真实情况

上面这张电位图就像是一个地形图，海平面以上的地形高低不平。实际上，连接到地线上的电路是动态工作的，电流可能会时大时小，因此电位也是变化的，把地线上的电位比作海洋中此起彼伏的波浪，把各种电路比作海洋中航行的船只更为形象。当波浪很大时，小船就会不稳甚至翻掉，而大船则很平稳。当大船靠近小船时，小船也会受到影响；连接到地线上的模拟电路相当于比较小的船，而控制电路和数字电路就相当于比较大的船，功率驱动电路相当于很大的船，它们之间很容易产生相互干扰。

　　如果对不同的电路进行分割，使每一类电路处于一个电位相对稳定的区域，就可以避免不同电路之间的相互干扰了。

　　还有一个原因会导致地线问题那就是地线电流的不确定性。结合图 3-6 所示的试验，我们可以总结出地线电流的特性：地线电路会自动选择阻抗较低的路径回到信号源，设计的导线并不一定就会成为真正的地线。因此，实际上地线电流处于一种失控的状态，不能确定实际的地线电流。这就是一旦出现了与地线相关的干扰问题，就很难分析和解决的真正原因了。实际上地线回路中除了电阻、电感成分以外，还有各种分布电容，当频率较高时，这些分布的电容具有很小的阻抗，往往成为地线电流的真正路径。

3.6
地线环路干扰

3.6.1　地线环路干扰现象及成因

　　如果两台设备通过较长的电缆连接就可能会发生地线环路干扰现象，这种干扰会导致设备工作异常，严重时甚至会造成整个系统瘫痪。那么是什么原因导致的地线环路干扰呢？我们通过图 3-8 来讲解这个问题，设备 1—互连电缆—设备 2—地线构成了回路。由于某种原因，这个回路中会产生地环路电流 I_1 和 I_2。如果电路是非平衡的，$I_1 \neq I_2$，就会在设备 2 的输入端形成噪声电压 V_N，从而对电路形成干扰。综上所述产生地线环路干扰的内在原因就是地环路电流的存在。

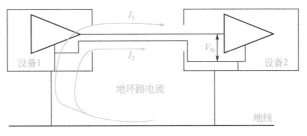

地线环路的干扰

图 3-8　地线环路干扰现象

　　形成地环路电流有以下三个原因：

　　① 两台设备的接地点不同，如果两个接地点的电位不同，就会在两个设备的接地点之间形成电压。在这个电压的驱动下，在设备 1—互连电缆—设备 2—地线形成的环路中形成电流，如图 3-9 所示。在地线设计不良的建筑物中通常会发生这种情况，由于其地线阻抗较大，当电流流过地线时产生了电压降。

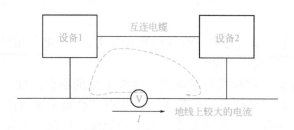

图 3-9　地线电压的形成

② 还有一种情况比较常见，那就是当一个设备的地线电压较大时，这个电压驱动了地环路电流。它通常由下面三种原因产生，如图 3-10 所示。

a. 电路的地线电流。例如，在应用开关电源的设备中一般装有电源线滤波器，开关电源的干扰电流就会通过滤波电容流进安全地线，由于开关电源的工作频率较高，比如 40kHz，在这个频率上地线呈现出较大的阻抗，这个电流就会在这段地线上产生电压降。当地线的长度为 10m 时，它的内电感约为 10μH，对于 40kHz 的电流的阻抗约为 2.5Ω，若电流为 10mA，则地线电压为 25mV。这个电压足以对一个灵敏度较高的模拟系统产生干扰。

b. 静电放电电流。当机壳上发生静电放电时，放电电流会流过安全地线。由于静电放电电流频率很高，地线呈现出的感抗很大，因此瞬间会产生很高的地线电压，造成严重的干扰问题。

c. 浪涌泄放电流流过地线。当电源线上出现浪涌电压时，浪涌抑制器就会发生放电，将浪涌能量旁路到大地，浪涌电流（可达几千安培）就会在地线上产生电压。由于这种电压可能很高，严重时可对数字电路造成干扰。

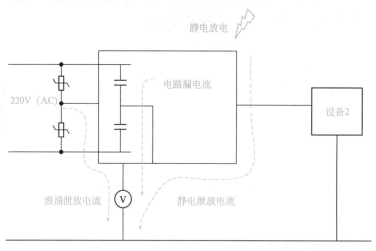

图 3-10　设备地线上产生电压的各种原因

③ 当互连设备工作在较强的交变电磁场中时，根据电磁感应理论，交变磁场会在这个回路中产生感应电压 $V=L(d\Phi/dt)$，其中 Φ 为磁通量，L 为回路的电感。由于这个电压的作用，在设备 1—互连电缆—设备 2—地形成的环路中会感应出地环路电流，如图 3-11 所示。

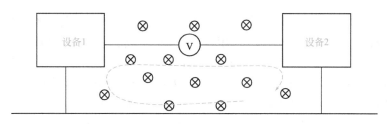

图 3-11 外部电磁场导致的地环路电流

3.6.2 地线环路问题的解决方案

由于地线环路干扰是由地环路电流引起的，在干扰频率较低的场合，有时会发现，当将一个设备的安全地线断开时，干扰现象就消失了。这是因为地线断开时，切断了地环路。当干扰频率较高（例如超过 10MHz）时，由于线路板与机箱之间、机箱与大地之间分布电容的存在，断开地线的作用就不那么明显了。因为这些分布电容已经能够给高频电流提供较低阻抗的通路，维持了地环路的存在。

解决地线环路干扰问题的方法有以下几个。

（1）单点接地 这种方法仅在干扰频率较低的场合适用。如图 3-12（a）所示，可以通过将两个设备通过一根地线与大地连接起来的方法，来消除地线环路。从图中可以看出，无论 V_1 还是 V_2，都不会形成地环路电流。地线与信号线所包围的磁通量决定了外界磁场的干扰程度，当地线与信号线靠得很近时，干扰很小。注意，如果设备 2 的地线直接接到设备 1 的接地点，如图 3-12（b）所示，则 V_1 还会产生干扰。

如果干扰的频率较高，单点接地的方法效果就不那么明显了。尽管不存在明显的地环路，但是由于分布电容的原因，还是会有无形的地环路存在。

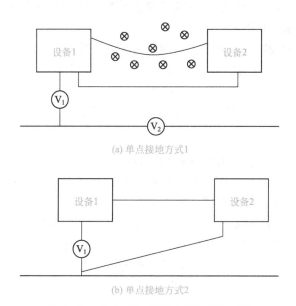

(a) 单点接地方式1

(b) 单点接地方式2

图 3-12 单点接地消除了地线环路干扰

图 3-13 所示是一个单点接地减小噪声的例子。这是一个两点接地（例如接机箱）的放大器，V_S 为信号源，R_L 为放大器内阻；信号源（传感器）和负载（放大器）的地分别接在 A 和 B 两点。A、B 两点的电位不同，它们之间的电压为 V_G。R_{C1}、R_{C2} 是连接信号源和负载的导体的电阻。从图中可以看出，地线噪声电压形成的地环路电流，可以通过环路中的电阻在放大器的输入回路中产生干扰电压。

如果 $R_{C2} \ll (R_L + R_{C1} + R_S)$，那么放大器输入端的干扰电压 V_N 为：

$$V_N = [R_L/(R_L + R_{C1} + R_S)][R_{C2}/(R_C + R_G)]V_G$$

设 V_G=100mV（10A 电流流过电阻为 0.01Ω 的地线所产生的电压），R_L=10kΩ，R_{C1}=R_{C2}=1Ω，R_S=500Ω，则在后级放大器的输入端产生的干扰电压为 95mV，地线噪声几乎 100% 地传进电路。

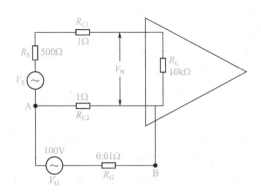

图 3-13　两点接地导致的干扰

将系统改为单点接地可以消除这种干扰，有两个方案可以实现：一是将源端的地线断开，二是将负载端的地线断开。如果将负载端的地线断开就必须要使用浮地的电源，为了方便通常在源端断开接地。

如果将源端的地线断开，使源端与地线之间的阻抗增加为 Z_{SG}（考虑地线上交流电压的情况，由于分布电容的作用，Z_{SG} 不可能是无穷大）。设 $Z_{SG} \gg (R_{C2} + R_G)$，那么地线电压在后级放大器输入端产生的干扰为：

$$V_N = [R_L/(R_L + R_{C1} + R_S)][R_{C2}/Z_{SG}]V_G$$

如果 Z_{SG} 是无穷大，则 V_N=0，即没有干扰。如果假设 Z_{SG} 为 1MΩ，则噪声电压为 0.095μV，这样就比两点接地的情况降低了 120dB。

因此这种单点接地非常适用于干扰频率较低的场合。

（2）切断两电路的电气连接　有些场合单点接地并不容易实现。例如，为了电气安全，设备必须接安全地。这时，可以通过切断两个设备之间的电气连接的方法来消除地环路。实现这个意图的方法是用光耦隔离器或隔离变压器来实现两台设备的电气连接，如图 3-14 所示。差模信号通过光或磁场传送，同时切断地线产生的共模干扰。

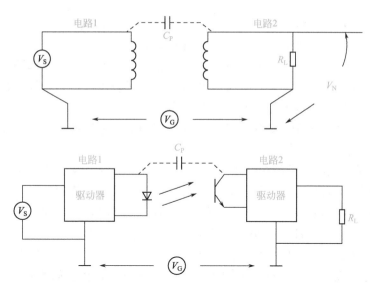

图 3-14　利用光耦隔离器或隔离变压器切断地环路

当利用隔离变压器进行两个设备之间的连接时，地线上的干扰电压会形成于变压器的初、次级之间，而不是在电路 2 的输入端。用变压器隔离的缺点是体积大、成本高，并且还不能传输直流。另外，由于变压器的初、次级之间有分布电容，因此高频时的隔离效果不是很理想。

设初、次级之间的分布电容是 C_P，则 R_L 上的噪声电压为：

$$V_N = V_G \{R_L/[R_L+1/(j\omega C_P)]\} = V_G[j\omega C_P R_L/(1+j\omega C_P R_L)]$$

通过上式可以得知，如果初、次级之间的分布电容较小，噪声电压也会较小。因此，要设法减小初、次级之间的分布电容。可以通过在初级和次级之间加屏蔽层的方法来减小初、次级之间的分布电容。屏蔽层的构造是用铜箔或铝箔绕一匝，但要在搭接处垫一片绝缘材料，避免形成短路环。屏蔽层一定要接地，而且必须在后级电路端接地，如图 3-15 所示。这样接地后，地线上的干扰经过初级与屏蔽层之间的分布电容 C_1 耦合到屏蔽层，并被旁路到地，而不会经过屏蔽层与磁极之间的分布电容 C_2 耦合到电路 2 的输入端。

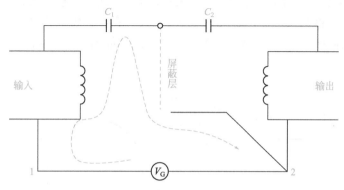

图 3-15　隔离变压器的屏蔽方法

如果将屏蔽层接到 1 点，地线噪声会直接通过 C_2 耦合进后级电路，导致干扰问题更加严重。经过良好屏蔽的变压器能够在 1MHz 以下起到作用。

光电耦合器也常用来消除地环路，这样可以有效地解决隔离变压器对高频干扰隔离效果差的问题。光电耦合器件之所以能够在很高的频率起到隔离作用，是因为其寄生电容只有 2pF 左右。在电磁干扰要求更为严格的场合可以使用光纤，光纤不存在寄生电容的问题，能够获得十分理想的隔离效果。

光纤连接技术一般用在数字电路中。因为目前的光电转换器件还不具有非常好的线性关系，不能完全满足模拟电路中的需要。

（3）共模扼流圈 采用在电缆上安装共模扼流圈的方法可以有效地抑制地环路电流的影响。因为地环路电流实际上是一种共模电流。共模扼流圈是一种用特殊方式绕制的电感，它对差模电流来讲是呈阻性的，仅对共模电流呈现出感性。

共模扼流圈之所以能够减小地环路电流的影响，是因为其增加了地环路的阻抗。也可以这样理解：一部分噪声电压降在了共模扼流圈上，减小了对电路的影响。在两台设备的互连电缆上安装共模扼流圈的最简单方法是将整束电缆绕在铁氧体磁环上，如图 3-16 所示。

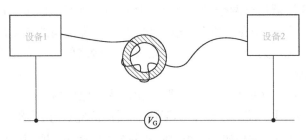

图 3-16　用共模扼流圈抑制地线环路干扰

共模扼流圈的阻抗越大，对地线噪声的抑制作用越明显，共模扼流圈的阻抗主要取决于共模电感 L_{CM}。其共模阻抗 Z_{CM} 为：

$$Z_{CM}=j\omega L_{CM}$$

对于角频率为 ω 的地线噪声，共模扼流圈的电感越大，抑制效果越明显。而当共模扼流圈的电感量一定时，频率越高的地线噪声抑制效果越好。

有一点需要注意，实际应用时并不是共模扼流圈的电感量越大，共模扼流圈的效果越好。因为实际的共模扼流圈上还有分布电容，它与共模电感是并联的。当频率较高时，电容的容抗较小，可以将干扰旁路绕过电感，如图 3-17 所示。

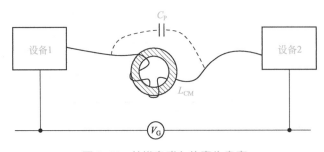

图 3-17　共模电感上的寄生电容

由于存在分布电容，实际的共模扼流圈对地线噪声的抑制作用如图 3-18 所示，这里假设绕制共模扼流圈的磁芯是一定的（磁材尺寸、磁材种类等）。图 3-18 仅给出了变化的趋势，绝对数值与设备的具体电路形式以及机箱结构等因素有关。

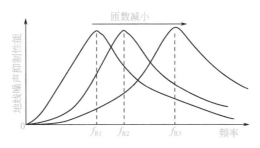

图 3-18　共模扼流圈的噪声抑制性能

通过图 3-18 可以得知，共模扼流圈的匝数越多，对低频段的地线噪声抑制效果越好，而对频率较高的地线噪声的抑制作用则有所减弱。因此，在实际应用中，应根据地线噪声的频率特点，调整共模扼流圈的匝数。另外，要尽量减小共模扼流圈的分布电容。有关电感线圈上的分布电容问题在 "滤波器" 相关的章节中详细讨论。

如果共模扼流圈在某个特定频率 f_R 附近的效果最好，那么这个频率 f_R 就是共模电感 L_{CM} 与分布电容 C_P 的并联谐振点，其关系如下：

$$f_R = 1/[2\pi(L_{CM}C_P)^{1/2}]$$

当地线噪声的频率为某个特定频率（比如某段频率对设备的影响最明显）时，可以通过调整共模扼流圈的电感和分布电容（可以在电感上人为并联额外的电容），使谐振频率尽量接近干扰频率，以使抑制效果达到最佳。

（4）平衡电路　两个导体及其所连接的电路相对于地线，或其他电位参考点的阻抗相同，这种电路称为平衡电路。差分放大器就是一种典型的平衡电路。图 3-19 所示为基本的平衡电路，其中 $R_{S1}=R_{S2}$，$R_{L1}=R_{L2}$，$V_{S1}=V_{S2}$，这时地线电压 V_G 在两根导线中产生的电流是相同的，即 $I_{N1}=I_{N2}$，则负载上的电压为：

$$V_L = I_{N1}R_{L1} - I_{N2}R_{L2} + I_S(R_{L1}+R_{L2}) = I_S(R_{L1}+R_{L2})$$

综上所述，仅有信号电流在负载上产生电压，而地环路噪声电流在负载上没有造成影响。

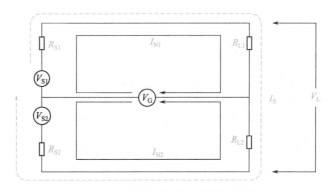

图 3-19　平衡电路对地线噪声的抑制

在高频时，电路平衡性一般较差。因为实际的电路中会有很多分布参数，如分布电容、互感等。这些参数在频率较高时对电路阻抗的影响较大。由于这些分布参数的不确定性，电路的阻抗也是不确定的，很难保证两个导体的阻抗完全相同。因此，在高频时任何电路要做到完全平衡都是很难实现的。

3.7

地线公共阻抗干扰

3.7.1 公共阻抗干扰的成因

当多个电路共用一根地线时，地线的电压会受到每个电路工作状态的影响。在图3-20中，A、B、C各点的电压分别为：

$$V_A=(I_1+I_2+I_3)R_1$$
$$V_B=(I_1+I_2+I_3)R_1+(I_2+I_3)R_2$$
$$V_C=(I_1+I_2+I_3)R_1+(I_2+I_3)R_2+I_3R_3$$

通过式子可以看出，各个电路工作电流 I_1、I_2 和 I_3 影响着 A、B、C 各点的电压，随着各电路的地线电流变化而变化。尤其是 C 点的电压 V_C，很不稳定。

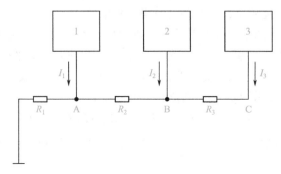

图 3-20　公共阻抗耦合的概念

图 3-21 所示为一个常见的公共阻抗耦合干扰的实例，这是一个典型的音频放大器电路，由前置放大器和功率放大器组成。前置放大器和功率放大器共用一段地线，结果，功率放大器的地线电流在这段地线上产生了电压 V_G。由于功率放大器的工作电流很大，该电压也较大。从图 3-21 中可以看出，地线电压耦合进入了前级的输入端，这是由于 V_G 与前置放大器的输入信号是串联的，如果满足一定的相位关系，就会形成正反馈，导致放大器产生自激。

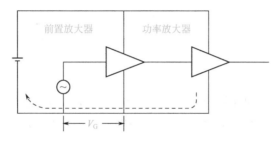

图 3-21　公共阻抗耦合干扰的实例

3.7.2　公共阻抗干扰的解决方案

图 3-21 所示的公共阻抗耦合问题主要有两种解决方法：一是将公共地线上的噪声电压降低到不会形成干扰；二是避免相互产生影响的电路使用同一段地线。

（1）降低地线噪声电压　如图 3-22 所示，改变电源的位置，使其靠近功率放大器。这样，功率放大器的地线上较大的电流就不会经过前级的地线了，干扰自然就消除了。虽然这时两级之间还有共用的地线，但是由于前置放大器的工作电流很小，前置放大器的地线电流在这段地线上产生的地线电压 V_G 也就很小；并且，这段地线上的电压是串联在功率放大器的输入端的，功率放大器的输入电压比较高，因此地线上的较小的噪声电压并不会产生严重的影响。

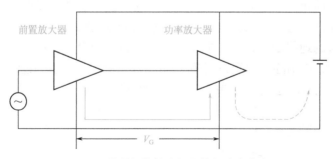

图 3-22　公共阻抗耦合问题的解决方案之一

（2）避免公共地线　如图 3-23 所示，将功率放大器单独通过一根地线连接到电源地，这样就彻底避免了共用地线。

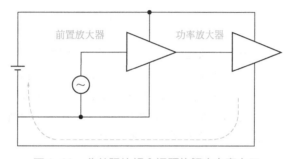

图 3-23　公共阻抗耦合问题的解决方案之二

63

这里需要清楚一个概念，电源线和电源地线上的电流是随着电路的输出电流变化而变化的，因为任何电路的输出电流都来自电源。例如，上例中的功率放大器的输出功率是由电源提供的，放大器的实质是用小信号来对直流电源进行转换，以得到功率较大的信号。

因此，直流电源线和地线上的电流变化与功率放大器的输出同步。当另一个电路共用这根电源线时，可能也会受到干扰，解决的办法是加电源去耦电路或对每个电路分别供电。

3.8

地线设计原则

要想避免地线产生的干扰，必须在系统或电路的方案设计初期就进行地线设计。根据以上对地线的本质和地线导致干扰问题机理的分析，可以总结出一些地线设计原则。其中，接地方式可以分为单点接地、多点接地和混合接地等。

3.8.1 单点接地

这是一种最简单的接地方式，所有电路的地线接到公共地线的同一点。单点接地的最大好处是避免了地环路，没有地线环路干扰的问题。例如，对于图 3-8 所示的地环路，只要将一个设备的地线断开，用一根导线连接到另一个设备的机壳上，再通过另一个设备的地线接地，就消除了地环路问题，如图 3-24 所示。这里的连线既可以采用屏蔽电缆的屏蔽层，也可以通过专门加接一根导线的方法来实现。

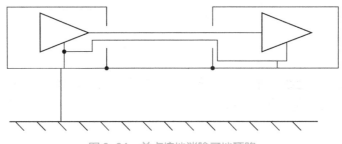

图 3-24　单点接地消除了地环路

如果将单点接地结构进一步细化，可分为串联单点接地和并联单点接地，如图 3-25所示。串联单点接地是传统上大家所习惯的接地方式，这种接地方式就是在电原理图上将所有的接地点都用同一种标记表示，实现起来也十分简单，将所有地线标志连在一起即可。但是前面已经对这种接地方式做了分析，它的最大问题是存在很多潜在的公共阻抗耦合因素，尤其是当功率相差很大的电路采用这种接地方式时，会导致很严重的相互干扰。

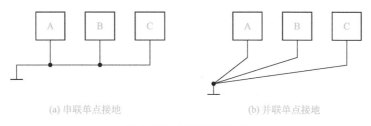

(a) 串联单点接地 　　　　　　　　　　　　(b) 并联单点接地

图 3-25　单点接地方式

　　图 3-25（b）所示的并联单点接地方式可以避免串联单点接地造成的问题。由于需要太多的接地线，所以这种接地方式在实际工程中很少采用。

　　串、并联混合单点接地是一种实用的接地方式。这种接地方式是将电路按照特性分组，相互之间不易发生干扰的电路放在同一组，相互之间容易发生干扰的电路放在不同的组。每个组内采用串联单点接地，获得最简单的地线结构，而不同组的接地采用并联单点接地，以避免相互之间干扰。图 3-26 所示就是这种接地方式的一个典型案例。

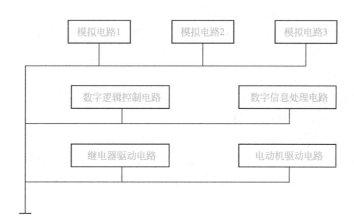

图 3-26　串、并联混合单点接地方式

　　单点接地的设计流程是：在开始电路板的布线或机箱、机柜内的布线之前，应该首先对电路和地线进行分类。先画一张接地图，将能串联起来接地的地线采用同一种符号，再对只能并联接地的地线采用不同的接地符号加以区别。

　　单点接地有一个问题，那就是接地线往往较长。这样一来，当频率较高时，地线的阻抗很大，甚至产生谐振，造成地线阻抗不稳定。对于频率较高的信号，地线尽管较短，它们的电阻和电感也是不能忽略的。实际上，当电路的工作频率较高时，各种分布参数已经起着很重要的作用，即使形式上采用单点接地结构，实际上也不能起到单点接地的作用。因此，单点接地不适合频率较高的场合。频率较高时，要采用电路就近接地的方式，缩短地线，也就是多点接地。

3.8.2　多点接地

　　当电路的工作频率较高时，为了使地线最短，所有电路都要就近连接到公共地线上。

由于它们的接地点不同，因此称为多点接地，如图 3-27 所示，图中画出了地线的等效电阻和电感。

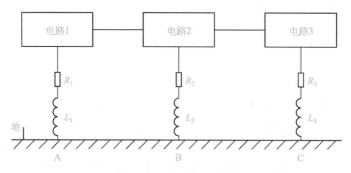

图 3-27　多点接地方式

显然，多点接地的结构形成了许多地环路。因此空间的电磁场、地线上的电位差等会对电路形成干扰。为了减小地环路的影响，要尽量减小地线阻抗。减小地线阻抗可从两个方面考虑：一个是减小导体的电阻，另一个是减小导体的电感。由于高频电流的趋肤效应，增加导体的截面积并不能减小导体的电阻，正确的方法是在导体表面镀锡甚至镀银。用宽金属板可以减小导体的电感。如果地线是由不同部分金属搭接构成的，还要考虑搭接阻抗。

另外，要将电路之间的连线尽量靠近地线，以减小地环路的面积，这样做的目的是减小空间电磁场在地环路中形成的干扰。

根据实践经验证明：通常单点接地可以应用在电路工作频率不大于 1MHz 的场合；而频率在 10MHz 以上时，应采用多点接地；而对于工作频率在 1MHz ～ 10MHz 之间的电路，如果最长的接地线不超出波长的 1/20，可以采用单点接地，否则应采用多点接地。

3.8.3　混合接地

有时，可以利用电容、电感等器件在不同频率下具有不同阻抗的特性，构成混合接地系统。这样，可以使系统对于不同频率的信号具有不同的接地结构。

当采用电感接地时，由于电感低频时的阻抗很小，高频时阻抗很大，因此这种地线在低频时相当于是连通的，而高频时是断开的。

当采用电容接地时，由于电容低频时的阻抗很大，高频时阻抗很小，因此这种地线在低频时相当于是断开的，而高频时是连通的。

［例 3-1］

一个系统在受到地环路电流的干扰时，将设备的安全地断开，切断了地环路，可以解决地环路电流干扰问题，但是为了防止金属机箱带电，机箱必须接到安全地上。图 3-28 所示的接地系统解决了这个问题。对于频率较高的地环路电流，由于感抗很大，地线相当于断开的；而对于 50Hz 的交流电，电感的感抗很小，机箱都是可靠接地的。

采用这种方式时，要注意接地电感的电流容量要大于熔断器或漏电保安器的动作电流，以防止电流过大烧毁地线电感。

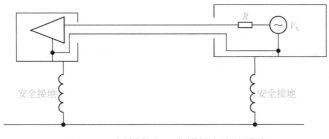

图 3-28　低频多点、高频单点接地系统

[例 3-2]

当一个系统工作在低频状态时，为了避免地线环路干扰问题，需要系统串联单点接地。为了避免系统暴露在高频强电场中，电缆受到电场的干扰，可以使用屏蔽电缆，并将屏蔽电缆多点接地（屏蔽电场的屏蔽电缆必须将屏蔽层接地，并且电场频率较高时，需要多点接地）。如图 3-29 所示的接地结构解决了这个问题。

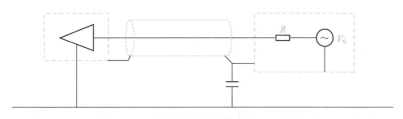

图 3-29　低频单点、高频多点接地系统

这个接地结构，对于电缆中传输的低频信号，系统是单点接地的，而对于电缆屏蔽层中感应的高频干扰信号，系统是多点接地的。干扰信号的频率决定了接地电容的大小，根据实践经验容量一般在 10nF 以下。在使用电容时应注意电容的谐振问题。

在实际工程中，利用电感和电容在不同频率下阻抗不同的特点实现不同接地结构的例子很多。例如，将电路板的信号地与机箱用小电容连接起来，则电路板与机箱之间对于直流是断开的，而对于高频干扰电流相当于是连通的。

3.9

电路板上的地线设计

在电子、电气设备中电路板是必不可少的部分，几乎所有的电子元器件都是安装在电路板上的。3.8 节所讨论的接地原理在电路板上是同样适用的，例如数字电路与模拟电路的地线要分开，只在一点连接等。

对于数字电路的电路板更需要特别注意，由于数字电路工作在脉冲状态，而脉冲信号有很多高次谐波，因此虽然数字电路的同步时钟频率可能并不高，但是所包含的频率可能很高。因此，数字电路的地线设计要按高频的情况处理。

地线噪声可能导致逻辑状态错误，因此数字电路对地线上的噪声是非常敏感的。如图 3-30 所示是一个数字电路地线噪声导致问题的例子。其地线干扰过程见图 3-31。

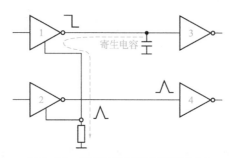

图 3-30　数字电路的地线噪声问题

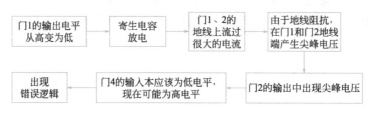

图 3-31　地线干扰的过程

地线上的这些干扰电压不仅会引起电路的误动作，还会造成对外的传导和辐射干扰。为了减小这些干扰的影响，必须尽量减小地线的阻抗。表 3-2 是电路板上走线的典型阻抗值，设电路板铜箔的厚度为 30μm。电路板上走线的阻抗也是由电阻成分与电感成分两部分构成的。当频率较高时，电感成分形成的感抗成为主要因素。因此，从表3-2 中可以看出，当频率较高时，走线的宽度对阻抗的影响并不大。要减小走线的阻抗，必须减小其电感成分。

表 3-2　电路板上走线的典型阻抗值

频率	宽度 =1mm，阻抗 /Ω			宽度 =3mm，阻抗 /Ω		
	1cm	3cm	10cm	3cm	10cm	30cm
1kHz	5.75m	17.1m	57.5m	5.74m	19.2m	57.5m
10kHz	5.77m	17.2m	57.8m	5.88m	20m	61.5m
100kHz	7.22m	24.3m	92.5m	14.3m	62m	225m
1MHz	44m	172m	725m	132m	589m	2.18
10MHz	438m	1.72	7.25	1.32	5.89	21.8

续表

频率	宽度 =1mm，阻抗 /Ω			宽度 =3mm，阻抗 /Ω		
	1cm	3cm	10cm	3cm	10cm	30cm
30MHz	1.32	5.16	21.7	3.95	17.6	21.7
50MHz	2.18	8.61	36.3	6.59	29.4	
100MHz	4.38	17.2	72.5	13.2	58.9	
200MHz	8.75	34.4		26.3		
300MHz	13.1	51.6		39.5		
500MHz	21.8	86.1		65.9		
700MHz	30.6					
1GHz	43.7					

前面我们讲过，虽然增加走线的宽度可以减小电感，但是宽度变化对电感的影响并不大，因为走线的宽度与电感是对数关系，若宽度增加一倍，电感量仅减小 20%。若希望电感量减小为原来的一半，则需要将宽度变成原来的 5 倍。如果电路板上有足够的空间，应该尽可能地增加走线宽度，但是要大幅度减小电感则必须另想办法了。

可以将两根导线并联起来使用，以减小总的电感量，当用两根平行的导线作为地线时，它们上面的电流是同方向的，这时总电感量为：

$$L=(L_1L_2-M^2) / (L_1+L_2-2M)$$

式中，L_1 和 L_2 分别为两个导体的电感；M 为两个导体之间的互感。

若 $L_1=L_2$，则

$$L=(L_1+M) / 2$$

当两个导体靠得很近时，互感等于单个导体的自感，总电感基本没有减小。当两个导体距离较远时，互感可以忽略不计，总电感为原来的 1/2。因此多根导体并联可以更有效地降低地线电感，但是要注意并联的导体不能靠得很近，一般两根导线的距离大于 1cm 时效果最佳。

在电路板上可以通过铺设地线网络的方法实现这个概念。地线网络的做法是在双层电路板的两面分别铺设水平和垂直的地线，在它们交叉的地方用金属化过孔连接起来，且每根平行导线之间的距离要大于 1cm，如图 3-32 所示。

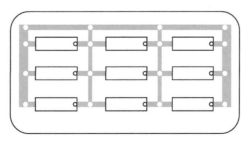

图 3-32　双层电路板的地线网络

在双层电路板上布置地线网络时，很多工程师会认为，电路板上的走线本来已经密度很高了，没有空间来布置这些地线。通常的做法是首先将信号线布好，然后在有空间的地方插入地线。但是，这种做法其实是不对的。首先从观念上讲，是对地线的作用没有充分认识。只有良好的地线才能使整个电路稳定工作，因此，即使空间再紧张，也必须保证地线的位置。

布置地线网络的正规做法是，首先铺设地线网格，然后铺设信号走线。其实，地线并不一定要很宽，只要有一根就比没有强。这一点很容易理解，因为高频情况下，阻抗并不是由导线的粗细所决定的。由于整个系统的地线由很多细线组成，因此也不用担心过细的导线会增加直流电流的电阻，实际的地线截面积是这些细线的总和。

利用这种方法进行布线，可以有效地抑制电磁干扰，并且不增加任何成本。如果要想取得更好的效果，可以使用多层电路板中的一层专门作为地线，但是这样会增加一部分成本。

为了验证地线网格减小地线噪声的效果，笔者做过一个试验，这个试验是在一个线路板上用同样方法安装 16 片芯片，所不同的仅是地线的连接方式，一个是串联单点接地，另一个是地线网格。在采用地线网格的线路板上，不同点之间的地线噪声大大降低了。最明显的两点（IC15 ～ IC16）之间的噪声从 1000mV 降低到 100mV。试验结果见表 3-3（表中数据为实测值）。

表 3-3　地线网格对地线噪声的抑制作用

测量位置	单点接地 /mV	地线网格 /mV
IC1 ～ IC2	152	103
IC1 ～ IC3	424	151
IC1 ～ IC4	425	149
IC1 ～ IC5	448	149
IC1 ～ IC6	449	150
IC1 ～ IC7	451	151
IC1 ～ IC8	423	223
IC1 ～ IC9	402	177
IC1 ～ IC10	399	148
IC1 ～ IC11	626	202
IC1 ～ IC12	400	151
IC1 ～ IC13	425	248
IC14 ～ IC11	900	199
IC15 ～ IC7	850	126
IC15 ～ IC102	903	128
IC15 ～ IC16	1002	100

第 **4** 章

电磁屏蔽

采用屏蔽就是通过金属材料（或绝缘材料上的金属涂层）对两个空间区域之间进行电磁隔离，其目的有二：一是防止外来的电磁辐射进入设备（或系统）；二是将设备（或系统）内部的辐射电磁干扰限制在一定区域内。具体来讲，就是通过屏蔽体将接收电路、设备或系统包起来，防止它们受到外界电磁干扰的影响，或者用屏蔽体将元器件、电路、组合件、电缆或整个系统的干扰源包围起来，防止干扰电磁场向外扩散。因为屏蔽体对来自导线、电缆、元器件、电路或系统等的外部干扰电磁波和内部电磁波均起着抵消能量（电磁感应在屏蔽层上产生反向电磁场，可抵消部分干扰电磁波）、反射能量（电磁波在屏蔽体上的界面反射）和吸收能量（涡流损耗）的作用，所以屏蔽体可以有效地减弱干扰。

4.1 屏蔽效能

用屏蔽效能（SE）来衡量屏蔽体的有效性，屏蔽效能的定义如图 4-1 所示。E_1 为辐射体不加屏蔽时空间某个位置的场强，E_2 为辐射体增加屏蔽时该位置的场强，两者的比值就是增加的屏蔽体的屏蔽效能，它表明了屏蔽体对电磁波的衰减程度。如果屏蔽效能计算公式中使用的是电场，则称为电场屏蔽效能；如果计算公式中使用的是磁场，则称为磁场屏蔽效能。

由于屏蔽体通常能将电磁波的强度衰减到原来的百分之几，因此通常用分贝来表示，表 4-1 是屏蔽效能与衰减量的对应关系。

屏蔽效能一般在 40dB 以下的机箱可以通过商业电磁兼容标准；机箱的屏蔽效能达到 60dB 时一般就可以通过 GJB151A 的 RE102 要求；而 TEMPEST 设备的屏蔽机箱的屏蔽效能要达到 80dB 以上；军用屏蔽舱或屏蔽室的屏蔽效能往往要达到 100dB，100dB 以上的屏蔽体成本也高，也是很难制造的。

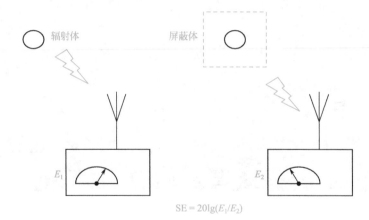

$$SE = 20\lg(E_1/E_2)$$

图 4-1　屏蔽效能的定义

表 4-1　屏蔽效能与衰减量的对应关系

屏蔽效能（SE）/dB	无屏蔽场强	有屏蔽场强
20	10	1
40	100	1
60	1000	1
80	10000	1
100	100000	1

　　屏蔽材料或屏蔽体的屏蔽效能的测试有许多标准可以参照，其实测试基本上都是根据这个定义进行的；不同的标准虽然规定了不同的测试方法，但是基本原理都是一样的。在实际工程中，如果需要评价一个机箱对内部电路的屏蔽效能，可以根据实际在机箱内放置一个类似的电路，测量机箱对这个电路辐射的屏蔽效能，简单的方法就是用高速驱动电路芯片制作一个时钟信号驱动电路，在布线时使信号线与地线相距较远，这样由于信号环路较大，会产生较强的辐射。实际测试时可用电池为电路供电，这样可以保证测量的结果真实反映机箱本身的屏蔽效能。

　　这个辐射源的特性与实际数字电路十分接近，具有典型的代表性。采用这个模拟辐射源还有个好处，就是它的辐射频谱很宽，甚至可以超过 1GHz，并且频谱为离散的谱线，这就可以用很窄的带宽来测量谱线的幅度，从而增加了测量的动态范围（可以测量更高的屏蔽效能）。

　　实际上，穿过机箱的电缆对屏蔽机箱的屏蔽效能有很大的影响，特别是穿过机箱的电源线。因此，对于通过外部电网供电的设备，在评价机箱的屏蔽效能时，更加符合实际的评价方法是将电源线一同考虑。

　　现在大多数设备的电源都采用开关电源（这是一种很强的电磁干扰源），这往往会导致设备的传导和辐射发射超标。因此，试验电路供电应该采用一台实际的开关电源，这样测试的结果会更接近实际情况，用这种方法对机箱的屏蔽效能进行评价，也会十分接近实际。

4.2

电场屏蔽

4.2.1　电场屏蔽原理

为了简便起见，电场的感应可以等效为分布电容的相互耦合。在图 4-2 中，干扰源 A 和被感应物 B 的对地电位分别为 U_A 和 U_B，则 U_A 和 U_B 间的关系为：

$$U_B = U_A C_1 / (C_1 + C_2)$$

式中，C_1 为 A、B 之间的分布电容；C_2 为被感应物 B 的对地分布电容。

通过上式可以看出，要想减弱被感应物 B 的电场感应，可以采用以下几种方法。

① 尽可能使被感应物 B 贴近接地板，以增大 B 的对地分布电容 C_2。

② 增大 A、B 之间的距离，目的是减小 A、B 之间的分布电容 C_1。

③ 可以在 A、B 之间插一块金属薄板 S 作为屏蔽板，如图 4-3 所示。

由图 4-3 可见，插入屏蔽板以后，形成了两个新的分布电容 C_3 和 C_4。其中被感应物 B 的对地和对屏蔽板的分布电容 C_2 和 C_4 实际上是处在并联位置上的（屏蔽板是接地的）。而 C_3 被屏蔽板短接到地，不会对 B 点的电场感应产生影响。因此，A 点电压被 A、B 之间的剩余电容 C_1' 与并联电容 C_2 和 C_4 分压，形成了被感应物 B 新的感应电压 U_B'，即

$$U_B = U_A C_1' / (C_1' + C_2 + C_4)$$

由于 C_2 和 C_4 之和远大于原先 C_2 的值，再加上 AB 的路径加长了（要绕过屏蔽板），故 C_1' 应远小于原 C_1 的值，因此 B 点新的对地电位要比屏蔽措施采取之前小得多。

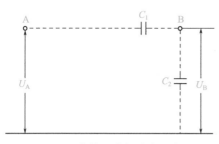

图 4-2　物体间电场感应示意图

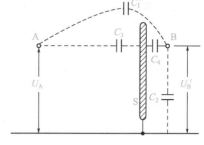

图 4-3　金属板对电场的屏蔽作用分析

4.2.2　电场屏蔽设计要点

通过上面的分析可以看出，为取得好的屏蔽效果，必须注意以下几点：

① 屏蔽板形状对屏蔽效能的影响非常明显，例如，一个全封闭的金属盒具有最好的电场屏蔽效果；而一个孔缝较多的屏蔽盒，其屏蔽效果都会受到不同程度的影响，相当于影响了剩余电容 C_1' 的值。

② 屏蔽板的接地要良好，而且要靠近受保护的物体。这样可以增大 C_4 的值。

③ 屏蔽板的材料以良导体为好，但对厚度无特殊要求，只要求有一定强度就可以了，以保证不易变形。

4.3
磁场屏蔽

大多数设备对磁场干扰都不敏感，但是对于某些设备，如电子显微镜、生物脑电波扫描仪、核磁共振成像系统、质谱仪等一些电子系统则可能是致命的，磁场会对这些利用磁场工作的设备产生影响，如 CRT 中的电子束在外界磁场干扰下，电子束的偏转会发生变化，造成图像失真，当外界磁场的变化频率与场扫描频率相同时，图像仅仅发生扭曲变形，当外界磁场的频率与场扫描频率不同时，图像会发生滚动。

只要有电流变化的地方，就会有磁场的变化。在我们的生活空间中，经常会发生磁场干扰现象。例如，电气化铁路附近、高层建筑中的电梯、车间里的电焊设备、电镀槽、电弧炉和感应加热炉等，在它们工作时都伴随有大的电流变化，从而产生磁场的变化。由于这些干扰的频率很低（通常是 50Hz 与 60Hz 的工频交流电，有些甚至是直流电），这些问题处理起来是非常棘手的。

4.3.1 磁场屏蔽原理

对于甚低频或直流磁场的屏蔽，可使用铁磁性材料将敏感器件包起来。利用铁磁性材料的低磁阻和高磁导率特性，这样可以对外界磁场起到磁通分路作用，使敏感器件周围的磁感线集中在屏蔽材料中，从而使屏蔽体内的磁场大大减弱，对敏感器件起到了磁屏蔽作用。图 4-4 所示为磁场屏蔽的原理。

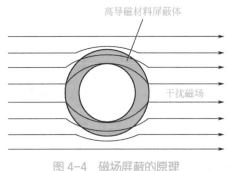

图 4-4　磁场屏蔽的原理

4.3.2 磁场屏蔽的设计要点

屏蔽体的材料和形状是非常关键的，因为这些直接影响磁场屏蔽效果，设计时可以参考以下几点：

① 选用高导磁的材料，如坡莫合金等，这些材料与铁相比，具有高磁导率和低磁通密度。但是有时候我们会发现，磁导率很高的材料在强磁场中会失去屏蔽性能。这是因为这些材料在强磁场中发生了磁饱和现象，材料的磁导率越高，越容易饱和。所以设计中要选择一种材料，既能提供足够的屏蔽能力，又不至于发生饱和，具体处理措施参见下面第 6 点的内容。

② 除了选用适合的磁材外，增加屏蔽体的截面积（壁厚），尽量缩短磁路的长度也能增加磁场屏蔽的效能。

上面两点的目的都是减小屏蔽体磁阻。

③ 被屏蔽的物体不要放在屏蔽体上，这样可以尽量减少通过被屏蔽物体内的磁通。

④ 注意磁屏蔽体的结构设计，接缝、通风孔都能增加屏蔽体的磁阻，降低屏蔽效果。因此，为了有利于减小屏蔽体在磁场方向的磁阻，应使缝隙或长条通风孔循着磁场方向分布。

⑤ 理论上，完全的封闭体的磁屏蔽效果最为理想，但在实践当中，一些不封闭的结构，如五面体或更少的结构，甚至是平板磁材也能提供满足要求的屏蔽效果。注意，当使用平板时，应使平板体的长度和宽度大于干扰源到敏感器件之间的距离。

⑥ 对于强磁场的屏蔽，为了在非常强的磁场中保护坡莫合金，防止发生磁路饱和，还要保证有较高的衰减量，需要采取多层屏蔽或添加高磁导率、高饱和点的铁合金。以一个双层屏蔽体为例，如果外部为强磁场，外层屏蔽体就要选用磁导率相对较低、不易饱和的材料（如硅钢），先将磁场衰减到一定程度，再用磁导率很高的材料进行进一步衰减；如果内磁场为强磁场，则磁材次序就要颠倒过来。总之，靠近干扰源的部分要用低磁导率的材料。

⑦ 在安装内、外两层屏蔽体时，磁路上要互相绝缘。当没有接地要求时，可用绝缘材料作为支撑件。一般来讲，屏蔽体要兼有防止电场感应作用，因此通常是要求接地的。此时，可用非铁磁材料（如铜、铝等）作为支撑件。

4.4

电磁场屏蔽

如果电磁波在穿越屏蔽体时发生了能量衰减，就说明屏蔽体抑制了电磁场的传播，这里的衰减包括反射衰减与吸收衰减。电磁场屏蔽机理见图 4-5。

通过图 4-5 可见，屏蔽体对电磁场的屏蔽基于以下机理：

① 反射衰减。当电磁波到达屏蔽体（通常是金属材料）表面时，由于屏蔽体与空气交界面上阻抗不连续，对入射波产生反射，使穿过界面的电磁能量减弱。这种由于反射面造成入射电磁波减弱的现象称为反射衰减，这种衰减与材料厚度关系不是很大，只要求交界面上的材料与空间的阻抗不连续。

② 吸收衰减。全反射在实际上是不可能做到的，仍有部分电磁波进入屏蔽体，并在体内继续向前传播。在此过程中会有一部分能量转换成热量，导致电磁能损耗。这

种现象称为吸收衰减。

　　③ 在屏蔽体内未被吸收的电磁波到达材料的另一表面时，又一次遇到屏蔽体与空气阻抗不连续的交界面，除部分会穿越屏蔽体表面进入被屏蔽的空间外，余下大部分电磁波会再次在屏蔽体里形成反射，从而再次返回屏蔽体内部。因此电磁波在穿越屏蔽体的过程中会有多次来回的反射，逐渐为屏蔽体所吸收，最终只有极少部分能透过屏蔽体进入被屏蔽的空间。

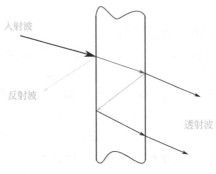

图 4-5　屏蔽体电磁场屏蔽机理

4.5

机壳的屏蔽设计

　　理论上除了低频磁场外，大部分金属材料可以提供 100dB 以上的屏蔽效能。但在实际中，金属做成的屏蔽体并没有这么高的屏蔽效能，甚至几乎没有屏蔽效能，这是怎么回事呢？

　　在静电屏蔽中，只要将屏蔽体接地，就能够有效地屏蔽静电场。很多工程师将静电屏蔽的原理应用到了电磁屏蔽上，致使当我们发现屏蔽体的屏蔽效能不够时，往往去检查屏蔽体是否良好接地；或者在设计一个屏蔽体时，为没有良好的接地条件而犯愁。其实接地在电磁屏蔽中的作用并不大。对于电磁屏蔽而言，如果制造屏蔽体的材料屏蔽效能足够高，影响屏蔽体屏蔽效能的因素有两个：

　　① 屏蔽体的导电连续性。理想的电磁屏蔽体应该是一个完整的、连续的导电体。可是，一个完全封闭的屏蔽体是没有任何实用价值的，因此这一点在实现起来十分困难。一个实用的机箱上会有很多孔洞（通风口、显示窗、安装各种调节杆的开口）和缝隙（屏蔽体不同部分结合的缝隙），这些孔洞和缝隙在屏蔽体上影响了导电的连续性，会产生电磁泄漏，如图 4-6 所示。

　　② 穿过屏蔽机箱的导体。比孔洞和缝隙的危害更大的就是穿过屏蔽体的导体。但是在实际的机箱上这是不可避免的。机箱上总是会有电缆穿出（入），至少会有一条电源线。这些电缆会极大地危害屏蔽体，使屏蔽体的屏蔽效能降低数十分贝。屏蔽设计中的重要内容之一就是妥善地处理这些电缆。

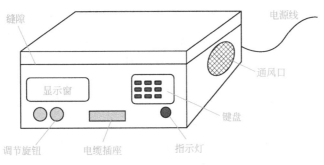

图 4-6　机箱导电结构连续性的破坏

4.5.1　孔洞泄漏

在实际的机箱上会有各种孔洞，并且这些孔洞是不可避免的；如果没有电缆穿过机箱，这些孔洞最终决定了屏蔽体效能。一般可以认为，低频时屏蔽机箱的屏蔽效能主要取决于制造屏蔽体的材料，在高频时孔洞和缝隙成了影响屏蔽效能的主要因素。当电磁波入射到一个孔洞时，孔洞的作用相当于一个偶极天线，当缝隙的长度达到 1/2 波长时，其辐射效率最高（与缝隙的宽度无关），也就是说，它可以将入射到缝隙的全部能量辐射出去，如图 4-7 所示。

在远场区，如果孔洞的最大尺寸 L 小于 λ/2，一个厚度为 0 的材料上的缝隙的屏蔽效能为：

$$SE=100-20\lg L-20\lg f+20\lg\left[1+2.3\lg\left(L/H\right)\right]$$

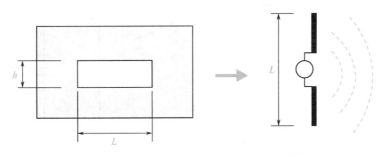

图 4-7　孔洞的电磁泄漏

如 L ≥ λ/2，则 SE=0。

式中，SE 为屏蔽效能，dB；L 为孔洞的长度，mm；H 为孔洞的宽度，mm；f 为入射电磁波的频率，MHz。

这个公式计算的是最严酷的情况下（造成最大泄漏的极化方向）的屏蔽效能，实际情况下屏蔽效能可能会更高一些。

有一个问题需要注意，如果辐射源为磁场，很小的孔洞也可能导致较大的泄漏，因为孔洞在近场区的屏蔽效能与电磁波的频率是没有关系的。这时影响屏蔽效能的主要参数是孔洞到辐射源的距离。孔洞距离辐射源越近，泄漏越大。这个特点经常会导致屏蔽体发生意外的泄漏。因为在屏蔽体上开孔的目的主要是通风散热，所以孔洞一般会设计在发热源附近，而发热源往往是大电流的载体，在其周围有较强的磁场。结果，导致了无意识地将孔洞开在了强磁场辐射源的附近。因此，在设计中，要注意孔洞和缝隙要远离电流载体，例如大功率的电路板、功率管、变压器等。

当 N 个尺寸相同、间距较小（距离小于 $\lambda/2$）的孔洞排列在一起时，孔洞阵列的屏蔽效能也会下降，下降数值为 $10\lg N$。

因为孔洞的辐射是有方向性的，因此在不同面上的孔洞不会明显增加泄漏，利用这一特点可以在设计时将孔洞放在屏蔽机箱的不同面，避免某一个面的辐射过强。

4.5.2　缝隙泄漏

缝隙是造成屏蔽机箱屏蔽效能降级的主要原因之一。屏蔽机箱上通常会有一些由活动面板构成的结合处，在这些结合处金属构件不可能完全接触，只能在某些点接触上，这就形成了一个孔洞阵列，称之为缝隙。对于缝隙的屏蔽效能要用孔洞的屏蔽效能公式来计算，但是需要注意下面两点。第一，假设孔洞的深度为 0，而缝隙中的孔洞深度不为 0，因此实际的屏蔽效能会稍高。第二，在实际中经常会发现有些缝隙对于频率越高的电磁波，反而呈现出更高的屏蔽效能。对于这个现象，如图 4-8 所示。

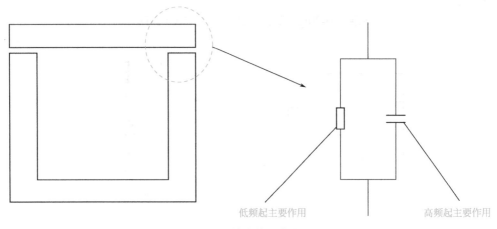

低频起主要作用　　　　高频起主要作用

图 4-8　缝隙的导电模型

在图 4-8 中，用电阻和电容并联来等效缝隙的阻抗。这个等效是比较恰当的，因为缝隙由接触的点和未接触的点构成，接触的点具有一定的接触电阻，未接触的点相当于一个以空气为介质的电容。在低频时，电容的容抗很大，缝隙的阻抗取决于电阻分量；在高频时，电容的容抗很小，缝隙的阻抗取决于电容分量。之所以缝隙会呈现出屏蔽效能随着频率的升高而增加的现象，其根本原因在于等效电容的容抗会随着频率的升高而降低。在实际工程中，如果某个机箱在低频时屏蔽效能较低，而在高频时屏蔽效能增加，应重点检查是否存在缝隙泄漏。

4.5.3 孔缝处理

尽量降低缝隙的阻抗（包括减小接触电阻、增加电容），是减小缝隙泄漏的最佳策略。影响接触电阻的因素主要有接触面积（接触点数）、接触面的材料（一般较软的材料接触电阻较小）、接触面上的压力（压力要足以使接触点穿透金属表层氧化层）、接触面的清洁程度、氧化腐蚀等。影响电容的因素有：两个表面之间的距离和相对面积，距离越近，相对面积越大，电容越大；反之，亦然。

在实际工程中，可以通过下面的做法减小缝隙阻抗：

① 使用机械加工的手段（如用铣床加工接触表面）增加接触面的平整度，以保证接触良好。但这个方法加工成本较高，仅用在工件较小的场合。

② 增加两部分之间的紧固件（螺钉、铆钉）的密度，但这个方法仅适合永久性或半永久性结合的场合。在活动面板或盖板上使用过多的螺钉会使设备的可维修性降低。另外，随着暴露在空气中的时间的延长，金属表面会因氧化产生绝缘层，导致最终只有紧固件的局部连接两部分，有一些干扰频率较高或对屏蔽要求很严格的场合，相邻紧固件之间的缝隙仍会影响机箱的屏蔽效能。

③ 使用电磁密封衬垫。电磁密封衬垫是一种弹性的导电材料，它的作用是将缝隙中的非接触点填平，消除缝隙，如图 4-9 所示。在缝隙处安装上连续的电磁密封衬垫，这样可以使接触部分有良好的导电连续性，不会发生电磁波的泄漏。这就像液体容器的盖子使用橡胶密封衬垫一样，增加橡胶密封衬垫的液体容器是不会发生液体泄漏的，电磁密封衬垫也是这个道理。

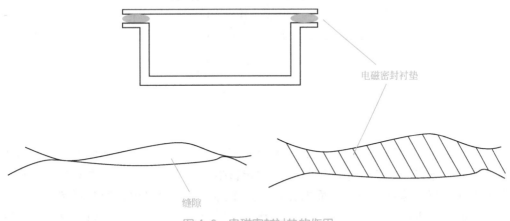

图 4-9　电磁密封衬垫的作用

电磁密封衬垫的阻抗和衬垫与屏蔽体基体之间的接触阻抗，决定了使用电磁密封衬垫的缝隙的阻抗。金属之间的接触电阻并不是一个定数，在空气中，由于氧化和电化学腐蚀，会随着时间的增加而增大。表 4-2 给出了一些金属接触面的阻抗变化情况。从表 4-2 可以看出，表面涂覆层为锡的接触面接触电阻最低，也最稳定。当需要屏蔽效能很高并很稳定时，可以考虑在金属构件的表面进行镀锡处理。

表 4-2 不同金属的接触电阻

材料	表面涂覆层	接触电阻 /mΩ		
		初始	400h 后	1000h 后
铝	清洁处理	0.11	5.0	30
	轻度铬酸处理	0.4	14	51
	重度铬酸处理	1.9	82	100
铜	清洁处理	0.05	1.9	8.1
	镉	1.4	3.1	2.7
	银	0.01	0.8	1.3
	锡	0.01	0.01	0.01
钢	镉	1.8	2.8	3.0
	银	0.05	1.2	1.2
	锡	0.01	0.01	0.01

电磁密封衬垫的屏蔽性能一般用转移阻抗（Z_T）来衡量。转移阻抗的定义如图 4-10 所示。

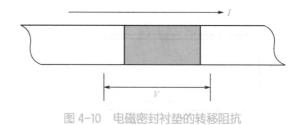

图 4-10 电磁密封衬垫的转移阻抗

$$Z_T = V/I$$

当电磁波入射到含有电磁密封衬垫的屏蔽体上时，就会在屏蔽体的电磁波入射的一个面上感应出电流。电磁密封衬垫的转移阻抗，实际上就是在屏蔽体的一个表面施加的电流转移到另一个表面的比例。这个感应电流流过电磁密封衬垫时，会在另一个面上产生电压。这个电压是一个新的辐射源，会产生电磁辐射。这就是屏蔽体的泄漏。一种好的电磁密封衬垫在第二个表面上产生的电压很低，因此电磁泄漏很小。在第二个面上产生的电压越低，说明电磁密封衬垫的转移阻抗越低，因此屏蔽效能也就越高。

图 4-11 所示为电磁密封衬垫的转移阻抗的测量方法。测量装置由两个相互隔离的箱体构成，一个称为驱动箱，另一个称为隔离箱。两箱之间用金属板和被测密封衬垫进行隔离。驱动电流 I 流入隔离金属板一个表面，经被测密封衬垫，从驱动箱的外壳回到信号源。在隔离金属板的另一面产生电压 V，这个电压与驱动电流的比值就是转移

阻抗（$Z_T = V/I$）。

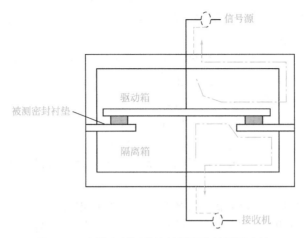

图 4-11　电磁密封衬垫的转移阻抗的测量方法

　　利用这种测量方法可以很方便地对安装电磁密封衬垫的缝隙进行评价，影响缝隙转移阻抗的因素包括：

　　① 电磁密封衬垫的材料种类；

　　② 隔离板的材料和表面涂覆层；

　　③ 施加在衬垫上的压力；

　　④ 电磁密封衬垫地形变量。

　　电磁密封衬垫的长度不同，转移阻抗也不同。衬垫越长，相当于流过电流的截面积越大，转移阻抗越低。因此，为了对衬垫进行评价，通常将电流定义为流过 1m 长衬垫的电流值，这时电流的单位为 A/m，转移阻抗的单位为 $\Omega \cdot m$。

4.5.4　电磁密封衬垫使用指导

　　电磁密封衬垫是解决缝隙电磁泄漏的有效而方便的方法，为了能够达到预期的效果，在使用中需要注意一些问题。

　　首先需要明确的一点是，电磁密封衬垫并不是能够改善所有的缝隙泄漏，因为缝隙的屏蔽效能是由其阻抗决定的，如果加入衬垫材料后并没有降低缝隙的阻抗，就不能改善缝隙的泄漏。例如，紧固件的间隔小于 30mm，并且接触表面已经经过铣加工，这时，一般的衬垫材料很难提供超出这个接触面的屏蔽效果。

　　以下是电磁密封衬垫的主要参数：

　　① 导电性。衬垫材料的导电性越好，电磁密封衬垫效果越好。导电性不仅指直流电阻，而且包括射频阻抗。

　　② 回弹力。回弹力是指电磁密封衬垫产生一定的形变量时，每单位长度（或面积）衬垫上需要施加的压力。如果衬垫的回弹力较大，就要求面板的刚性较好，否则会在衬垫的回弹力作用下发生形变，产生更大的缝隙。设计屏蔽机箱时，紧固螺钉的间距要根据衬垫的回弹力和面板的刚度进行合理设计。

　　③ 压缩永久形变。衬垫在外力消除后，并不能完全恢复到原来的形状，这个现象

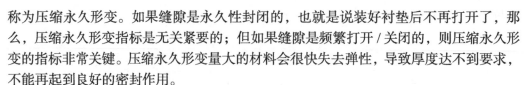

称为压缩永久形变。如果缝隙是永久性封闭的，也就是说装好衬垫后不再打开了，那么，压缩永久形变指标是无关紧要的；但如果缝隙是频繁打开/关闭的，则压缩永久形变的指标非常关键。压缩永久形变量大的材料会很快失去弹性，导致厚度达不到要求，不能再起到良好的密封作用。

④ 最小密封压力。电磁密封衬垫必须具有足够的形变量才能提供预期的屏蔽效能。使衬垫达到这个形变量所需的最小压力就是最小密封压力。这个压力过小，不仅屏蔽效能低，而且屏蔽效能对压力很敏感，造成机箱的屏蔽效能不稳定。压力过大会造成衬垫的损坏。有关数据可参考生产厂商的产品说明书。对于实际使用中的衬垫，在最大缝隙处施加给衬垫的压力要大于最小密封压力。

⑤ 衬垫的厚度。衬垫的厚度必须保证大于最大缝隙，这样衬垫表面才能受到最小密封压力。

⑥ 电化学相容性。不同金属的接触面上由于金属电位的差别，如果环境中有电解液存在，就会发生电化学反应，产生的盐化物是半导体，这会降低结合处的导电性，同时由于半导体材料的非线性，会对不同频率的信号进行混频，从而产生额外的干扰。因此，衬垫的材料与屏蔽基体的材料在电化学上要有一定的相容性，避免很快发生腐蚀。有的工程师把蒙乃尔合金丝的密封衬垫与铝合金机箱配合，这是个典型的错误设计，这样会导致严重的腐蚀问题。

任何表面导电的弹性材料都可以作为电磁密封衬垫使用。表4-3是常用的电磁密封衬垫材料，不同构造的电磁密封衬垫具有不同的特性。

表 4-3　常用的电磁密封衬垫

衬垫种类	结构	优点	缺点	适用场合
导电橡胶	在普通橡胶中掺入导电颗粒，例如，银粉、铝镀银粉、铜镀银粉、玻璃镀银粉等	①低频屏蔽效能较低，高频屏蔽效能高 ②电磁密封和环境密封	①较硬、压缩形变量小、需要的压力大 ②价格高	①有环境密封要求 ②能为衬垫提供较大压力 ③高频屏蔽效能要求高
铍铜指形簧片	用铍铜制成的弹性很好的簧片，簧片的表面可做不同的涂覆	①高、低频时的屏蔽效能都较高 ②压缩形变量大 ③允许滑动接触	价格较高	①没有环境密封要求 ②要求接触面滑动接触 ③屏蔽效能较高
橡胶芯金属丝网条	在蒙乃尔合金丝或铍铜合金丝编织成的金属管内加入发泡橡胶，使其具有良好的弹性，且表层是导电的	①低频屏蔽效能高 ②过量压缩时不易损坏 ③价格低	高频屏蔽效能较低	①屏蔽电磁波的频率在1GHz以下 ②没有环境密封要求 ③非湿热环境
空心金属丝网	蒙乃尔合金丝编织成的金属管	①低频屏蔽效能较高 ②柔软、易压缩	高频屏蔽效能较低	①不能提供较大的压力 ②没有环境密封要求 ③屏效要求60dB以下

续表

衬垫种类	结构	优点	缺点	适用场合
螺旋管	由铍铜或不锈钢带卷成的螺旋管	①屏蔽效能高 ②价格低	过量压缩时，容易引起损坏	①要求屏蔽效能高 ②没有环境密封要求 ③安装工艺良好（防止过量压缩）
导电布衬垫	用导电布包裹发泡橡胶	①高、低频的屏蔽效能均较高 ②价格低 ③过量压缩时不易损坏 ④柔软 ⑤具有一定的环境密封作用	频繁摩擦会损坏导电表层	①提供的压缩力较小 ②使用环境良好

① 导电橡胶。在普通橡胶中填充导电颗粒就形成了导电橡胶，这种材料的导电机理为，在低频时依靠颗粒间的接触导通。由于不是纯金属之间的接触，因此电阻较大，屏蔽效能较低。在高频时，依靠颗粒间的电容导通，随着频率的升高，容抗减小，屏蔽效能提高。这种材料的弹性很差，反弹力很大，这是因为在普通橡胶中填入了大量的金属颗粒，橡胶的性质已经发生了变化。在使用时需要注意金属基体的厚度，否则会由于基体在反弹力的作用下发生形变而导致更严重的泄漏。

为了解决导电橡胶弹性差的问题，一些厂家开发了新型的导电橡胶衬垫，如图4-12 所示。这种材料的表面是导电橡胶，形成导电的表层，内芯为普通橡胶，可提供良好的弹性。有些产品为了进一步便于压缩，还将中心做成空心的，如图 4-12（b）所示。

(a) 实心导电橡胶衬垫　　　　　(b) 空心导电橡胶衬垫

图 4-12　改进的导电橡胶衬垫

② 金属丝网条。用金属丝编织而成的套管（形状类似屏蔽电缆的屏蔽层）。套管可以是空的，也有的在内部插入橡胶芯增加反弹力，减小永久性变形。由于金属丝具有较大的电感，在高频时感抗较大，因此金属丝网衬垫的直流电阻很小，但其射频阻抗却较大。综上所述，金属丝网密封垫的低频屏蔽效能高，而高频屏蔽效能比较低。

③ 铍铜簧片。铍铜是一种理想的电磁屏蔽材料，它具有非常好的弹性和导电性。这种材料的电阻很小，具有很好的低频屏蔽性能。另外，由于铜片的电感很小，因

此对于高频电流的阻抗也很小，具有良好的高屏蔽性能。这种材料最大的好处是允许表面滑动接触。

④ 螺旋管。这是一种性能很好的电磁密封衬垫，这种衬垫是用铍铜或不锈钢带绕制而成的，如图 4-13（a）所示。用镀铜材料制成的螺旋心管具有很高的屏蔽效能。有试验数据表明，这种衬垫是目前屏蔽效能最高的一种，当使用其他衬垫不能满足要求时，可以试一下这种材料。螺旋管与硅橡胶组合起来构成了具有环境密封的电磁密封衬垫，如图 4-13（b）所示。但是，由于螺旋管是美国斯派尔公司专利产品，因此不像其他种类的衬垫那样常见。

(a) 螺旋管　　　　　　　　(b) 螺旋管与硅橡胶组合

图 4-13　螺旋管的电磁密封衬垫

⑤ 导电布衬垫。这种衬垫用导电布包裹发泡橡胶构成，从而满足表面导电并具有弹性的要求。这种衬垫材料的最大好处是十分柔软，使用时不需要很大的压力。导电布的导电特性决定了这种材料的屏蔽效能。

要想使电磁密封衬垫达到预期效果，其中的关键就是产生一定的形变量，也就是要对衬垫施加一定的压力。使衬垫产生压缩形变的方法有两种：一是垂直于衬垫的方向正面压缩衬垫；二是以切向利用斜面的原理压缩衬垫，如图 4-14 所示。目前只有指形簧片才允许切向运动压缩。

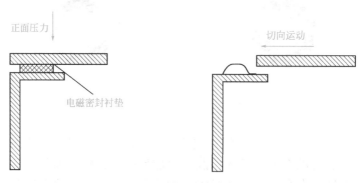

图 4-14　衬垫压缩的方法

安装电磁密封衬垫时应注意以下几点：

① 尽量采用开槽安装方式。槽可以起到固定衬垫和限制过量压缩的作用。使用开

槽安装方式时，屏蔽体的两部分之间的接触不仅通过衬垫实现完全接触，而且有金属之间的直接接触，这样可以使屏蔽效能达到最高。

② 槽的形状和尺寸。安装槽的形状有直槽和燕尾槽两种。直槽加工简单，但衬垫容易掉出，而燕尾槽就没有这个问题。槽的高度一般为衬垫高度的四分之三左右（具体尺寸参考衬垫生产厂商要求的压缩量），开槽宽度要保证有足够的空间允许衬垫受到压缩时伸展，如图 4-15 所示。由于在使用直槽安装衬垫时，衬垫容易滑落出槽，有的工程师使用导电胶进行黏结。这样设计并不是很好，一是导电胶的价格较高，会造成产品成本增加，而且有些导电胶的导电性能不是很稳定，会导致机箱屏蔽效能发生变化。二是在振动环境下，导电胶的碎片可能脱落，掉到电路上，造成电路故障。防止衬垫滑落最好是用普通胶在盖板的紧固位置逐点黏结。虽然这样黏结的局部不导电，但是盖板与屏蔽体之间可以通过金属紧固件来实现导电连接，也可以保证屏蔽效能。

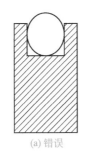
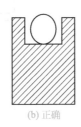
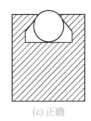

(a) 错误　　　　　　　(b) 正确　　　　　　　(c) 正确

图 4-15　用安装槽固定衬垫的方法

③ 法兰安装方式。将衬垫直接安装在法兰面之间是一种非常简单的安装方法。但是，为了使安装时不会发生过量压缩而导致衬垫永久性损坏，还需要设置压缩限位机构。

④ 防止电化学腐蚀。在比较恶劣的环境中使用时（例如海上使用的设备），由于电磁密封衬垫的材料与屏蔽体的材料经常不同，电化学腐蚀就成了一个严重的问题。应尽量使屏蔽体材料的电化学电位与衬垫材料的相同，实际使用时可以采用图 4-16 所示的方法处理。在接触外部环境的一侧用绝缘物质密封，这样可以防止电解液（比如海水）进入导电衬垫与屏蔽体接触的结合面上。

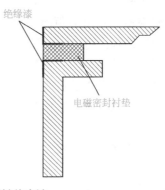

图 4-16　防止电化学腐蚀的方法

⑤ 滑动接触。只有指形簧片才允许滑动接触。簧片安装时，要注意簧片的方向，受到压缩力时，能够自由伸展。通常簧片可以靠背胶黏结，但要注意固化时间（参考簧片供应商说明）。在恶劣的环境中（机械力过大、温度过高或过低等时），可采用卡装结构。

⑥ 螺钉的位置。当设备较新时，螺钉的螺纹与屏蔽体在电气上连接十分紧密，螺钉不会发生电磁泄漏。随着暴露在空气中时间的延长，螺钉的螺纹与屏蔽体之间的接触面上形成腐蚀，电气连接就会变差。这时螺钉本身就相当于一根穿过屏蔽箱的天线，会导致电磁泄漏。另外，这种腐蚀产生的氧化物是半导体，它会对不同频率的电磁波进行混频，导致更严重的干扰问题，这就是我们常说的"锈螺钉效应"。设计时应该将螺钉安装在衬垫的外侧，防止螺钉穿透屏蔽箱，如图 4-17 所示。这样可以有效地避免上述情况的发生。

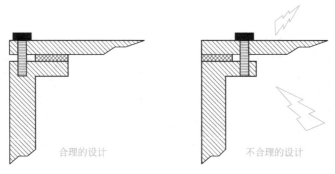

合理的设计　　　　不合理的设计

图 4-17　螺钉的位置设计

⑦ 紧固螺钉的间距。螺钉的间距要适当，以防止盖板在衬垫的弹力作用下发生变形，产生更大的缝隙。盖板应尽量厚些，以防止变形，具体设计方法参照衬垫供应商的产品手册。

4.5.5　显示窗口的屏蔽设计

很小的发光器件，如发光二极管，只需要在面板上开很小的孔，一般不会造成严重的电磁泄漏问题，但是，如果需要满足十分严格的标准，有时会有些问题。如果显示器件是一个辐射源，由于辐射源太靠近孔洞，就会导致孔洞的泄漏。这是因为孔洞的泄漏与辐射源到孔洞的距离有关。这时可以将显示器件移开孔洞处，用有机玻璃等透明体作为导光体，使光传出孔洞。

需要屏蔽效能更高时，可以将孔洞的深度增加，使其形成截止波导管。也可使用两个穿心电容，将发光器件直接安装在屏蔽箱外，通过穿心电容将显示器件连线上的高频成分滤除，只保留显示信号必需的低频成分。这些低频电流通过较短的导线时辐射效率很低。

如果显示器件的面积较大，如液晶显示屏，根据实际情况可以采用以下两种方法：

① 在显示窗前使用透明屏蔽材料，如图 4-18 所示。透明屏蔽材料有两种，一种是由在玻璃或透明塑料膜上镀上一层很薄的导电层构成的，另一种的结构是在两层玻璃

之间夹一层金属网。前一种材料的优点是视觉效果较好，缺点是屏蔽效能较低。后一种材料则正好相反，屏蔽效能较高，但是由于莫尔条纹的存在会造成视觉不适。这种方法的优点是简单，缺点是视觉效果差。特别是对于没有背光源的液晶显示器件，往往由于过暗而无法观察显示屏。

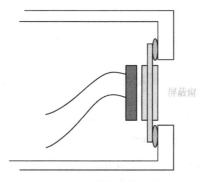

图 4-18　显示窗的屏蔽

　　另外，由于这些透明屏蔽材料对磁场的屏蔽效能很低甚至没有，当设备内部有低频磁场辐射源或对磁场敏感的电路时，会导致屏蔽机箱的磁场屏蔽效能很低，使用这种方法时，要注意屏蔽窗的安装方法，要使屏蔽窗中的导电体与屏蔽机箱之间的低阻抗连接。这种方法适合显示器件本身产生辐射或对外界电磁干扰敏感的场合。

　　② 如果显示器件本身不产生干扰或对外界电磁干扰不敏感，可以用屏蔽体将内部电路（辐射源与敏感源）与显示器件隔离开，将显示器件暴露在屏蔽体的外面，如图 4-19 所示。这个方法的最大优点是显示器件的视觉效果几乎不受影响，机箱对磁场有较高的屏蔽效能。但是如果显示器件本身产生电磁辐射或对外界电磁干扰敏感，则显示器件本身的电磁辐射会导致辐射发射的问题，或者受到外界电磁干扰的影响。

　　如果显示器件本身会产生电磁辐射或对外界电磁干扰敏感，并且机箱内有磁场辐射源，需要机箱提供良好的磁场屏蔽时，可以将两个方法结合起来。

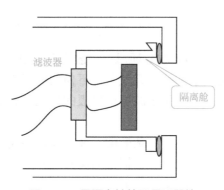

图 4-19　用隔离舱处理显示器件

4.5.6 通风孔的设计

如果设备的发热量较大就必须进行通风处理，一般的机械设计就是在要求通风的部位开孔或安装百叶窗，以便在机箱内部实现自然对流或被动风冷。但是，对于有 EMC 要求的设备来说，这样设计破坏了屏蔽的完整性。这个问题可以通过安装适当的电磁防护罩的方法来解决，这样既可对电磁波进行衰减，又不影响通风的需求。

对于要求电磁防护的场合，可采用防尘屏蔽通风板；对于 EMC 要求比较高的场合，可采用截止波导通风板。

（1）防尘屏蔽通风板 防尘屏蔽通风板的作用是在提供最小风阻的同时，还可以阻挡空气中微小尘粒。防尘屏蔽通风板一般由多层金属丝网（通常为铝合金丝网）组成，必要时再用过滤媒质夹在网层之间，其整体被装配在一个框架内，并附带特殊的电磁衬垫，可以防止电磁干扰从设备中进出，如图 4-20 所示。

防尘屏蔽通风板有价格低廉、使用方便和使用寿命长等特点。尤其是防尘屏蔽通风板清洁起来十分简便，可随时用肥皂水洗净、漂清、烘干，而且对其性能没有影响。因此防尘屏蔽通风板被广泛地应用在普通机箱、大型机壳、高风速及空间有限的设备上。

图 4-20　防尘屏蔽通风板

（2）截止波导通风板 截止波导通风板一般用在电磁屏蔽要求很高的场合，特别是对电磁脉冲防护有特定要求和恶劣天气条件下使用的军用设备。在有烟雾和盐雾的环境中需使用黄铜蜂窝通风板。截止波导通风板的最大缺点是价格昂贵，在民用产品中很少使用。

截止波导通风板能提供较高的屏蔽效能，又可以提供线型空气流。高性能的截止波导通风板一般为钢制或铜制的，由带框架的蜂窝状介质构成，这种构造可以保证最好的屏蔽性和通风效果（如图 4-21 所示）。

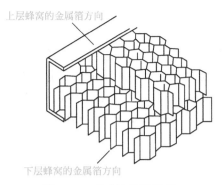

图 4-21　截止波导通风板

　　截止波导通风板蜂窝网眼的典型尺寸中的宽度有 1.57mm 和 12.7mm 两种。其中，宽度为 12.7mm 的通风板实际上是在一个框架里有两个布局稍有错开的 6.35mm 蜂窝单元，这种设计虽然稍微地增加了一点空气阻力，但提高了对电磁干扰信号的衰减效果。还有一种蜂窝结构，是两层蜂窝板形成 30°的夹角（如图 4-22 所示）。这种结构可以增加屏蔽效能和定向损耗，并且具有防水防雨的特点。表 4-4 为截止波导通风板的典型屏蔽性能。

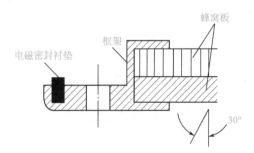

图 4-22　成 30°夹角的蜂窝板

表 4-4　25cm×25cm 规格的截止波导通风板的典型屏蔽性能

项目	频率 /Hz	屏蔽效能 /dB
电场和平面波	1M	127
	10M	120
	100M	113
	1G	102
	10G	85
磁场	10k	40
	100k	54
	1M	63

4.5.7　控制杆的设计

　　穿过机壳的电位器和控制元件的轴，也会对设备机壳导电连续性构成损害。在高频的电磁干扰下，这些轴就会起到天线的作用，而电磁干扰就可以通过这些轴进行发送和接收，从而导致电磁兼容问题。为了达到屏蔽的完整性，可以使用非金属轴代替金属轴，如果不能改变现有控制轴，也可以在金属轴与外壳之间使用圆柱形截止波导管。具体方法如图 4-23 所示。

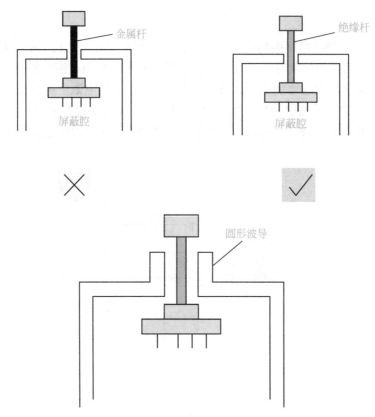

图 4-23　控制轴的处理

4.5.8　导电涂覆层

　　塑料机箱对电磁波没有任何屏蔽效能，但是为了降低成本和外形美观，大部分商业设备的机箱是塑料的。高速数字电路安装在塑料机箱内往往会引起辐射发射超标。解决这个问题的方法有两个：一个是在塑料机箱内部对线路板和内部互连电缆进行屏蔽处理；另一个是对塑料机箱进行表面导电化处理。各种塑料表面金属化的工艺方法见表 4-5。

表 4-5　各种塑料表面金属化的工艺方法

导电涂覆方法	表面电阻 /Ω	屏蔽效能（平面波）	成本	特点
碳导电漆	10 ～ 100	20 以下	较低	简单易行，屏蔽效能低，一般用于静电防护
石墨导电漆			较低	
铜导电漆	0.2	54	较高	性价比高，易氧化
镍导电漆	1	40	较高	简单易行，抗氧化
银导电漆	0.01	80	高	
化学镀镍	1	40	较高	
化学镀铜	0.3	50	较高	
金属溅射	0.2	54	高	
真空蒸镀	取决于金属种类		较高	

因为导电涂覆层一般很薄，屏蔽效能主要依靠反射损耗。所以，涂覆层的导电性越好，屏蔽效能越高。对于一般的电路板，如果使用表面电阻低于 1Ω 的涂覆层，通常可以获得 30 ～ 40dB 的屏蔽效能。

如果想通过辐射发射限制标准（防止内部干扰辐射出机箱），就需要对涂覆层的要求更高。因为这时屏蔽体处于近场区，在近场区电磁波的波阻抗取决于辐射源。而大部分安装在电路板上的电路，其阻抗较低，辐射的电磁波以磁场为主，磁场波的反射损耗比平面波要小很多。假设屏蔽体距离电路板 10cm，则频率在 500MHz 以上的电磁波才算远场（属于平面波）。

由于导电涂覆层的屏蔽效能以反射为主，因此还要注意电磁波反射导致的干扰问题，电磁波在机箱内反射后，如果反射波和入射波相位正好相同，它们叠加在一起会造成屏蔽效能进一步下降。因此，对于屏蔽辐射发射问题，导电性很好的涂覆层未必是个好的方案。处理辐射发射的问题时，可以考虑用导电性较差但较厚的导电涂覆层。

虽然大部分导电涂覆处理可以提供几十分贝的屏蔽效能，但是根据前面所讲，实际屏蔽体的屏蔽效能取决于机箱上的孔洞、缝隙和电缆的处理等因素，普通的塑料机箱也往往达不到理想的屏蔽效能。

4.5.9　其他辅料

（1）导电胶　导电胶是常温固化的填银导电胶，有单组和双组之分（指胶体是由一组或两组材料组成。双组要按比例搅匀后才能使用）。导电胶在室温下暴露在空气中时就可以固化，从而形成导电粘接或密封，导电胶一般在 24h 内可固化，经 3 ～ 7 天可达到完全固化。

导电胶常被用来安装或粘接各种导电硅橡胶衬垫、固定插件及开关，或将带框的屏蔽视窗或蜂窝金属通风板粘接到金属壳体上，也可作为缝隙的导电密封胶。

（2）导电腻子　导电腻子有很多不同的种类，可方便地与腻子枪、抹刀等传统工具配合使用，具有触摸安全、使用方便、不受腐蚀性胶黏剂腐蚀的特点。导电腻子之所以具有导电性，是其所含的玻璃镀银或铜镀银微粒的作用。在射频范围内，固化后的导电腻子可提供不小于 100dB 的屏蔽效能，可有效地提高电子设备的机壳孔缝或搭接的完整性。

（3）导电脂　导电脂是一种不含石墨或碳的，高导电性填银润滑硅脂，可以在各种环境（包括高温、低温、潮湿）下保持良好的导电和润滑，并且很少与化学物质和臭氧及射线发生反应。

导电脂通常被用到各种开关及其他具有活动触点的部件上，用来减少开关滑动触点的接触电弧和局部腐蚀，并可将已腐蚀的区域用银 / 硅修补，而且可防止开关由于腐蚀或结冰而被卡死。导电脂可使开关触点保持低阻抗的电接触，使设备能够在恶劣环境下使用。

（4）导电金属箔带　导电金属箔带是单面背敷压敏胶（导电聚丙烯胶）的铝带或铜带。其厚度为 0.08 ～ 0.1mm，宽度一般有 1.27cm、2.54cm、5.08cm 和 10.16cm 等几种规格，适用于电磁屏蔽室、设备壳体的接缝连接、电缆屏蔽缠绕和提供静电放电的回路。

（5）屏蔽缠带　屏蔽缠带是一种镀锡铜包铁丝的双层金属丝网编织带，常用于对电缆或电缆束的屏蔽、机箱的接地和提供静电放电的路径。由于它的柔性较好，因此屏蔽缠带特别适用于不规则的表面。屏蔽缠带可以用导电环氧树脂胶来端接，也可用焊接或捆扎的方法来端接。表 4-6 所示为屏蔽缠带的屏蔽效能。

表 4-6　屏蔽缠带的屏蔽效能

材料	磁场	电场	平面波	
	100kHz	10MHz	1GHz	10GHz
镀锡铜包铁	45dB	60dB	40dB	30dB

此外，还有一种屏蔽密封缠带，它能够在扭曲和弯曲的情况下也确保密封。这种缠带是由双层金属丝网和硅橡胶组成的，应用场合和普通屏蔽缠带相同，但硅橡胶在接触时经室温 24h 后可自动黏合。屏蔽效能与镀锡铜包铁丝屏蔽缠带相仿。

4.6 搭接

在许多电磁兼容教科书中，将搭接与接地一起讲解，许多人搞不清它们之间到底有什么区别。实际上，搭接是实现电磁兼容设计的一种方法，其真正含义是金属件之间的低阻抗电气连接。对于地线而言，低阻抗搭接的目的是保持地线上的电位一致。对于屏蔽机箱而言，低阻抗搭接可以减小缝隙的电磁泄漏。搭接的质量与产品的电磁兼容性能具有密切的关系，下面举例说明一些搭接的场合。

① 屏蔽机箱。屏蔽机箱上的不同部分必须搭接，否则会产生缝隙泄漏。当机箱上

的活动面板与机箱主体之间的搭接不良（例如，仅通过金属转轴连接）时，其屏蔽效能肯定得不到保证，如果对这样的面板进行静电放电试验，静电放电电流会失去控制，产生很复杂的干扰问题。

② 屏蔽电缆。为了抑制电缆产生射频干扰辐射，或防止外界的射频电磁场干扰设备，屏蔽电缆的屏蔽层必须与屏蔽机箱搭接，为了减小搭接阻抗，在许多电磁兼容设计资料中都规定屏蔽电缆的屏蔽层必须 360° 接地（接屏蔽机箱）。因为屏蔽层 360°端接时电感最小，从而对射频电流具有最低的阻抗。

③ 地线。许多系统利用机柜接地，这种接地系统往往是由多个金属部件构成的，如果金属部件之间没有良好搭接，地线就会呈现出较高的阻抗。关于地线阻抗在保证电路正常工作中的作用，我们前面已经讨论过了，较高的地线阻抗是不利于系统稳定工作的。为了保证接地系统的低阻抗，需要对接地系统上的各个连接部分进行精心的搭接设计。

④ 滤波器与机箱的搭接。滤波器要发挥理想的效能，必须具有很低的接地阻抗，这一点是必须强调的。特别是对于 π 形滤波电路，接地意义更为重要。这一点我们通过图 4-24 所示来进行说明，这是一个典型的 π 形滤波器，按照设计意图，电磁干扰应能通过两个电容旁路到机箱。但由于滤波器壳体与机箱之间的搭接阻抗过大，电磁干扰没有旁路到机箱上，而是通过另一个电容串扰到了输出端。实际效果是两个电容将电感旁路掉了，使电感失去了衰减作用。如果该滤波器为 Γ 形滤波电路，效果还会相对好一些，因为尽管滤波器的接地阻抗较大但是电感还能起到一定的衰减作用。所以，当接地阻抗较大时，π 形滤波器的性能很差。

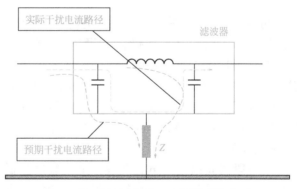

图 4-24　接地不良对 π 形滤波器的影响

焊接，特别是熔焊是最理想的搭接方式，这种方式能保持最佳的导电性。用螺钉或铆钉等实现搭接能够保证连接处的可靠连接，而螺钉或铆钉之间的部分，可能存在缝隙或由于氧化造成不导电。对于非永久性搭接，可以采用电磁密封衬垫进行搭接。

在系统中搭接点无处不在，因此对搭接点进行评价成了一个重要的问题，主要看其阻抗是否符合要求。对搭接点的阻抗进行测量时，要注意下面的一些问题：

① 评价搭接阻抗时所说的阻抗是交流阻抗（主要是高频交流阻抗），不是直流电阻。因此测量时，不能简单地用欧姆表进行测量。

② 电磁兼容设计要求搭接阻抗必须尽可能低，用普通的两端点（如用欧姆表的两根表笔测量电阻的方法）测试方法会产生较大的测量误差，因为两根表笔与被测件之间还存在两个接触点，实际测量的结果还包含这两个点的接触阻抗。

因此，测量搭接阻抗应使用高频信号源，采用四端点方法测量。具体的方法是，用一个信号源向被测量点注入高频电流，然后测量被测点的电压，最后根据欧姆定律计算阻抗。图 4-25 所示是一个测量搭接阻抗的例子。图中，机柜通过减震器安装在电位参考地上，机柜通过搭接条与地连接，按照图 4-25（a）所示的方法测量搭接阻抗，测量的结果如图 4-25（b）所示。

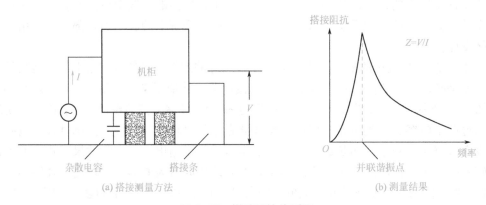

图 4-25　搭接阻抗的测量

通过图 4-25（b）可以看出，这个搭接阻抗表现为电容和电感并联时的阻抗特性，在某个频率上发生并联谐振，这时的阻抗为无穷大。通过这个结果表明，在频率较高时，机箱与大地之间的分布电容和接地导线的电感都不能忽略。

当搭接导体较短时，金属带（长宽比＜4）比金属线的阻抗小。但是当搭接导体较长时，两者的区别不大。并且当搭接导体较长时，导线的粗细对阻抗的影响也不明显。导线较长时，阻抗主要取决于导线电感。导线电感的经验值为 1μH/m，这个值与导体的尺寸、截面形状并无太大关系。

许多设备在使用了一段时间以后，电磁兼容性能大幅度降低，例如出现内部干扰、容易受外界干扰及对其他设备产生干扰等。设备中的搭接点随着时间的推移阻抗变大，是造成这类问题的一个主要原因。这是因为金属接触面的氧化造成了接触电阻增加。

在湿热环境中，可能会遇到更严重的问题——电化学腐蚀，两种不同的金属在电解液中会形成原电池。电化学电动势较低的金属成为正极，电化学电动势较高的金属成为负极，金属离子从正极向负极移动，从而造成正极的腐蚀，这现象称为电化学腐蚀。两种金属的电动势相差越多，这种腐蚀也就越严重。电动势越低的金属，越容易发生腐蚀，因此应该把电动势较低的金属作为易更换的配件，而不应作为结构件，以便在发生腐蚀时进行更换。表 4-7 为不同金属的电动势。

表 4-7 不同金属的电动势

组别	金属材料	电极电位
1	镁 / 镁合金	−2.37
2	铍	−1.85
	铝	−1.66
	锌	−0.76
	铬	−0.74
3	铁 / 钢 / 铸铁	−0.44
	镉	−0.4
	镍	−0.25
	锡	−0.14
	铅	−0.13
4	铜	+0.34
	蒙乃尔	+0.4
	不锈钢	+0.5
	银	+0.799
	铂	+1.2
	金	+1.42

　　防止电化学腐蚀的方法是使相互接触的两种金属电化学电位尽量接近，即两种金属要在表 4-7 中处于同一组，并对接触点进行密封，消除电解液。因为，发生电化学腐蚀必须要有两个条件：一个是不同的金属接触面，另一个是接触面上的电解液。

第 5 章

干扰滤波

电磁干扰要想从设备内发射出来或进入设备只有两个途径：要么以电磁波辐射的形式从空间传播，要么以电流传导的形式沿着导体传播。对于一个实际的设备，这两种途径是同时存在的。因此，要想解决电磁干扰问题，必须将干扰滤波和电磁屏蔽两项技术互补使用，只有使它们结合在一起才能切断电磁能量传播的所有途径。

大多数电子产品设计工程师对干扰滤波器都存在一种错误的认识，那就是"电子产品要通过电源线传导干扰试验和电源线抗扰度试验，必须在电源线上使用干扰滤波器"。而对于干扰滤波器的其他作用却知之甚少，这就导致了在选用滤波器时忽略了其他试验项目对滤波器性能的要求，导致产品设计完后，往往不能通过其他试验项目，例如辐射发射、辐射抗扰度、信号线上的传导抗扰度等试验。实际上，电磁干扰滤波器对于顺利通过大部分电磁兼容试验及保证产品的性能稳定来说都是十分重要的，电子工程师们必须熟练掌握它在设备中的作用、基本的设计方法、实现方法和使用方法，这样才能完成一个产品的电磁兼容设计。

5.1 干扰滤波的作用

设备不能通过电磁兼容试验，在很多时候是由缺乏适当的滤波造成的，这些试验几乎包括电磁兼容标准中的所有试验，下面罗列出一些好像无关于滤波的试验项目，以及滤波器在保证通过这些项目中的作用，以加深对滤波器作用的理解。

5.1.1 辐射相关

有些设备的机箱已经屏蔽得很好（缝隙和孔洞已经妥善处理），但是仍然不能通过辐射发射或辐射抗扰度的试验。这是由于机箱或机柜上的外拖电缆起着天线的作用。有一个问题需要大家注意，那就是电缆产生的辐射远高于电路板本身的辐射及机箱屏蔽不完整发生泄漏时所产生的辐射，如图 5-1 所示。

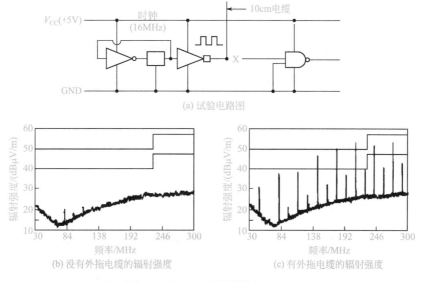

(a) 试验电路图

(b) 没有外拖电缆的辐射强度　　(c) 有外拖电缆的辐射强度

图 5-1　屏蔽辐射

可以在电缆的端口处安装一只滤波器来解决这种问题，将干扰电流滤除掉。电缆上没有电流，自然就不会发生辐射了，图 5-2 是用滤波器消除电缆辐射的一个例子。解决电缆辐射是电磁兼容设计中的主要内容之一。

设备的外拖电缆也能有效地将空间电磁波接收下来，传进设备，从而对电路形成干扰，在实际中，许多设备对空间电磁波敏感都是外拖电缆引起的。这是因为天线的一个特性是互易性，也就是说，如果一个天线具有很高的辐射效率，那么它的接收效率也很高。解决这个问题的方法之一是在电缆与电路的接口处安装一个适当的滤波器。

如果要判断一个辐射性的干扰问题是否是由电缆导致的，可以将设备上的电缆全部拔下，检验独立的设备是否能够通过试验。对于电源线这类为了保证设备正常工作不能拔下的电缆，可以在电缆上加装电源滤波器，并观察辐射情况的变化，如果与滤波器有关，说明干扰是通过电源线本身辐射出来的。

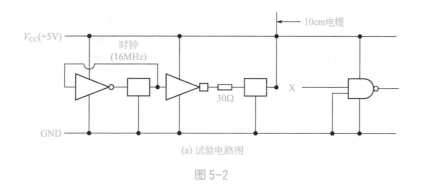

(a) 试验电路图

图 5-2

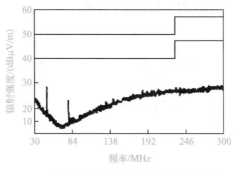

（b）加滤波器后外拖电缆的辐射强度

图 5-2　用滤波器消除电缆的辐射

5.1.2　电快速瞬变脉冲群试验

电快速瞬变脉冲群试验模拟了电感性负载断开时产生的干扰现象，对于检验设备在实际环境中是否能可靠工作十分重要。这项试验包括两方面的内容：一是对电源线注入的试验，二是对信号电缆注入的试验。为了通过电源线注入试验，一般都知道要在电源入口处安装电源线滤波器，但是实际试验时，常常发现滤波器并不起作用，这种情况多数是由滤波器的参数没有选择好造成的。而对于信号电缆的试验，就很少有人知道怎样采取有效的措施了。实际上，滤波对信号线的试验也是一项重要的措施。另外，有的工程师虽然知道应该采取滤波措施，但是并不知道应该如何设计滤波器的电路结构和器件参数，也不知道应该采用差模滤波还是共模滤波。

5.1.3　静电放电试验

如图 5-3 所示，某设备在进行静电放电试验时，发现当在活动面板上进行放电时，电路出现故障。经检查，发现面板后面是一束电缆，判断为面板上的静电放电电流产生的电磁场在电缆束上感应出了噪声电流，形成了干扰，在电缆的端口处安装滤波器后，经反复试验上述现象没有再出现过，问题解决。静电放电对设备电路的影响很大程度上是由于静电放电电流周围的高频电磁场，由于这些电磁场频率很高，因此很容易被导线所接收，从而对电路形成干扰，前面所讲的例子就是这个原因。

随着开关电源的广泛应用，在电源线入口处安装电源线滤波器已经成为一项必要的措施。因为开关电源在大功率脉冲状态下工作，脉冲电流会形成高频的传导干扰；另外，脉冲电路在工作时产生了很强的电磁辐射，这些辐射感应到电路上形成共模传导干扰，如果不使用滤波器，通过电磁兼容试验几乎是不可能的。

在设计中，可以把干扰滤波器分为电源线滤波器和信号线滤波器两类。从电路上讲，这两类滤波器是相同的，都是低通滤波器，但是各自还有一些特殊之处。

① 信号线滤波器除了要对电磁干扰有较大的插入损耗以外，还要保证不能对产品的正常工作信号有严重的影响，不能造成信号的失真。

② 电源线滤波器还要考虑满足安全方面的要求，即漏电流不能超标。另外，还要注意当负载电流较大时，电路中的电感不能饱和（饱和会导致滤波器性能下降）。

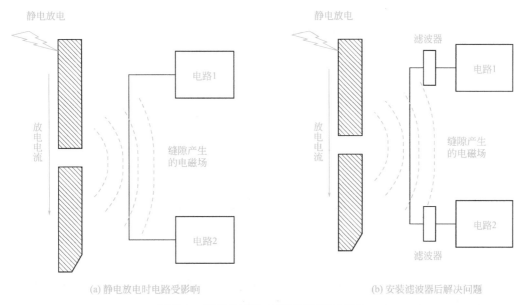

(a) 静电放电时电路受影响　　　　　　　　　(b) 安装滤波器后解决问题

图 5-3　静电放电形成的干扰和解决方法

5.2

干扰电流

　　"共模"和"差模"是电压电流的变化通过导线传输时的两种形态，即按照干扰电流在电缆上的流动路径可分为共模干扰电流和差模干扰电流两种，根据这两种干扰电流的不同特点，滤波方式也不尽相同，因此在进行滤波设计之前必须了解干扰电流的种类，然后采取适当的滤波方法。

5.2.1　共模干扰电流

　　共模干扰电流在电缆与大地之间形成的回路中流动，如图 5-4 所示，共模干扰电流有的是由设备自身因素在电缆上产生的，有的是由设备外部的因素在电缆上产生的。由设备内部产生的共模电流可导致设备传导发射或辐射发射超标；由设备外部产生的共模电流会使设备受到干扰而出现故障或降级。

　　电缆上产生共模电流的根本原因是电缆与地之间存在着共模电压，这种共模电压来自三个方面：

　　① 外界电磁场在电缆中的所有导线上感应出电压（每根导线上的电压相对于大地都是等幅同相的），这个电压会产生共模电流。如雷电、无线发射设备等空间干扰会在电缆上感应出共模电压。在电磁兼容试验中，注入电流抗扰度试验、电快速脉冲群（信号电缆上）试验、辐射抗扰度试验等都会在电缆上产生共模电压。

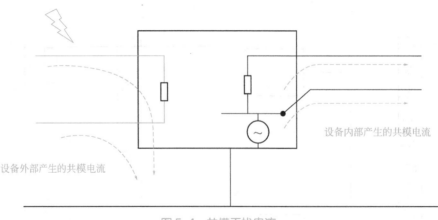

图5-4　共模干扰电流

②　由于电缆两端的设备的接地点电位不同，形成地线之间的电位差，这个电位差就是共模电压，它会驱动共模电流在地环路中流动。

③　电路板上的信号地与大地之间有电位差，这种电位差也属于共模电压，在这个电压的驱动下，电缆上会形成共模电流，由于信号地线就是信号的回流路径，因此在信号地线上产生的噪声电压较大，这种共模电压是电缆对外辐射的主要原因。

外界因素在电缆上产生的共模电流本身并不会对电路产生影响，但如果在电路不平衡的情况下，共模电流就会转变为电路输入端的差模电压，这时会对电路产生一定的影响。

另外，共模电流是电路正常工作时不需要的电流，一般在设计时很少会考虑共模电流的问题。因此，设备在电缆上形成的共模电流都是意外产生的，一般无常理可循，很难查找原因并排除。当电缆上产生共模电流时，电缆就会产生强烈的电磁辐射，造成设备不能满足电磁兼容标准中对辐射发射的限值要求，或者在实际应用中对其他设备造成干扰。

5.2.2　差模干扰电流

在信号线与信号地线之间（或电源线的火线和零线之间）流动的干扰电流叫作差模干扰电流，电缆中的差模电流主要以电路的工作电流为主。外界因素也会导致差模电流，其原因有以下三个：

①　差模电流是由外界电磁场在电缆中的导线之间形成的环路中感应出噪声电压而形成的，如图5-5所示。但是，由于电缆中的导线之间的距离一般很近，形成的环路面积很小，因此感应出的电压一般很小（电磁感应电压与接收环路的面积成正比）。

②外界因素（地线电压、电感或电容耦合的共模电压）在电缆上形成的共模电压，由于电缆所连接电路不平衡，产生了差模电流。

③　为设备供电的电网上连接了其他设备，这些设备产生的差模干扰电压形成了差

模电流，感性负载通断时产生的脉冲干扰是一种典型的情况。

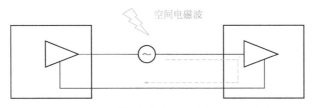

空间电磁波

图 5-5 外界电磁场在电缆上产生的差模干扰电流

外界因素在电缆上产生的差模干扰电流会直接影响设备的工作，由于电缆中导线之间的距离很近，其环路面积不大，因此设备内部电路在电缆中的导线之间产生的差模电流一般不会产生很强的辐射，电缆产生的辐射主要是由共模电流引起的。

如果设备中采用了开关电源，那么开关在电源工作时，电源线上既会产生很强的共模干扰，也会产生很强的差模干扰。

5.3
设计电磁干扰滤波器

电磁干扰滤波器是一种具有特殊用途的滤波器，主要用来滤除电缆上的电磁干扰。它与一般电路中使用的滤波器有如下几点区别。

① 工作频率范围很宽。由于电磁干扰的频率范围很宽，一般从几十千赫到 1MHz 甚至是 1GHz 以上，因此干扰滤波器的有效滤波频率要覆盖这么宽的范围。

② 一般电路中使用的滤波器所连接的电路阻抗是一定的，而电磁干扰滤波器所连接的电路阻抗却不是固定的，一般变化范围很宽。

由于以上两个特殊情况，电磁干扰滤波器在设计和使用中有一些特殊的问题存在。电磁干扰滤波器都是低通滤波器，它主要用在干扰信号频率比工作信号频率高的场合，之所以普遍采用低通滤波器是因为：

① 数字脉冲电路是一种主要的电磁干扰源，脉冲信号有丰富的高次谐波，这些高次谐波并不是电路工作所必需的，但因为它们很容易辐射和耦合，是很强的干扰源，因此在数字电路中，常用低通滤波器将脉冲信号中不必要的高次谐波（通常是高于 $1/(\pi t_r)$ 的频率）滤除掉，仅保留能够维持电路正常工作的最低频率。

② 高频电磁波在空间的传输效率更高，也更容易被接收，因此实际上对设备造成电磁干扰的电磁场的频率都是比较高的，它们在电路中产生的噪声电压、电流也是高频的。

③ 当导线上有传导电流时，电流的频率越高，越容易形成辐射，从而产生较强的辐射干扰。因此，滤除这些高频电流是减小电缆辐射的一个有效的方法。

④ 导线或电缆之间由于存在分布电容和互感，会产生相互的干扰，这些干

扰以高频为主，并且频率越高，干扰越严重，最有效的方法就是用低通滤波器滤除。

图 5-6 所示为低通滤波器的频率特性。在电磁干扰滤波器中，主要关注滤波器的插入损耗和截止频率这两个参数。对于插入损耗，又分为差模插入损耗和共模插入损耗。插入损耗越大表明该滤波器对干扰的抑制效果越好。

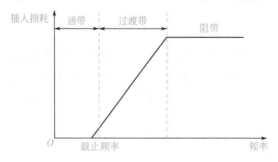

图 5-6　低通滤波器的频率特性

低通滤波器的电路如图 5-7 所示，其基本原理是利用电感的阻抗随着频率升高而增加，电容的阻抗随着频率升高而减小的特性，将电感串联在要滤波的信号线上，对干扰电流起到阻碍和衰耗的作用，而电容并联在要滤波的信号线与信号地线之间（差模干扰电流滤波），从而将高频干扰信号旁路掉。

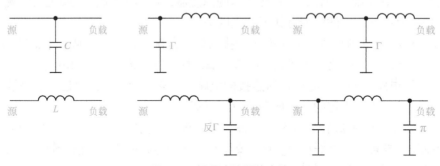

图 5-7　低通滤波器的电路

如图 5-7 所示，滤波电路的种类如此之多，在实际应用中如何选择呢？其实，选择起来并不是很困难，我们需要弄清楚两个问题：一个是需要抑制的干扰频率与工作频率之间的差别有多大；另一个是滤波器所连接的电路的阻抗是多少。

滤波电路中的器件数量越多，滤波器的过渡带越短，越适合信号频率与干扰频率靠得很近的场合。滤波器中的阶数与过渡带的关系如图 5-8 所示，低通滤波器中所含的器件数量就是我们常说的滤波器的阶数。N 阶滤波器的过渡带陡度为 $6N/$ 倍频程或 $20N/$ 十倍频程。图 5-8 的横坐标原点定为低通滤波器的截止频率。

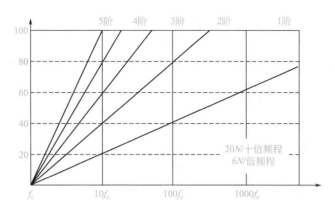

图 5-8　滤波器阶数与过渡带的关系

[例5-1]

　　有一台工控机连接了两台设备：一台显示器，一台终端采集器。在辐射发射的电磁兼容试验中出现超标发射。经诊断，发现连接这三台设备的电缆上有 100MHz 的共模电流，电缆的共模辐射是发射超标的原因。为了通过试验，需要将电缆上的 100MHz 共模电流衰减 20dB。设显示信号的带宽为 50MHz，终端采集信号的带宽为 10MHz，则需要滤波器的特性如图 5-9 所示，显示信号电缆上的滤波器的截止频率为 50MHz，终端采集设备电缆上的滤波器的截止频率为 10MHz。需要注意的是，虽然这里设计的是共模滤波器，但是它对差模信号有一定的损耗，因此要保证电缆线中的差模信号的带宽。

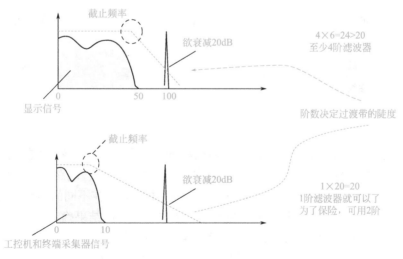

图 5-9　显示器和工控机、终端采集器上的电缆的滤波器特性

对这两种滤波器的阶数确定方法如下：
① 对于显示信号：50MHz 与 100MHz 相差一个倍频，根据图 5-8 所示，滤波器的

过渡带斜率为 6N（dB）/ 倍频程，因此 N 应取 4，才能满足要求。

② 对于终端采集信号：10MHz 与 100MHz 相差十倍频，根据图 5-8 所示，滤波器的过渡带斜度为 20N（dB）/ 十倍频程，因此 N 应取 1，才能满足要求。所以，显示电缆上的滤波器的阶数至少为 4 阶，终端采集器电缆上的滤波器阶数只需 1 阶即可。

虽然确定了滤波器的阶数，但是电路形式还没有确定。例如，一阶滤波器应该用电感还是电容。选择滤波器电路的形式与滤波器所连接的电路阻抗有关。例如，电感和电容在不同电路阻抗情况下的插入损耗见图 5-10。从图 5-10 可知，对于单个电感的滤波器，源和负载的阻抗越低，插入损耗越大；而对于单个电容的滤波器，正好相反，即源和负载的阻抗越高，插入损耗越大。

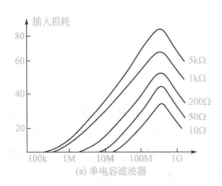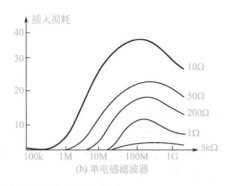

图 5-10　源和负载阻抗对滤波器插入损耗的影响

表 5-1 给出了适合各种源和负载阻抗的滤波器。仔细分析这个表，可以看出：滤波器中的电感总是对应低阻抗，电容总是对应高阻抗。

表 5-1　滤波器电路与阻抗的关系

电路形式	源阻抗	负载阻抗
反 T、多级反 T	低	高
L、T、多级 T	低	低
C、π、多级 π	高	高
T、多级 T	高	低

表 5-1 虽然给出一个原则，但是实际电路的阻抗很难估算，特别是在高频时（电磁干扰问题通常发生在高频），由于电路中分布参数的影响，电路的阻抗变化很大，电路的阻抗一般还与电路的工作状态有关，再加上电路阻抗在不同的频率上也不一样。因此，在实际应用中，哪一种滤波器更有效，主要靠试验的结果确定。

通过上面过程，已经可以确定滤波器的电路拓扑结构了。下一步的工作是确定电路中电感和电容的具体参数。滤波器的截止频率是由滤波电路中的电容和电感参数决定的，电容和电感的值越大，滤波器的截止频率越低。滤波电路中的电容和电感值用下列公式确定：

$$L=R/(2\pi f_c)$$

$$C=1/(2\pi Rf_c)$$

式中，L 为电感，H；C 为电容，F；R 为源和负载的阻抗，Ω；f_c 为滤波器的截止频率，Hz。

对于 T 形（多级 T）和 π 形（多级 π）电路，最外边的电容或电感取 $C/2$ 和 $L/2$，中间的不变。

对于一个特定的滤波器，设源的阻抗为 Z_S，负载的阻抗为 Z_L，它的插入损耗可以通过下面的公式来估算。

① 单电容滤波电路：

$$IL=20\lg[\omega C Z_S Z_L/(Z_S+Z_L)]$$

其中，Z_S、$Z_L \gg 50\Omega$。

② 单电感滤波电路：

$$IL=20\lg[\omega L/(Z_S+Z_L)]$$

其中，Z_S、$Z_L \ll 50\Omega$。

③ Γ 形滤波电路：

$$IL=20\lg[(\omega L/Z_S)+LC\omega^2]$$

其中，$Z_S \gg Z_L$。

④ 倒 Γ 形滤波电路：

$$IL=20\lg[(\omega L/Z_L)+LC\omega^2]$$

其中，$Z_S \ll Z_L$。

⑤ T 形滤波电路：

$$IL=20\lg[\omega^2 LC+(L^2C\omega^3+2\omega L)/(Z_S+Z_L)]$$

其中，Z_S、$Z_L < 50\Omega$。

⑥ π 形滤波电路：

$$IL=20\lg[\omega^2 LC+(LC^2\omega^3+2\omega C)Z_S Z_L/(Z_S+Z_L)]$$

其中，Z_S、$Z_L > 50\Omega$。

5.4

滤波器设计过程中的问题

上一节我们学习了低通滤波器的设计方案，但是实际工程中经常遇到一个问题，那就是按照理论设计制作的滤波器并不一定能取得满意的效果。当出现电磁干扰问题时，大多数工程师都知道，需要在电路的输入端或电源线上安装一个滤波电容，这就是一个最简单的滤波器，但是这个措施往往并不能取得什么效果。这是因为，我们对实际的电容和电感器件的特性了解得还不够。

实际电容的等效电路如图 5-11 所示，除了电容量以外，还含有电阻和电感分量。其中，电阻分量是介质材料所固有的；电感分量是由引线和电容结构决定的，不同结构的电容具有不同的电感，电容的引线越长，电感越大。

图 5-11　实际电容的等效电路

对于图 5-11 所示的实际电容等效电路，它的阻抗特性如图 5-12 所示。由于这是一个电容和电感的串联网络，因此，存在一个串联谐振点，该谐振点的频率为 $1/[2\pi(LC)^{1/2}]$。在谐振点处，阻抗等于电阻分量，在谐振点以下，阻抗特性类似容抗特性，在谐振点以上，阻抗特性类似感抗特性，即随着频率升高而增大。

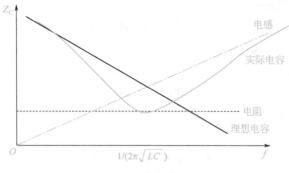

图 5-12　实际电容的阻抗特性

由于低通滤波器利用电容的阻抗随频率升高而减小的特性来将高频干扰信号旁路掉，因此电容的阻抗决定了滤波器的性能，阻抗越小，滤波效果越好。从图 5-12 中可知，实际电容器构成的滤波器，在串联谐振点的阻抗最小，旁路效果最好；过了谐振点以后，电容器的阻抗随着频率的升高而增大，旁路效果开始变差，因此滤波器的性能开始降低，所以普通电容构成的低通滤波器对高频干扰的滤除效果并不是很理想。电容值越大，寄生电感值越大，高频的滤波效果越差，这一点是经常被忽略的。

在实际工程中，我们经常犯一个错误，那就是：当设备出现干扰问题时，在电路的输入端或电源线上并联电容来滤除干扰。为了试验方便，往往将电容的引线保留得很长，结果导致电容的高频滤波效果很差。当滤波电容不起作用时，我们往往就会加大电容的容量，预期更大的电容能对高频干扰有更大衰减，但是电容越大，谐振频率越低，结果反而会使高频干扰的滤波效果更差。

提高滤波器的高频滤波效能是至关重要的，因为电磁干扰的频率往往是比较高的。为了达到这一目的，在使用电容作为滤波器件时应注意以下事项：

① 电容的自谐振频率与电容的容量有关，电容量越大，谐振频率越低，高频的滤波效果越差，但是低频的滤波效果会有所增加。

② 电容的自谐振频率与电容的引线有关，引线越长，谐振频率越低，高频的滤波效果越差。

③ 电容的自谐振点和自谐振点的阻抗与电容的种类有关系，如陶瓷电容的性能优于有机薄膜电容的性能。

从图 5-12 中可以看出，在自谐振点附近的频率，实际电容的阻抗比理想电容的要低，因此当干扰的频率范围较窄时，可以利用这个特性，通过调整电容器的容量和引线长度来使其自谐振频率正好落在干扰频率上（或附近），提高滤波效果。

不仅实际的电容由于寄生电感导致高频滤波性能降低，而且电感也存在相同的问题。实际的电感器除了电感参数外，还有寄生电阻和电容分量，如图 5-13 所示。其中，对电感的滤波特性影响最大的是寄生电容，寄生电容与电感共同构成了 LC 并联网络，它的阻抗特性如图 5-14 所示，当频率为 $1/[2(LC)^{1/2}]$ 时，会发生并联谐振，这时电感的阻抗最大；过了谐振点后，电感器的阻抗特性呈现容抗特性，即阻抗随频率增加而降低。

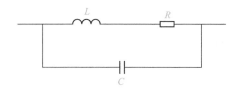

图 5-13 实际电感的等效电路

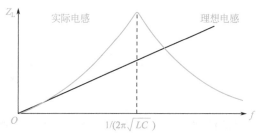

图 5-14 实际电感的阻抗特性

电感的寄生电容来自两个方面：一个是线圈中的匝间分布电容，另一个是线圈的绕组与磁芯之间的分布电容，如图 5-15 所示。每匝之间的分布电容与线圈的匝数、绕法有关，匝数越多、绕得越密，分布电容越大。绕组与磁芯之间的分布电容与磁芯的导电性、绕组与磁芯之间的距离等因素有关，绕组与磁芯之间的距离越近，分布电容越大，当磁芯是导体时，绕组与磁芯之间形成的电容是并联的，容值较大。

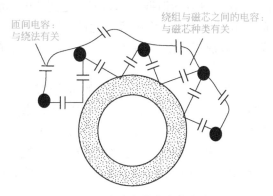

图 5-15 电感上的寄生电容来源

实际电感的阻抗在谐振频率附近比理想电感的阻抗更高，在谐振点达到最大。可以利用这个特性，通过调整电感的电感量和改变绕制方法，使电感在特定的频率上谐振，从而抑制特定频率的干扰。

根据上述的电容和电感特性，如果我们制作的低通滤波器没有采取特殊措施消除寄生参数影响，那么，试制的滤波器是不具有低通滤波器特性的，而是具有带阻滤波器的特性，如图 5-16 所示。这种滤波器是不能抑制高频电磁干扰的。下面各节讲解如何避免这种情况的发生，制作能有效抑制高频干扰的滤波器。

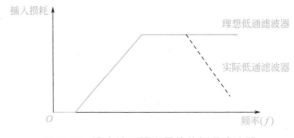

图 5-16　没有达到预期目的的低通滤波器

5.5

滤波电容的选择

不合适的电容不能保证滤波器的高频性能，这也是很多干扰滤波器不能对电磁干扰有效抑制的重要原因之一，因此正确地选用电容器对于干扰滤波器的高频特性来说影响是很大的。提高滤波器的高频性能，首先就是要选好和用好滤波电容。

前面已经讲了，电容器谐振会导致滤波频率范围过窄，很多有一定经验的工程师会提出一个简单易行的方法，即将一个大电容和一个小电容并联起来使用，用大电容滤除低频干扰，小电容滤除高频干扰。有的甚至用大、中、小三种电容并联起来使用。这种方法似乎是可行的，但是存在如下一些问题。

将大容量电容和小容量电容并联起来以后，随着频率变化这个并联网络会形成三个区域，如图 5-17 所示。在大电容的谐振频率以下，是两个电容的并联网络；在大电容谐振频率和小电容的谐振频率之间，大电容呈感性（阻抗随频率升高而增加），小电容则呈现容性，这样就等效成了一个 LC 并联网络；而在小电容的谐振频率以上时，则等效为两个电感的并联。

问题就发生在第二个区域，当大电容和小电容的阻抗相等时，相当于 LC 并联网络中 L 的阻抗和 C 的阻抗相等，这个 LC 并联网络会在这个频率上产生并联谐振，造成其阻抗为无穷大，这时这个电容并联网络实际上已经失去了滤波作用。如果恰好在这个频率上出现了较强的电磁干扰，那么这时就会导致干扰问题。如果将大、中、小三种容值的电容并联起来使用，就会有更多的谐振点，那就意味着滤波器会在更多的频段上失效。

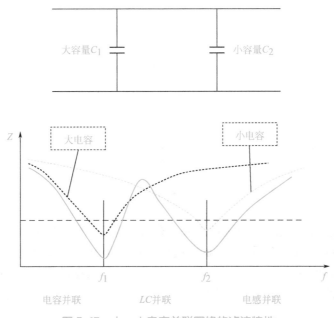

图 5-17 大、小电容并联网络的滤波特性

使用三端电容可以使上面的问题有所改善。三端电容与普通电容不同，它的其中一个电极上有两根引线。使用时，将这两个引线串联在需要滤波的线路中，从这种电容结构的等效电路中可以看出，只有接地引线上的电感还起着不良作用，而另一个电极引线上的寄生电感的有害作用已经消除了（图 5-18）。

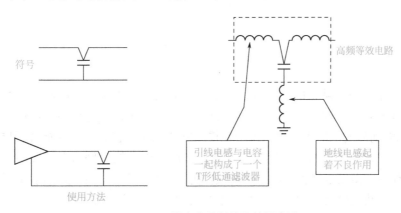

图 5-18 三端电容的结构和使用方法

三端电容的滤波特性如图 5-19 所示。用三端电容器作为低通滤波器的旁路电容时，其滤波特性在频率较高的范围内，比普通电容的效果提高了很多。三端电容为什么会有这样的效果呢？我们再来看一下它的结构，通过图 5-18 不难看出，三端电容在一个电极上的两个导线的电感与电容刚好构成了一个 T 形低通滤波器，这种结构不仅消除了这个电极上的导线的电感负面作用，还带来了好处。为了增加这种滤波效果，还可以在这两根引线上套上两个铁氧体磁珠，以增加电感的作用，这就构成了常见的片状滤波器，在使用片状滤波器或三端电容时，要注意接地的引线一定要短。

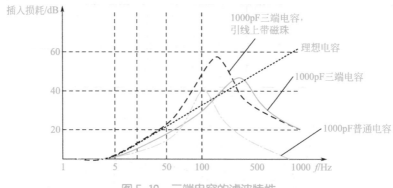

图 5-19　三端电容的滤波特性

　　虽然三端电容比普通电容在滤波效果上有所改善，但是从图 5-19 可知，在较高的频段内和理想电容相比还是有很大差距的，这是因为有两个因素制约了它的高频滤波效果：一个是两根引线间的分布电容，这些电容可以将高频信号从滤波器的输入端耦合到输出端；另一个是接地引线的电感对高频信号形成了较大的阻抗，如图 5-20 所示。

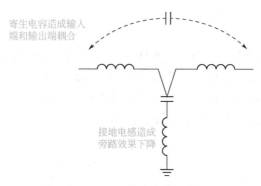

图 5-20　三端电容的问题

　　目前，还有一种贴装的三端电容，由于它的接地电感很小，因此比引线式三端电容具有更好的高频特性，图 5-21 所示是这种电容的外形图和滤波特性曲线。在实际使用中，将滤波前后的电路隔离可以进一步提高贴片三端电容的滤波性能，如图 5-22 所示。在电路板上安装贴片三端电容时，可以将滤波前后的导线分别布在地线层的两面，这样相当于利用了多层电路板中的一层地线作为隔离层，由于贴片三端电容的尺寸很小，因此实际上在地线层上开的过孔很小，不会对隔离效果造成很大影响。

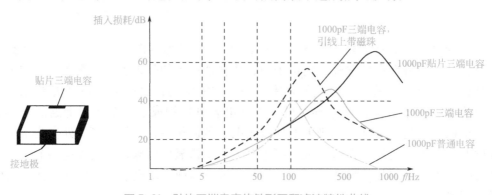

图 5-21　贴片三端电容的外形图和滤波特性曲线

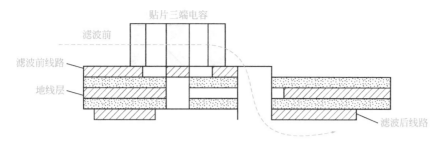

图 5-22　电路板上安装贴片三端电容的方法

　　使用穿心电容可以彻底解决宽带电磁干扰滤波的问题，穿心电容有很多种构造，从介质种类上分，有有机薄膜介质的和陶瓷介质的两种，有机薄膜介质的穿心电容体积比较大，适用于大电流电源线的滤波，需要注意的是，有些体积较小的有机薄膜介质穿心电容的寄生电感较大，不适合高频电磁干扰滤波的应用。陶瓷介质的穿心电容在电磁干扰滤波领域的应用最为广泛。陶瓷介质穿心电容有管形穿心电容和多层陶瓷片状穿心电容两种结构，如图 5-23 所示。

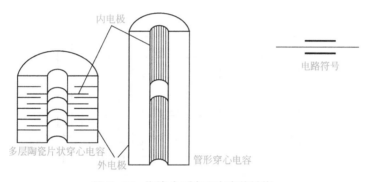

图 5-23　陶瓷介质穿心电容的结构

　　管形穿心电容的基本结构以陶瓷管为介质，并在其内壁和外壁涂覆银层作为电容的两个电极，外电极与金属外壳相连，内电极与穿过陶瓷管中心的引线相连。这种结构的穿心电容优点是结构简单、成本低；缺点是容量比较小，一般在实用的尺寸内，容量很难超过 0.01μF，截止频率在 300kHz 左右 $[f_c=1/(2\pi rC)=1/(2\pi\times50\times10^{-8})$ $=300kHz$；其中 r 为电容自身阻抗，根据工艺一般为 50Ω，C 为电容容量]，因此无法满足对频率较低的干扰滤波的要求。

　　为了解决这个问题，后来人们又研发出了多层陶瓷电容，采用多层陶瓷结构的穿心电容能够在很小的体积内获得很大的容量，可满足宽带干扰滤波的需求。

　　从穿心电容的结构可以看出，穿心电容实质上也是一种三端电容，其内电极连接两根引线，外电极一般作为接地线。使用时，外电极通过螺装或焊接的方式直接安装在金属面板上，需要滤波的信号线连接于芯线的两端，如图 5-24 所示，穿心电容的阻抗特性与理想电容最为接近（如图 5-25 所示），因此它的有效滤波频率可达到数吉赫以上。

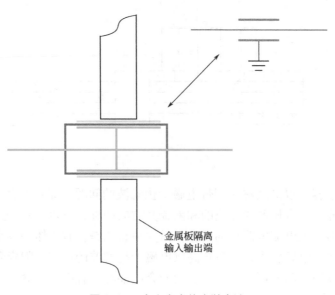

图 5-24　穿心电容的安装方法

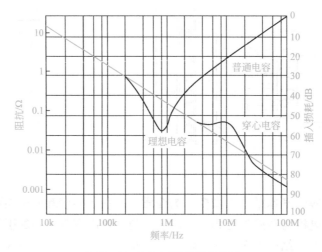

图 5-25　穿心电容的阻抗特性

　　由于穿心电容的外壳与金属面板之间是在 360° 的范围内连接的，连接电感是非常小的，可以使其具有理想的滤波特性，因此对于高频信号来说，穿心电容的阻抗很小，能够起到很好的旁路作用；另外，用于安装穿心电容的金属板起到了隔离板的作用，使滤波器的输入端和输出端得到了有效隔离，避免了高频时的耦合现象。

　　将穿心电容与电感组合起来就构成了一个馈通滤波器，这种滤波器的性能要比单独使用穿心电容更好。图 5-26 所示是常见的馈通滤波器的外形和内部结构，在使用馈通滤波器时，要避免高温焊接和高低温冲击，这些因素会造成器件损坏或降低其可靠性。另外，由于滤波器的金属外壳很薄，使用螺纹安装型的馈通滤波器或穿心电容时，需避免过大的转矩，以防止过大转矩造成器件损坏。

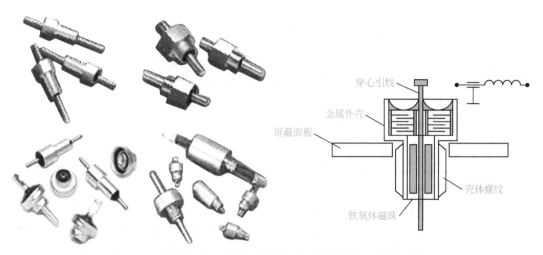

图 5-26　穿心电容与电感构成的馈通滤波器的外形和内部结构

5.6

绕制电感

我们在 5.5 节对滤波器中的电容特性做了介绍，要保证滤波器的高频特性良好，除了选用高频特性好的电容以外，还要尽量减小电感上的分布电容，拓宽电感的有效频率范围。这一点对于不能使用滤波电容或由于使用环境限制（接地线很长，具有很高的阻抗）滤波电容不能发挥作用的场合更加重要。例如，医用设备需要满足很严格的漏电流要求，往往不允许使用电源线对地的滤波电容，这时滤波作用主要依靠电感。

电感上的寄生电容来自两个方面：一个是线匝之间的电容，另一个是绕组与磁芯之间的电容，如图 5-15 所示。因此，减小电感的寄生电容应从两个方面入手，首先，如果磁芯是导体，应先减小绕组与磁芯之间的电容。减小绕组与磁芯之间的电容的方法是，在绕组与磁芯之间加一层介电常数较低的绝缘材料，以增加绕组与磁芯之间的距离。解决了绕组与磁芯之间的寄生电容问题后，可以通过下面的方法减小匝间电容。

① 输入和输出拉开距离。无论制作什么形式的电感，电感线圈的输入和输出都应该远离，否则输入和输出之间的分布电容会在频率较高时将整个电感短路。

② 尽可能地单层绕制。空间允许时，尽量采用尺寸较大的磁芯，这样可使线圈为单层，并且增加每匝之间的距离，有效地减小匝间电容。

③ 多层绕制的方法。线圈的匝数较多，必须多层绕制时，要向一个方向绕，边绕边重叠，不要绕完一层后，再往回绕。这种往返绕制的方法会产生很大的电容，使电感的高频特性变得很差。

④ 分段绕制。在一个磁芯上将线圈分段绕制，这样可以使每段的电容较小，并且总的分布电容是两段上的分布电容的串联，总容量比每段的分布容量小。

⑤ 对于要求较高的滤波器，应该将多个电感串联起来使用。可以将一个大电感分解成一个较大的电感和若干电感量不同的小电感，将这些电感串联起来，可以使电感

的带宽扩展。但这样设计会使电感总的体积较大并且生产成本也会增加。

对于采用磁芯的电感，还需注意磁芯的饱和问题，电感的磁芯与其他磁性材料一样，在外加磁场超过一定强度时，就会发生饱和，导致磁导率急剧降低。电感磁芯中的磁场是由绕在磁芯上的导线中流过的电流产生的，磁场强度与匝数和电流强度有关。当电感中流过的电流过大时，磁芯就会发生饱和，造成磁导率骤然降低，电感量减小，滤波器的截止频率发生变化。

电感量越大，电感的磁芯越容易发生磁饱和。由于电感量决定了滤波器的截止频率，因此，为了有效抑制低频干扰，必须采用较大的电感，这就导致了对电感量要求较大与防止磁饱和之间的矛盾。

为了解决电感量与磁饱和的矛盾，可以按照图 5-27 所示的方法绕制线圈，具体方法如下：将传输负载电流的两根导线（例如交流供电的零线和火线，直流供电的电源线和地线）按照图 5-27 所示的方向绕制，并且使两个绕组的匝数相同。这时，两根导线中的电流在磁芯中产生的磁感线方向相反，并且强度相同，刚好抵消，所以负载电流在磁芯中总的磁感应强度为 0，因此磁芯不会发生饱和。

而对于两根导线上方向相同的共模干扰电流，则没有抵消的效果，呈现较大的电感。由于这种电感只对共模干扰电流有抑制作用，而对差模电流没有影响，因此称为共模扼流圈或共模电感。

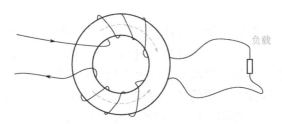

图 5-27　共模扼流圈的绕法

对于没有很高绝缘要求的信号线，可以采用双线并绕的方法构成共模扼流圈，但对于交流电源线，由于两根导线之间必须承受较高的电压，因此必须分开绕制。

差模电流在理想的共模扼流圈上产生的磁通完全抵消，磁芯永远不会饱和，并且对差模电流没有任何影响。但实际的共模扼流圈两组线圈产生的磁感线不可能完全集中在磁芯中，而会有一定的漏磁，这部分漏磁不会抵消掉，因此还是有一定的差模电感，电感量一般为共模电感的 3% ～ 5%，这部分差模电感仍然会导致电感磁芯饱和，在设计共模扼流圈时，要注意这个现象，特别是用在交流条件下的共模扼流圈，要确保在交流电流的峰值条件下不会发生饱和。

这种寄生的差模电感并不是坏事，由于差模电感的存在，使得共模扼流圈对差模干扰也有一定的抑制作用。在设计滤波器时，可以将这种因素考虑进来，有时为了增加差模电感，人为地在两组线圈之间插入一片高磁导率的材料，如图 5-28 所示。共模线圈上的差模电感成分与线圈周围物体的磁导率，以及线圈的绕制方法有关。例如，两组线圈相距较远，会导致漏磁增加，从而增加差模电感，将共模扼流圈放进钢制小盒中，也会增加差模电感。

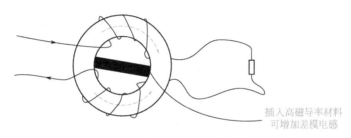

插入高磁导率材料
可增加差模电感

图 5-28　人为增加共模扼流圈的差模电感成分

对于绕在环形磁芯上的电感，电感量的估算公式如下：

$$L=0.2N^2u_rS\ln(D_1/D_2)$$

式中，L 为线圈的电感量；N 为线圈的匝数；u_r 为磁芯的相对磁导率（厂家手册给出）；S 为磁芯的长度，mm；D_1，D_2 分别是磁芯的外径和内径，计算中使用同样单位即可。

由于电感量与匝数的平方成正比，因此许多磁芯的供应商给出每匝线圈产生的电感量，这时可以很容易地计算出达到要求电感量所需要的匝数。

有些电感应用在低电压大电流的场合，这时要注意匝数过多会产生较大的电阻，从而产生过大的电压降，影响电路的正常工作。

5.7

选择磁芯

通常根据所制作的电感是共模电感还是差模电感，来选用不同种类的磁芯。作为差模电感磁芯使用时，磁芯材料的饱和特性是第一重要的，作为共模电感磁芯使用时，往往更关心磁芯材料的磁导率。

作为差模电感磁芯使用的材料一般有两种：一种是铁粉芯，另一种是铁镍钼芯。铁粉芯的价格较低，但是在 400Hz 电流条件下使用时，可能会产生过热问题，这两种材料的最大优点是不易饱和，但是磁导率较低。

作为共模电感磁芯使用的材料主要是铁氧体材料，常用的有锰锌铁氧体和镍锌铁氧体两种。锰锌铁氧体的直流磁导率虽然较高，但是随着频率升高下降很快；另外，由于这种磁材的导电性较好，会在绕组—磁芯间产生较大的分布电容，因此仅适合低频的场合。镍锌铁氧体的直流磁导率较低，但是能保持到较高的频率；另外，这种磁材的电阻较大，适合频率较高的场合。

如果暂时忽略分布电容，电感的阻抗主要由两部分组成：一部分是电阻成分（R），另一部分是感抗成分（X_L），即：

$$Z=R+jX_L$$

电阻成分来自绕制电感的导线的电阻和磁芯的损耗。作为电磁干扰抑制用的电感，希望电阻成分越大越好。因为电阻可以将干扰能量转换为热量消耗掉，而感抗仅是将干扰能量反射回源。

电磁干扰抑制专用的铁氧体与普通的铁氧体是不一样的，电磁干扰抑制铁氧体具有较大的损耗，用这种铁氧体磁芯制作的电感具有如图 5-29 所示的阻抗特性，从图 5-29 中可知，电感的阻抗虽然在形式上是随着频率的升高而增加的，但是在不同频率范围内，其性质是完全不同的。

① 频率很低时：磁芯的磁导率较高，电感的电感量大，电感的电阻成分较小，阻抗以感抗为主，这是一个低损耗、高 Q 值特性的电感。

② 频率较高时：随着频率的升高，磁芯的磁导率降低，导致电感的电感量减小，感抗成分减小。但是，这时磁芯的损耗增加，则电阻成分增加，阻抗变成以电阻成分为主。因此当高频信号通过铁氧体时，电磁能量以热的形式耗散掉。

③ 频率很高时：导线本身的电感产生较大的感抗，电感成为一个 Q 值很低的电感。

综上所述，用干扰抑制铁氧体做磁芯制作的电感在不同频率下的等效电路是不同的，低频时是一个高 Q 值的电感，频率较高时是一个电阻，频率很高时是个低 Q 值的电感。在频率很低时，电感会与电路中的电容构成一个高 Q 值的谐振电路，使得某些频率上的干扰增强。

制作干扰滤波器的电感一般不使用开放磁路的磁芯，因为开放磁路不仅会产生漏磁，还会在电感周围产生较强的磁场，对周围的电路产生干扰。而且，磁路开放的电感还容易感应外界的磁场，降低滤波器的滤波性能。

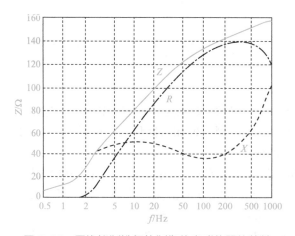

图 5-29　干扰抑制铁氧体制作的电感的阻抗特性

5.8

电源线滤波器

5.8.1　电源干扰与电源线滤波器的作用

在电磁干扰的传播途径中，电源线往往是最重要的媒介，因为电源线的长度（包括设备的电源进线和电力传输的架空线延伸在内）足以构成接收高频电磁干扰的有效被动天线（电源线的长度达到高频电磁干扰波长的 1/4）。此外，电网内的各种设备开、关和运行中形成的骚动也在电网中形成传导性干扰。上述干扰对电网内敏感设备的可靠工作造成严重威胁。

电磁干扰在电源线上的传输是以两种模式进行的：一种是差模形式，在线（L）—中线（N）中传播；另一种是共模形式，在线（L）—地（G）及中线（N）—地（G）两个路径上出现。

电源线滤波器就是安装在电源线和设备之间的一个专门用来抑制电磁干扰传播的器件，它的作用实际上是双方向的，既能阻挡设备自身工作中产生的电磁干扰经电源线进入电网，从而传输到其他敏感设备，又能有效阻止外界的电磁干扰经电源线进入设备，引起电磁干扰故障，所以电源线滤波器是抗干扰和干扰抑制中都用得着的一种器件。

5.8.2　电源线滤波器电路分析

图 5-30 所示是一个典型电源线滤波器的电路，各个器件的作用如下：

① C_1、C_2 为共模滤波电容，跨接在零线和火线与滤波器的外壳之间，对共模电流起旁路作用。受到漏电流的限制，共模滤波电容一般在 10nF 以下。

② C_3、C_4 是差模滤波电容，跨接在零线和火线之间，对差模电流起旁路作用，电容值一般为 0.1 ～ 1μF，但是如果干扰的频率很低，电容可以更大，但需要占用更大的空间。另外，差模电容过大会导致设备通电的瞬间产生很大的冲击电流。

③ L 是共模电感，但是也有一定的差模电感成分，能对共模和差模电流起到抑制作用，电感量范围为 1mH 到数十毫亨，这主要取决于要滤除的干扰的频率，即频率越低，需要的电感量越大。

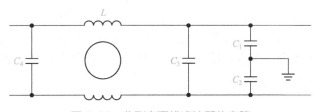

图 5-30　典型电源线滤波器的电路

如图 5-31 所示，图 5-30 中的电源线滤波器电路可以分解成共模滤波电路和差模滤波电路两部分。对于差模干扰而言，这是一个 π 形滤波电路，对于共模干扰而言，这是一个 Γ 形滤波电路。

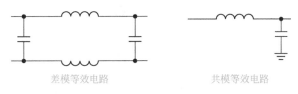

差模等效电路　　　　共模等效电路

图 5-31　电源线滤波器的差、共模等效电路

117

图 5-30 所示的电源线滤波器的插入损耗如图 5-32 所示，实际滤波器的具体数值取决于电容和电感的数值，关于这个插入损耗图有以下几点需要说明一下：

① 由于漏电流限制，共模滤波电容不能过大，共模滤波的截止频率主要由共模电感的电感量决定，共模电感的电感量一般较大，因此滤波器的共模插入损耗在低频段较大。

② 差模电感是利用共模电感的漏磁来产生的，电感量较小，差模滤波的截止频率主要取决于差模电容的容值。

③ 差模滤波等效电路的阶数比共模高，因此过渡带更加陡峭。

④ 插入损耗在 1MHz 以上开始减小，这是因为滤波器中的电感和电容具有非理想性，以及电路中存在着分布电容。

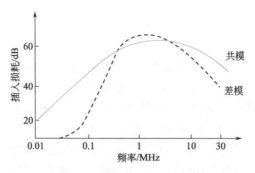

图 5-32　典型电源线滤波器的插入损耗示意图

对于交流电源线滤波器，漏电流是一个重要的指标。漏电流是指当滤波器的外壳接大地时，流过接地线的电流，如图 5-33 所示。这个指标之所以很重要，是因为安装电源线滤波器时其外壳一般与机箱相连，如果机箱是金属的，并且没有安全接地，当人触及空虚金属机箱时，人就充当了接地线，电流会流过人的身体，当这个电流过大时，就会对人造成伤害。用于普通设备的滤波器的漏电流不能超过 3.5mA，用于医用设备的滤波器，由于医用设备要直接接触人体，因此漏电流限制更严，这也是导致医用设备的电磁兼容更难的一个原因。

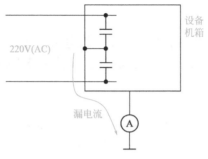

图 5-33　漏电流的定义

对于图 5-30 所示的滤波电路，漏电流主要由 C_1、C_2 决定。C_1、C_2 的容抗决定了漏电流的大小。如果要满足 3.5mA 漏电流的限制要求，C_1、C_2 容值的确定方法如下：

设 $C_1=C_2$，由于总的漏电流等于每个电容的漏电流之和，因此允许每个电容的漏电流仅为 3.5/2=1.75（mA）。

$$I=V/Z=2\pi VfC<1.75\text{mA}$$

$$C<1.75/(2\pi fV)=3.5/(2\pi\times50\times200)=0.025(\mu F)$$

需要注意的一点是，这里的电容量限制值是每根电源线与外壳之间的总电容量。也就是说，当滤波电容更多时，每个电容的容量还要减小，由于共模滤波电容可能直接接触人体，因此必须使用可靠性很高的 Y 级别的电容。这种电容是绝对不允许因发生击穿短路而造成人身伤害的。

在一般的滤波器中，共模扼流圈的作用主要是滤除低频共模干扰。在高频时，由于分布电容的存在，对干扰的抑制作用已经较小，主要依靠共模滤波电容，医用设备由于受到漏电流的限制，有时不能使用共模滤波电容，这时，就需提高共模扼流圈的高频特性。

5.8.3　提高滤波效果

如图 5-30 所示是一个基本的滤波器电路，这种基本电路对干扰的滤波效果很有限，仅用在要求较低的场合。要提高滤波器的效果，可在基本电路的基础上增加一些器件，下面列举一些常用电路：

① 加强共模滤波。在共模滤波电容右边增加一个共模扼流圈，对共模干扰构成 T 形滤波，这样可以使过渡带更加陡峭。

② 加强差模滤波方法之一。把两只差模扼流圈与共模扼流圈串联，以增大差模电感，这样可以改善低频的差模插入损耗。

③ 加强差模滤波方法之二。在共模滤波电容 C_1 和 C_2 的右边增加两个差模扼流圈，并在差模扼流圈的右边增加一个差模滤波电容，这相当于增加了差模滤波电路的阶数。

④ 强化共模和差模滤波。在共模电容右边增加一个共模扼流圈及一个差模电容。

一般情况下不使用增加共模滤波电容的方法增强共模滤波效果，因为这时如果滤波器的接地阻抗较大，会导致滤波性能变得很差；并且增大共模电容的容量还会使漏电流有所增大，导致安全问题。

理论上电源线滤波器应该可以有效地衰减直流和交流电频率以外所有频率的信号，以滤除所有可能出现的干扰信号频率。但经常使用电源线滤波器的工程师可能会发现，绝大多数的电源线滤波器手册只给出了 30MHz 以下频率范围内的衰减特性。这是因为大部分电源线滤波器的插入损耗在超过 30MHz 时都会降低，之所以会有这样的情况，主要是因为安装电源线滤波器的目的是通过电磁兼容标准中的传导发射试验，而该试验的最高频率仅到 30MHz（某些军标的传导发射仅要求到 10MHz），所以没有必要规定 30MHz 以上的特性。

可是这样做必然会导致一个问题，那就是虽然传导发射本身只限制到 30MHz，但是电源线上更高频率的传导发射会产生辐射发射，造成设备在辐射发射试验中损坏。因此，提高电源线滤波器的高频滤波特性对于使设备顺利通过辐射发射试验（一些军用标准中的辐射试验）具有重要的意义。

在有些电磁兼容标准中要求对电源线做功率发射试验。在这个试验中，用功率吸收钳测量电源线上的发射功率，频率范围为 30 ～ 300MHz。这个试验实际上是检验电源线的辐射功率，如果滤波器的高频特性不好，这个试验是无法通过的。

5.9

电源线滤波器的设计及使用方法

电源线滤波器的电路在上节我们已经讲解过了，这是一个十分简单的电路。在一般的电源线滤波器中，由于电感和电容的非理想性，导致滤波器的插入损耗在 1MHz 以上降低，而这种降低是不利于设备顺利通过辐射发射试验的。因此，电源线滤波器的高频特性十分重要。实际上，不同滤波器厂家的产品水平主要体现在高频（10MHz以上）滤波特性上。因为，当滤波器的电路结构和参数确定时，它的低频特性就确定了，而高频特性取决于器件的种类、电路的安装形式，以及使用时的安装方式。提高滤波器的高频性能主要从以下几个方面采取措施：

① 减小电感、电容的非理想性；

② 减小或消除滤波器电路内部分布参数造成的空间耦合；

③ 滤波器在安装结构上便于隔离滤波器的输入端和输出端。

5.9.1 器件的使用

为了提高滤波器的高频特性，要尽量减小电感上的分布电容和电容上的寄生电感，所采取的措施如图 5-34 所示。

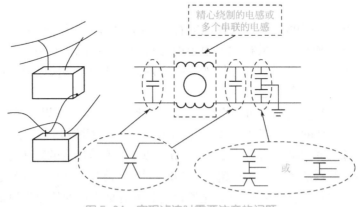

图 5-34 实现滤波时需要注意的问题

电感绕线时，要按照前面所介绍的控制电感分布电容的方法精心绕制，必要时，使用多个电感串联的方式将有效频率范围拓宽。

滤波电容引线要尽量短，如果滤波器安装在电路板上，电路板上的走线也会成为电容的等效引线。这时，要注意保证实际的电容引线最短。尤其是安装共模滤波电容时更要注意这一点，因为：

① 共模干扰几乎都是从空间感应到电源线上的，这注定了共模干扰的频率较高。

② 共模电感的电感量一般较大，因此它的高频特性较差（分布电容较大），主要靠共模滤波电容提供高频衰减。

使用三端电容作为共模滤波电容可以明显改善高频滤波效果，但是要注意三端电容的接地线尽量短，而其他两根线的长短几乎没有影响。必要时可以使用穿心电容制作高性能的电源线滤波器，这时，滤波器本身的性能可以维持到 1GHz 以上，如图 5-35 所示。这种高性能的电源线滤波器对于含有数字电路的设备顺利通过辐射发射试验往往是必要的。

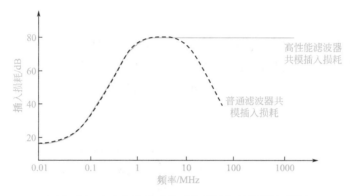

图 5-35　穿心电容构成的电源线滤波器的插入损耗

5.9.2　元件布局

导致滤波器高频特性降低的另一个主要原因是，电路内部分布参数造成了电路前后之间的耦合。为了克服这个问题，滤波器内器件的布局就显得十分重要了，一定要避免输入端和输出端之间的耦合问题。实际安装时，滤波电路中的器件要按照器件在电路中的顺序摆放，前后折返会导致高频滤波性能严重降低。

另外，器件之间的距离对滤波器的高频特性的影响也比较明显，前、后级的器件靠得越近，滤波器的高频性能越差。因此，在空间允许的条件下，电路前后的电感与电容之间应保持一定的距离。必要时，可设置一个金属隔离板，减小空间耦合，隔离板要与滤波器的金属外壳在若干点上连接起来。如果使用穿心电容作为共模滤波电容，应将穿心电容安装在隔离板上，这样可以提供良好的空间隔离。

电源线滤波器的电路比较简单，因此许多工程师愿意将滤波电容直接安装在电路板上，但是滤波效果往往达不到要求，不能顺利通过试验。导致这个结果有如下两种原因：

① 电路板上滤波器性能低的原因之一：滤波器安装在电路板上时，空间的一些干扰会直接耦合进滤波电路及滤波器的输出，特别是滤波器电路的布线不当而形成较大的接收环路面积时，空间干扰会在滤波器中形成频率较高的差模电流，大部分滤波器对这种高频的差模电流滤波效果很差。另外，有磁芯的电感通常也是磁场的易感器件，外界磁场容易进入到电感中，以上这些因素导致滤波器的输出中有较多的高频成分，

如图 5-36 所示。

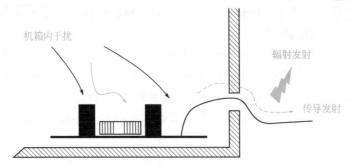

图 5-36　空间干扰直接耦合进滤波器电路和输出端

② 电路板上滤波器性能低的原因之二：大部分电路板设计人员不了解电源线滤波器的真正原理，不能进行最佳布线，常见的错误是共模滤波电容的接地引线过长，甚至不将共模滤波电容的地线连接到设备外壳上，如图 5-37 所示。

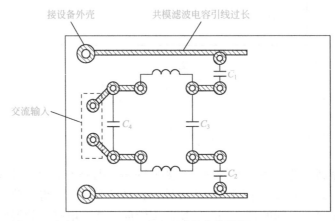

图 5-37　滤波电路的布线问题

因此，将滤波器安装在电路板上使用并不是一件容易的事，要妥善处理上述问题才行。

5.9.3　滤波器结构设计

为了避免空间的干扰耦合进滤波器电路，滤波器的外壳几乎都是金属外壳，有些安装在电路板上的滤波器使用塑料外壳，这也相当于将滤波电路直接安装在电路板上，有时甚至还不如直接安装在电路板上，因为成品滤波器为了追求小型化，内部排列过于紧凑，会导致很强的空间耦合。

对于高频滤波，输入端和输出端之间的耦合是导致滤波器高频特性降低的一个重要原因，因此滤波器的输入端和输出端应避免靠得太近，例如在外壳的同一个面上。一般滤波器的输入线和输出线分别在滤波器相对的两侧。理想的滤波器结构是面板安装方式的滤波器，如图 5-38 所示，使滤波器的输入端和输出端分别安装在面板的两侧，利用金属面板起到隔离的作用，同时保证滤波器的接地阻抗最小。但是需要注意，只有内部采用了穿心电容的高性能滤波器才需要按照图 5-38 所示的方式安装，否则由于内部电路之间的耦合远大于外部输入端和输出端之间的耦合，即使外部隔离了也起不到良好的高频滤波作用。

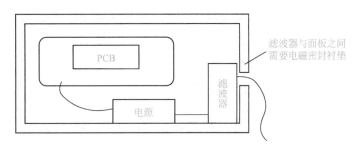

图 5-38　面板安装方式的滤波器

5.9.4　滤波器的安装

电源线滤波器从电路结构上看虽然是一个简单的两端口网络，在电路图表示上就是将滤波器串联进需要滤波的电路，但是在实际应用中，滤波器的性能与其安装方式有很大的关系，这也是滤波器不同于其他电子器件的一个特点。也正是由于许多人没有认识到这一点，才会发生许多本来可以避免的电磁兼容问题，图 5-39 是几种常见的错误安装方式。

① 图 5-39（a）的错误在于滤波器与电源端口之间的连线过长。由于连线过长，当外界的电磁干扰沿着电源线进入设备时，在经过滤波之前，就已经通过空间耦合的方式进入电路板的电路中，造成抗扰度的问题了。另外，机箱内的电磁干扰会直接感应到滤波器与电网的连接侧，直接传出机箱，造成干扰发射（传导或辐射干扰）超标。

这是一个很常见的错误，因为许多设备的电源线输入端在设备的后面板，而开关、电源指示灯等在设备的前面板，这样电源线从后面板进入设备后，往往首先连接到前面板的显示灯、开关上，然后连接到滤波器上。如果由于某种原因不能避免过长的连线，就应当将滤波器与电源端口用屏蔽线连接起来，且屏蔽层在两端与机箱良好搭接。

对于塑料机箱，可以在电路板和电源模块的下方放置较大的金属板，并将滤波器安装在这块金属板上，只有这样滤波器的共模滤波电容才会起作用，注意滤波器的电源输入线不要距离电路板过近。

② 图 5-39（b）的错误在于滤波器的输入/输出线靠得太近。导致这个错误的原因往往是在布置设备内部连线时，为了整齐和美观，将滤波器的输入线和输出线捆扎在一起，这样做的结果是输入线和输出线之间有较大的分布电容，形成了耦合通路，使高频电磁干扰能量直接从滤波器输入线耦合到了输出线，等于把滤波器给旁路掉了，从而导致滤波器的高频滤波性能变差。

③ 图 5-39（c）的错误在于滤波器的外壳没有直接与金属机箱接触，而是通过一根较长的导线连接，导致这个错误的原因往往是机箱为了防腐蚀而全面喷涂了绝缘漆，使滤波器无法与机箱接触，这样做的后果是等于增加了共模电容的接地引线长度，从

而使滤波器的高频滤波效果变差。

滤波器的理想安装方式如图 5-38 所示，将滤波器直接安装在面板上，利用机箱的金属面板将滤波器的输入端和输出端隔离开。

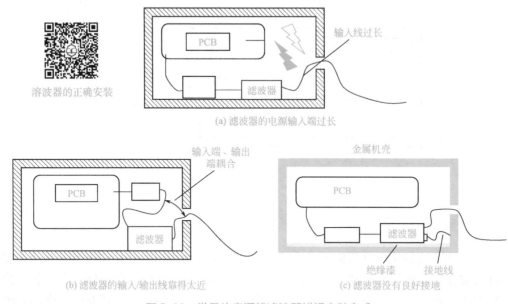

(a) 滤波器的电源输入端过长

(b) 滤波器的输入/输出线靠得太近　　　　(c) 滤波器没有良好接地

图 5-39　常见的电源线滤波器错误安装方式

5.9.5　正确选用滤波器

5.9.5.1　滤波器的选用

滤波器的电路虽然简单，但是要获得良好的效果并不容易，因此，大部分工程师都会直接选用成品滤波器：一方面，成品滤波器都封装在金属外壳内，可以避免空间干扰直接耦合的问题；另一方面，成品滤波器都是经过精心设计和组装的，滤波效果比较理想。但是如何选用成品滤波器，往往会使许多技术人员感到困惑。下面是一些滤波器选择中常见的错误认识，工程师在实际工程中应加以注意。

错误认识一：滤波器中的电容或电感的值越大，干扰滤除得越干净。

电容或电感的值越大，只表明这个滤波器的截止频率越低，对频率较低的干扰更有效，但是与电容、电感较小的滤波器相比，往往高频的滤波效果会较差。

错误认识二：滤波器的级数越多，干扰滤除得越干净。

滤波器的级数越多，只是过渡带越短，高频的插入损耗越大。如果干扰的频率低于这个滤波器的截止频率，就算级数再多也不起作用。

错误认识三：滤波器的体积越小越好。

滤波器的体积小意味着这个滤波器中有用的电容、电感的体积都比较小，并且安装得比较紧凑。电容、电感的体积小一般是以减小电容值、电感量为代价的，因此牺牲的是低频滤波性能，器件安装得过于紧凑，增加了空间耦合，牺牲的是高频滤波性能。因此，体积很小的滤波器往往滤波性能不是很好。

错误认识四：只要滤波器的电路相同，它们的性能就相同。

滤波器的电路结构和参数只决定了滤波器在低频段（1MHz 以下）的特性，而滤波器的高频特性与电容的种类（普通电容、三端电容、穿心电容等）、电感的构造（磁芯、绕制方法等）、电路的安装方式等因素密切相关。通常高频特性对设备的辐射发射影响更大。

错误认识五：在直流供电线上，可以用交流滤波器替代直流滤波器使用。

从安全上讲这样做是没有问题的，但这样做会使成本有所增加，并且滤波性能还不一定好，还会占用更大的安装空间。交流滤波器由于受到安全规范的限制（包括耐压、漏电流、绝缘等方面），所使用器件的体积较大，共模滤波电容容量较小，因此，在同样的额定工作电流条件下，交流滤波器的性能会差很多，体积也比较大，价格也高不少。

5.9.5.2　滤波器使用的注意事项

除了上面讲的几个常见的错误认识，在使用滤波器时还应注意以下几点：

① 应选择通过安全认证的电源线滤波器产品。

② 选择滤波器除注意插入损耗外，额定电压和额定电流也是一个主要的参数。工作电流超过额定电流时，不仅使滤波器过热，还会因电流过大造成磁芯饱和，造成实际电感量减小，影响低频段的滤波特性。

③ 安装滤波器时，在设备滤波器的电源线进线和出线尽量远离的基础上，如果使用屏蔽线无法保证屏蔽层接地良好，可以采用双绞电源线，以避免高频干扰在线间直接耦合。

④ 滤波器用来抑制高频电磁干扰比较有效，而在雷击浪涌试验中就不适用了，这时必须在使用滤波器的同时配合使用压敏电阻等瞬态干扰抑制器件。在这种情况下经常碰到一个问题，那就是：浪涌试验通过了，而安全试验通不过。实际上，采用压敏电阻的目的就是要抑制超过正常电压的浪涌干扰，所以在进行安全耐压试验时的工频高电压必然会使压敏电阻产生动作，造成耐压试验不合格的假象。正确的做法是：在做安全试验时应将压敏电阻等瞬态抑制器件断开，而在做浪涌试验时再将压敏电阻接入。因为压敏电阻只是用来抑制浪涌电压的，以保护设备在浪涌情况下不产生误动作，也不会被高电压击坏。

有浪涌抑制功能和无浪涌抑制功能的滤波器在考核指标方向上是完全不同的。通常，无浪涌抑制功能的滤波器的 L、N-E（火线、零线对地）耐压试验采用 2000 ~ 2500VAC，L-N（火线对零线）采用 1700VDC 或 760VAC。而对于内部安装了压敏电阻或其他防雷元件的滤波器，考核指标就不是这样了。以瑞士夏弗纳公司的 FN332Z 带浪涌保护的滤波器为例，它的 L、N-E 试验电压为 2000VAC，而 L-N 为 350VDC。又如 FN700Z（高性能滤波器，在线间及线、地之间都带有浪涌保护）规定 L-N-E 为 590VAC，L-N 为 590VAC。这两种滤波器的耐压指标不同，是因为内部浪涌抑制器件的参数不同。

⑤ 在前面几节里讲解了滤波器的设计，在实际调试滤波器时，有时也会遇到自制滤波器的滤波特性不理想的情况，由于源阻抗、负载阻抗与标准规定的测试电路严重失配，滤波器衰减特性明显变差，甚至个别点上还出现衰减特性为负的情况，即在这

些频点上，滤波器对干扰不但没有衰减，反而还"放大"了。解决这个问题的一个方法是改变滤波电路的参数，有意识地将谐振频率移动到没有干扰的频率上；另一个方法是增加滤波器的电阻性损耗（降低 Q 值），具体的方法在下面的章节中会详细讲解，在此就不做论述了。

自行设计的滤波器应遵循的设计原则是：不要过于追求滤波效果而导致成本过高，只要达到电磁兼容标准的限值要求并有一定的裕量（一般可控制在 6dB 左右）就可以了。

⑥ 三相电源滤波器。迄今为止，我们讲解的都是单相电源滤波器，下面再举一个三相电源滤波器电路结构的例子，供有这方面需要的读者参考，如图 5-40 所示。

图中，L_D 为差模滤波电感，与 C_X、R 组成差模滤波电路；L_C 为共模滤波电感，与两组 C_Y 组成共模滤波电路；电感、电容都为三组，即每一相的线路都具有滤波效果。

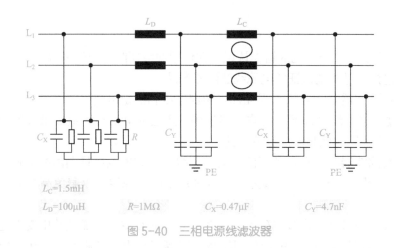

图 5-40　三相电源线滤波器

5.10

信号端口滤波器

信号线滤波器是安装在传输各种信号端口的滤波器，它与电源线滤波器的原理相同，都属于低通滤波器，允许频率较低的工作电流通过，阻止高频的干扰通过，但是由于应用场合不同，信号线滤波器与电源线滤波器有下面一些区别：

① 信号电流较小，不用特别考虑电感磁芯的磁饱和问题；

② 信号电压较低，不用考虑滤波电容的耐高压问题；

③ 不同设备和接口的信号频率不同，因此滤波器的截止频率不同；

④ 通带要足够宽，不能影响有用信号的特性；

⑤ 信号线滤波器以共模滤波为主。

在信号端口上使用滤波器时，首先要保证的是滤波器的截止频率不能低于信号的带宽。对于模拟信号，信号的带宽很容易确定。对于上升沿为 t_r 的数字脉冲信号，信号的带宽可以初步定为 $1/(\pi t_r)$。t_r 可以从所使用的电路芯片的手册获得，也可以用示波器对实际波形进行测量确定。

当滤波器的截止频率低于 $1/(\pi t_r)$ 时，通过滤波器的脉冲上升沿就会变缓，可能会对电路的正常工作造成影响，但是由于手册中查到的或从实际波形测到的 t_r 值并不一定是保证电路正常工作的最大值，实际电路可能允许的 t_r 更大（也就是说，在实际电路中，脉冲信号的带宽可能更窄）。因此，实际滤波器的截止频率可以更低，以获得更好的滤波效果，一般可通过试验的方法确定。

由于信号线的数量很多，一个接口往往有数十根信号线，因此要求信号线滤波器的体积很小，为了减小体积，信号线滤波器电路以电容为主，即使使用电感，一般也仅是在信号线上套一个铁氧体磁珠，因此，电容是决定信号线滤波器的截止频率的主要因素。确定滤波电容值时需要注意的是：当滤波电容按照共模方式连接时，对于差模信号而言，相当于两个电容串联，总电容量减小为一半，也就是按照截止频率公式计算出的电容可以放大一倍，如图 5-41 所示。表 5-2 是常用接口电路允许的滤波电容参考值。

图 5-41　信号线滤波器电容值的确定

表 5-2　常用接口电路允许的滤波电容参考值

参数 \ 接口种类	低速接口 10 ~ 100kbit/s	高速接口 2Mbit/s	TTL	低速 CMOS
上升时间	0.5 ~ 1ms	50ns	10ns	100ns
带宽 BW	320kHz	6MHz	32MHz	3.2MHz
总阻抗 R	120Ω	100Ω	100 ~ 150Ω	300Ω
最大电容 C	2400pF	150pF	30pF	100pF

信号线滤波器可以安装在电路板上或设备的面板上，将滤波器安装在电路板上的优点是安装简单、成本较低；其缺点是高频滤波效果较差，其原因前面已经讲过了。

将滤波器安装在面板上是一种理想的方式，这种安装方式可以消除滤波器输入和输出之间的高频耦合。但是，要想获得最佳的滤波效果，必须使用穿心电容或其他高频特性好的器件。目前流行的方法是滤波连接器，这是一种使用十分方便、性能十分优越的器件。滤波连接器的外形与普通连接器的外形完全相同，可以直接替换。它的每根插针或孔上都有一个低通滤波器，低通滤波器可以是简单的单电容电路，也可以是较复杂的电路。目前，比较常用的是基于多层陶瓷技术制造的穿心电容阵列板，用这种阵列板可构成滤波连接器。

　　需要注意的是：同一个连接器的所有芯线必须同时滤波，不能有些线滤波，有些线不滤波，这样会导致与全部不滤波几乎相同的干扰问题。

　　电路板上安装的滤波器虽然高频的滤波效果不是很理想，但是如果应用得当，可以满足大部分商业产品电磁兼容的要求。在使用时要注意以下事项。

　　（1）共模电容接地问题　共模滤波电容都是跨接在信号线（包括信号地线）与设备的金属机壳之间的，如果设备的机壳是非金属的，需要在电路板下方加一块大金属板作为共模滤波电容的地线。因此，滤波电容安装在电路板上时，电容的地线是一块独立的铜箔，这块铜箔以最低的阻抗连接到金属机箱上或电路板上，如图 5-42 所示，如果这块铜箔与信号地线接起来，只能通过一点连接（如图 5-42 中的虚线包围部分所示），但是这时共模滤波电容实际是跨接在信号线与地线之间的，对差模信号的影响会更大。

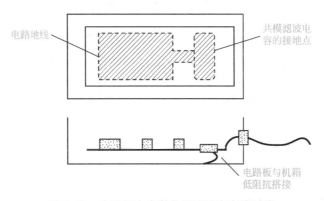

图 5-42　电路板上安装共模滤波电容的地线

　　（2）滤波器要并排放置　要保证导线组内所有导线的未滤波部分在一起，已滤波部分在一起。不然的话，一根导线的未滤波部分会将另一根导线的已滤波部分重新污染，使电缆整体的滤波失效，如图 5-43 所示。当线路板上滤波的电缆和不需要滤波的电缆同时存在时，滤波的电缆要尽量远离不滤波的电缆。

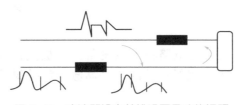

图 5-43　滤波器没有并排设置导致的问题

　　（3）滤波器要尽量放置在出线端口　使滤波器与面板之间的导线尽量短，其道理前面已经说过，必要时，可使用金属遮挡板。目前许多连接器为了适应电磁兼容设计的要求，带有屏蔽外壳，并且屏蔽外壳上有便于与机箱搭接的弹性簧片。安装时要注意使连接器的屏蔽外壳与金属机箱紧密接起来（要使簧片受到一定的压缩）。使用这种屏蔽连接器时，滤波器要安装在连接器屏蔽外壳的界面上，如图 5-44 所示。

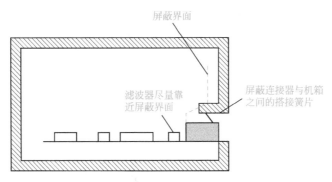

图 5-44　滤波器安装在屏蔽界面上

当干扰的频率较高或对干扰抑制的要求很严格时，要在屏蔽体的面板上安装滤波器。面板安装方式的滤波器主要有单体馈通滤波器、滤波阵列板和滤波连接器等，在使用面板安装方式的滤波器时，需要注意以下的几点问题：

① 面板安装型滤波器只能安装在金属面板上，金属面板不仅为滤波器提供了滤波地（使滤除的干扰电流有去处），而且可以起到隔离滤波器输入、输出的作用。

② 焊接安装。焊接安装方式一般用于单体馈通滤波器的场合，焊接时，要保证滤波器一周都焊接上，因为微小的缝隙也会导致滤波器在 800MHz 以上发生电磁泄漏。焊接时要特别注意控制温度和温度冲击，要按照厂家的要求进行操作。一般只有当产品的产量很大、焊接工艺保证能力很强时，才用这种安装方式。

③ 滤波阵列板和滤波连接器的安装。滤波阵列板或滤波连接器与安装面板之间必须使用电磁密封衬垫。否则，在搭接点的电磁泄漏是十分严重的。因为滤波器中的重要器件是电容器，它将信号线上的干扰电流旁路到机箱上。这样，在滤波器外壳和机箱的接触面上会有较强的干扰电流流过，如果滤波器和机箱之间的搭接阻抗较大，在这个阻抗上会有噪声电压，这个噪声电压是一个电磁辐射源，如图 5-45 所示。另外，如果滤波器上连接着屏蔽电缆，当滤波器接地不良时，一部分干扰会传到电缆屏蔽层上，产生严重的辐射问题。

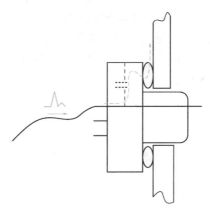

图 5-45　面板安装方式的滤波器必须与机箱面板良好搭接

在传输低频信号的电缆上使用低通滤波器是解决电磁干扰问题比较理想的方法。

可是，我们往往不一定能选到与要求的连接器规格完全一样的滤波连接器成品，当空间允许并且滤波的路数较少时，也可以使用小隔离盒上安装馈通滤波器的方法，如图 5-46 所示。

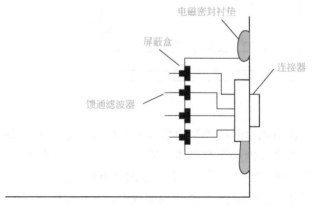

图 5-46　电缆滤波方法

5.11

插入增益

在实际工程中，我们常常遇到这种问题，用了干扰滤波器以后，干扰情况变得更严重了，这是因为滤波器在干扰的频率上产生了插入增益，也就是滤波器的插入损耗为负值。

本章中讨论的滤波器都是反射型的滤波器，这种滤波器不是将干扰以热的形式损耗掉，而是将干扰反射回干扰源。因此，为了使滤波器产生最大的插入损耗，应该使滤波器的阻抗与它所端接的源和负载阻抗失配。在各种阻抗严重失配的情况下，滤波器会产生插入增益，产生插入增益的频率为滤波器的截止频率点。

滤波器的 Q 值（品质因数）越高，这种现象越突出。降低电路 Q 值的方法是增加 R_e 和 R_c。在电感上串联电阻增加 R_e 的方法会增加功率损耗，不适合电源线滤波器的场合。影响 Q 值的因素见图 5-47。

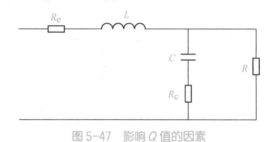

图 5-47　影响 Q 值的因素

在电源线滤波器上避免或减小插入增益的方法一般有两个：一个是在差模电容上串联一只 $0.5 \sim 1.5\,\Omega$ 的电阻，另一个是在电感上并联一只 $50 \sim 150\,\Omega$ 的电阻，如图 5-48（a）所示。这种方法的副作用是使插入损耗的过滤带变缓，为了弥补滤波器的这个缺陷，可以采用图 5-48（b）所示的电路，在原来的差模电容的旁边并联一个更大的电容和电阻的串联网络。

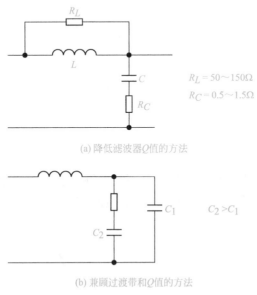

(a) 降低滤波器 Q 值的方法

(b) 兼顾过渡带和 Q 值的方法

图 5-48　降低电路 Q 值的方法

5.12

滤波器对脉冲干扰的抑制

电子设备在实际工作环境中经常遇到脉冲干扰，例如与设备共用一个电网的电动机接通或断开时，电网上会出现脉冲电压。对于这类干扰可以用低通滤波器进行抑制。但是，在实际工程中，用滤波器往往并不能取得满意抑制效果。这是因为滤波器的参数选择不当。本节重点讨论滤波器参数与脉冲干扰抑制效果之间的关系，以指导工程师选择适当的滤波器抑制脉冲干扰。

当脉冲信号通过低通滤波器时，它的一部分高频成分就被滤除了，如图 5-49 所示，脉冲信号的频谱分为三部分：$1/(\pi\tau)$ 以下的部分主要决定了脉冲的幅度；$1/(\pi\tau)$ 与 $1/(\pi t_r)$ 之间的部分主要决定了脉冲的上升沿陡度；$1/(\pi t_r)$ 以上的部分主要决定了脉冲的拐角。因此，粗略地讲，当低通滤波器的截止频率 f_{co} 略高于 $1/(\pi t_r)$，将 $1/(\pi t_r)$ 以上的频谱滤除时，脉冲的拐角变圆，上升沿几乎不受影响，这就是信号线滤波中所希望的。当截止频率略高于 $1/(\pi\tau)$，将 $1/(\pi\tau)$ 以上的频谱滤除时，脉冲的幅度没有明显变化，而上升沿变缓。当低通滤波器的截止频率 f_{co} 低于 $1/(\pi\tau)$ 时，脉冲的幅度会降低，这正是对脉冲干扰抑制所希望的。

131

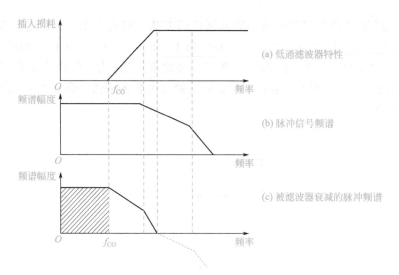

图 5-49　脉冲信号通过低通滤波器时频谱的变化

对于一个特定截止频率的低通滤波器，脉冲的脉宽越窄（τ_{IN}越小），滤波效果越好，如图 5-50 所示。而对于脉宽一定的脉冲干扰，滤波器的截止频率越低，抑制效果越好。

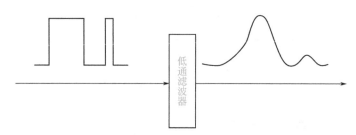

图 5-50　不同脉宽的脉冲通过低通滤波器时的效应

需要注意的是，这里没有考虑滤波器的插入增益问题。如果滤波器产生了插入增益，滤波器的输出波形就会成为衰减振荡的正弦波，它的幅度可能会超过原来脉冲的幅度，如图 5-51 所示，振荡正弦波的频率为滤波器产生插入增益的频率，一般就是滤波器的截止频率，用于抑制脉冲干扰的滤波器要特别注意降低 Q 值。

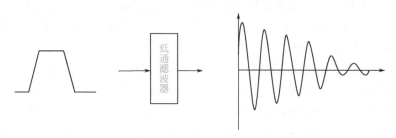

图 5-51　滤波器的输出波形为衰减振荡的正弦波

第 **6** 章

电缆及连接器的设计

电缆是系统中导致电磁兼容问题的最主要因素，因此，往往会出现下面的现象，即在进行电磁兼容试验时，将设备上的外拖电缆取下来，设备就可以顺利通过试验；在现场中遇到电磁干扰现象时，只要将电缆拔下来，故障现象就会消失。这是因为电缆是一根高效的接收和辐射天线，另外，电缆中的导线平行布置的距离最长，因此导线之间存在较大的分布电容和互电感，这会导致导线之间发生信号的串扰。

解决电缆问题的主要方法之一是对电缆进行屏蔽，但是屏蔽电缆应该怎样端接、怎样的屏蔽电缆才是有效的等一系列问题是我们十分关心而又模糊不清的问题，本节讲解电缆的辐射问题、电磁场对电缆的干扰问题、导线之间的信号串扰问题，以及这些问题的对策。

6.1
电缆的电磁辐射

电缆的辐射问题是工程中最常见的问题之一，90% 以上的设备（主要是含数字脉冲电路的设备）不能通过辐射发射试验都是由于电缆辐射造成的。电缆产生辐射的原理有两种，如图 6-1 所示。一种是电缆中的信号电流（差模电流）回路产生的差模辐射；另一种是电缆中的导线（包括屏蔽层）上的共模电流产生的共模辐射。

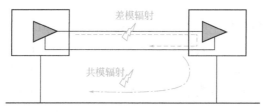

图 6-1　电缆的辐射原理

对于电缆中的差模辐射，可以采用电流环天线模型进行估算。但是由于电流环天线模型假设环路中的电流是均匀的，而这里由于环路的尺寸较大，不符合这个假设。环路中不同相位的电流产生的电磁场具有相互抵消的作用，因此实际的辐射强度比用电流环天线模型计算的要小。这对于辐射强度预测是有好处的，另外，电流环天线模型假设回路的阻抗为零，而实际的电路并不是这样，因此需要进行一下修正，在回路中考虑一定的阻抗。考虑电路阻抗后的辐射情况如图 6-2 所示。

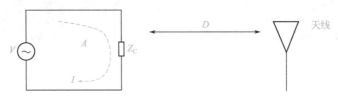

图 6-2　电路的差模辐射模型

① 近场时：

如果电路的阻抗 $Z_C \geqslant 7.9Df$，则：

$$E=7.96VA/D^3（\mu V/m）$$

如果电路阻抗 $Z_C \leqslant 7.9\,Df$，则：

$$E=63IAf/D^2（\mu V/m）$$

$$H=7.96IA/D^3（\mu A/m）$$

② 远场时：

$$E=2.6IAf^2/D（\mu V/m）$$

式中，f 为电流的频率，MHz；A 为环路面积，cm^2；I 为电路中的电流强度，A；V 为驱动源的电压，V；D 为天线到电路的距离，m。

环路面积 A 是影响辐射的主要因素。在大多数情况下，电缆中都包含信号线和回线（信号地线），这时信号线和回线之间的距离很小，由此形成的差模电流回路的面积也很小，因此差模辐射往往并不强。但是如果单线不平衡传输（利用机壳或其他公共导体做电流的回线），情况就不同了，往往会形成较大的差模辐射环路面积，这是设计中应避免的。

减小差模辐射的一个方法是使用双绞线来传输信号，双绞线不仅提供了较小的回路面积，而且由于相邻绞节中的电流方向相反，它们产生的磁场方向亦相反，则在空间抵消，如图 6-3 所示。但是仅当双绞线对上传输的电流频率较低时（这时，去线和回线的电流的方向正好相反），才有这种效果。如果频率较高，绞线上各点相位不同，就不会产生这种效果。

共模辐射是电缆辐射的主要来源，共模辐射是由共模电流产生的，共模电流的环路是由电缆与大地（或邻近的其他大型导体）形成的，因此具有较大的环路面积，会产生较强的辐射。共模电流是如何产生的往往是许多人困惑的问题。要理解这个问题，首先要明确共模电压是导致共模电流的根本原因。共模电压是电缆与大地（或邻近的其他大型导体）之间的电压，在这个电压的驱动下，共模回路中产生共模电流。共模回路通常是由分布电容构成的，如图 6-4 所示。

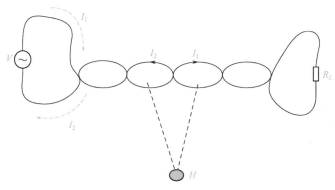

图 6-3　双绞线减小差模辐射的效果

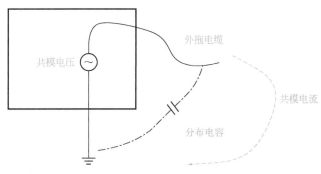

图 6-4　电缆上的共模电压

下面分析共模电流产生的各种原因。

（1）差模电流转换成共模电流　在图 6-5 所示的系统中，虽然两台设备的互连电缆中包含了信号回线，但并不能保证信号电流 100% 从回线返回信号源，特别是在频率较高的场合，空间各种分布参数为信号电流提供了第三条甚至更多的返回路径。这里 I_1 是信号电流；返回信号源的电流有两部分，从信号地线返回信号源的电流 I_2 和从大地（或邻近的其他导体）返回信号源的电流 I_3。两个回路的阻抗的比值决定了 I_2 和 I_3 的比例。从地回路流回的电流就构成了共模电流。

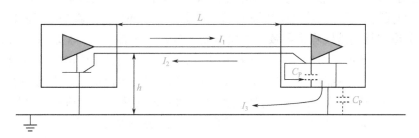

图 6-5　差模电流泄漏产生的共模电流

虽然这种共模电流所占的比例很小，但是由于辐射环路面积大，辐射强度也是不能忽视的，例如，设信号线和信号回线之间的间距为 3mm，电缆长度为 L，电缆距离

地面的高度 h 为 1m，如有 1/10 的信号电流从地回路流回，则共模辐射强度 E_{CM} 和差模辐射强度 E_{DM} 两者的比值为：

$$E_{CM}/E_{DM}=（0.1IL\times1\times1）/（0.9IL\times3\times10^{-3}）=37$$

$$20\lg37=31（dB）$$

通过将电路与大地"断开"（将电路板与机箱之间的地线断开，或者将机箱与大地之间的地线断开）来减小共模电流，从而减小共模辐射的方法是不可行的。将电路与大地断开仅能在低频段减小共模电流，高频段时分布电容 C_P 形成的通路阻抗已经很小，成为共模回路阻抗的主导因素，如图 6-6 所示。

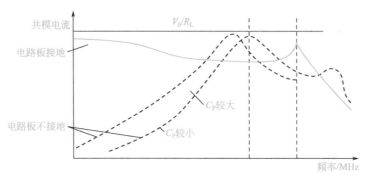

图 6-6　共模电流主要由分布电容产生

当然，如果共模辐射的问题主要发生在低频段，将电路板或机箱与大地断开会有一定效果。从共模电流产生的原理可知，减小这种共模电流的有效方法是减小差模回路的阻抗，从而促使大部分信号电流从信号地线返回。信号线与回线形成的回路面积越小，则差模电流回路的阻抗越小。同轴电缆就是一个典型的例子。由于同轴电缆的回流电流均匀分布在屏蔽层上，其等效电流与轴芯重合，因此等效回路面积为零，差模阻抗接近为零，几乎 100% 的信号电流从同轴电缆的外皮返回信号源，共模电流几乎为零，所以共模辐射很小。另外，由于差模电流回路的面积几乎为零，差模辐射也很小，所以同轴电缆的辐射是很小的。

从电缆兼容设计的角度考虑，使用同轴电缆传输高频信号的目的是减小辐射。实际上，这与传统上用同轴电缆传输高频信号，以减小信号损耗的本质是异曲同工的。因为信号的损耗小了，自然说明泄漏的成分少了，而这部分泄漏就是电缆的辐射。

（2）电路板的地线噪声导致的共模电流　首先，来看一个实验现象。图 6-7（a）是一个产生周期脉冲信号的电路，图 6-7（b）、（c）分别是实验电路的地线上没有连接导线和连接一根导线时的辐射情况。从图中可知，当在电路的地线上连接了导线后，电路板的辐射增强很多，显然这种辐射是由与信号地连接的导线所致。这里的导线就成了辐射天线。那么是什么信号驱动了这根天线呢？这就是地线噪声。

前面已经对信号地线作了定义，信号地线就是信号的回流线，当电流流过地线时，在地线上的两点之间必然存在电压，电压的大小取决于地线的阻抗。这个电压作为共模电压驱动电缆上的共模电流，可导致共模辐射，如图 6-8 所示。

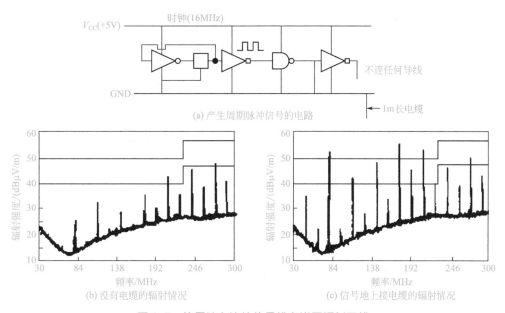

(a) 产生周期脉冲信号的电路

(b) 没有电缆的辐射情况

(c) 信号地上接电缆的辐射情况

图 6-7 信号地上连接的导线充当了辐射天线

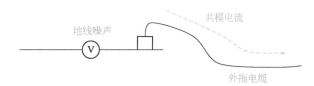

图 6-8 电路板上的地线电压作为共模电压

在双层电路板上设置地线网格，在多层电路板上设置专门的地线层等地线设计方法对减小电路板上的地线阻抗，从而减小共模电压是非常有效的。除了这些方法以外，在电缆的端口处设置"干净地"也是一种减小电路板地线共模电压的有效方法，如图 6-9 所示。干净地就是这块地线上没有可以产生噪声电压的电路，因此地线上的局部电位几乎相等，如果设备的机箱是金属机箱，将这块干净地与金属机箱以低阻抗搭接起来。如果设备的机箱是非金属机箱，最好在电路板下放一块金属板，将干净地与金属板以低阻抗搭接起来。

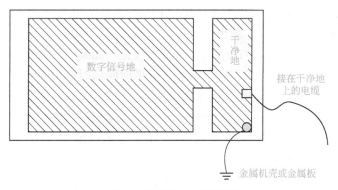

图 6-9 电路板上的干净地

（3）机箱内电磁波空间感应导致的共模电流 机箱内的电路板、互连电缆都会产生电磁辐射，因此机箱内充满了电磁波。这些电磁波会在 I/O 电缆上感应出共模电压。另外，电缆端口的附近也会有一些产生高频电磁场的电路，这些电路与电缆之间存在着电容性耦合和电感性互感，在电缆上形成共模电压，如图 6-10 所示。这些共模电压都会导致共模电流。

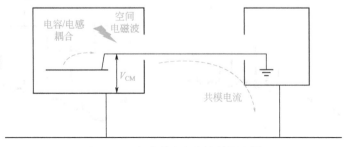

图 6-10　电磁感应产生的共模电压

6.2

电缆的电磁抗扰度问题

从描述的 EMC 抗扰度测试的原理可以看出，无论是电快速瞬变脉冲群抗扰度测试，还是射频场传导干扰抗扰度测试，干扰都是以共模的形式直接注入到电缆上的。如果电缆是屏蔽电缆，那么干扰信号直接注入在屏蔽层上；如果电缆是非屏蔽电缆，则干扰直接注入在电缆中的各个信号线上。对于静电放电和辐射抗扰度测试，处于电磁场中的电缆也可以成为接收天线，它与频率的关系和其成为辐射发射天线时一样，这样，电缆上会感应出噪声电压，与电缆辐射的情况相对应，电磁场在电缆上感应出的电压也分为共模和差模两种。共模电压是电磁场在电缆与大地之间的回路产生的，差模电压是电磁场在信号线与信号地线（或差分线对之间）形成的回路中产生的，当电路是不平衡电路时，共模电流会转换成差模电压，对电路形成干扰。由于信号线与信号地线形成的回路面积很小，因此噪声电压仍以共模为主。

如果电缆很靠近地平面，那么电场分量与地平面相垂直，磁场分量垂直于导线与地平面形成的回路时，电缆中产生的电磁感应最强。如果电缆很远离地面，那么电场分量平行于地平面，磁场分量垂直于导线与地平面回路时，电缆中产生的电磁感应才最强。虽然理论上，电磁场在电缆上感应出的电压也分为共模和差模两种，但是实际在单个产品独立运行时，电磁场在导线中感应出的电压是以共模形式为主的，负载上的电压是以系统中的公共导体或大地为参考点的，一般以系统中参考地平面为参考点。对于多芯电缆，这意味着电缆中的所有导体都暴露在同一个场中，它们上面所感应的电压取决于每根导体与参考点之间的阻抗和感应电流，一般情况下，对称振子或单极天线上的感应电流可作如下估算：

当 $L \leqslant \lambda/4$ 时，对称振子天线上的感应电流

$$I = \frac{EL^2}{80\lambda\ln(L/2d)}$$

近似公式为

$$I \approx \frac{EL^2 F_{\mathrm{MHz}}}{120} \ (\mathrm{mA})$$

当 $L \geqslant \lambda/2$，对称振子天线上的感应电流

$$I \approx \frac{E\lambda}{240}(\mathrm{A})$$

近似公式为

$$I \approx \frac{1.25E}{F_{\mathrm{MHz}}} \ (\mathrm{A})$$

式中，I 为对称振子天线中心的电流，A；d 为导体直径，m；E 为电场强度，V/m；F_{MHz} 为信号频率，MHz；L 为对称振子天线长度（或 2 倍的单极天线长度），m；λ 为信号波长，m。

［例6-1］

一个麦克风的电缆长度为 1m、直径为 5mm，当其暴露在频率为 37MHz、电场强度为 1V/m 的电磁场中时，电缆上的感应电流可以按如下方式计算：

由于麦克风只有一端与放大器相连，因此其等效模型近似于单极天线，等效对称振子天线长度为 $2 \times 1\mathrm{m}=2\mathrm{m}$。

27MHz 频率的波长

$$\lambda=300/27=11 \ （\mathrm{m}）$$

由于等效对称振子天线长度 $L=2\mathrm{m}$，则

$$L < \lambda/4$$

按照公式，电缆上的感应电流 I 为

$$I = \frac{EL^2}{80\lambda\ln(L/2d)} = 1 \times 2^2/\ [80 \times 11\ln\ (2/0.01)\ ] =0.85\ (\mathrm{mA})$$

说明：共模感应电流引起的共模电压取决于电缆的负载阻抗。

6.3

电缆的分布参数对电磁兼容的影响

即使不考虑天线和场的作用，在常用的频率范围内，与理想状态微小的差别也可

能会导致导体上所传输的信号出现电磁兼容问题，下面通过几个简单的例子加以说明。

① 直径 1mm 的导线，在频率为 160MHz 时，其电阻是直流状态时的 50 多倍，这是由趋肤效应所导致的，使得 67% 的电流在该频率处流动于导体最外层 5μm 厚度的范围内，长度为 2.5cm、直径为 1mm 的导线具有大约 1pF 的分布电容。这么小的电容似乎微不足道，但在频率为 176MHz 时呈现出大约为 1kΩ 的负载作用。若这根 2.5cm 长的导线在自由空间，由理想的电压为 $5V_{P-P}$、频率为 16MHz 的方波信号驱动，则在频率为 16MHz 的 11 次谐波处，仅这根导线就要 0.45mA 的电流才能驱动。

② 连接器中的引脚长度大约为 10mm，直径为 1mm，这根导体具有大约 10nH 的自感，在电气参数中这么小的电感似乎也可以忽略不计，但当通过它向母板总线传输频率为 16MHz 的方波信号时，若驱动电流为 40mA，则连接器针上的电压降大约在 40mV，这就足以引起严重的信号完整性以及电磁兼容方面的问题。

③ 1m 长的导线具有大约 1μH 的电感，当把它用于建筑物的接地网络时，便会阻碍浪涌保护装置的正常工作。

④ 滤波器的地线达到 10cm 长时，其自感就可以达到 100nH，当频率超过 5MHz 时，会导致滤波器失效。

⑤ 4m 长的屏蔽电缆，如果其屏蔽层以长度为 2.5cm "猪尾巴" 方式端接，那么，30MHz 以上的频率就会使这根电缆屏蔽层失去作用。

综上所述，想要让产品通过电磁兼容测试，就必须关注电缆所固有的电阻、分布电容、分布电感这些看似微不足道的参数的影响。经验数据：对于直径 2mm 以下的导线，其分布电容和电感分别是 1pF/mm 和 1nH/mm。

6.4

电缆在产品中的位置与共模电流的关系

在进行电快速瞬变脉冲群、静电放电等抗扰度测试时，需要把相应的突发干扰施加到受试设备的电源线、I/O 信号线或者机箱壳体等位置。干扰的共模电流会通过电缆或者机箱，流入受试设备的内部电路，这种流入的电流可能会引起受试设备技术指标的下降（如干扰音频或视频信号，或者引起通信误码等）；也可能引起系统复位，停止工作，甚至损坏器件等。实践发现，电快速瞬变脉冲群、静电放电等高频瞬态共模干扰电流在电缆端口被注入后，主要进入产品的地（GND）系统，再由其他对参考接地板阻抗较低的地方回到参考接地板（即测试中的大地）。一方面，产品系统中的接地点常常发生在电缆端口处；另一方面，在进行电快速瞬变脉冲群、静电放电等抗扰度测试时，电缆与参考接地板之间的分布电容较大，进入产品地（GND）系统的共模电流通常会通过电缆或电缆附近的接地点流入参考接地板。这样，从某种意义上说，电缆、I/O 连接器在产品中的位置决定共模电流的流向与大小。图 6-11 所示为某一工业产品的共模瞬态干扰电流的分析（分析建立在电快速瞬变脉冲群测试原理的基础之上），图中的箭头线表示共模电流流动的方向，如图 6-11 所示的一些电缆在产品中的位置发生改变，那么共模瞬态干扰电流的流向与大小也将改变。了解这一点，对分析机械结构对产品电磁兼容性能的影响有很重要的意义。

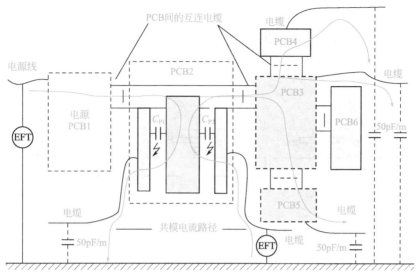

图 6-11　电缆在产品中的位置发生改变

6.5

敏感电路及干扰源的位置与产品共模电流的关系

　　既然共模电流的流向和路径主要取决于电缆与连接器在产品中的位置，因此在产品设计时，就可以考虑共模电流的路径、敏感电路、干扰源及连接器电缆四者之间的关系，通过合理地布置输入／输出连接器、电缆在印制电路板中的位置，使外界注入电缆的共模电流不流过敏感电路，也使内部电路的干扰源信号不流向外界电缆和连接器。一种比较有效的方法是：将那些流过共模电流的连接器、电缆集中放置在一个印制电路板的同一侧，这样可以使共模电流不流过整个印制电路板及其工作地（GND），在电路中分散放置连接器意味着 EMC 风险的增加。这个原理可以用图 6-12 和图 6-13 来说明。

　　在图 6-12 所示印制电路板中，连接器与信号电缆位于印制电路板的两端，当在电缆 1 中注入共模干扰信号时，由于信号电缆 2 与参考地之间的分布电容在信号电缆 2 处存在接地，这时将会有相当一部分的干扰共模电流流过整个印制电路板，整个印制电路板中的电路都会受到共模电流的影响。而当两个连接器与信号电缆同时位于印制电路板的同一侧（图 6-13），共模电流的大小并没有改变（信号电缆对地的阻抗没有发生变化），而共模电流的路径发生了改变，即共模电流自信号电缆 1 进入印制电路板后，又很快地通过信号电缆 2 与参考地之间的分布电容流入参考接地板，使得印制电路板的大部分的电路受到保护。有一点需要注意，那就是当承载不同特性信号的连接器在同一印制电路板的同一侧放置时要防止各个信号间的串扰，并对每个信号进行滤波。

电磁兼容（EMC）原理、设计与故障排除实例详解

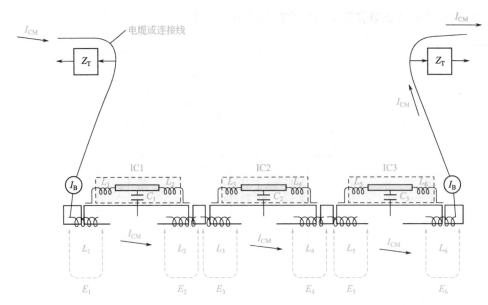

图 6-12　连接器与信号电缆位于印制电路板两端时的共模电流

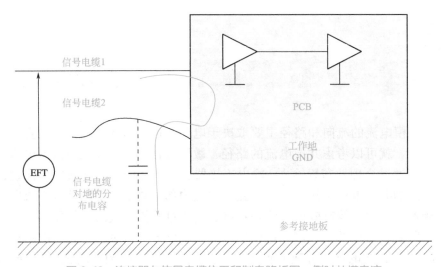

图 6-13　连接器与信号电缆位于印制电路板同一侧时共模电流

　　利用以上所述例子也可以分析连接器与信号电缆集中放置在一个印制电路板的同一侧和分散放置在印制电路板上对辐射发射产生的影响，通过图 6-14（a）可以明显地看出，当产品不接地时，该产品可以等效为一个很好的对称振子天线模型，如果 PCB 内的高频信号回流地平面阻抗控制不好，将会产生电流驱动模式的共模辐射。在这样的连接器电缆布置下，即使将信号电缆 1 接地（通常产品只会设计一个接地点），还会存在如图 6-14（b）所示的单极天线模型，可见，这是一个失败的电磁兼容机械结构构架设计。

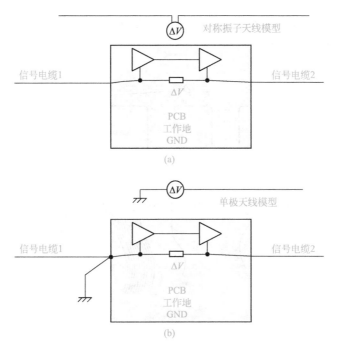

图 6-14 电缆在 PCB 两侧时的天线模型

将信号电缆 1 和信号电缆放置在 PCB 的同一侧后，天线的模型发生了变化，如图 6-15（a）所示，在产品不接地的情况下，天线的模型由原来的对称振子天线变为以印制电路板中工作地 GND 为参考平面的单极天线，由天线辐射的原理可知，单极天线的辐射效率比对称振子天线的辐射效率要低，这一点，对于产品的电磁兼容性来说就意味着辐射发射水平降低。如图 6-15（b）所示，在产品接地的情况下，天线的模型将发生更大的变化，这时，实际上由于电缆在连接器处接地，已将原来产品不接地情况下在电缆（天线）端口处的驱动共模电压短路，共模电流将不再流过天线（电缆），辐射也就消除了。

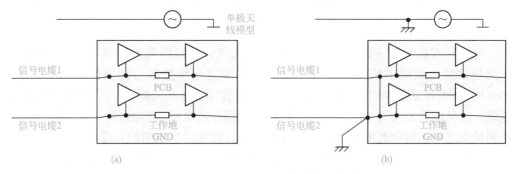

图 6-15 电缆在 PCB 同一侧时的天线模型

在图 6-16 所示的设计中，各种电缆都位于产品 PCB 中的同一侧，其中，电缆都放置在 PCB 一侧，并在 I/O 处进行接地与滤波处理，远端不接地。流入电缆的共模干扰电流都会在 I/O 的入口处流入大地。敏感电路受到保护，同样高速电路中的噪声也不会流到 I/O。同时 A/D 转换器将模拟电路和数字电路分散在其两侧，避免了两者之间的串扰，这是一个比较好的设计。

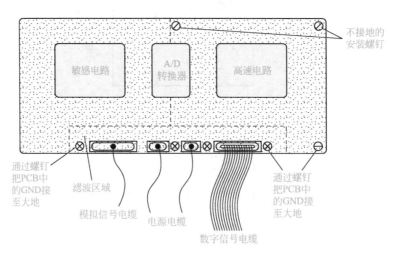

图 6-16　各种电缆都位于产品 PCB 中同一侧的例子

前面我们分别讨论了干扰测试时电缆中的共模电流和抗扰度测试的共模电流，其实两者并未出现矛盾。在设计实践中也发现，抑制产生干扰的共模电流的设计方法与抑制抗扰度测试时注入电缆上的共模电流的方法在大多时候是基本相同的，抑制产生干扰的共模电流的设计是为了让产品内部或电路内部的噪声或干扰不向外面传递；抑制抗扰度测试时注入电缆上的共模电流的设计是为了不让外界的干扰流入产品内部或电路内部，两者只是方向不同。

6.6
电缆中共模电流的抑制

电缆只有在达到一定长度时才可能成为天线，并且电缆端口进行抗扰度和传导干扰测试的电缆最小长度为 3m（有些标准中规定电缆进行浪涌测试的最小长度为 10m），因此理论上在产品电缆设计时，在满足使用要求的前提下，可以尽量使用短的电缆，避免电缆成为天线，这样还可以免去大部分的电磁兼容测试。但电缆长度往往受到设备之间连接距离的限制，不能随意缩短。而且，当电缆的长度不能减小到波长的一半以下或小于 3m 时，减小电缆长度也没有明显效果。在这种情况下只能减小流入电缆或连接器中的共模电流，常用的方法有：

① 控制电缆的长度。在满足使用要求的前提下，尽量使用短的电缆。但电缆长度往往受到设备之间连接距离的限制，不能随意缩短。而且，当电缆的长度不能减小到波长的 1/2 以下时，减小电缆长度效果也不明显。

② 减小共模电压，目的也是减小共模电流。当共模回路阻抗一定时，减小共模电

压就可以减小共模电流。

③ 增加共模电流回路阻抗。其目的是减小共模电流，因为在共模电压一定的情况下，增加共模电流路径的阻抗可以减小共模电流。

④ 使用低通滤波器滤波，目的是减少高频共模电流成分。这些高频共模电流的辐射效率是非常高的。

⑤ 屏蔽电缆，目的是为共模电流提供一条低阻抗的路径，这个路径形成的共模电流环路面积较小，因此产生的辐射较小。

下面分别介绍上述概念在实际工程中应用的方法。

6.6.1 减小共模电压

减小电缆上的共模电压是解决电缆共模辐射最行之有效的方法，但是这个措施只适合在产品的设计阶段进行，一旦设备的电路和结构确定，共模电压就很难控制了。根据共模电压产生的原理，一种是由电路板地线噪声电压产生的，而另一种是由电缆附近其他电路的辐射感应到电缆上的。可以从以下几个方面控制电缆上的共模电压。

在设计电路板时，要采取各种措施降低地线的阻抗，地线的阻抗越低，地线上各点之间的噪声电压就越小，外拖电缆上的共模电压也就越低，如果电路板已经做好，无法改变，可以在电路板下方很近的位置安装一块辅助金属地线板，这块辅助地线板与电路板的信号地在多点连接起来，也能够减小地线噪声，从而降低电缆的共模辐射。

（1）在电缆接口处设置干净地 干净地，就是指该地线上没有杂散的地线电流，因此也就没有噪声电压，将电缆连接到这个地线上，可以有效地减小共模电压。通常将干净地与金属机箱连接起来，以进一步减小共模电压。干净地的构造如图 6-9 所示，干净地与整个电路的地之间仅通过一点连接起来，其他地方都隔开，就像一座要塞，周围是壕沟，与外界通过一座桥连接起来。当电缆接口与电路之间有电气连接时，所有连线都要从这个"桥"上过。如果电缆接口与电路之间没有直接的电气连接，例如，通过光耦器件或隔离变压器连接，则不需要用桥将两部分连接起来，而将这些隔离器件安装在隔离带上，如图 6-17 所示。

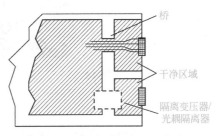

图 6-17 电气隔离器件的安装方法

（2）强干扰电路远离 I/O 端口 高速数字脉冲电路、振荡器电路、时钟电路等在工作时会产生较强的干扰，这些电路要尽量远离 I/O 接口电路，防止干扰耦合到 I/O 电缆上。在有些产品中可看到在 I/O 电路与强干扰电路之间加了一片金属屏蔽罩。理论分析和试验均表明，如果这个屏蔽罩没有在四周与屏蔽机箱连接起来，它的作用是很有限的。

（3）屏蔽内部电缆 当内部电缆较长时，会更容易感应上较高的共模电压，这时可将内部电缆屏蔽起来，屏蔽层与金属机箱需用低阻抗连接起来，如图 6-18 所示。

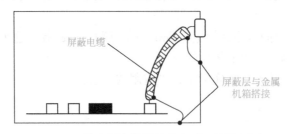

图 6-18 将内部电缆屏蔽起来减小共模电压

6.6.2 增加共模回路阻抗

设备组装完成以后，设备电缆上的共模电压也就一定了。这时，可以通过增加共模电流回路阻抗的方法来减小电缆上的共模电流。可是怎样增加共模回路的阻抗呢？这个问题使许多工程师都感到困惑。许多工程师试图通过断开电路板与机箱之间的连接或机箱与安全地之间的连接，来增加共模回路的阻抗，结果却往往令人失望。因为这些方法仅对低频有效，而低频共模电流并不是辐射的主要原因。

在电缆上串联共模扼流圈是一个实用而有效的方法，共模扼流圈能够对共模电流形成较大的阻抗，而对差模信号没有影响，因此使用上很简单，不用考虑信号失真的问题，并且共模扼流圈不需要接地，可以直接加到电缆上。

将整束电缆穿过一个铁氧体磁环就构成了一个共模扼流圈。根据需要，也可以将电缆在磁环上绕几圈。为了方便使用，很多磁性材料厂商都提供分体式的铁氧体磁环，这种磁环可以很容易地卡在电缆上，如图 6-19 所示。

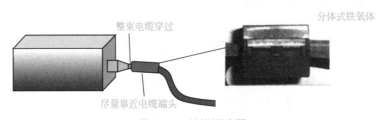

图 6-19 共模扼流圈

电缆上套了铁氧体磁环后，原来共模电流回路的阻抗决定了辐射强度的改善度，改善度的推导见下面的公式（推导中，假设共模电压不变）。

$$共模辐射改善度 = 20\lg(E_1/E_2) = 20\lg(I_{CM1}/I_{CM2})$$

$$= 20\lg(Z_{CM2}/Z_{CM1})$$

$$= 20\lg(1 + Z/Z_{CM1})$$

式中，E_1 为加铁氧体前的辐射强度；E_2 为加铁氧体后的辐射强度；I_{CM1} 为加铁氧体前的共模电流；I_{CM2} 为加铁氧体后的共模电流；Z_{CM1} 为加铁氧体前的共模回路阻抗；Z_{CM2} 为加铁氧体后的共模回路阻抗；Z 为共模扼流圈的阻抗。

例如，如果没加共模扼流圈时的阻抗为 $1000\,\Omega$，共模电流回路阻抗为 $200\,\Omega$，则共模辐射改善度为 15dB 左右；而如果原来的共模电流回路阻抗为 $1000\,\Omega$，则共模辐射改善度为 6dB。

为取得预期的干扰抑制效果，在使用铁氧体磁环时，有以下几点问题需要注意：

① 铁氧体材料的选择。选择磁材时要根据需抑制干扰的频率不同，选择不同材料成分和磁导率的铁氧体材料，镍锌铁氧体材料的高频特性优于锰锌铁氧体材料，并且铁氧体材料的磁导率越高，低频的阻抗越大，而高频的阻抗越小。这是因为磁导率高的铁氧体材料的电导率较高，当导体穿过时，形成电缆与磁环之间的分布电容较大。表 6-1 是某厂商产品的典型数据。

表 6-1　铁氧体的磁导率举例

镍锌铁氧体		锰锌铁氧体	
型号	初始磁导率 μ_{ic}	型号	初始磁导率 μ_{ic}
4A15	1200	3E8	18000
4S2	700	3E7	15000
4B1	250	3E6	12000
4C65	125	3E5	10000
		3E26	7000
		3E27	6000
		3C11	4300
		3S1	4000
		3C90	2300
		3S4	1700
		3B1	900
		3S3	250

② 铁氧体磁环的尺寸。磁环的壁越厚，轴向越长，阻抗越大。但内径一定要包紧导线。因此，要获得较大的衰减，需要在磁环内径包紧电缆的前提下，尽量使用体积较大的磁环。

③ 共模扼流圈的匝数。可以通过增加穿过磁环匝数的方法来增加低频的阻抗，但是由于匝间分布电容增加，高频的阻抗会有所减小。图 6-20 所示是尺寸为外径 × 内径 × 长度 =15.9mm × 12.8mm × 25.5mm 的圆柱形镍锌铁氧体（相对磁导率 $\mu_i \approx 850$）的匝数、频率和阻抗的关系曲线，由此曲线可以看出，当磁环上的线圈匝数从 1 匝增加到 2 匝和 3 匝时，低频部分阻抗增大，高频部分的阻抗也会增加，而当磁环上的线圈匝数进一步增加时，只有低频部分的阻抗会继续增大，高频部分的阻抗反而减小，因此，靠盲目增加匝数来增加衰减量是错误的。实践中，磁环匝数为 3 匝左右比较合适。

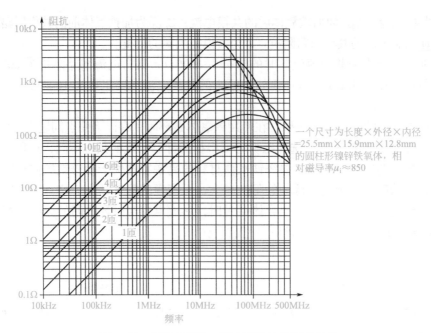

图 6-20　磁环的匝数、频率和阻抗的关系曲线

一个尺寸为长度×外径×内径＝25.5mm×15.9mm×12.8mm的圆柱形镍锌铁氧体，相对磁导率$\mu_i\approx850$

　　当需要抑制的共模电流噪声频带较宽时，可以使用两个不同匝数的磁环。

　　例如，某电子产品有两个超标辐射频率点，一个为50MHz，另一个在900MHz左右，经检查，确定超标是电缆的共模辐射所致。在电缆上套一个磁环（1/2匝），900MHz的干扰明显减小，不再超标，但是50MHz频率仍然超标。将电缆在磁环上绕3匝，50MHz干扰减小，不再超标，但900MHz又超标了，为了解决这个问题，使用了两个铁氧体磁环，一个绕1/2匝，另一个绕3匝。

　　④ 电缆上铁氧体磁环的个数。增加电缆上的铁氧体磁环的个数，可以增加低频的阻抗；但是，由于增加了磁环的个数，电缆与磁环之间的分布电容也会随之增加，因此增加铁氧体磁环个数以后高频的阻抗会有所减小。

　　⑤ 铁氧体磁环的安装位置。在使用时铁氧体磁环的安装位置是非常重要的，安装位置不同，抑制效果会有很大不同。因此，要求铁氧体磁环的最后使用位置必须与做试验时选定的位置一致。选位时，磁芯应安装在接近干扰源或是干扰入口的地方，防止干扰越过抗干扰磁芯的吸收而被旁路耦合到其他地方。

　　⑥ 由于铁氧体磁环在干扰抑制时体现为一个损耗电阻，磁环的效果取决于原来共模环路的阻抗，因为它与干扰源、负载之间存在着能量分配问题，即原来回路的阻抗越低，则磁环的效果越明显。例如，在电源线上加接磁芯的作用要比信号线明显得多。因此在条件允许的情况下，可以在原来的电缆两端安装共模滤波电容，这样能使其共模阻抗很低，磁环的效果会更加明显。

　　⑦ 磁珠与表贴磁珠。数字电路是印制电路板上的主要干扰源，其高频开关电流会在电源线和地线之间产生一个强烈的干扰。电源线和信号线会将数字电路开关时的高频噪声以传导或辐射的方式发射出去。常用的干扰抑制办法是在电源和地之间加去耦电容，以便使高频噪声被短路掉。但单用去耦电容有时会引起高频谐振，造成某些频点干扰增大。这时，如果在印制电路板的入口处加入铁氧体干扰抑制磁珠，就可以有

效地衰减高频噪声了。通常的做法是在产生高频电压和电流的线路或器件的引脚上套上磁珠或磁环。

⑧ 根据应用场合的不同，应选择适当形状的铁氧体磁芯材料，如在线上可用环形、筒形、珠形、扁形、条形及多孔形；在印制电路板上可采用珠形、磁珠与瓷片电容的组件及表面贴装材料等。

⑨ 为避免磁环在电缆上活动，从而擦伤导线或与其他元件相碰撞，电缆上的磁环穿好后要用热缩套管加以固定。

6.6.3　共模滤波

还有一个解决电缆辐射的有效方法，那就是对电缆进行共模滤波，共模滤波的原理是利用低通滤波将电缆上的高频共模电流成分滤除掉，这些高频电流是引起电缆辐射问题的主要原因。最基本的滤波电路就是在信号导线与金属机箱之间并联一只电容，这个电容将导线上的共模电流旁路到机箱上，再将其引回到共模电压源，如图 6-21 所示。如果设备的机箱是非金属的，可以在电路板的下方设置一块大金属板，将旁路电容连接到金属板上。

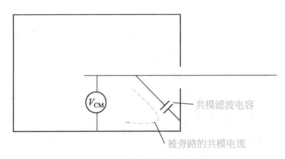

图 6-21　电缆的共模滤波

共模滤波电容不仅可以滤除共模电流，而且对差模电流也会产生影响，对于差模信号而言，旁路电容的容量为两个共模电容的串联值，即线间电容一般为每个共模电容的一半。在此，共模滤波电容的方法通常用于传输信号频率较低的电缆。表 5-2 给出了常用接口电路允许的滤波电容值。当对平衡信号电缆进行滤波时，要注意两根平衡线上的电容容量应保持一致，否则会破坏平衡电缆的平衡性，反而降低了电缆的电磁兼容性。

关于电磁干扰滤波器的内容，还需要再强调的一点是，当滤波电路安装在电路板上时，一定要安装在干净地上，并且干净地要以最低的阻抗与金属机箱连接。条件允许时，尽量使用面板安装形式的滤波器，目前常用的方法是采用滤波连接器。

6.6.4　电缆屏蔽

从理论上讲屏蔽电缆对于减小电磁辐射总是有好处的。但是，有一定实践经验的工程师会发现实际情况并不是这样，很多时候使用屏蔽电缆并没有获得预期的效果，而且有时加上屏蔽电缆后辐射反而更大了。例如，在图 6-7 中接信号地线上的导体如果是屏蔽电缆的屏蔽层，那么这根屏蔽电缆反而增加了辐射。

　　屏蔽电缆之所以能够减小电缆辐射，其原因主要有两个：一个是屏蔽层直接遮挡了电缆中差模信号回路的差模辐射；另一个是为共模电流提供了一个返回共模噪声源的路径，从而减小了共模电流的回路面积，如图 6-22 所示。从这个意义上讲，屏蔽层提供的通路阻抗应该越小越好，这样可以将大部分共模电流旁路回共模噪声源。

图 6-22　屏蔽层减小电缆共模辐射的原理

　　用屏蔽电缆控制共模辐射的关键是要为共模电流提供一个低阻抗的通路，使共模电流通过屏蔽层流回共模电压源，电缆屏蔽层提供的共模电流通路的阻抗由两部分构成：一部分是屏蔽层本身的阻抗；另一部分是电缆屏蔽层与金属机箱之间的搭接阻抗。因此，要构成一个低阻抗通路，不仅要求电缆本身屏蔽层的质量要好（射频阻抗低），而且电缆屏蔽层与金属机箱之间的搭接阻抗要尽可能地低。保证电缆屏蔽层与机箱之间的低阻抗搭接的方法是屏蔽层在 360° 范围内与机箱连接。也就是说，电缆的屏蔽层与金属机箱构成一个完整的屏蔽体，这与机箱是否接地无关。

　　如果电缆两端的机箱不是屏蔽的机箱（例如，塑料机箱），屏蔽电缆的屏蔽层无处可接，自然也就起不到屏蔽作用了。这时，可以分别在电缆两端的电路板的下方放置一块金属板作为电缆屏蔽层的端接点，金属板与电路板之间的距离尽量靠近，将电路板 I/O 端口的干净地与金属板以低阻抗搭接起来，如图 6-23 所示，电缆屏蔽层与金属板之间尽量按照 360° 连接的原则进行搭接，难以实现时，要使屏蔽层与金属板之间的连线尽量短，必要时（为防止高频屏蔽不良），可用多根导线连接，以减小连接电感。

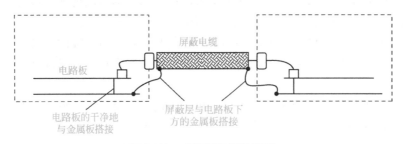

图 6-23　非屏蔽机箱的处理

　　如果电缆的一端连接的是屏蔽机箱，而另一端不是，则屏蔽电缆只能在有屏蔽机箱的一端进行屏蔽层的端接。这时，屏蔽电缆能起到一定的作用，因为一部分共模电流可以通过电缆芯线与屏蔽层之间的分布电容流回共模电压源，如图 6-24 所示。这种结构情况下，屏蔽电缆的实际效果取决于没有屏蔽机箱的一端的电路板尺寸，必要时，也可以在非屏蔽机箱一侧的电路板下放置一块金属板作为屏蔽电缆的屏蔽层端接点。

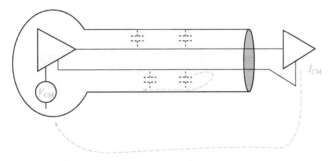

图 6-24　屏蔽电缆一端连接非屏蔽机箱时的情况

　　屏蔽电缆的屏蔽层端接方式固然重要，但是屏蔽层本身也在很大程度上决定了屏蔽电缆的效果，任何屏蔽层都不能做到 100% 的屏蔽，而会产生一定的电磁泄漏。

　　当共模电流流过电缆屏蔽层时，会在屏蔽层上产生一定的电压，这个电压会在屏蔽层与大地形成的环路中产生新的共模电流，导致共模辐射，如图 6-25 所示，这就是产生电磁泄漏的原理。

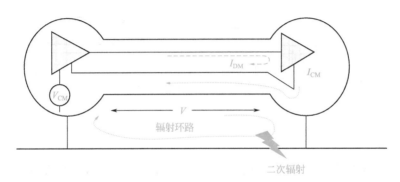

图 6-25　电缆屏蔽层的泄漏

　　电缆屏蔽层的屏蔽效能通常采用类似于电磁密封衬垫中的"转移阻抗"来表示，转移阻抗的定义如图 6-26 所示。如果电缆屏蔽层的一个表面上流过电流 I，另一个表面上测得电压 V，则转移阻抗 Z_T 为：

$$Z_T = V/I \text{（}\Omega\text{）}$$

　　由于转移阻抗与电缆的长度有关，在比较不同屏蔽电缆的屏蔽效能时，一般用单位长度电缆的转移阻抗来衡量屏蔽电缆的屏蔽效能，即：

$$Z_T = (V/I)/L \text{（}\Omega/\text{m）}$$

　　从转移阻抗的定义可以得知，电缆屏蔽的转移阻抗越小，意味着屏蔽层一侧的电流在另一侧产生的电压越低，因此，泄漏的电磁场越小，也就说明电缆屏蔽层的屏蔽效果越好，越有利于抑制辐射和提高抗扰度。对于外界有电磁干扰的场合，电缆屏蔽层的转移阻抗低，说明外界干扰在屏蔽层内表面产生的噪声电压小，因此对芯线传输的信号影响也小。

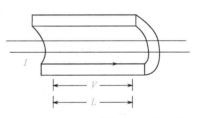

图 6-26　屏蔽电缆转移阻抗的定义

各种类型的屏蔽电缆的典型转移阻抗见图6-27，供读者参考。

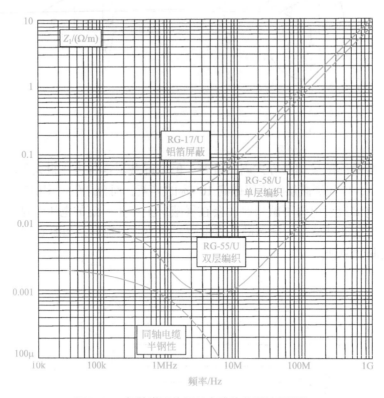

图6-27　各种类型的屏蔽电缆的典型转移阻抗

由于编织网上的网孔会产生电磁泄漏，因此金属编织网屏蔽层在较高频率时，转移阻抗会有所增加，而且频率越高，这个现象越明显。编织网屏蔽层的转移阻抗与编织密度、编织方法有关。编织网的密度用丝网的覆盖率表示，覆盖率越高，转移阻抗越低，特殊的编织方法通过调整编织的角度和密度可以获得最小的转移阻抗，把这种编织方法称为最佳编织。铜管屏蔽层的转移阻抗也会随着频率升高而降低，这是由趋肤效应所造成的。

虽然转移阻抗这个物理量客观地反映了屏蔽电缆的屏蔽效能，但是不便于实际应用。对于我们的工程师，用屏蔽效能表示屏蔽电缆的屏蔽效果显得更容易接受些。屏蔽电缆的屏蔽效能可以有多种定义方法，最常见的有以下四种：

① 电缆暴露在外界辐射场中时，屏蔽层上的电流与信号导线上的电流的比值；

② 电缆暴露在外界辐射场中时，没有屏蔽层和有屏蔽层时信号导线上的电流比值；

③ 没有屏蔽的导线产生的辐射场强和有屏蔽的信号导线产生的辐射场强的比值；

④ 没有屏蔽和有屏蔽时信号导线之间的耦合量比值。

不同的定义得出的屏蔽效能的数值是不相同的，用第四种定义得出的屏蔽效能公式为：

$$SE = 6 + \lg(Z_{01} + Z_{02}) - 20\lg(Z_T L) \quad (dB)$$

式中，Z_{01} 为电缆的特性阻抗（芯线到屏蔽层），Ω；Z_{02} 为屏蔽层到地之间的特性阻抗，Ω；Z_T 为单位长度电缆屏蔽层的转移阻抗，Ω/m；L 为电缆长度，m。

对于一般的多芯电缆，Z_{01} 约为 $100\,\Omega$，Z_{02} 约为 $200\,\Omega$，因此，
$$\mathrm{SE} \approx 50{-}20\lg\ (Z_{\mathrm{T}}L)\quad (\mathrm{dB})$$

在实际工程中，屏蔽电缆屏蔽类型的选择一般并不是主要的问题，最主要的问题是屏蔽电缆屏蔽层的连接，最常见的问题主要有以下两方面：

① 电缆屏蔽连接器的金属外壳接触阻抗，表 6-2 给出了一些常用屏蔽连接器的金属外壳接触阻抗。

表 6-2　一些常用屏蔽连接器的金属外壳接触阻抗

连接器类型 \ 频率	DC–10MHz	100MHz	1000MHz
N 型连接器	< 0.1 mΩ	1 mΩ	10 mΩ
BNC 连接器	1～3 mΩ	10 mΩ	100 mΩ
其他常用多点接触式金属外壳	10～50 mΩ	10～50 mΩ	300 mΩ

② 电缆屏蔽层与连接器或金属外壳搭接不良。前面已经讲过，屏蔽电缆的屏蔽层一定要 360° 搭接处理，图 6-27 列了几种电缆屏蔽层的接地方式，供读者参考。

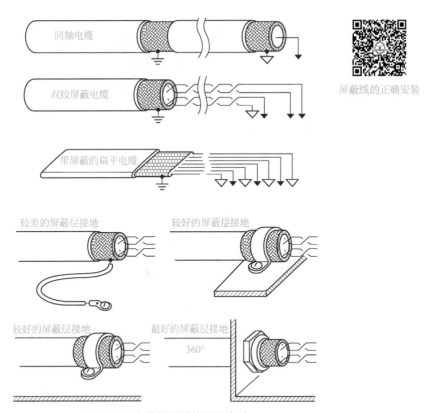

屏蔽线的正确安装

图 6-28　电缆屏蔽层的接地方式

上图"较差的屏蔽层接地"示例中将屏蔽层拧成一根小短线再进行接地处理，这是很多工程师经常犯的一个错误，根据经验，在 30MHz 以上的频率下，屏蔽层电缆如果不用这根小短线接地，对于电磁兼容风险评估来讲则没有风险。如图 6-29 所示的

DB 连接器在电脑产品中应用时，ESD 等级可以达到 15kV；如果使用 1cm 长度的小短线接地就会存在 30% 风险；3cm 长度的小短线存在 50% 风险。如图 6-30 所示的 DB 连接器在电脑产品中应用时，ESD 等级只能达到 4kV；5cm 长度的小短线存在 70% 风险。如图 6-31 所示的 DB 连接器在电脑产品中应用时，ESD 等级仅达 2kV。

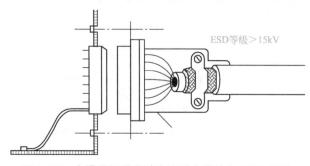

图 6-29　电缆屏蔽层通过连接器金属外壳 360°接地

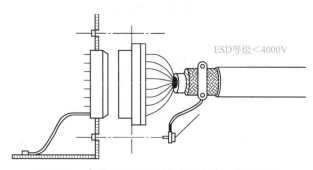

图 6-30　电缆屏蔽层通过螺钉和细长小短线接地

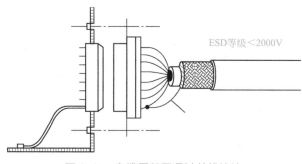

图 6-31　电缆屏蔽层通过芯线接地

　　有一点设计时需要注意，那就是一般没有经过特殊设计的连接器是很难保证电缆屏蔽层搭接可靠的。较好的设计是将电缆屏蔽层接在屏蔽箱外面，这样机箱内部的干扰不会串扰到屏蔽层上，外界在屏蔽层上感应的干扰也不会传导到机箱内部。但是大部分连接器都是从机箱内部穿出机箱的，如果屏蔽层通过连接器接到机箱上，就等于将屏蔽层接到了机箱的内表面，这时对屏蔽层与机箱之间的搭接阻抗要求会更为严格。

6.6.5　平衡电路

平衡电路是指两个导体及与其连接的所有电路对地或其他导体的阻抗都是相同的。在平衡电路中的两个导体几何尺寸相同，并且靠得很近，因此可以认为是处于同一个场强。由于它们相对于任何参照物体的阻抗都相等，因此它们上面感应的电流相同，在导体两端相对于参考点的电压也是相同的，因此两根导体之间的电压为0V。

若这两个导体连接在电路的输入端，为电路提供输入信号电压，因为它们之间没有噪声电压，所以外界电磁场对电路的输入没有影响，理想的平衡电路能够抵抗任何强度的电磁场干扰。

平衡电路的平衡程度一般用共模抑制比来描述，共模抑制比 C_{MRR} 定义为共模电压 V_C 与它产生的差模电压 V_D 之比，常用分贝（dB）来表示：

$$C_{MRR}=20\lg（V_C/V_D）（dB）$$

例如，若1000V的共模电压在电路的输入端只能产生1V的差模电压，则电路的共模抑制比为60dB。该电路抗雷电等产生的共模干扰的性能很好。

设计良好的电路，其共模抑制比可以达到 $60\sim80$dB，但在高频时，由于分布参数的影响，电路的平衡性很难做得很好。所以，平衡电路对高频的共模干扰的抑制效果也不是很好。平衡电路的设计要注意以下几点：

① 在使用平衡电路时，不仅电路及其参数要做到平衡，而且，在布线时也要保证两根线的对称性，这样才能保证高频的平衡性。

② 双绞线是一种平衡结构，因此在平衡系统中经常使用双绞线，同轴电缆则不是平衡结构，在平衡系统中使用时要注意连接方法，同轴电缆只能作一根导线使用，其外层作为屏蔽层使用，如果电磁要求较高，可以使用带屏蔽层的双绞线，屏蔽层360° 接地。

③ 平衡电路中，不能使用共模滤波。如果要进行电容滤波，一般只对平衡电路信号线间进行滤波，即差模滤波，因为共模滤波是对平衡电路平衡的一种破坏，降低平衡电路本身所具有的共模抑制能力，即使平衡电路两根信号线上同时对地并联同样容量、同样封装的电容，现在的电子元件制作工艺也很难保证两个电容对平衡电路中两个信号的影响是一样的。

由于平衡电路对空间和地线的电磁干扰具有很好的抑制作用，因此在通信电缆上得到广泛的应用。当平衡电路的共模抑制比不能满足要求时，可以用屏蔽、加共模扼流圈等方法来进行改善。但屏蔽的方法仅适合空间电磁场造成共模干扰的场合。共模扼流圈的方法可以适合任何共模干扰的场合，如地线电位差造成的共模干扰。

6.7

电缆之间的串扰

6.7.1　电缆串扰机理

如果两根导线靠得较近，那么这两根导线之间就会发生信号的串扰。串扰指的是一根导线上的能量感应到了另一根导线上，并对另一根导线上的信号产生了干扰。为了叙述方便，将产生干扰的导线称为施扰导线，将受到干扰的导线称为受扰导线。

导致串扰的原因是两根导线之间有分布电容 C 和互感 M，分布电容 C 在受扰电路中产生串扰电流 I_C，互感在受扰电路中产生串扰电流 I_L，如图 6-32 所示。注意在受扰导线的两端，I_C 的方向不同，而 I_L 的方向相同，因此受扰导线两端的串扰电压幅度是不同的。

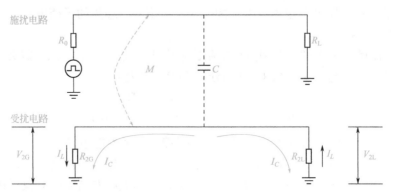

图 6-32　导线之间的串扰

按照电磁兼容分析中考虑最坏情况的原则，为了简化分析，将两根导线对地的电容忽略不计。因为导线与地之间的电容相当于一个低通滤波器，有助于改善串扰。当导线的长度远小于导线上传输信号的波长时，可以用图 6-33 所示的导线串扰模型描述这种串扰现象。

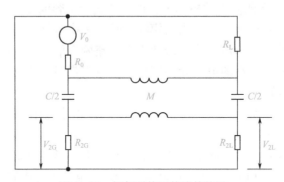

图 6-33　低频时的导线串扰模型

图 6-33 所示的模型中的串扰电压为：

$$V_{2G}/V_0 = [R_L/(R_L+R_0)][R_2/(R_2+X_C)] + [X_M/(R_L+R_0+X_L)][R_{2G}/(R_{2G}+R_{2L}+X_L)]$$

$$V_{2L}/V_0 = [R_L/(R_L+R_0)][R_2/(R_2+X_C)] - [X_M/(R_L+R_0+X_L)][R_{2L}/(R_{2G}+R_{2L}+X_L)]$$

式中，$[R_L/(R_L+R_0)][R_2/(R_2+X_C)]$ 为电感耦合分量；

$[X_M/(R_L+R_0+X_L)][R_{2G}/(R_{2G}+R_{2L}+X_L)]$ 为受扰导线在源端的互感耦合分量；

$[X_M/(R_L+R_0+X_L)][R_{2L}/(R_{2G}+R_{2L}+X_L)]$ 为受扰导线在负载端的互感耦合分量；

R_2 为 R_{2L} 和 R_{2G} 的并联值；X_C 为两根导线之间的容抗；X_M 为两根导线之间互感的感抗；X_L 为导线自感的感抗。从上式中可以得出以下一些结论：

① 受扰导线的两端串扰电压是不同的，在靠近施扰导线信号驱动源的一端，电容耦合部分与电感耦合部分相加，因此耦合电压较大；在靠近施扰导线负载的一端，电容耦合部分与电感耦合部分相减，因此耦合电压较小。

② 施扰信号的频率越高，互感耦合部分越小，这可以说明电容性耦合是占主导地位的。

③ 当频率较低时，耦合电压随着频率升高而增加，从数学上来说，耦合电压与施扰电压是微分的关系。因此，当施扰导线上传输的信号是脉冲信号时，耦合电压仅在脉冲的上升/下降沿处出现，如图 6-34 所示，根据这个特性可以判断噪声信号是由哪一路脉冲信号产生的。

④ 如果施扰导线的源阻抗和负载阻抗很低，例如在电源线中，则互感耦合部分中的因子 $X_M/(R_L+R_0+X_L)$ 较大，这表明耦合以互感耦合为主，这点比较容易理解，因为当施扰导线的阻抗低时，意味着电流较大，这时会产生较强的磁场。

⑤ 如果施扰导线的源阻抗和负载阻抗很高，则互感耦合部分中的因子 $X_M/(R_L+R_0+X_L)$ 较小，这表明耦合以导线之间的分布电容耦合为主。

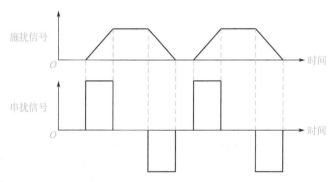

图 6-34 脉冲信号的串扰电压

6.7.2 容性耦合的对策

容性耦合是由导线之间的分布电容引起的，耦合电压为：

$$\frac{V_{2G}}{V_D} = \frac{\dfrac{R_L}{R_L + R_0} R_2}{R_2 + X_C}$$

① 频率很低时。当频率很低时，R_2 远小于 C 的阻抗，即当频率很低时，$X_C \gg R_2$，公式可简化为：

$$V_{2G}/V_D = [R_L R_2/(R_L+R_0)]/X_C$$

将 $X_C = 1/(j\omega C)$ 代入：

$$V_{2G}/V_D = j\omega C R_L R_2/(R_L+R_0)$$

从式中可以看出，电容耦合的强度直接与频率、受扰导线对地的阻抗、两导线之间的电容成正比。

② 频率很高时。频率很高时，R_2 远大于 C 的阻抗，即 $R_2 \gg X_C$，在这个条件下，

容性耦合公式可简化为：

$$V_{2G}/V_D = R_L / (R_L + R_0)$$

从式中可知，当频率很高时，电容耦合的强度几乎是一个定数，与频率无关。

需要注意的是，推导出这个结论的一个条件是忽略了受扰导线与地线之间的电容 C_1。实际上，当频率很高时，C_1 的影响是不能忽略的，在考虑 C_1 因素的情况下，公式变为：

$$V_{2G}/V_D = [R_L / (R_L + R_0)][C / (C - C_1)]$$

增加 C_1 可以减小电容性耦合，将频率很低时的曲线与表示的频率很高时的曲线绘出，就得到了容性耦合强度随频率变化的渐近线，用平滑的曲线将渐近线连接起来，就得到了实际的容性耦合特性，如图 6-35 所示，实际的电容性耦合强度要小于渐近线所代表的值。

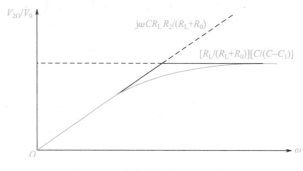

图 6-35　电容性耦合的频率特性

从上面的公式可知，可以通过三个参数控制电容耦合：

① 受扰导线对地的电阻 R_2。减小 R_2 可以减小串扰电压。这可以通过选择输入阻抗较低的电路来实现，也可以通过在受扰电路的输入端并联一个较低的阻抗（通常使用电容）来实现。

② 施扰导线与受扰导线之间的电容 C。这是十分显然的，因为没有 C 就不存在电容串扰的问题。可以通过调整两个导线的方向、距离等方法来控制 C 的大小。两个导线垂直时，它们之间的电容最小。导线平行时，电容最大。增加导线之间的距离可以减小导线间的电容。但是，当距离增加到一定程度时，再继续减小，电容量就几乎不变了。

③ 受扰导线对地的电容 C_1。使受扰导线靠近地线，或者在接收导线的邻近设置地线，都可以增大受扰导线对地的电容。

将受扰屏蔽起来也是解决电容性串扰的一个有效方法，但是需要注意以下问题：

① 屏蔽层必须与电位参考地连接起来，当干扰信号的频率较高时，需要注意接地的阻抗必须很小。

② 屏蔽层两端暴露出来的导线越短越好。

③ 当受扰导线的长度超过施扰信号波长的 1/20 时，屏蔽层需要至少 2 点接地，且接地间隔要小于施扰信号波长的 1/20。

当受扰导线的屏蔽层接地良好时，则受扰导线上的串扰电压为：

$$V_{2G}/V_D = j\omega C R_L R_2 / (R_L + R_0)$$

这个公式与没有屏蔽层的受扰导线上的串扰电压公式相同，但是参数含义是不同的，这里的 C 是受扰导线暴露在屏蔽层外的部分与施扰导线之间形成的电容，它的大小取决于受扰导线暴露在屏蔽层外的长度，如果暴露长度为 0（受扰导线被完全屏蔽起来），则 $C=0$，串扰电压为 0。对于编织屏蔽层，还要考虑通过编织层上的孔洞形成的两个导线之间的电容。

6.7.3　互感耦合

（1）互感原理　当两个回路之间存在互感时，这两个电路之间就会产生互感耦合，首先回顾一下自感与互感的定义，如图 6-36 所示，当一个回路中有电流 I_1 流过时，就会在回路中产生磁通 Φ，磁通量与电流之间的关系由一个系数 L 来确定，这个 L 就是这个回路的自感：

$$L=\Phi/I_1$$

式中，Φ 的单位是韦伯，Wb；I_1 的单位为安培，A。

自感与回路的面积、回路中物质的磁特性有关，增加面积、填充高磁导率材料都能够增加自感。

如果在电路 1 的附近有另一个电路 2，则电路 1 中的电流 I_1 产生的磁通也会出现在电路 2 中，设电路 2 中的这部分磁通量为 Φ_{12}。当电流 I_1 为变化的电流时，Φ_{12} 也为变化的量。从电磁感应定律可知，回路 1 中的磁通量变化会在回路 2 中产生感应电动势 V_N，这就是回路 1 与回路 2 之间的串扰。

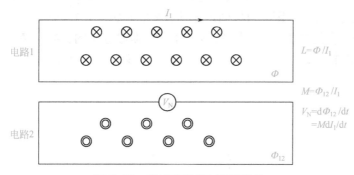

图 6-36　自感的定义与互感耦合

Φ_{12} 与电流 I_1 之间的关系通过一个系数 M 来确定，这个 M 就是回路 2 与回路 1 之间的互感：

$$M=\Phi_{12}/I_1$$

电路 2 中的感应电动势为

$$V_N=\mathrm{d}\Phi_{12}/\mathrm{d}t=M\mathrm{d}I_1/\mathrm{d}t$$

从互感耦合的原理可知，控制互感耦合的核心是减小 Φ_{12}。减小 Φ_{12} 的方法有以下几种：

① 减小受扰电路的回路面积，受扰电路的信号线与回线尽量靠近。

② 增加施扰导线与受扰导线之间的距离。这是一个很有效的方法，因为磁场随距离的增加衰减得非常快。另外，调整两个回路之间的相对角度等也可以减小互感。

③ 减小施扰电路的电流 I_1。这意味着增加施扰电路的源阻抗和负载阻抗，但是提高了电路的阻抗以后，会使这个电路容易受到干扰。并且在许多场合，电路的工作电流是一定的，不能随意减小。

由于交流供电线路（50Hz、400Hz）的电流往往较大，因此这是一种典型的施扰电路。特别是这些电流的高次谐波容易形成较强的串扰。为了解决这个问题，可以在供电线上串联一个电感，要求该电感在谐波频率上具有较大的阻抗，以减小高次谐波电流导致的串扰，而在电源频率上阻抗很小，不会影响电源阻抗。

将受扰导线屏蔽起来也能够减小互感耦合，但是这里的屏蔽与解决电容耦合中的屏蔽的原理是不同的，在电容性耦合屏蔽中，屏蔽层的作用是将施扰导线与受扰导线之间的电场隔开，并使受扰导线处于一个电位的环境中，因此只要将屏蔽层接地，就能够有效地解决电容耦合的问题。

（2）屏蔽层单端接地情况　如果只是单纯将屏蔽层接地，那么对于互感耦合来说是不起作用的。判断一项措施是否对互感耦合有影响就是看互感是否发生了变化。从图 6-37 中可以知道，将受扰导线用非磁性材料屏蔽起来，并将屏蔽层在一点接地，受扰回路的磁通量 $\varPhi_{12}$ 不会发生变化，因此对互感没有任何影响。所以，单端接地的屏蔽层对互感耦合没有作用。

（3）屏蔽层两端接地情况　如果屏蔽体的两端接地，如图 6-38 所示，情况就不一样了。在图 6-38 中，导体 1 与导体 2 的屏蔽层之间同样存在互感耦合，这导致了导体 2 的屏蔽层与地构成的回路中产生感应电流 I_S。这个感应电流会产生一个新的磁场 $\varPhi_S$，$\varPhi_S$ 叠加在原来的 $\varPhi_{12}$ 上，形成新的磁场 $\varPhi'_{12}$。由于 $\varPhi_{12} \neq \varPhi'_{12}$，因此，这个屏蔽措施的引入改变了互感，因此可以断定这种屏蔽对互感耦合有影响。

根据电磁感应的规律，可以发现，$\varPhi_S$ 是由 $\varPhi_{12}$ 激励起来的，$\varPhi_S$ 与 $\varPhi_{12}$ 的方向应相反，因此它们可相互抵消，所以 $\varPhi'_{12} < \varPhi_{12}$。这意味着互感变小了，因此互感耦合得到了抑制。

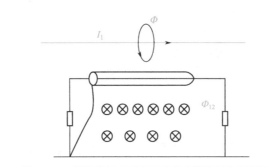

图 6-37　单端接地的屏蔽层对互感耦合没有作用

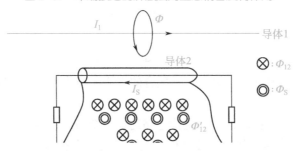

图 6-38　两端接地的屏蔽层可以抑制互感耦合

下面对两端接地的屏蔽层对互感耦合的抑制效果进行分析，分析使用的模型如图6-39所示。

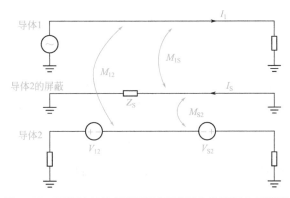

图 6-39　两端接地的屏蔽层对互感耦合的抑制分析模型

（4）两端接地屏蔽层的屏蔽原理　图 6-39 中各个量的作用过程如图 6-40 所示。导体 1 上的电流通过互感在导体 2 上产生的电压 V_{12} 在前面已经求出来了（$V_{12}=M_{12}\mathrm{d}I_1/\mathrm{d}t$），现在只要求出导体 2 的屏蔽层在导体 2 上产生的电压 V_{S2}，再将两个电压相减就可以求出总的耦合电压。从图 6-39 也可看出，V_{S2} 与 V_{12} 方向相反，从而抵消了导体 1 与导体 2 之间的串扰电压。

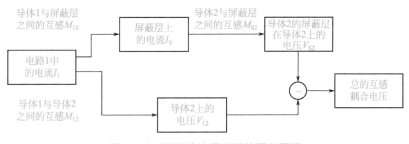

图 6-40　两端接地屏蔽层的屏蔽原理

设 I_1 为正弦波，则：

$$V_{12}=M_{12}\mathrm{d}I_1/\mathrm{d}t=\mathrm{j}\omega M_{12}I_1$$

同理：

$$V_{1S}=\mathrm{j}\omega M_{1S}I_1$$

由于导体 2 与导体 2 的屏蔽层靠得很近，因此它们与导体 1 之间的互感近似相等，即 $M_{1S}=M_{12}$，所以：

$$V_{1S}=\mathrm{j}\omega M_{1S}I_1=\mathrm{j}\omega M_{12}I_1=V_{12}$$

若导体 2 屏蔽层的电阻和电感分别为 R_S 和 L_S，屏蔽层的阻抗 $Z_S=R_S+\mathrm{j}\omega L_S$，则屏蔽层上的电流为：

$$I_S=V_{1S}/Z_S=V_{12}/（R_S+\mathrm{j}\omega L_S）$$

因此，屏蔽层在导体 2 上产生的电压为：

$$V_{S2}=j\omega M_{S2}I_S=j\omega M_{S2}V_{12}/（R_S+j\omega L_S）$$

设在屏蔽层上有均匀的轴向电流，那么这个电流产生的磁感线都集中在屏蔽层，其内部没有磁场，如图 6-41 所示。

根据电感的定义，屏蔽层的电感 $L_S=\Phi/I_S$

又根据互感的定义，屏蔽层与芯线之间的互感为：

$$M = \phi/I_S$$

式中，ϕ 为屏蔽层上的电流产生的包围芯线的磁通。

由于屏蔽的内部没有磁通，因此包围芯线的磁通与包围屏蔽层的磁通相同，即 $\Phi = \phi$，因此有：

$$L_S=M$$

这说明屏蔽层的自感等于屏蔽层与芯线之间的互感，即：

$$M_{S2}=L_S$$

将式 $M_{S2}=L_S$ 代入式 $V_{S2}=j\omega M_{S2}I_S=j\omega M_{S2}V_{12}/（R_S+j\omega L_S）$ 中，即

$$V_{S2}=j\omega L_S V_{12}/（R_S+j\omega L_S）$$

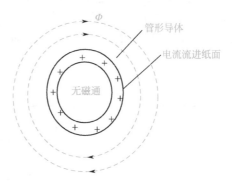

图 6-41　管形导体上均增电流产生的磁场分布

导体 1 和导体 2 的屏蔽层分别在导体 2 上产生的电压相减，就得到了加上屏蔽层后导体 2 上总的互感耦合电压 V_N；

$$V_N=V_{12}-V_{S2}$$
$$=V_{12}\left[1-j\omega L_S/（R_S+j\omega L_S）\right]$$
$$=V_{12}R_S/（R_S+j\omega L_S）$$

为了直观地观察屏蔽层的屏蔽效果，可通过画渐近线的方式得到 V_N 的曲线。

① 当频率很低时。屏蔽层的感抗远小于其电阻值，即 $j\omega L_S<<R_S$，因此：

$$V_N=V_{12}=j\omega M_{12}I_1$$

这说明，频率很低时，双端接地的屏蔽层对磁场是没有屏蔽作用的。

② 当频率较高时。屏蔽层的感抗远大于其电阻值，即 $j\omega L_S>>R_S$，因此：

$$V_N=V_{12}（R_S/j\omega L_S）=M_{12}I_1 R_S/L_S$$

这时，感应电压不随频率增加而增加，保持一个常数，这个数与没有屏蔽时的差值就是屏蔽效能，如图 6-42 所示的阴影部分。

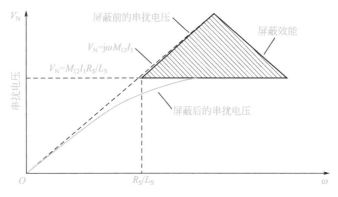

图 6-42 双端接地的屏蔽层对互感耦合的屏蔽效能

6.7.4 各种电缆的分类

根据电缆上传输的信号特点对电缆进行分类可以有效地解决电缆之间的串扰问题。低压电缆［小于 1kV（交流）］通常分为 4 类，只有同一类的电缆才能够放在一起组成电缆束，不同种类的电缆在布线时要分开，一般不能交叉重叠，当不可避免交叉时，应该以直角交叉。

① 第一类电缆：传输非常敏感信号的电缆。这类电缆又分为两类：一类甲包括低电平模拟信号，例如传感器输出的毫伏级模拟信号、接收机的天线输出信号等；一类乙包括高速数字通信信号，例如网线等。所有一类电缆必须妥善屏蔽起来，虽然非屏蔽双绞线电缆在以太网及其他类似的场合被广泛应用，但这并不是一种好的电磁兼容设计。

② 第二类电缆 ：传输比较敏感信号的电缆，例如普通模拟信号（4 ～ 20mA、0 ～ 10V、低于 1MHz）、低速数字通信信号（RS422、RS485 等）及数字电平信号。

③ 第三类电缆：传输产生较小干扰的信号，例如没有给强干扰设备供电的低压交流配电线（1kV 以下）或直流电源线（例如通信 48V 电源）。对于那些给强干扰设备供电的电缆，要根据情况决定属于第三类还是第四类，经过妥善滤波处理的电缆可以归到第三类。第三类电缆还包括一些控制信号电缆，这些控制信号电缆虽然控制了一些强干扰发生设备，但是采取了适当的干扰控制措施。例如，电感性负载上采取了消尖峰措施，经过妥善滤波的变频器驱动电动机的电缆。

④ 第四类电缆：传输强干扰信号的电缆，包括变频器的输入和输出电缆，功率变换器及它们所连接的直流线路、电焊机电缆，射频设备（各种利用射频发射原理工作的设备）、直流电动机等强干扰发射设备的电缆。第三类中列举的一些强干扰设备，如果连接它们的电缆没有采取干扰抑制措施，也要包括到第四类中。例如没有经过消尖峰处理的电感负载。所有第四类电缆都需要采取屏蔽措施。

不同类型的电缆之间要间隔一定的距离，对于 30m 长的电缆，最小允许间距如图 6-43 所示。当电缆平行走线的长度增加时，间距要适当加大。另外，在电缆束的附近要有一条参考电位地线，这对降低辐射发射，提高抗扰度都是有益的。

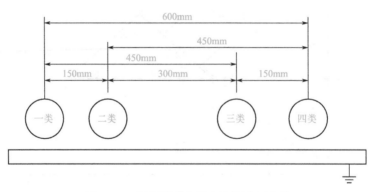

图 6-43　不同类型电缆之间的最小间距

图 6-43 中给出的距离不是绝对的，实际工程中要以电路之间相互不产生干扰为最终标准。

6.8

电磁场对电缆的影响

设备上的电缆就像是一个接收外界电磁场的良好天线，大部分抗扰度的问题都是由设备的外拖电缆导致的。这同大部分的辐射发射问题都是由设备的外拖电缆导致的相对应。因此，几乎所有的电磁兼容标准中都规定了电缆的传导抗扰度试验。这些试验虽然称为传导抗扰度试验，实际上模拟的是空间电磁场在电缆上形成的干扰对设备的影响。

6.8.1　场与电缆之间的耦合

电磁场会对电缆造成两种影响：一种是直接在信号回路中产生噪声电压和电流（差模干扰）；另一种是在电缆与大地之间产生噪声电压（共模干扰），如图 6-44 所示。

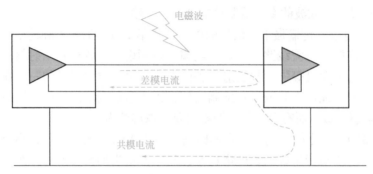

图 6-44　空间电磁场对电缆的耦合

（1）差模干扰 电场和磁场在电路中产生电压的原理是不同的，如图 6-45 所示。电场在电路中产生电压的原理是导体处于电场中的不同电位点，这两个位置之间的电位差就是加在导体上的电压，在这个电压作用下，电路中就会形成电流。磁场则是通过电路回路中的磁通变化来感应出电压，进而形成电流。

对于电缆束而言，电磁场在信号线与信号回线之间产生的差模电压是很小的。这是因为电缆中信号线与信号回线靠得很近，它们在电场中几乎处于同一个位置，因此，电场几乎不会在两根导线之间产生电压。而对于磁场而言，由于信号线与信号回线所包围的面积很小，所包含的磁通量很少，因此，感应出的差模电压也很小。

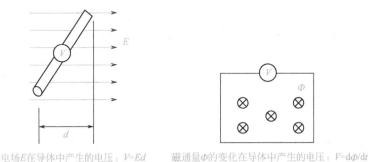

电场 E 在导体中产生的电压：$V=Ed$　磁通量 Φ 的变化在导体中产生的电压：$V=\mathrm{d}\Phi/\mathrm{d}t$

图 6-45　电场和磁场在电路中产生电压的原理

既然引起电路干扰问题的主要原因是信号回路中的差模电压和电流，而电磁场直接产生的差模成分又很小，那么又怎么会产生这些差模电压和电流呢？这是由于电路的不平衡性，共模电压和电流转换成了差模电压和电流。

（2）共模干扰 在分析共模电压时，为了简便，仅考虑最坏情况，而且忽略趋肤效应对电流的影响，根据电缆距离地面的高度 h 的不同，分为两种情况讨论。

① 电缆与地面之间的距离远小于干扰电磁场波长的 1/4，这对应于电磁场的频率较低的情况，满足 $2\pi L/\lambda \ll 1$，以及 $2\pi h/\lambda \ll 1$ 的条件。这时，电缆上的最大电流为：

$$|I|=\frac{2\pi(E_{\mathrm{o}}h\,|\,Z_{\mathrm{o}}+Z_{\mathrm{S}}\,|)}{|\,Z_{\mathrm{o}}(\,Z_{\mathrm{S}}+Z_{\mathrm{L}})\,|\,\lambda}$$

② 电缆与地面之间的距离大于干扰电磁场波长的 1/4，这对应于电磁场的频率较高的场合。这时，电缆上的最大电流为：

$$|I|=2E_{\mathrm{o}}h\,|Z_{\mathrm{S}}/\,[\,Z_{\mathrm{o}}(\,Z_{\mathrm{S}}+Z_{\mathrm{L}})\,]\,|$$

式中，E_{o} 为电磁场强度，V/m；h 为导线高度，m；L 为导线长度，m；Z_{S} 为源阻抗，Ω；Z_{L} 为负载阻抗，Ω；λ 为电磁场的波长，m；Z_{o} 为 $(120/\sqrt{\varepsilon_{\mathrm{r}}})\,\mathrm{arcosh}\,(h/d)$；$\varepsilon_{\mathrm{r}}$ 为相对介电常数，自由空间中为 8.85×10^{-12}，F/m；D 为导线直径，m。

当 Z_{S} 和 Z_{L} 很小时，例如对于电缆的屏蔽层两端接地的情况，屏蔽层的阻抗决定了其电流，这时应该将 $Z_{\mathrm{S}}+Z_{\mathrm{L}}$ 或 Z_{S} 用屏蔽层的阻抗代替。

6.8.2　场与电缆之间耦合的控制

由于电磁场对电路的干扰主要是由电缆上的共模电流转换成差模电压导致的，因此，减小干扰的关键有两个：一个是减小共模电流，另一个是防止共模电流向差模电压转换。

减小共模电流的方法包括：

① 缩短电缆长度，尽量使用较短的电缆。

② 降低电缆的高度。电缆尽量靠近地面，可以减小共模电压，从而减小共模电流。

③ 增加电缆对地的阻抗。这一点看起来容易，其实没有什么实用价值，很多人认为只要将电路板的信号地与机箱断开，或者将机箱与大地断开，就可以增加电缆对地的阻抗。其实不然，这样只能解决低频的问题。高频时，电缆对地的阻抗主要取决于电路板与机箱、机箱与大地之间的分布电容。

④ 屏蔽电缆。将电缆完全屏蔽起来可以有效地减小共模电流。对于低频电场（1MHz以下），只要将屏蔽层接地就可以获得满意的效果。而对于高频电磁场，就需要形成完整的屏蔽体，采用与解决电缆共模辐射问题相同的方法。电缆屏蔽层的品质（转移阻抗）和端接方式决定了屏蔽电缆的实际效果，如图 6-46 所示为平衡电路系统中屏蔽电缆的正确用法，当需要屏蔽时，同轴电缆只能作为一根导线使用，而其外皮作为屏蔽层使用。

⑤ 共模扼流圈。在电缆上串联一个共模扼流圈，简单的方式就是套一个铁氧体磁环，可以有效地减小共模电流。

除了尽量减小空间电磁场在电缆束上感应出的共模电流以外，对于已经产生的共模电流可以通过平衡电路防止产生差模电压。

在实际工程中，通常综合采用减小共模电流的方法及防止共模 / 差模转换的方法来提高系统对空间电磁场的抵抗能力。

由于共模扼流圈的频率特性与平衡电路的频率特性正好相反，共模扼流圈在低频的共模抑制效果很差，而高频时效果明显，因此与平衡电路形成互补。如果将共模扼流圈与平衡电路组合起来使用，这样就能使平衡电路在较宽的频率范围内都保持较高的共模抑制比了，如图 6-47 所示。

共模扼流圈是一个"万金油"式的器件，它与许多共模抑制器件都可以形成互补，如隔离变压器，由于初、次级之间分布电容的影响，对于高频共模干扰抑制效果很差，与共模扼流圈一起使用，就可以有效地改善这个缺陷。共模扼流圈的另一个好处是不需要接地，这为使用提供了很大方便。因此共模扼流圈在电磁干扰抑制中得到了广泛的应用。共模扼流圈的频率特性与磁芯的材料、线圈的绕法等因素有关，在实际使用时，要根据具体情况进行参数的调整。

将电路的输入电缆屏蔽起来，屏蔽层按照规范进行连接，可以起到屏蔽电磁场的作用，它的抑制效果与平衡电路对空间电磁场的共模干扰抑制是可以相加的，例如，屏蔽提供的共模抑制效果是 30dB，平衡电路的共模抑制比是 60dB，那么总的共模抑制就是 90dB。电缆屏蔽层的屏蔽效果在很大程度上取决于屏蔽层的端接方式，端接不好的话（不是 360° 端接方式），高频的屏蔽效能会降低。

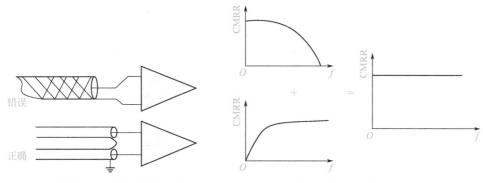

图 6-46　平衡电路系统中同轴电缆的用法　　　图 6-47　共模扼流圈与平衡电路组合起来的作用

在电缆所连接的电路输入端安装旁路电容也可以有效地解决共模干扰问题，如图 6-48 所示。虽然增加旁路电容的结果是降低共模回路的阻抗，导致共模电流增加，但是这部分共模电流被电容旁路掉，没有流进电路，因此不会对电路造成影响。在平衡电路中使用旁路电容时，需要注意两个电容的容量对称，否则会人为地降低共模抑制比。

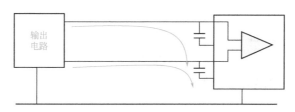

图 6-48　旁路电容可减小共模干扰

在某些情况下，控制电缆共模辐射的措施与提高电缆共模抗扰度的措施会发生矛盾。如图 6-49 所示，为了减小电缆的辐射，在电缆所连接的输出电路端安装了旁路电容。由于这些电容降低了共模回路的阻抗，增加了外界电磁场在电缆上感应出的共模电流。这时，会在负载上产生更大的共模电压，从而产生更大的差模电压，导致电缆所连接的电路的抗干扰性降低。解决的方法是在电缆上安装共模扼流圈（可增加共模回路阻抗），或者在电路输入端也安装共模旁路电容。

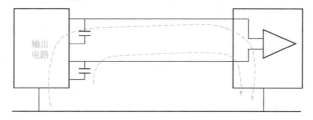

图 6-49　电路输出端的共模旁路电容可能会增加系统的抗扰度

6.8.3　低频磁场与电缆之间的耦合与控制

低频磁场干扰在实际中是很常见的，例如电源线的附近，变压器或电动机的附近等。

当电缆穿过这种磁场时，电缆上就会由于磁感应生成干扰电压，如图 6-50 所示。由于磁场干扰频率比较低，因此处理起来比高频电磁场要容易很多。

低频磁场回路感应的电压幅值与回路所包围的磁通变化率成正比，设回路所包含的磁通量为 Φ，则

$$V_N = d\Phi/dt$$

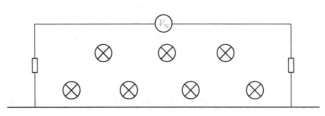

图 6-50 低频磁场在电缆中产生的干扰电压

假设回路面积 A 中所包围的磁场是均匀的，即回路中各点的磁通密度 B 是相等的，则回路中的磁通量为：

$$\Phi = AB$$

将上式代入 $V_N = d\Phi/dt$ 即得到：

$$V_N = AdB/dt$$

如果磁场按正弦规律变化，则：

$$V_N = j\omega AB$$

从式中可以看出，感应电压与磁场的频率、回路面积、磁通密度等成正比。由于外界干扰场的频率是不受控的，因此为了减小感应电压，应尽量减小回路中所包围的磁通密度和回路的面积。

减小磁通密度只能通过增加电缆与磁场辐射源之间的距离来实现。由于电缆的长度通常是根据它所连接的设备的距离固定的，不能随意缩短，因此减小回路面积主要通过减小电缆与地线之间的距离来实现，在实际工程中常用双绞线电缆和同轴电缆来减小磁场干扰。

（1）双绞线 双绞线能够有效地抑制磁场干扰，这不仅是因为双绞线的两根线之间具有很小的回路面积，而且因为双绞线的每两个相邻的回路上感应出的电流具有相反的方向，因此可相互抵消，如图 6-51 所示，双绞线的绞节越密，则对磁场干扰的抑制效果越明显。

（2）同轴电缆 同轴电缆中芯线作为信号线，外皮作为信号回线，为信号电流提供回流路径。同轴电缆上信号电流与回流可以等效为在几何平面上重合，其面积为 0，如图 6-52 所示，因此对于理想的同轴电缆，磁场不可能感应进去。

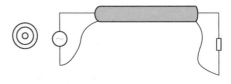

图 6-51 双绞线对磁场的抑制原理　　　　　图 6-52 同轴电缆对磁场的抑制原理

虽然磁场在电路中产生的差模干扰可以通过双绞线和同轴电缆消除，但是在使用这些电缆时要注意避免共模干扰转换成差模干扰。由于这里讲的是低频磁场，因此消除共模电流的方法很简单，这就是通过单点接地将共模环路切断。通过下面的实验来帮助理解这个概念。

如图 6-53 所示是一个进行磁场干扰和抑制试验的装置，试验磁场的频率为 50kHz。如图 6-54 所示是不同的电缆和电路结构对磁场干扰的抑制效果。

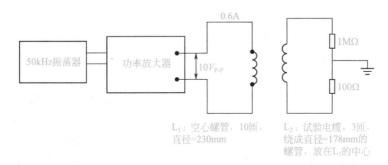

图 6-53　磁场屏蔽试验的装置

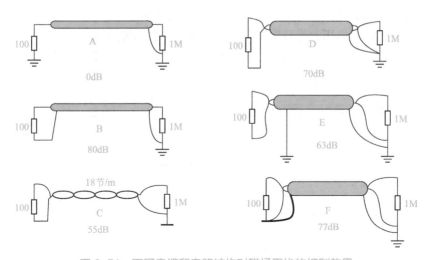

图 6-54　不同电缆和电路结构对磁场干扰的抑制效果

① 结构 A。在信号线上套一个非磁性材料的屏蔽套，并且单点接地。对于磁场而言，当非磁性材料的屏蔽层单点接地时，信号回路中的磁场不会有任何变化，因此磁场感应是相同的，也就是说这种结构没有屏蔽效果。这种情况下屏蔽效果定义为 0dB，可作为参考点。

② 结构 B。同轴电缆，回路面积很小，理想的同轴电缆回路面积为 0，不会感应出任何噪声电压。实际同轴电缆的屏蔽效果取决于芯线与外层轴芯的偏差，这里的抑制效果可达到 80dB，这样的抑制效果已经是非常好的了。

③ 结构 C。双绞线具有很小的感应回路，并且相邻绞节中的感应电流相抵消，因此表现出较高的磁场屏蔽效果。实际的抑制效果要大于 55dB。因为这里试验装置产生

的磁场并不是100%的磁场，其中有电场成分，这些电场也会在回路中产生噪声电压，这从结构D可以看出，在结构D中，单端接地的屏蔽层抑制了电场感应，可使屏蔽效果提高到70dB。

④ 结构D。在结构C的基础上增加一个单端接地的屏蔽层，消除了（试验装置产生的附加）电场的影响。这代表了双绞线对磁场的实际抑制效果。这里的屏蔽效果没有结构B高，这是因为双绞线的回路面积没有同轴电缆的小。增大绞节密度可以进一步提高抑制效果。

⑤ 结构E。将结构D中的屏蔽层两端接地后，导致屏蔽效能下降。这是因为屏蔽层两端接地后，外界磁场在屏蔽层与地构成的回路中产生了感应电流，这个电流在流过屏蔽层时通过屏蔽层与双绞线之间的互感，在双绞线上感应出共模电流。由于电路不是平衡的，因而产生了差模电压。

⑥ 结构F。将E中的屏蔽层接大地的一端接到电路公共端，进一步提高了屏蔽效能。

需要注意的是，图6-54所示的各种电路结构都有一个特点，就是与大地（或系统的参考地）只是单点接地。对于低频磁场，这意味着没有地环路存在，因此共模耦合没有形成干扰。如果不这样，电路都在两点与地相连，则磁场干扰会明显增加，如图6-55所示。

⑦ 结构G。本来同轴电缆对干扰具有很高的抑制能力，但是由于电路两端接地，形成了地环路，所以磁场在电缆上感应出了较大的共模电压。由于电路的非平衡性，共模电压转化成差模电压，导致同轴电缆对磁场耦合的抑制效果大大减小。

⑧ 结构H。由于电路两端接地，双绞线的磁场耦合抑制效果也大打折扣。

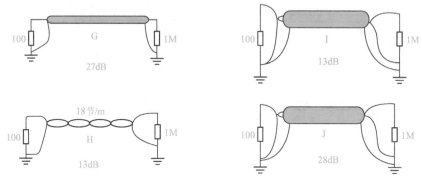

图6-55　地环路导致的磁场干扰

⑨ 结构I。在双绞线上加了一个单端接地的屏蔽层，由于单端接地的屏蔽层对磁场没有屏蔽效果，因此并没有改善双绞线的屏蔽效能。

⑩ 结构J。两端接地的屏蔽层能够起到一定的磁场屏蔽效果，因此双绞线的磁场抑制效果提高了近15dB。

由于天线的对称原理，图6-54中的各种结构对磁场的接收效率低（磁场抑制效果好），因此它们的辐射效率也低，但是上述结论仅适合低频的场合，当频率很高时，由于各种分布参数的影响，单点接地的情况不再存在，屏蔽效能会普遍下降。

第 **7** 章

瞬态干扰抑制器件

瞬态干扰抑制器件最基本的使用方法是直接与被保护的设备或电路并联，以便对过电压的情况进行限幅或能量转移（如图7-1所示）。目前常用的瞬态干扰抑制器件有气体放电管、金属氧化物压敏电阻、硅瞬态电压抑制二极管和固体放电管等或者将这些器件组合使用。

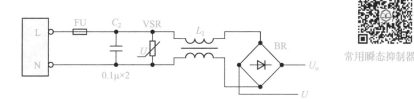

常用瞬态抑制器件

图 7-1 瞬态干扰抑制器件的作用

由于瞬态干扰的随机性，为了验证瞬态干扰抑制器件的性能，生产厂家都取一种或几种特殊形状的脉冲电压和电流波形对它们进行考核。目前用 8/20μs（前沿 8μs，半峰持续时间 20μs）、10/700μs（前沿 10μs，半峰持续时间 700μs）和 10/1000μs（前沿 10μs，半峰持续时间 1000μs）的电流波来考核器件的电流吸收能力。前者体现了电源线上的感应雷情况，由于电源线阻抗较低，因此感应得到的雷击的波形相对较窄；后面两组波形则多见于通信行业对瞬态干扰抑制器件的性能要求，由于通信线路阻抗相比地电源线来说较大，故感应出来的波形也较宽。

此外，还用 1.2/50μs（前沿 1.2μs，半峰持续时间 50μs）的电压波来考核器件的响应速度。用 1.2/50μs 和 8/20μs 的组合波（同时在发生器内产生两种波形。当发生器输出开路时得到的是电压波；发生器输出短路时得到的是电流波。发生器的内阻用开路输出电压与短路输出电流之比来表示，规定为 2Ω）测试器件的抑制特性。

除吸收能力外，另一个重要指标是峰值电流下的器件体现出来的残余电压。通常，峰值电流下的器件钳位电压与器件的标称电压是不相等的，前者的值要大于后者，两者之比越接近说明器件的限制能力越好。值得用户关心的参数还有对浪涌的响应速度及器件拥有的分布参数，这些参数都和器件的适用场合有关。

7.1

气体放电管

气体放电管的应用

7.2

金属氧化物压敏电阻

金属氧化物压敏电阻的应用

7.3

瞬态电压抑制二极管（TVS 管）

瞬态电压抑制二极管的应用

7.4

固体放电管

固体放电管的应用

7.5

组合式保护器

组合式保护器的应用

7.6

设计举例

7.6.1　交流电源端口防雷和防浪涌电路设计

（1）常用电路　一种高等级的交流电源口防护电路如图 7-26 所示。

图 7-26 是一个两级的交流电源口防护电路，可以做到标称放电电流为 20kA，电路原理简述如下。

第一级防雷电路为具有共模和差模保护的电路。其中，共模保护采用压敏电阻和气体放电管串联,差模保护采用压敏电阻。第一级防雷元件应满足额定通流容量(8/20μs)不小于 20kA、最大通流容量（8/20μs）不小于 40kA。第一级防雷电路应采用空气开关做保护器件。

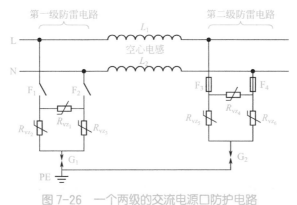

图 7-26　一个两级的交流电源口防护电路

第二级防雷电路的形式与第一级相同，通过合理设计第一级电路和第二级电路间的电感值，可以使大部分的雷电流通过第一级防雷电路泄放，第二级电路只泄放少部分雷电流，这样就可以通过第二级电流将防雷器的输出残压进一步泄放以达到保护后级设备的目的。

保护电路中各保护器件的通流量的选择应达到设计指标的要求并有一定裕量，差模压敏电阻的压敏电压按取值方法选择；压敏电阻和气体放电管串联的共模保护电路中，压敏电阻、气体放电管的取值仍可按压敏电阻、放电管单独并接在线路中时选择，空气开关在这里的作用主要是在保护器件损坏短路时及时断开电路（以下各种保护电路中的熔断器也起同样的作用），空气开关的选择应保证在线路承受标称放电电流的冲击时，空气开关不会跳开，空气开关的设计应有裕量，但不要太大，以免保护器件损坏后，空气开关的容量过大，不易断开短路电流而使防雷器有起火等安全隐患。

图 7-26 所示的防雷电路中，后级电路的抗浪涌过电压的能力较弱，一级防雷电路不足以保护后级的设备，需要通过第二级的防雷电路将残压进一步降低。

（2）交流电源端口防雷变型电路　图 7-27 是变型电路 1，将原电路中的电感换成了一定长度的电源线。规定长度的电源线所具有的电感量与原电路中电感的感值是基本相同的。这样设计的优点是：在设备的工作电流很大的情况下，合理地选择电源线线径就可以满足给设备供电的需求，避免了因设备供电电流很大时，空心电感的体积过大而无法在电路上实现的问题。第一级防雷电路和第二级防雷电路可以分别放置在两个不同的设备中实现，例如，将第一级防雷电路设计为一个独立的防雷箱，而第二级防雷电路可以设计到通信设备的内部。

由于去掉了电感，变型电路 1 可以看作两个并联式的防雷电路。当这两级防雷电路做成两个单独的防雷器时，需要注意防雷器的安装问题。

图 7-28 是图 7-26 所示防雷电路的简化设计，保留图 7-26 所示防雷电路中的第一级防雷电路，去掉电感及第二级防雷电路，其他设计不变。

变型电路 2 在后一级电路本身抗浪涌过电压能力较强时采用，这个方案可以降低电路的复杂性。同时由于去掉了电感，不需要考虑满足通过设备正常工作电流的需要，方案更容易实现。由于变型电路 2 去掉了电感，由一个串联式防雷电路变成了一个并联式防雷电路，当这个电路做成一个独立的防雷器时，需要注意防雷器的安装问题。

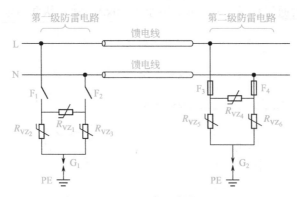

图 7-27　变型电路 1

如果设备的防雷等级不是很高，或者只是进行浪涌等级范围内的保护，则它的保护电路只需要按如图 7-29 所示的电路原理设计，甚至在有些接地的产品（如防浪涌等级要求小于共模 ±2kV，差模 ±1kV 时）或浮地的产品中，还可以将图 7-29 中的 R_{VZ_2}、R_{VZ_3} 和 G_1 去掉，即保护电路中只有差模保护，并利用产品本身电源所带有的隔离变压器或产品的浮地来切断共模回路，从而对共模浪涌信号实现保护。

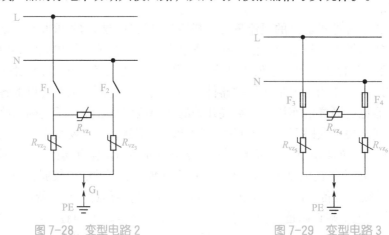

图 7-28　变型电路 2　　　　　图 7-29　变型电路 3

7.6.2　直流电源端口防雷和防浪涌电路设计

一种防护等级较高的直流电源端口防雷电路如图 7-30 所示。

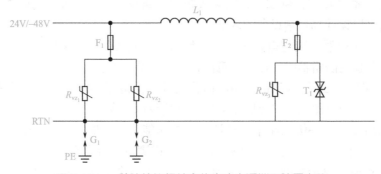

图 7-30　一种防护等级较高的直流电源端口防雷电路

图 7-30 是一个具有串联式两级差模防护的电路，可以做到标称放电电流为 5kA，电路原理简述如下：

第一级采用两个压敏电阻并联的差模保护，可以达到标称放电电流为 5kA 的设计指标，第二级采用压敏电阻和单向 TVS 管保护，将残压降低到后级电路能够承受的水平，共模保护采用两个气体放电管并联构成一级保护电路，该电路的优点是输出残压比较低，适用于后级电路抗过电压水平很低的情况。防雷电路一中各保护元件通流量、压敏电阻、反向击穿电压、电感的取值按给出的方法进行选择。

图 7-30 所示防雷电路的应用场合：后级电路的抗浪涌过电压的能力较弱，一级防雷电路不足以保护后级的设备，需要通过第二级的防雷电路将残压进一步降低。

提示： 设备的防护能力的高低，与接地有着非常密切的关系。防雷设计对接地的要求中，最根本的一点是实现设备上电源地、工作地、安全地的等电位连接。设备不仅需要良好的端口防护电路，同时也需要有合理的系统接地设计，才能达到良好的防雷效果。

图 7-30 所示的直流端口防雷电路可有以下两种变型电路：

（1）变型电路 1　直流端口防雷电路变型电路 1 如图 7-31 所示，它将图 7-30 中的电感换成了一定长度的电源线。规定长度的电源线所具有的电感量与原电路中电感的感值是基本相同的，将电感换成电源线的意义与交流端口电路相同。第一级的防护电路和第二级的防护电路也可以分别放置在两个不同的设备中实现，例如，将第一级防护电路设计到直流高阻柜中，将第二级防雷电路内置于通信设备中。

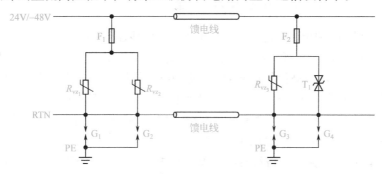

图 7-31　直流端口防雷电路变型电路 1

由于去掉了电感，直流端口防雷电路变型电路 1 可以看作两个并联型的防雷电路。当这两级防雷电路做成两单独的防雷器时，需要注意防雷器的安装问题。

（2）变型电路 2　直流端口防雷电路变型电路 2 如图 7-32 所示，它是图 7-30 所示的一种防护等级较高的直流电源端口防雷电路的另一种简化设计：保留防护等级较高的直流电源端口防雷的第一级防雷电路，去掉电感及第二级防雷电路，其他设计要点同交流电源端口防雷电路 1。

直流端口防雷电路变型电路 2 在后级电路抗浪涌过电压能力较强时采用，这个方案可以降低电路的复杂性。同时，由于去掉了电感，不需要考虑满足通过设备正常工作电流的需要，方案更容易实现。由于直流端口防雷电路变型电路 2 中去掉了电感，它由一个串联型防雷电路变成了一个并联型防雷电路。当这个电路做成一个独立的防雷器时，需要注意防雷器的安装问题。

　　在防雷或防浪涌等级不是很高的直流电源端口，通常只在直流电源端口并联压敏电阻或 TVS 管。

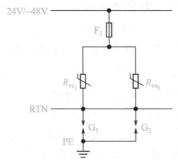

图 7-32　直流端口防雷电路变型电路 2

　　电源口防雷电路的设计需注意如下几个方面：

　　① 防雷电路加在电路上，不应给设备的安全运行带来隐患。例如，应避免由于电路设计不当而使防雷电路存在着火安全隐患。

　　② 在整个电路上存在多级防雷电路时，应注意各级防雷电路间的配合合理性，不应出现后级防雷电路遭到雷击损坏而前级防雷电路完好的情况。

　　③ 防雷电路应具有损坏告警、热容和过流保护等功能，并具有良好的可更换性。

7.6.3　信号端口防雷和防浪涌电路设计

　　设计信号端口保护电路应注意保护电路的输出残压值必须比被保护电路自身能够耐受的过电压峰值低，并有一定裕量，信号保护电路应满足相应接口信号传输速率及带宽的需求，且接口应与被保护设备兼容。防护电路包括差模防护设计和共模防护设计，在电路设计时要考虑保护器件的功率、启动电压、结电容等特性，在保证有效防护的同时，对信号质量的影响也应满足相关要求。信号端口的防雷和浪涌保护电路通常由以下两个基本电路中的一个或两个所组成。

　　① 差模防护基本保护电路及器件。差模防护基本保护电路设计如图 7-33 所示，图中二极管和 TVS 管串联是为了减小线间的分布电容，以免对信号质量产生影响。

　　② 共模防护基本保护电路及器件。共模防护基本保护电路设计如图 7-34 所示，图中二极管和 TVS 管串联是为了减小线与地之间的分布电容。

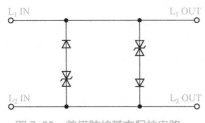

图 7-33　差模防护基本保护电路

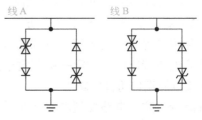

图 7-34　共模防护基本保护电路

　　板级电路保护采用的器件主要包括 TVS 管、TSS、压敏电阻、快恢复二极管。信号端口保护等级较高时，还会采用气体放电管，以下几个是高等级防雷电路。

　　（1）信号防雷保护电路　图 7-35 是一种比较典型的信号防雷电路，差模采用气体放电管、电阻、快恢复二极管、TVS 管，其中气体放电管将线缆引入的大部分雷击过电流泄放。电阻的作用是限制较大的过电流流到气体放电管的后级电路中，由 TVS 管和快恢复二极管组成的桥式电路可进一步降低防雷器输出的残压，从而有效地保护后级设备。

这个电路中，要求信号电平较低，且设备在正常运行状态下工作地与保护地之间的电位差也要很低，否则气体放电管将不适用。电路中的气体放电管可以选用低动作电压的管子。由快恢复二极管和 TVS 管形成的组合电路可以降低单个分立式 TVS 管的结电容，快恢复二极管的结电容比 TVS 管小很多，组合电路的结电容大小主要取决于快恢复二极管。

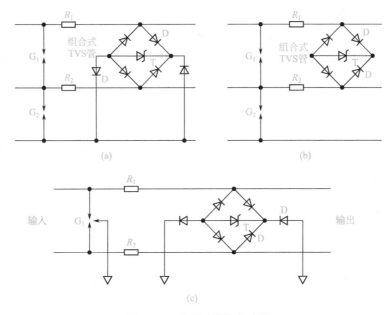

图 7-35　信号防雷保护电路

图 7-35（b）、图 7-35（c）所示电路是图 7-35（a）所示电路的变型。图 7-35（b）所示电路增加了第二级共模保护电路，进一步降低防雷器的共模残压，但同时防雷器共模漏电流也相应增大，该电路可用于共模过电压耐受水平特别低的接口电路的保护。图 7-35（c）电路增大了芯线上的串联电阻值，后级 TVS 管和快恢复二极管组合电路形式有助于进一步降低防雷器的输出残压，但增大了串联电阻，图 7-35（c）所示电路对正常信号波形的影响比图 7-35（a）所示的电路大，该电路可用于差模过电压耐受水平极低的接口电路的保护。

（2）简化防雷电路　在通信设备的 E1 端口中经常使用上述信号端口的防雷电路。图 7-36 所示的电路在信号线室内走线（走线距离可以超过 10m，一般不超过 30m）的情况下采用。图 7-36 的简化防雷电路也可采用分立式低电压的 TVS 管，基本可以承受 300A 左右的 8/20μs 冲击电流，虽然比图 7-35 所示的防雷电路通流量低很多。但信号线室内走线时，能够保证绝大多数情况下的防浪涌要求。

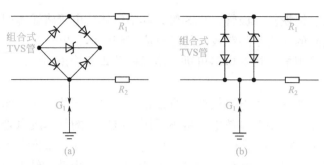

图 7-36　信号端口的简化防雷电路

（3）网口外置防雷电路　图 7-37 所示为网口外置防雷电路的例子。图中 G_1 和 G_2 是一种三极气体放电管，它可以同时起到两信号线间的差模保护和两线对地的共模保护效果。因为网口传输速率高，在网口防雷电路中应用的组合式 TVS 管需要具有更低的结寄生电容。

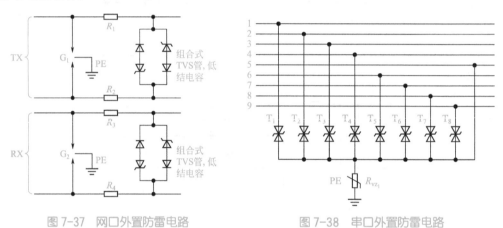

图 7-37　网口外置防雷电路　　　　　图 7-38　串口外置防雷电路

（4）串口外置防雷电路　串口外置防雷电路如图 7-38 所示，各信号线对信号地的防护主要采用 TVS 管，信号地和保护地之间采用压敏电阻。这种类型的防雷器流量要比防雷电路和网口防雷电路差一个量级，主要适用于串口等在室内走线、传输距离较短的信号线，这个电路比较简单，适用于信号线数量较多的信号端口类型。

第 8 章

隔离变压器

隔离变压器是电源线上常用的一种抗干扰措施,用于设备间的电气隔离。通过浮地可以较好地解决电路环流在公共阻抗上产生的电压变化对敏感设备带来的干扰问题。隔离变压器的作用还不止这些,即使是普通的隔离变压器,它对于设备所经受的共模干扰也有一定的抑制作用,只是效果比较差。采用变压器屏蔽层,再在变压器结构上采取一定措施,变压器的抗干扰能力会有很大提高。本章主要讲述普通隔离变压器、带屏蔽层的隔离变压器和超级隔离变压器及它们的抗干扰效果。

8.1 普通隔离变压器

一个初次级匝数比为 $1:1$,并且不需要带有屏蔽层的变压器就是一个最简单的隔离变压器,它主要用于输入与输出间的电气隔离,从而解决两者之间的共地问题。根据最简单的隔离变压器主要解决了初、次级之间隔离或绝缘的这一特点,有时也称它为绝缘变压器。

应该指出的是,最简单的隔离变压器对于共模干扰也有一定的抑制作用,但效果一般,图 8-1 给出了普通隔离变压器对共模干扰抑制作用的原理分析简图。

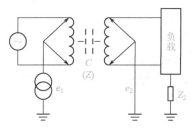

图 8-1　普通隔离变压器对共模干扰抑制作用的原理分析简图

C—绕组间的分布电容;Z—绕组间的耦合阻抗;Z_2—负载对地的等效阻抗;e_1—初级干扰(共模电压);
e_2—次级干扰(共模电压);$e_2=e_1Z_2/Z$

由于共模干扰是一种相对于大地的干扰，所以不会通过变压器来传递，而必须通过变压器绕组间的分布电容来传递。用一个装置电容（装置对地的分布电容）来与整个用电设备等效，其典型值为 0.01μF。而一台普通隔离变压器的耦合电容为几百至上千皮法（pF），现假定为 1000pF，这样就得到了如图 8-1 所示的干扰通路，共模干扰通过变压器的耦合电容，经过装置电容再返回大地，共模电压按照由变压器耦合电容与装置电容构成的分压器中的电容量来分析，分压比为

$$C_2/C_1=0.01\times10^{-6}/1000\times10^{-12}=10$$

即干扰的衰减为 1/10（20dB）。

测试实例： 某 1kV·A 隔离变压器，e_1 用 1μs 共模二角波注入，在变压器次级测得的共模衰减约为 5dB（实际衰减还不足一半）。

8.2
带屏蔽层的隔离变压器

通过上述举例可以看出，要使变压器获得优良的共模抑制性能，其关键是设法减小初、次级之间的分布电容值。为此，在初、次级之间增加屏蔽层（有些书上把这一屏蔽层称为法拉第屏蔽层或 Faraday 屏蔽层），它不影响变压器的能量传输，但对绕组间的耦合电容造成了影响。图 8-2 画出了带屏蔽层隔离变压器的共模干扰通路。从图中可以看出，普通隔离变压器初级与次级之间的分布电容被屏蔽层一分为二，初级与屏蔽层之间的分布电容为 C_1，次级与屏蔽层之间的分布电容为 C_2，屏蔽层的接地阻抗为 Z_E，负载对地的阻抗为 Z_2。这样，变压器由初级传到次级的共模电压实际上要经过两次分压，即 Z_{C_1} 与 Z_E 的第一次分压和 Z_{C_2} 与 Z_2 的第二次分压。要使共模衰减变大，只要使变压器屏蔽层的接地阻抗变小（变压器的屏蔽层可靠接地）即可奏效。通常，带屏蔽层隔离变压器的共模衰减有可能达到 60～80dB。

由于屏蔽层是在初级线圈绕制完后再绕制的，通常选用 0.02～0.03mm 的薄铜箔，铜箔的始端和末端要有 3～5mm 的重叠，但要相互绝缘。像这样的屏蔽层如能多做 1～2 层，层与层之间绝缘，则效果更好。通过这样的措施，可将变压器级间的分布电容降至几皮法（pF）。此外，如能在变压器两根引出线上各连一个高频特性好的陶瓷片状电容（电容量选 0.05μF 左右），电容器的另一端与变压器屏蔽层同时接地，则该变压器的共模干扰抑制效果会更好。

有一种比图 8-2 更好的结构，即在初、次级绕组绕好并包好绝缘后，再放入用金属箔做成的盒子（法拉第屏蔽盒），全部密封起来，并使其良好接地，包括引出线也全部屏蔽起来，如图 8-3 所示，这种结构使初级干扰电流大部分流入大地，从而进一步改善了隔离变压器的性能。

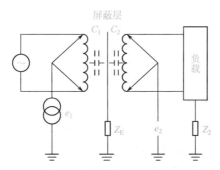

图 8-2　带屏蔽层隔离变压器的共模干扰通路

C_1—初级－屏蔽层的分布电容；C_2—次级－屏蔽层的分布电容；Z_{C_1}—C_1 的阻抗；Z_{C_2}—C_2 的阻抗；
Z_E—屏蔽层的接地阻抗；Z_2—负载的对地阻抗；e_1—初级共模干扰电压；e_2—次级共模干扰电压，
$e_2 = e_1 \times (Z_E/Z_{C_1}) \times (Z_2/Z_{C_2})$；因 $Z_{C_1} \gg Z_E$，$Z_{C_2} \gg Z_2$，故 $e_1 \gg e_2$。

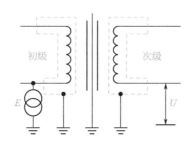

图 8-3　采用法拉第屏蔽盒的隔离变压器

　　上面的分析是针对电网中的共模干扰来说的，事实上电网中不只有共模干扰还存在差模干扰，利用隔离变压器的屏蔽层也可以衰减差模干扰。具体做法是：将变压器的屏蔽层接到初级，如果初级有中心抽头，那么屏蔽层最好接在中心抽头上，如果变压器初级无中心抽头，则用低阻抗的金属条将屏蔽层连到初级的中线端，见图 8-4。对 50Hz 的电网频率来说，由于初级绕组与屏蔽层之间容抗值很高，50Hz 的市电还是要通过变压器效应送到负载侧，未进行任何衰减。对于频率较高的差模干扰，由于初级绕组与屏蔽层间的容抗变小，屏蔽层与初级绕组之间的金属条可以使大部分有害的差模干扰短路掉。

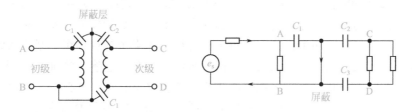

图 8-4　在隔离变压器中利用屏蔽层来抑制差模干扰

提示：变压器的上述干扰抑制措施同样适合开关电源的高频变压器设计。

8.3
超级隔离变压器

前面已经讲到，带屏蔽层的隔离变压器对电网中存在的共模和差模干扰都有一定的抑制作用，所以这种变压器在日常的抗干扰是一项用途很广的措施。那么有没有一种比带屏蔽层隔离变压器性能更好的隔离变压器呢？答案是肯定的，这就是高性能隔离变压器，也称超级隔离变压器（意思是这种隔离变压器的隔离和抗干扰性能超群）。

超级隔离变压器是一种性能比较完善的变压器，除了具有一般的隔离功能外，还兼有抗共模干扰和差模干扰的能力，而且各项指标都较高。图 8-5（a）所示是超级隔离变压器的例子，作为对比，将普通隔离变压器的结构画在图 8-5（b）中。

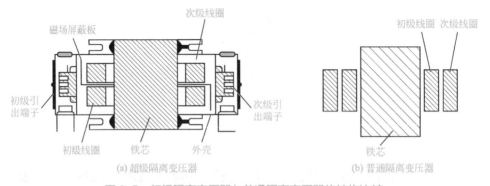

图 8-5　超级隔离变压器与普通隔离变压器的结构比较

由图 8-5（a）可知，超级隔离变压器一般采用 E 形铁芯，铁芯的夹件和变压器的屏蔽外壳做成一体，直接用螺栓与铁芯紧固在一起，使变压器整体结构紧凑。铁芯的材料采用在高频杂散波分量作用下磁导率会急剧下降的材料。对于功率较大的变压器，也可以选用 C 形铁芯，以减轻变压器的重量。

为了使初级绕组与次级绕组之间的分布电容尽量减小，线圈的绕制不能采用传统的初级绕组与次级绕组交叉绕制的方法，而应将初级绕组与次级绕组分别绕制。在 E 形铁芯中，初级线圈与次级线圈采用上、下同心式结构，初级线圈绕在铁芯的上半部分，次级线圈在铁芯的下半部分，套装在铁芯的中柱上。对 C 形铁芯，初级和次级绕组各分成一半，分别分布在两个铁芯上，每个铁芯柱上的半个初级绕组和半个次级绕组按上、下同心式套装。这样可以大大减小两个绕组间的分布电容，增加绕组间的漏磁，使进入次级的共模干扰与差模干扰大幅减少。相比之下，在图 8-5（b）所示的隔离变压器结构图中，可以很清楚地看到变压器的线圈是采用同心配置构造的，即其次级侧的线圈绕在里面，在次级线圈的外面再绕初级线圈。从变压器的电磁转换效率上来说，这是一个很好的电力转换变压器，但这种结构也非常容易将干扰从初级传导到次级。

对超级隔离变压器而言，要使线圈毫不外露，必须对其进行严密的多重盒式屏蔽。把包好绝缘的初级绕组和次级绕组分别放进各自的法拉第屏蔽盒。要注意屏蔽盒既要密闭，又不能短路，而且要有良好的接地。目前大多采用在绝缘薄膜上覆铜箔材料的方法制作屏蔽盒。当然，也可采用铜箔直接包制，但体积、重量要比前一种方法大，成本也有所增加。

另外，在超级隔离变压器初级线圈与次级线圈之间又插进了"磁场屏蔽板"，专门用来隔离初级线圈与次级线圈之间的泄漏电感，以防止泄漏电感将初级一侧的干扰感应至次级一侧。

最后，超级隔离变压器必须对初级和次级绕组的引出线进行严格屏蔽。引出线必须采用屏蔽线或双层屏蔽线，其屏蔽层与各自的屏蔽盒焊接起来，两个法拉第屏蔽盒的引出线要尽量短，并从不同方向引出。

超级隔离变压器安装时必须要有良好的接地，接地不限于大地，在同一回路中被看成等电位的良导体都可以为地，对于良好的接地来说，即使对高频干扰也应体现出极低的接地阻抗。

超级隔离变压器的接线视使用情况而定，从考虑与接地的最佳连接条件出发，初级绕组的屏蔽接电源侧的地；次级绕组的屏蔽接设备侧的地；法拉第屏蔽盒接大地，变压器与电源侧和负载侧的连接线采用双层屏蔽线，外层屏蔽接变压器外壳，内层分别接电源侧和负载侧的地。用户也可以根据不同的使用场合进行适当连线。

为了进一步提高超级隔离变压器对差模干扰的抑制能力，可在变压器的输出端并联一个电容，电容的工作电压高于变压器的次级输出电压，流过电容的电流取变压器负载电流，则当电源频率为 50Hz 时，电容的容量为：

$$C \geqslant 320\, I_2/U_2$$

式中，I_2 为变压器次级的负载电流，A；U_2 为变压器次级的负载电压，V；C 为并联电容的电容量，μF。

目前，市场上已有超级隔离变压器成品出售，其额定功率从 100V·A 至几十千伏安。典型差模衰减量为 60dB。共模衰减量则按大小形成若干系列，如美国 TOPAZ 公司推出的 4 个系列（40 系列、30 系列、20 系列和 10 系列），其共模衰减能力分别达到 152dB、146dB、140dB 和 126dB。

3 种隔离变压器的对干扰抑制性能的比较列于表 8-1。

表 8-1　3 种隔离变压器对干扰抑制性能的比较

变压器类型	作用	性能						结论
		共模干扰			差模干扰			
		高次谐波	低频段干扰	高频段干扰	高次谐波	低频段干扰	高频段干扰	
普通隔离变压器	初级绕组与次级绕组间无直接联系	好	一般	差	差	差	差	对低频共模干扰有抑制作用
带屏蔽层的隔离变压器	初级绕组与次级绕组间无直接联系；初级绕组与次级绕组间无静电耦合	好	好	一般	差	差	差	对低频干扰与高频干扰中的较低频段干扰有抑制作用
超级隔离变压器	初级绕组与次级绕组间无直接联系；初级绕组与次级绕组间无静电耦合；初级绕组与次级绕组间无高频电磁感应	好	好	好	差	好	好	对从低频段到高频段的所有共模干扰都有抑制作用，对高次谐波以外的所有差模都有抑制作用

图 8-6 所示是 3 种隔离变压器的性能测试结果。从图中可以看出，超级隔离变压器从 10kHz 开始对差模干扰有衰减作用，在 1MHz 附近衰减量达到 60dB 左右，此后由于分布参数的影响，衰减曲线变得有点起伏不定。对地共模干扰的衰减几乎从直流开始即有最好的衰减特性（在图 8-6 中已看不出它的确切数值，说明衰减量要远大于 80dB），只是到了 10MHz 之后，由于分布参数的影响，衰减曲线开始有点起伏，由此可见，超级隔离变压器对干扰确有良好的抑制作用，特别是对低频部分的衰减是普通电源线滤波器所不能比拟的。对于频率更高干扰的衰减，可以通过与电源线滤波器的级联来实现，这样从低频到高频都可以达到比较理想的干扰抑制特性。

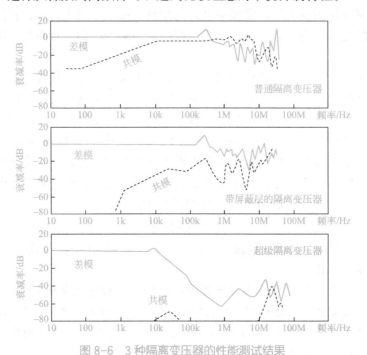

图 8-6　3 种隔离变压器的性能测试结果

8.4

实际安装

隔离变压器的安装要求与滤波器相似，要避免初级与次级之间的电磁耦合，图 8-7 给出了一些安装的例子。另外，隔离变压器的屏蔽层连接线必须短而粗，而且要直接连接，否则在高频时的屏蔽效果会下降。

图 8-7　隔离变压器的安装

第**9**章

整机电路及电路板的设计

对电路板进行电磁兼容设计的目的不仅是保证电路板上的电路能正常工作，而且要减小电路板对外界的电磁辐射和降低对外界干扰的敏感度。

电路板只是电路的一种特殊安装方式，因此前面所论述的各种概念，例如地线的设计、差模辐射的控制、场对电路的影响等，对于电路板是同样适用的。只是电路板的情况更加简单，因为许多因素都是确定的。

9.1

电源线及地线上的噪声

数字电路的电源线和地线上的噪声非常严重，这不仅是导致电路工作不正常的一个主要原因，而且是导致电路板辐射和外接电缆辐射的主要原因，减小这种噪声是电路板设计的首要目的。下面我们从噪声产生的机理入手，分析解决噪声的措施。

9.1.1 噪声的产生

图 9-1 是一个典型的逻辑门电路的输出级（图腾柱输出），输出电平由三极管 V_3 和 V_4 控制。当 V_3 导通、V_4 截止时，输出高电平，当 V_3 截止、V_4 导通时，输出低电平，无论输出电平为高还是低，电源与地之间的阻抗都是很大的，因此流进电路的电流很小。

但是，当输出状态转换时，无论从高变低，还是从低变高，会有一段时间 V_3 和 V_4 同时导通，这时在电源和地之间形成了短暂的低阻抗，产生 30～100mA 的尖峰电流。由于电源线总是有一定的电感 L，因此电源线上的电流发生突变时，会产生感应电压 $V=L(di/dt)$，这就是电源线上的噪声。图 9-2 是电源线上的电流、噪声电压与逻辑电路输出状态之间的关系。

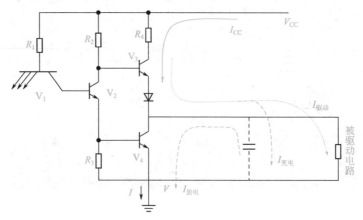

图 9-1　逻辑门电路的输出级

从图 9-2 中可知，当逻辑门的输出从低变为高时，电源线上的电流峰值和噪声电压更大一些，这是因为输出从低变为高时，电源不仅要提供 V_3 和 V_4 导通时引起的瞬间大电流，还要提供给分布电容充电的驱动负载的电流。

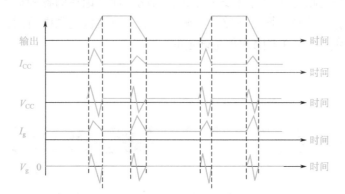

图 9-2　逻辑门输出状态变化时电源线上的电流和噪声电压

由于地线是电流的回路，因此在电源线上产生上述尖峰电流的同时，地线必然也流过这个电流，特别是当输出电平从高变为低时，地线上的瞬态噪声电压会更大一些。因为输出电平从高变为低时，除了 V_3 和 V_4 同时导通引起的峰值电流外，另外还有线路中分布电容放电的电流，由于地线不是纯阻性的，而总是有不同程度的电感，因此会感应出电压，这就是地线噪声。

9.1.2　抑制噪声的方法

根据上述地线和电源线产生噪声的原理，减小这种噪声的途径有两个：
① 减小地线和电源线的等效电感；
② 防止地线和电源线上的电流发生变化。

对于地线噪声，主要是通过减小地线电感的方法来降低噪声。对于数字电路来讲，由于其工作频率较高，因此单层板是不适合的，至少要使用双层板才能保证基本的电磁兼容性。对于双层电路板，地线网格是一个减小电感的有效方法，对于多层电路板，由于专门有一层地线层，地线的电感可以控制得很小，从而可有效地减小地线噪声。

对于电源线上的噪声，虽然也可以按照处理地线噪声那样，尽量减小电源线的电感 L，电源线上的噪声电压 $V=L(\mathrm{d}i/\mathrm{d}t)$ 自然就会减小，例如多层电路板中专门设置了一层电源面，但这不是唯一的方法，另一个途径是能通过减小（$\mathrm{d}i/\mathrm{d}t$）来控制电源线噪声，如图 9-3 所示。

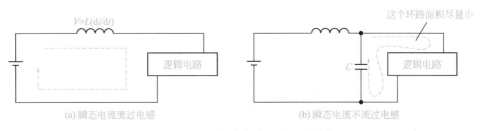

图 9-3　用储能电容减小电源线噪声

在图 9-3（a）中，为了消除电源线电感 L 上的电流变化导致的噪声电压 V，需在逻辑电路芯片的电源输入端安装一个电容 C，如图 9-3（b）所示，当逻辑电路的输出电平变化、导体电源线上的电流增加时，这部分增加的电流由 C 提供，从而保持电源线上的电流变化（$\mathrm{d}i/\mathrm{d}t$）很小，这样就减小了噪声电压。由于电容 C 的这种作用，通常将这个电容称为储能电容，更习惯的叫法是去耦电容，这个名称更直观一些。因为使用这个电容后，电路之间就不会发生相互干扰，意味着电路之间的相互耦合解除了。也有人称之为滤波电容，因为使用这个电容后，电源线上的噪声电压就减小了，可认为滤除了。本节中使用储能电容这个名称更便于解释一些概念。

即使在多层电路板中，尽管专门的一层电源线层具有很小的电感，储能电容也是必要的。这是由于储能电容将电流变化局限在较小的范围内（具有更小的电流环路面积），减小了差模辐射。

储能电容的作用是为芯片提供瞬态能量，因此在布线时，要尽量使它靠近芯片，以减小供电电流路径的阻抗。其实这种说法有时不够确切，更确切的要求是，使储能电容的供电电流环路面积尽量小，为了获得尽量小的电路环路面积，芯片的选择也相当重要，应该选择电源引脚与地引脚靠得近的芯片，不要使用 IC 安装座，而使用表面安装形式的芯片等。

从储能电容的作用来看，似乎储能电容的电容值越大，为芯片提供电流补偿的能力越强，这个观点是错误的，问题出在忽略了放电回路中的电感成分，这个电感由电容本身的寄生电感和电路板上的轨线电感两部分组成。这部分电感与电容构成串联电路，会在某个频点上产生谐振，在谐振频率上，串联电路的阻抗等于线路中的电阻，如图 9-4 所示。当频率超过谐振频率时，放电回路的阻抗开始增加，这意味着电容提供电流的能力开始下降。电容的容值越大，谐振频率越低，电容能有效补偿电流的频率范围越小，因此，为了保证电容提供高频电流的能力，电容不能太大。

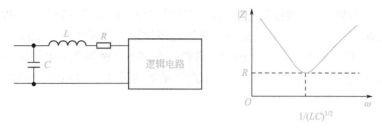

图 9-4　储能电容放电回路的阻抗

当电容过小时，同样也不能有效地滤除电源线上的噪声，这是因为：

① 由于电容芯片不能够提供足够的电能，一部分电能仍要由电源供给，导致电源线上的电流变化而产生噪声电压；

② 储能电容输出电能后，自身的电压会降低，导致芯片供电电压暂时降低。电容输出的电能越大，电压降低越多，当输出同样数量的电能时，电容越小，电压降低越多。

通常，储能电容的最小容量可用下式计算：

$$C = \mathrm{d}I\mathrm{d}t/\mathrm{d}V$$

式中，$\mathrm{d}V$（单位 V）为在时间 $\mathrm{d}t$（单位 s）内，由瞬态电流 $\mathrm{d}I$（单位 A）造成的电压瞬间跌落，通常 $\mathrm{d}V$ 用保证芯片正常工作和所允许的电压跌落量代入。

例　一个电路在 2ns 内需 5mA 电流，设计要求电源压降小于 0.1V，电容的最小值为 0.001μF。

要看出这个公式的物理含义：

$$C\mathrm{d}V = \mathrm{d}I\mathrm{d}t$$

这是一个电荷的等式，等式左边是储能电容供出的电荷量，等式右边是流入芯片的电荷量。储能电容由于输出了一定量的电荷而导致电压下降 $\mathrm{d}V$。

但这仅是一个概念性的公式，在工程中由于缺乏 $\mathrm{d}I$ 和 $\mathrm{d}t$ 的数据，无法应用。在实践中，常常采用试验的方法确定最佳电容值，或者按照芯片厂家推荐的数值选择储能电容。

每片芯片的储能电容在放电完毕后，需要及时补充电荷，做好下次放电的准备。为了减小对电源系统的干扰，通常也通过电容来提供补充电荷，为了描述方便，称起这个作用的电容为二级储能电容。当电路板上的芯片较少时，使用一只二级储能电容就可以了，一般安装在电源线的入口处，容量为电路板上所有储能电容的总容量的 10 倍以上。如果电路板上芯片较多，每 10～15 个电路块设置一个二级储能电容。这个电容同样要求串联电感尽量小，可使用钽电解电容，而不要使用铝电解电容，因后者的内部电感比较大。

在实际电路中，通常用贴片独石电容作为每个芯片的储能电容，这种电容具有非常好的高频特性，而且由于没有引线，最大限度地减小了寄生电感。有些人习惯将一个大电容和一个小电容并联起来作为储能电容，这并不是一个好的设计，因为这两个电容的并联网络会在某个频率点出现很高的阻抗，在这个频率上基本起不到补充电流的作用。

对于一些高速、大功率电路，将多个容量相同的电容并联起来是一个好方法，但是要注意这些电容的连接方法，如图 9-5 所示，图 9-5（a）是错误的接法，这里三个电容同时通过一个通路放电，放电路径的阻抗 Z 较大，图 9-5（b）中，三个电容可分别通过三条路径放电，因此具有较小的阻抗（$Z/3$）。

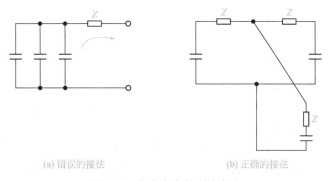

(a) 错误的接法　　　　　　　　(b) 正确的接法

图 9-5　多个电容并联的方法

　　为了进一步提高储能电容的效果，可以在储能电容的电源一侧安装一只铁氧体磁珠，如图 9-6（a）所示，由于铁氧体磁珠对高频电容呈现较大的阻抗，因此阻止了电源向电路提供高频电流，增强了储能电容的效果。选用的磁珠应该是专门用于电磁干扰抑制的铁氧体磁珠，这种磁珠在频率较高时，呈现电阻特性，不会引起额外的谐振。虽然比较理想的方法是用电阻代替铁氧体磁珠，这可完全避免谐振的问题，但是电阻会损耗额外的直流功率。使用磁珠时，一定要注意铁氧体磁珠的位置，绝对不能放在储能电容靠近器件的一侧，这等于增加了电容输出电荷的阻抗，降低了储能电容的效果。在电路板布线时，要使储能电容电源一侧的电源线尽量细（但要满足供电的要求），以增加走线的阻抗，使与芯片连接的一侧走线尽量宽、尽量短，减小储能电容供电回路的阻抗，也可以起到一定的效果，如图 9-6（b）所示。

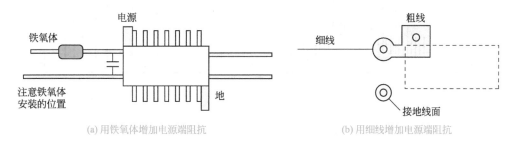

(a) 用铁氧体增加电源端阻抗　　　　　　　　(b) 用细线增加电源端阻抗

图 9-6　增加储能电容效果的方法

　　增加电源一侧线路阻抗的原理不仅在芯片级的储能电容上应用，在二级储能电容和电路板上的电源入口处也同样适用，特别是在电源线入口处，使用适当的扼流圈可以减小较长电源线上的电流波动，减小辐射（这种辐射往往是造成干扰问题的主要原因）。但是要注意，扼流圈应该用差模扼流圈，且需防止磁饱和。

9.2

电路板上的干扰源

我们对电路板的电磁辐射的关注往往局限在某个电路芯片上，这是一个比较常见的错误。于是，当电路板出现较强辐射时，便设法对一些集成电路芯片进行屏蔽，但结果往往是不尽人意的。因此，有必要搞清究竟什么是主要的辐射源，然后才能对症下药，抑制电路板的辐射。

首先，从信号特性的角度考虑，辐射最强的是周期信号电路，根据频谱分析的理论，周期信号的频谱为离散谱线，随机信号的频谱为连续谱。这意味着，周期信号的能量集中在有限的几个频率上，而随机信号的能量分布在无限个频率上。因此，周期信号的能量更集中，更容易产生干扰。

从电路辐射的实际测量结果可知，辐射频谱上最高幅度的通常是单根谱线，这对应周期信号及其谐波。给一块电路板的所有电路加电与仅给时钟电路加电，观察它们的辐射情况，会发现虽然给所有电路加电时电路板产生的辐射频谱成分更丰富，但是辐射的最大强度与只给时钟电路加电时的辐射强度基本相同，如图 9-7 所示。

因此，电路板上的周期信号是产生辐射最强的信号，周期信号包括电路中的时钟电路、振荡器、地址总线的低位数据线、发生周期波形的功率电路（如开关电源中的开关管回路、显像管式彩色电视机的行扫描输出电路等）等，这些强辐射电路是设计时要特别注意的。

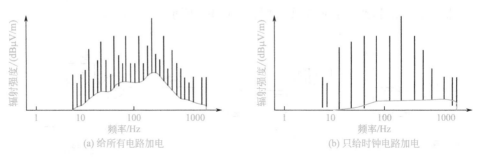

(a) 给所有电路加电　　　　　　　　(b) 只给时钟电路加电

图 9-7　最强的辐射源是时钟电路

从图 9-7 还能得到一个对工程很有指导意义的结论，即不要等到系统的软、硬件全部完成后（这时往往已经接近开发的尾声）再进行电磁兼容摸底试验。只要硬件电路完成后，就可以进行电磁兼容摸底试验，早期发现问题，解决问题，可缩短开发周期，因为系统的软件状态对辐射的影响不是很大，只要保证时钟或周期信号部分的电路正常工作，电磁辐射状态也就基本是实际上的最大辐射状态了。

其次，从电磁辐射的原理考虑，电路板的电磁辐射有两种（如图 9-8 所示）：一种是由电路的工作电流环路产生的辐射，由于电路工作电流是差模的，因此这种辐射称为差模辐射；另一种是由电路板上的外接电缆产生的辐射，称为共模辐射。这是由于电缆的端头处有共模电压，在这个共模电压的驱动下，电缆上产生了共模电流，共模电流环路产生辐射。

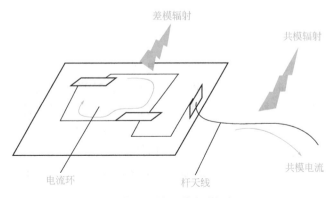

图 9-8 电路板的两种电磁辐射原理

如果将电磁兼容标准中对辐射发射的限值、测量距离等作为已知条件，差模电流环路面积作为变量，就可以求出满足限值所允许的最大差模电流环路面积，对于常用逻辑电路，相应计算结果见表 9-1。

表 9-1 常用逻辑电路所允许的最大差模电流环路面积

逻辑电路	上升时间 /ns	电流 /mA	不同时钟频率允许的差模电流环路面积 /cm²			
			4MHz	10MHz	30MHz	100MHz
74AS	1.4	120	2	0.8	0.3	0.15
74F	3	80	5.5	2.2	0.75	0.25
74AC	3.5	80	5.5	2.2	0.75	0.25
74LS	6	50	20	18	7.2	2.4
74HC	6	20	50	45	18	6
4000B	40	6	1000	400		

表 9-1 给出了测试距离为 10m，电磁辐射限值在 30 ～ 230MHz 之间为 30dBμV/m，在 230 ～ 1000MHz 之间为 37dBμV/m 的情况下，不同逻辑电路的面积限制，从表中可以看出，电路的速度越高，脉冲重复频率越高，允许的面积越小。

表 9-1 是仅对单个环路的辐射进行计算的结果，如果 n 个环路的信号频率相同，则它们辐射的频率也相同，强度叠加，则总辐射强度正比于 $\sqrt{n}$。因此，在设计电路时，只要不是需要严格的同步，就应该尽量避免使用同一个时钟信号给不同的电路提供定时信号，因为经过分频后的时钟信号的某次谐波频率总是会与原来时钟信号的某次谐波频率相同，它们的辐射强度是叠加的，如果各个环路中电流的频率不同，虽然辐射的频率成分可能更多，但是没有叠加的关系，辐射强度不会增加。

9.3

扩谱时钟

扩谱时钟是近年来流行的一种降低数字电路辐射的技术，扩谱时钟与普通时钟技术有什么区别呢？扩谱时钟与普通时钟的区别在于，普通时钟信号的周期十分稳定，而扩谱时钟信号的周期是按照一定规律变化的；也就是说扩谱时钟的频率不是一个固定值，而是人为地使时钟频率发生抖动，时钟频率抖动的结果是时钟信号的谱线变宽，峰值降低，如图9-9所示。由于进行干扰发射时使用的接收设备的接收带宽是一定的，因此当谱线变宽时，一部分能量在接收机的接收带宽以外，从而使测量值变小，如图9-10所示。

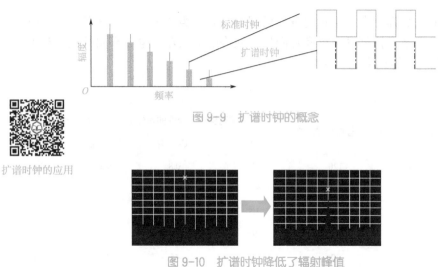

图 9-9　扩谱时钟的概念

扩谱时钟的应用

图 9-10　扩谱时钟降低了辐射峰值

需要注意的是，使用扩谱时钟的效果仅是使设备容易通过电磁兼容试验，它在整个频率范围内的干扰能量并没有改变。因此，只要受干扰设备的通频带宽大于扩谱后的每根谱线宽度，干扰现象就不会改善，但是该技术已经被所有的管理机构所认可。因此，该技术确实是一个使设备顺利通过电磁兼容试验的简单易行的方法。该技术特别适合商业设备，因为商业设备出于成本的考虑，一般没有完善的屏蔽和滤波措施。军用设备需要通过的标准十分严格，扩谱时钟的作用并不显著，主要依靠屏蔽和滤波。

扩谱时钟信号的频率抖动要控制在不能引起系统时序错乱的程度，一般用百分比表示，称为频率调制度。例如，±0.5%调制度表示100MHz的时钟频率在99.5～100.5MHz变化，当系统有工作频率上限要求时，为了避免时钟频率超过系统允许的最高频率，时钟频率可以在99.5～100MHz变化，这称为下扩谱。常用的扩谱方式如图9-11所示。使用了扩谱时钟的产品，应在产品技术规范中注明这种时钟频率的抖动。

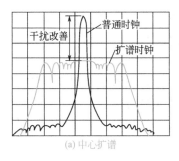
(a) 中心扩谱

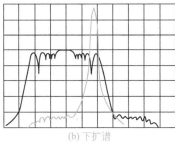
(b) 下扩谱

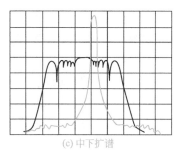
(c) 中下扩谱

图 9-11 几种扩谱方法

扩谱时钟技术可以使辐射发射峰值降低 7 ～ 20dB，使产品顺利通过认证，频率调制度越大，这种降低测量值幅度的效果越显著，但是要注意过大的频率抖动对系统的影响。当频率调制度一定时，谐波的次数越高，其峰值降低的幅度越大。目前有许多厂家提供这类时钟产品，该产品分为三种：第一种是独立的时钟发生器，可以产生扩谱时钟；第二种是采用普通时钟输入，输出为扩谱时钟；第三种是输入为一个晶体基准频率，输出为扩谱时钟。后两种产品可以通过硬件或软件控制扩谱参数，如中心扩谱或下扩谱，以及频率调制度。

扩谱时钟技术与低通滤波技术都可以降低时钟信号的干扰，并不能绝对评价哪一种技术更好。下面将两者的不同做一个比较，开发人员可在实际应用中酌情选用。

① 原理不同。扩谱时钟技术是将时钟的谱线扩宽，利用测量方法中接收带宽一定的条件，使谱线的一部分能量不被接收，从而获得比较小的测量值，而滤波的技术是将能量滤除掉，降低干扰的幅度。因此，可以认为扩谱时钟是针对电磁兼容标准提出的一种容易通过试验的对策，而滤波是真正抑制电磁干扰能量的对策，当然，扩谱时钟对于解决数字电路对窄带接收机形成的干扰还是有效的。

② 对波形的影响不同。扩谱时钟技术对时钟波形的影响在于频率抖动，而脉冲的上升 / 下降沿不变，与普通时钟一样陡峭（可达到 3ns 以下），这对于高速数字电路十分必要。滤波对时钟波形的影响是使脉冲的拐角钝化，并延长了脉冲的上升沿，拐角钝化对电路的工作没有影响，而上升沿变长会导致电路工作速度下降。

③ 作用的范围不同。滤波的作用是局部的，对某一路时钟信号进行滤波仅能降低这一路时钟信号的高频干扰幅度，这路时钟经过分频或驱动后，高频成分会再次恢复。因此，采用滤波的方法需要在所有时钟信号出现的电路上滤波。扩谱时钟的作用是全面的，只要基本时钟是扩谱的，无论这个时钟再分频，还是再驱动，全部电路中的时钟都是扩谱的。

④ 有效的频率范围不同。滤波仅能将时钟较高次的（为了保护时钟的基本波形，一般要保留 15 次谐波）谐波幅度降低，而对较低次谐波（特别是基频）没有任何抑制效果，例如，对于频率为 12MHz 的时钟信号，一般仅能将 150MHz（保留 13 次谐波）以上的谐波滤除，而 150MHz 以下的谐波仍会产生较强的辐射。扩谱时钟对较低的频率，甚至基频，也有降低幅度的作用，这取决于频率抖动范围是否大于测量接收机的接收带宽。例如，如果扩谱时钟的频率调制度为 ±5%，对于 12MHz 的时钟信号，基频的频率变化范围为 120kHz，已经超过一般接收机的 10kHz 或 100kHz 带宽，因此已经可以获得较小的测量值了。对于 3 次谐波，频率变化范围为 360kHz，会有大的改善。

扩谱时钟对于减小辐射幅度的效果是随着频率的升高而线性增加的，差模辐射频谱如图 9-12 所示。由图可知，扩谱时钟信号的差模辐射频谱在 $1/(\pi t_r)$ 以上的频率呈现下降趋势。

要进一步降低辐射，还需要采取两个方面的措施：一个是降低差模辐射天线的辐射效率，另一个是降低高次谐波的强度。前一个措施的具体实现方法就是精心对电路板进行布线，后一个措施的具体实现方法就是在使用扩谱技术的同时，在辐射较强的线路上使用滤波器。

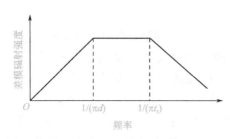

图 9-12　扩谱时钟的差模辐射频谱

扩谱时钟技术不仅应用在数字电路中，在其他一些脉冲电路中也可以应用。例如在开关电源中，用频率调制的脉冲可以降低电磁干扰发射。

9.4

单层板和双层板的设计

9.4.1　单层板

单层板结构简单，装配方便，适用于一般电路的要求，不适用于要求高的组装密度或复杂电路的场合，如果电路板的布局设计合理，则可以达到电磁兼容的要求。

9.4.2　双层板

双层板适用于只要求中等装配密度的场合，安装在这类板上的元器件易于维修或更换。

使用双层板比单层板更加有利于实现电磁兼容性设计。

当进行层面板或双层板（这意味着没有专门的电源层和地线层）的布线时，最快的办法是先人工布好地线，然后将关键信号布置（如调整时钟信号或敏感电路）在靠近它们的地回路旁边，最后对其他电路进行布线，为了使一开始就有一个明确的目标，在电路图上应给出尽量多的信息，其中包括：

① 不同功能模块在电路板上的位置要求。

② 敏感器件和 I/O 接口的位置要求。

③ 电路图上应注明不同的地线，以及对关键连线的要求。

④ 标明在哪些地方不允许将不同的地线连接起来，哪些地方需要将不同的地线连接起来。

⑤ 哪些信号线必须靠近地线。

9.4.3　印制电路板设计的一般规则

在印制电路板布线时应先确定元器件在板上的位置，然后布置地线、电源线，再安排高速信号线，最后再考虑低速信号线。

元器件的位置应按电源电压、数字及模拟电路、速度高低、电流大小等进行分组，以免相互干扰。根据元器件的位置可以确定印制电路板上连接器各个引脚的安排，所有加接器应安排在印制电路板的一侧，尽量避免从两侧引出电缆，减小共模辐射。

9.4.4　电路布局

印制电路板的布局原则包括：① 数字电路和模拟电路要分开布局，尤其是与低电平模拟电路的距离要尽量远，避免产生公共阻抗问题；② 对高速、中速和低速电路要分开布局，使其分别使用各自的区域。图 9-13 给出了几例布局，每一例都有它自己的布局道理，仅供读者参考。

图 9-13　印制电路板的布局例子

9.4.5　布线

9.4.5.1　控制差模发射的布线技术

减小差模发射的方法有：

① 减小差模电流 I。在保证电流功能的前提下，尽量使用低功耗的芯片，当导线较长（往往对应较大的环路面积）且上面有较大的电流时［如图 9-14（a）所示］，用缓冲器减小长导线上的电流［如图 9-14（b）所示］。

② 降低频率 f。当电路功能允许时，尽量使用低速芯片。当然，高速的处理速度是所有软件工程师所希望的，而高速的处理速度是靠高速的时钟频率来保证的，因此降低电路频率的做法在许多场合是受到限制的。在实际工程中，降低频率的概念是，消除不必要的高频成分，例如用低通滤波器滤除 $1/(\pi t_r)$ 频率以上的成分。

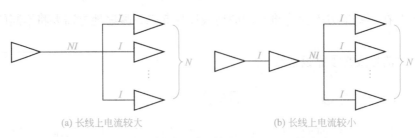

(a) 长线上电流较大　　　　　　　　　　(b) 长线上电流较小

图 9-14　用缓冲器减小较大面积回路上的电流

③ 控制差模环路面积。这是最现实而有效的方法。控制信号环路面积从两个方面入手：一方面，在设计电路时，尽量选用大规模集成电路，这能够大大减小信号环路的面积。另外，使用表面安装形式的芯片，不使用芯片安装座等措施也能减小信号的环路面积。另一方面，在电路板上布线时，尽量控制信号环路的面积，在控制信号环路面积时，要清楚信号电流的回路在哪里。信号电流从阻抗最低的路径流回信号源，但这里的最低阻抗路径并不一定是尺寸最短的路径。

出于成本的考虑，在一般商业设备中都使用单层或双层印制电路板，随着数字脉冲电路的广泛应用，单层板和双层板的电磁兼容问题越来越突出，造成这种现象的主要原因之一就是单层板和双层板的信号环路面积过大，不仅产生了较强的电磁辐射，而且使电路对外界干扰敏感，要改善电路板的电磁兼容性，最简单的方法是减小关键信号的环路面积。

什么是关键信号呢？从电磁兼容设计的角度考虑，关键信号主要指那些能产生较强辐射的信号和对外界电磁干扰敏感的信号，如前所述，能够产生较强辐射的信号是周期性信号，如本振信号、时钟信号或地址的低位信号。对外界电磁干扰较敏感的信号是指那些电平较低的模拟信号。控制周期信号的环路面积，就能够减小周期信号的辐射，控制低电平模拟信号的环路面积，就能够降低电路对外界干扰的敏感性。

在关键信号线旁边布一条地线是一种减小环路面积的简单方法，这条地线应尽量靠近信号线，这样就形成了面积较小的一个回路，如图 9-15（a）所示，根据因路阻抗的原理，高频信号电流肯定会流经这个回路，因为这个回路的电感最小，也就是阻抗最小，尽管除了这个回路以外，还会有其他回路，但是这并不影响高频电流的分布，这样就减小了差模辐射。如果是双层电路板，可以在电路板的另一面，即紧靠信号线的下面，沿着信号线布一条地线，地线尽量宽些。这样形成的环路面积等于电路板的厚度乘以信号线的长度，如图 9-15（b）所示。

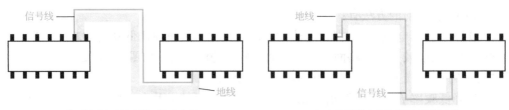

(a) 单面板减小电流环路面积的方法　　　　　(b) 双面板减小电流环路面积的方法

图 9-15　单层和双层电路板减小电流环路面积的方法

在地线一章中，我们提出对于安装数字电路的双层板应毫无例外地使用地线网格，以减小地线的阻抗，当使用了地线网格后，信号线的附近总会有一条地线，可形成较小的环路面积，在布线时，应尽量使关键线靠近地线，只有对特别关键（产生很强辐射）的线，才需要在信号线的旁边设置额外的地线。

④ 不良布线例一。如图 9-16 所示的是一种常见的不良布线方式。这种地线结构称为梳状地线，电路芯片安装在每个梳齿上，这种地线的问题在于，信号回流电流的面积会很大。相信两个梳齿上的电路芯片之间尽管信号线很短，但信号电流的回流线必须绕一个大圈，形成了很大的电流环路面积，产生较强的辐射。

在每条梳齿之间增加一条短路线可以有效地解决这个问题，将梳状地线改成网格地线，就能够为每个信号电流提供一个较小的信号环路。

图 9-16 中的另一个问题是电源线与地线之间的距离过大，形成了更大的电流环路面积。不要认为电源线与地线构成的回路是一个直流回路，没有电磁辐射的问题。它虽然是直流回路，但是回路中的电流幅度是随着电路的工作状态不同而变化的，这就会导致电磁辐射。改进方法是将电源线放在地线旁边，也就是电源线与地线配对布置，这也是布线的一个基本原则。

⑤ 不良布线例二。在图 9-17 所示的电路中，CPU 68HC11 的一路时钟信号送到 74HC00。在布线时考虑了信号的特殊性，特意使这两个电路靠得很近，信号线仅有 5cm 长。可是通过测试表明，这路时钟却产生了超标辐射。经检查，发现时钟信号线本身虽然很短，但是时钟信号电流的地线回路却很长，时钟信号的环路面积几乎覆盖了整个电路板。因此，2MHz 的时钟信号的电流环路面积实际上是整块电路板，因此会产生很强的辐射。

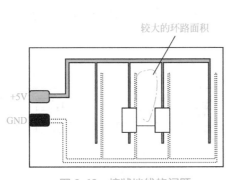

图 9-16　梳状地线的问题

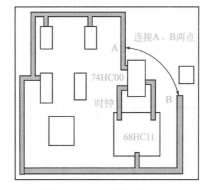

图 9-17　不能仅注意时钟信号线本身的长度

解决这个问题的方法是将 A 点、B 点连接起来，可使 2MHz 的高次谐波辐射降低 15 ～ 20dB。

在许多关于电路板电磁兼容设计的技术资料中，都有一个说法，这就是，为了减小电路板的辐射，要使传输高频信号的导线尽量短。从这个例子可知，这种说法实际上不是很确切。更确切的说法应该是，使传输高频信号的环路面积最小，注意是环路面积。

一个常见的错误概念是，认为在电路板上填充地线就是采取电磁兼容措施。于是，许多人在电路板布线完成后，在电路板上的空闲地方填充地线。但是，这样做能带来什么好处却很少有人探索。由于填充地线的目的是盲目的，因此并不能获得地线带来的最大好处，可能在真正需要地线的地方却没有地线，因为这没有剩余的空间，而在并不必需地线的地方布了一大块地线，这种填充地线的方法其实也只能起到一个心理安慰的作用。

地线对于改善电路板电磁兼容性的贡献主要有两个：一个是减小了信号环路面积，因而减小了辐射，提高了抗扰度；另一个是减小了导线之间或电路之间的串扰，其原理是为电磁能量提供了一条更好的返回干扰源的路径，使能量不能进入受害导体。因此可从这两个方面来判断设置的地线是否起作用。

9.4.5.2 印制电路板布线的具体要求

（1）地线 在进行印制电路板布线时，应首先将地线网布好，然后进行信号线和电源线的布线。当进行双层板布线时，如果过孔的阻抗可以忽略，那么可以在印制电路板的一层走横线，另一层走竖线，一个低阻抗的地线网格是很重要的，但最终地线网格还是要与主参考地结构连接起来，这种连接可以是间接的（通过电容器），也可以是直接的。

地线网格特别适用于数字电路，但它并不适合小信号模拟电路，因为这时要避免公共阻抗的耦合，在这种情况下，应该强调不同区域（对应于不同性质的电路，图9-18）使用各自的地线和电源线，这些地线不能简单地串联起来，而应当分别处理，最后再汇集到一点。

还有一种地线方式是必须避免的，这就是梳齿状地线。要特别避免将这种结构用于高速数字电路，因为这种地线结构使信号回流电流的环路很大，会增加辐射和敏感度，并且芯片之间的公共阻抗也可能造成电路的误动作，实际上只要在梳齿之间加上横线，就很容易将梳齿状地线结构变成网格地线，如图9-18所示，印制电路板上的高频去耦电容对减小电流峰值在公共阻抗上的压降有很大好处。

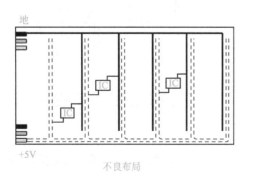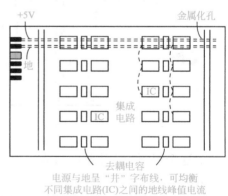

图9-18 梳齿状地线与网格地线

此外，在地线布局时应尽量加粗地线，最好使线宽达到2～3mm以上，要让地线通过电流的能力达到印制电路板布线允许值的3倍以上。

（2）电源 根据通过电流的大小尽量放宽电源线布线的宽度。电源和地线走向要一致，走线要尽量靠近，最好的办法是电源线走印制电路板的一层，而地线走另一层的重合部分，这将使得电源阻抗最低，同时还有利于减小差模发射的环路面积，从而减小电路之间的相互干扰。

除上面已经提到的一些措施外，在印制电路板设计中有一条不成文的设计原则，即电源线和地线应保留尽可能多的铜，这将有利于减小电源和地部分的阻抗，以及减少电路的对外辐射和敏感度。

此外，在印制电路板的电源线入口对地处应布置 $10 \sim 100\mu F$ 或更大的去耦电容。

（3）印制电路板的一般布线原则　功率线、交流线应尽量与信号线布置在不同的印制电路板上，如果做不到这点，应将功率线、交流线和信号线分开走线。

特别注意高频电路的电源和地线的分布问题。

对模拟电路要敷设专门的地线，模拟地和数字地可以在模数转换器的部位单点连接。

为减小长距离平行走线的串扰，必要时可拉大印制线条间的距离，或在走线之间有意识地安插一条地线（或电源线）作为线间的隔离。

要注意电流流通过程的导线环路面积，因为载流回路对外的辐射与通过电流、环路面积、信号频率等乘积成正比，减小环路面积（特别是减小时钟电路的面积，因为该电路是整个电路中频率最高的部分）就是减小印制电路板对外的辐射，同样，减小环路面积对敏感电路来说，也就减少了接受外界感应的机会。

要在印制电路板插头上多安排一些彼此分散的地线输入脚（最好的做法是：一根地线和一根信号线相互间隔。次好的做法是：在一根地线旁边配两根信号线，如信号—地—信号—信号—地—信号—信号—地—信号……的格局），这有助于减小印制电路板插脚配线的环路面积及均衡印制电路板上的地线电流以减小地线的阻抗。

在条件允许的情况下，导线的长度应尽量短，而导线的宽度则应尽量宽，这样有利于减小导线的阻抗。

印制电路板上的布线宽度不要突变，导线不要突然拐角，尽可能地保持线路阻抗的连续，防止因线路阻抗突变造成波形传输过程中的反射与畸变，此外，导线也不要走直角或尖角，防止场的分布过于集中。

双面板的正、反两面的线最好能垂直布置，这样可以有效地防止相互干扰。

发热的器件（如大功率电阻、功率管等）应避开易受温度影响的器件（如电解电容等）布局。

（4）印制电路板布线的其他注意事项

① 输入/输出的地线处理。通过前面的学习我们知道，为了减小电缆上的共模辐射，需要对电缆采取滤波和屏蔽措施。但不论滤波还是屏蔽，都需要一个没有受到内部干扰污染的干净地。当地线不干净时，对高频的滤波几乎没有作用，我们应该在印制电路板布线时就考虑这个问题，否则这种干净地一般是不存在的。干净地既可以是印制电路板上的一个区域，也可以是一块金属板。所有输入/输出线的滤波和屏蔽必须连到干净地上，如图 9-19 所示，干净地与内部的地线只能在一点相连，这样可以避免内部信号电流流过干净地，造成污染。

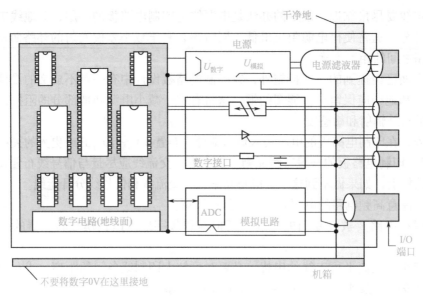

图 9-19 输入 / 输出电路的地线处理

② 输入 / 输出线的缓冲。需要与数字电路相连的接口应使用门路缓冲器，以避免直接连到数字电路的地线上。比较理想的接口是光电隔离器，当然这样会使成本有所增加。当不能提供隔离时，可以使用以输入 / 输出地为参考点的缓冲芯片，或者使用电阻或扼流圈缓冲，并在板接口处使用电容滤波。

③ 电路板与机壳的连接。从提高设备工作可靠性的角度出发，通常要把电路板的地线连至机壳上。当电路地与机壳需要直流隔离时，可使用一个 10 ～ 100nF 的高频电容器连接。绝对禁止在电路板上有两个以上的点与机壳相连，这对于静电防护特别重要，否则有可能使高频静电放电电流通过印制电路板，从而影响电路板上器件的工作。

④ 电路板设计中的侧重点。由于不可能对所有信号线都实现最佳布线，因此在设计时应首先考虑重要的部分，从电磁干扰发射的角度考虑，最重要的信号是高电流变化率（di/dt）信号，如时钟线、数据线、大功率方波振荡器等，从敏感度的角度考虑，最重要的信号是前、后沿触发输入电路、时钟系统、小信号模拟放大器等。一旦把这些重要信号分离出来，就可以把设计重点放到这些电路上。

9.4.6　多层电路板

多层电路板是解决电路板上电磁兼容问题的一个有效方法，它不仅具有降低电源线和地线噪声电压、辐射等作用，还能使电路的传输阻抗稳定，减小高速信号的失真。但是，要充分发挥多层板的优点，在使用时需要注意一些细节问题。

9.4.6.1　多层电路板每层的定义

（1）四层板

四层板是最简单的一种多层板，与双层板相比，它能对电路板的电磁兼容性起到本质性改善，在四层板中，用中间的两层专门做电源层和地线层。这样做的第一个好处是使电源线和地线的性能大大改善，原因有两个：一是使电源线和地线的电感大大减小，从而大大降低了电源线和地线上的噪声电压；另一个是电源层与地线层之间的分布电容为电源提供了非常好的高频去耦作用，从而减小了电源线上的噪声电压，目前有些电路板制造商制造了一种专门的电路板，这种电路板特意增加了电源层与地线层之间的绝缘介质的介电常数，在电源层与地线层之间形成了较大的电容。

四层板改善电路板电磁兼容性的另外一个原因是，减小了所有高频信号电源的环路面积，根据前面的分析，高频电流总是选择环路面积最小的路径流动，而在四层板上，实际的高频电流总是在信号线正下方的地线层上流动，自然就形成了最小的信号环路面积，低频信号虽然不一定在信号电流的正下方返回信号源，它是选择电阻最小的路径，但低频信号的差模辐射较小（如图 9-20 所示），况且，在许多电磁兼容标准中对 30MHz 以下的辐射发射并没有限制。

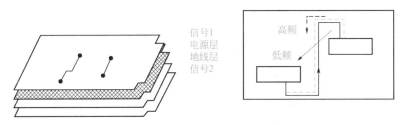

信号1
电源层
地线层
信号2

高频
低频

图 9-20　四层板上的地线电流

四层板的常规使用方法是中间两层分别为地线层和电源层。为了进一步降低电路板的辐射，有时用最外层做电源层和地线层，希望获得额外的屏蔽效果。但是试验表明，这种方法获得的好处并不显著，却带来了下列一些负面影响：

① 两层信号层上的走线必须垂直，否则由于距离很近，会发生严重的串扰；

② 在地线层上要打很多过孔，本来如果使用表面安装器件是可以避免这些过孔的，这对地线层的破坏作用不容忽视；

③ 信号线的特性阻抗变低，增加了驱动电路的负载；

④ 看不到信号走线，不利于电路分析。

在器件密度很高的场合，以及军用设备、宇航设备等场合，需要使用层数更多的电路板，在定义多层电路板的每一层时，需遵循以下原则：

① 电源层和地线层相邻，利用两层铜箔之间的分布电容可获得良好的高频电源去耦效果，如果能在电源层与地线层之间使用介电常数高的绝缘介质，增加两层之间的电容，可获得更满意的结果。

② 每层信号线都应该与一层地线层或电源层相邻，这样可以使所有信号环路的面积最小，高速时钟信号线要与地线层相邻。

（2）六层板　六层板的布线方式有图 9-21 所示的几种，各种布线方式的优缺点如下：

① 结构（a）。这是一种常用的结构，时钟线和高速信号线可以布置在第一层和第三层上（分别走横线和竖线），利用第二层作为它们的地线层，保持这些信号具有最小的环路面积，其他线可以布置在第四层和第六层上，利用电源层起到一定的地线作用，这种结构的优点在于为高速信号线提供了两层完好的布线层，因此适合高速电路，但是，

缺点在于地线层与电源层之间的距离较远，分布电容较小，电源自身的去耦效果较差，需要更完善的外部去耦电容，另外，需注意第三层和第四层的布线方向要垂直，防止两层之间的串扰。

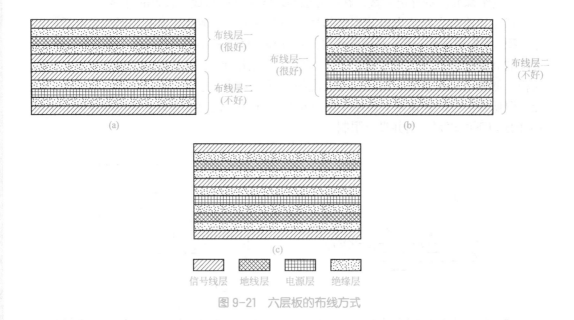

图 9-21　六层板的布线方式

②结构（b）。将地线层与电源层相邻，改善了电源和去耦，第二层、第五层配成的一对布线层（分别走横线和竖线）可以布置高速信号线，最外的两层配成一对布线层，用于布置较低速的信号线，布线时注意第一层与第二层的布线方向垂直，第五层与第六层的布线方向垂直。

③结构（c）。这是一种非典型的结构，这里牺牲了一层信号层，而多了一层地线层。这样，所有的信号层都与一层地线相邻，并且电源层与地线层相邻，具有最好的电磁兼容性。

（3）八层板　八层板的布线方式有图 9-22 所示的两种，它们的优缺点如下：

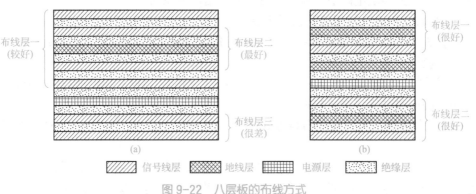

图 9-22　八层板的布线方式

① 结构（a）。结构（a）从电磁兼容性方面考虑没有特殊的优点，甚至还不如四层板，因为电源层、地线层相距很远，采用这种方式的八层板只是增加了走线的数量。第二层和第四层可以配成一对信号层，用于布置时钟线和高速信号线，第一层和第五层、第七层和第八层，分别配成另外两对信号层，需要注意的是，对于没有地线隔离的两层信号层，不能布同方向的走线，否则会发生严重的串扰问题。

② 结构（b）。结构（b）提供了最佳的电磁兼容性，但是牺牲了两层信号层，其改善电磁兼容性的机理已在六层板的分析中进行了说明。

（4）十层板 十层板的布线方式如图 9-23 所示，需注意相邻的两层布线层的走线方向要垂直。

9.4.6.2 地线层的注意事项

多层电路板的诸多好处是由专门的地线层带来的，因此地线层的处理对保证多层电路板达到预期的效果至关重要。

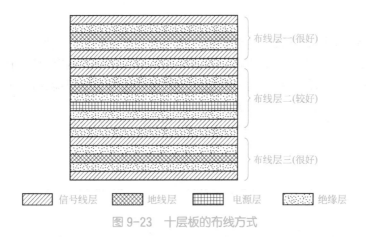

图 9-23 十层板的布线方式

（1）地线层的完整性 当电路板上布满了器件和走线时，由于众多的层间过孔穿过地线层，地线层实际已经成了一个筛子网状，其阻抗比完整的地线层增加很多。然而，严重的是，一些孔重叠起来，形成了长缝隙，如图 9-24 所示。

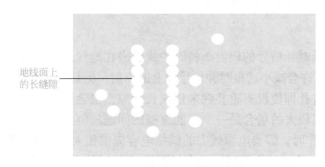

图 9-24 地线层上的长缝隙

地线层上缝隙的危害是：当信号回流从缝隙上方跨过时，它的返回电流不能从信号线的正下方流回，而要绕着缝隙走，这样就形成了较大的信号环路，可导致辐射发射和敏感度问题，如图 9-25 所示。因此，在布线时，要尽量避免在地线层上形成长的缝隙。一旦地线层上出现了不可避免的长缝隙，可以在跨过长缝隙的关键线近旁（越近越好）增加一根横跨线，这样高频信号电流就可以自动流过这根导线，从而保持了较小的环路面积。

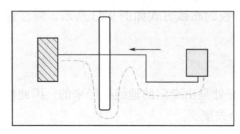

图 9-25　地线层上缝隙的危害

一块电路板上同时有数字电路和模拟电路时，需要将数字电路与模拟电路在布局上分开，不能混杂，从而避免两者之间的空间耦合。另外，数字电路与模拟电路的地线也必须分开，分别称为数字地和模拟地，数字地与模拟地只能通过一点连接起来，这时自然就形成了地线层上的长缝隙，切记此时数字电路与模拟电路之间的任何连线都不要跨过地线缝隙，而要从两者的连接点上跨过，如图 9-26 所示。

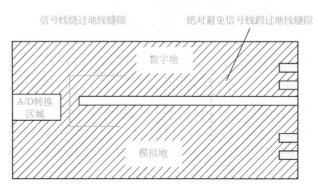

图 9-26　数字电路和模拟电路之间的连线

有时为了降低时钟信号的辐射而将时钟线镶嵌在地线层中，但这是一种不好的设计。这样做有时也许会减小这根时钟信号线上的辐射，但是会增加其他走线的辐射。

地线层上的过孔即使没有重叠起来形成长缝隙，也会影响地线层的阻抗，这一点在频率较高、电流较大的场合是一个不能忽视的问题。例如，大规模可编程逻辑门阵列（FPGA）在工作时，需要电源线上的储能电容提供很大的瞬间电流。而这种 FPGA 的引脚排列得很密，在地线上形成了很多相距很近的小孔，增加了地线的阻抗，如图 9-27（a）所示，这时，最好在芯片的四周各安装一个储能电容，如图 9-27（b）所示。

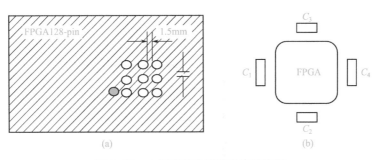

图 9-27 大规模芯片储能电容的安装

（2）20H 规则 20H 规则的含义是在地线层的边缘，包括不同性质的地线层（例如，数字地与模拟地）分界处，地线层要比电源层、信号层外延出至少 20H，这里的 H 表示地线层与信号层或电源层之间的距离，如图 9-28 所示，并且，关键线不要布在地线层的边缘。要想更好地降低辐射，可以在信号层的边缘设置一圈地线（相当于一个护栏），并将这圈地线与地线层用间隔较密的过孔连接起来。

图 9-28 20H 规则

在 I/O 电缆接口部分，应该设置一块干净地，当设备有金属外壳时，将这块干净地以低阻抗连接在金属外壳上，这样可以有效地减小电缆的辐射。

9.4.6.3 信号层的注意事项

信号层上最值得关注的是高速时钟信号，除了要保持这些信号线尽量短，与它相邻的地线层尽量完整以外，还要注意避免换走线层，这些高速时钟线必须要换走线层时，应该以同一层地线为中心，这样，地线电流在同一层地线上流动，可以保持电流的连续性，如图 9-29 所示。对于高频电流，由于趋肤效应，地线电流是在地线层的两个表面流动的。

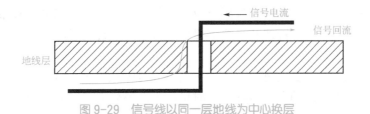

图 9-29 信号线以同一层地线为中心换层

如果高速时钟线穿过两层地线层，则意味着地线电流要换层，此时必须在信号线换层的过孔附近设置一个地线过孔，将两层地线连接起来，以保证地线电流的连续性，如图 9-30 所示。

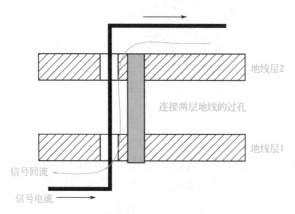

图 9-30　信号线在两层地线之间换层

如果高速时钟线穿过一层地线层和一层电源层，这时必须在信号线换层的过孔附近设置一个耦合电容，将地线层与电源层连接起来，如图 9-31 所示。

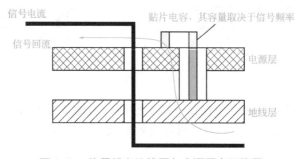

图 9-31　信号线在地线层与电源层之间换层

必要时，应该在时钟线的两侧布地线，这样可进一步降低时钟线的辐射。

9.4.6.4　多层板设计原则总结

设计多层印制电路板时首先要决定选用的多层板层数。多层板的层间安排随电路而变，但需掌握以下几条原则：

① 地平面的主要目的是提供一个低阻抗的地，并且给电源层提供最小的噪声回流，在实际布线中，两地层之间的信号层以及与地层相邻的信号层和多层板布线层中优先考虑布线层。高速线、时钟线和总线等重要信号或对干扰敏感的信号，应在这些优先信号层上布线和换层。

② 电源平面应靠近接地平面，并且安排在接地平面之下。这样可利用两金属平板间的分布电容作为电源的平滑电容，同时接地平面还对电源平面上分布的辐射电流起屏蔽作用。

③ 数字电路和模拟电路分开，有条件时，将数字电路和模拟电路布置在不同的层内。其中，模拟电路的低电平及高电平分别布在地线层和电源层的两侧。

④ 如果一定要把数字电路和模拟电路安排在同一层内，可采用开沟、加接地线条、

分隔等方法进行补救。模拟数字地及电源都要分开，不能混用。数字信号有很宽的频谱，是主要的干扰源。

⑤ 为了抑制大功率器件对 CPU 的干扰，以及大功率器件与数字电路对模拟电路的干扰，除了这些部分应当布置在不同区域外，在处理这几部分电源线的相互连接时，特别是与模拟电路的电源连接时，可以用穿了线的铁氧体磁环（铜线在磁环上绕一匝至两匝）跨接在两部分电源之间。穿线的铁氧体磁环实际上是一个高频电感，对于低频模拟信号可以看成零阻抗，然而对高频信号则体现出较高阻抗，从而阻止了数字部分对模拟电路的干扰，当然，在模拟电路的入口处，如能对地再配合一个高频去耦电容，则效果会更好。

⑥ 时钟电路和高频电路是主要的干扰和发射源，一定要单独安排，远离敏感电路。

⑦ 印制线条（特别是时钟线）要尽量短、宽、直和均匀，不要任意换层布线，遇拐角则尽量采用 45° 过渡，不要用直角。线不要突变，避免阻抗突变产生信号反射。

⑧ 印制电路的线条互相靠近时会产生串扰，为避免这种情况的发生，线距不要小于线宽的 2 倍。

⑨ 地线层外缘要大于信号层，层高为 H，当外缘大于 $10H$ 时，辐射将明显减小。当外缘大于 $20H$ 时，辐射要减小 70%；外缘达到 $100H$ 时，辐射可减小 98%。

9.5

关于电路设计的建议

根据电磁兼容要求，进行电路设计时尽量遵循下面的建议：

① 只要满足要求，应尽量采用速度较低的电路，不要为了减少芯片而片面地使用高速电路。

② 只要满足要求，尽量降低系统主频。

③ 只要可靠，宁可采用数字电路，而不用模拟电路。

④ 对有用信号来说，模拟信号电平尽量取高的，而数字信号的脉冲幅度尽量用低的。

⑤ 对于数字电路来说，采用状态触发的逻辑比沿边触发的更好。

⑥ 空闲不用的门输入端不要悬空，空闲的与门输入脚要置高即接正电源，空闲的或门输入脚要置低即接地，也可将空闲输入脚与同一集成电路的其他输入脚并联使用。

⑦ 空闲不用的运放的正输入端要接地，负输入端接运放的输出端。

⑧ 在满足电路匹配的情况下，最好使用低电阻和低输入阻抗的电路，这时尽管功耗和 di/dt 会有所增加，但低输入阻抗的电路在外界电磁现象作用下所感应出来的干扰比较小，有利于提高线路的抗干扰能力。

⑨ 对于接口和外围设备，尽可能采用牢固的双极电路而少用 CMOS 电路，因为双极电路具有较低的输入阻抗。

⑩ 对数字电路来说，要在靠近电路的电源和地之间加入必要的去耦电容。去耦电

容的引线要短，最好使用表贴电容，如图 9-32 所示。

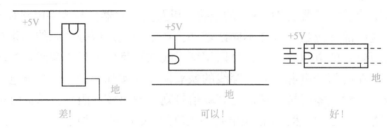

图 9-32　数字集成电路和去耦电容的使用方法

⑪ 敏感电路的引线不要与大电流、高速线平行布线，特别要远离时钟线，避免敏感电路受到感应干扰。

⑫ 对所有输入 / 输出电缆进行共模滤波，并将所有输入 / 输出电缆集中在电路板设定的 I/O 区域内，电缆线接插件要靠近机箱上的连接器。

⑬ 在输入 / 输出接口上使用独立的地线。此地线要以低阻抗与机壳连接，而与其他部分的地线仅通过一点连接。此地线专门为输入 / 输出电缆滤波和屏蔽提供一个干净地。

⑭ 输入 / 输出与内部电路之间要用光耦来连接，借以避免内部电路受到外部线路的干扰。

⑮ 晶体振荡是整个电路中频率最高的部分。要求布置在印制电路板的中间，然后以最短的引线连至各需要部位，以减少对外的辐射干扰。

⑯ 石英晶体的外壳要接地。

⑰ 石英晶体振荡器（噪声最严重的部分）下面和敏感电路（对噪声特别敏感的部分）下面尽量不要走线。

⑱ 对于那些对高频干扰特别敏感或者产生高频噪声特别严重的电路，除了要分开布置外，还应给予适当的屏蔽，要采用金属屏蔽罩罩起来，屏蔽罩的材料可以采用薄铜皮。

⑲ 不要通过同一个接插件来连接内部信号和外部信号。

⑳ 长线的驱动与接收尽量采用差分电路，这样可以抑制共模干扰。长线驱动器和接收器要尽量靠近接插件。

㉑ 对于内部连接线多的集成电路，要注意布局，使其彼此靠近，以便相互之间连线最短。

㉒ 不要将输入与输出使用的运算放大器放在一起，以避免产生寄生干扰。

㉓ 如果在印制电路板上还要有少量手工布线，要求对电源及其回线部分采用双绞线。

㉔ 长线传输应考虑采用阻抗匹配，以避免因信号反射产生的波形畸变。

㉕ 可以利用 R-S 触发器作为内部线路之间的缓冲配合。

9.6

信号传输畸变及其解决方法

　　在数字电路的输出由低电平向高电平转换瞬间，与电路输出端相连的传输线的对地电容会被充电，直到其两端电压与电路输出高电平相等为止；而当电路的输出由高电平向低电平瞬变时，传输线的分布电容就会通过电路输出端来进行放电。由于电路的输出阻抗较低，分布电容放电的瞬态电流较大，这个电流与电路状态变化时的电源电流变化相叠加，一起作用于电源-地线系统，从而在电路的地线上感应出一个瞬态电压。数字电路的低输出阻抗使传输线的分布电容和分布电感构成了一个高 Q 值的串联谐振电路，从而在该电路的输出波形中将出现以负尖峰为首的高频寄生振荡。其后果可能有两个：一是过大的负尖峰会引起后级电路输入端子的击穿；二是振荡的正峰超出后级电路的噪声容限时，会导致后级电路的误动作。

　　解决办法之一是：在后级电路输入端对地并联一个反向二极管（二极管的负极接后级电路的输入端子，正极接地），用这个办法可对前级门输出波形的负峰削波。解决办法之二是：在带传输线的电路输出端上串联一个电阻，电阻的存在可以限制传输线分布电容的放电电流。此外，电阻的存在还降低了由分布电容和电感组成的谐振电路的 Q 值。

　　上述波形传输中因布线电感和电容引起的振荡瞬变也以高速电路最为严重，这也说明能不用高速电路就不用高速电路的道理。

　　此外，在波形传输过程中还有一个阻抗匹配的问题，仍以高速 TTL 电路为例，电路的输出阻抗不是一个常数，输出为高电平时，其值为 $100 \sim 150\Omega$；输出为低电平时，则只有几十欧姆。而后级电路的输入阻抗大约为 3kΩ；传输线的阻抗因所用线材不同而不同，同轴电缆为 50Ω 或 75Ω，双绞线为 $100 \sim 150\Omega$。所以波形传输中必然会导致阻抗不匹配。在波形传输过程中，只要有阻抗不匹配的情况存在，就必然会造成波形的反射。传输中，波形的多次反射必然会引起波形畸变，严重的还会造成系统工作不稳定。图 9-33 给出一个实际试验的结果，其中 9-33（a）是传输线终端接 1MΩ 电阻的电缆始端与终端的波形，此图说明终端波形严重失真；图 9-33（b）是传输线始端串 25Ω 匹配电阻的情形；图 9-33（c）是传输线终端对地并联一个 50Ω 匹配电阻的情形。传输线的特性阻抗为 50Ω。从图 9-33（b）、（c）可以看出，采用阻抗匹配的措施后，传输线终端的波形得到了根本性的改善。

　　针对双绞线常被用作传输线的实际情况，由于双绞线的特性阻抗为 $100 \sim 150\Omega$，因此，在双绞线的始端匹配时常采用 110Ω 左右的电阻；双绞线的终端匹配时常采用 300Ω 和 390Ω 两只电阻进行分压，双绞线的终端接在分压器的中心点上。图 9-34 给出了传输线的阻抗匹配方法。

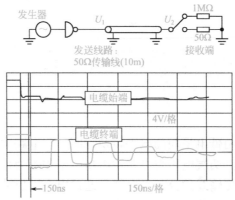

(a) 信号传输中产生的畸变

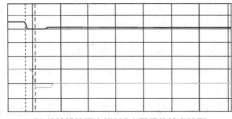

(b) 传输线始端串接25Ω电阻后的输出波形

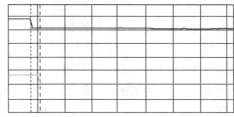

(c) 传输线终端对地并接50Ω电阻(终端匹配)后的输出波形

图 9-33　信号传输中出现的畸变与解决方法

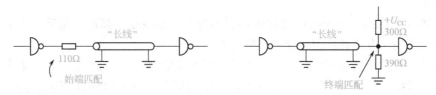

图 9-34　传输线的阻抗匹配方法

　　那么，什么时候需要采取匹配措施，什么时候不需要采取匹配措施呢？完全取决于采用的逻辑电路的种类和传输线的长度。对高速电路，传输线长度为 20～25cm 就要考虑匹配问题，对低速电路，则可放宽到 50cm 以上。这同样说明一个问题，即能不用高速电路就不用高速电路，因为不用高速电路，可以在设备内部的连接线处理上得到较多简化。

　　需要指出几点：

　　① 一个集成电路只能带一根长的传输线，如果有几根传输线要同时驱动，应通过缓冲门分别驱动。

　　② 传输线要两端接地。

　　③ 若传输线长度超过 5m 或更长，则应采用差分驱动形式，利用差分电路固有的抗共模干扰能力，可提高传输线路的抗干扰能力，如图 9-35 所示。

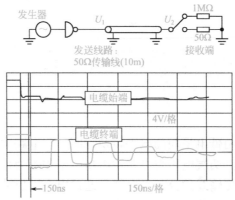

电磁兼容（EMC）原理、设计与故障排除实例详解

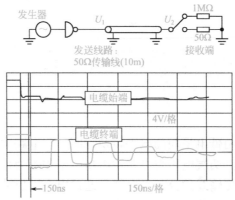

(a) 信号传输中产生的畸变

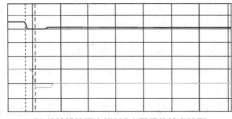

(b) 传输线始端串接25Ω电阻后的输出波形

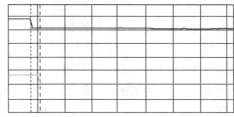

(c) 传输线终端对地并接50Ω电阻(终端匹配)后的输出波形

图 9-33　信号传输中出现的畸变与解决方法

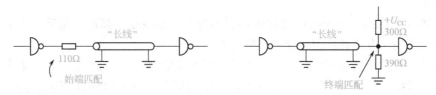

图 9-34　传输线的阻抗匹配方法

　　那么，什么时候需要采取匹配措施，什么时候不需要采取匹配措施呢？完全取决于采用的逻辑电路的种类和传输线的长度。对高速电路，传输线长度为 20～25cm 就要考虑匹配问题，对低速电路，则可放宽到 50cm 以上。这同样说明一个问题，即能不用高速电路就不用高速电路，因为不用高速电路，可以在设备内部的连接线处理上得到较多简化。

　　需要指出几点：

　　① 一个集成电路只能带一根长的传输线，如果有几根传输线要同时驱动，应通过缓冲门分别驱动。

　　② 传输线要两端接地。

　　③ 若传输线长度超过 5m 或更长，则应采用差分驱动形式，利用差分电路固有的抗共模干扰能力，可提高传输线路的抗干扰能力，如图 9-35 所示。

210

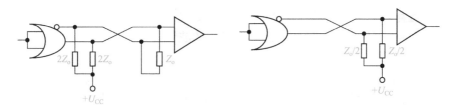

图 9-35　传输线的差分驱动与接线

9.7

信号线滤波

9.7.1　信号线滤波的作用和设计方法

解决电缆引进的干扰问题有两种办法：一种是屏蔽（采用屏蔽线）；另一种是滤波。屏蔽要在屏蔽层端接良好的情况下才有较好的屏蔽效能，在很多情况下难以做到这一点，所以，对信号线的滤波是一个解决干扰问题的好办法。

信号线的滤波作用更多是用来对付来自空间的干扰问题（包括从空间辐射进设备的干扰和设备向空间发射的干扰）的，它说明了为什么电缆线是电磁兼容的薄弱环节，也说明了为什么我们经常认为共模干扰是对设备的主要危害。这一情况也正好解释了为什么屏蔽已经非常严密的设备不容置辩地出现电磁兼容问题，这一切都是信号线所起的天线作用惹的祸，基于这一原因，我们通常都要在非屏蔽的信号线端口安装信号线滤波器，滤波器安装在信号线进、出的交界面上，要滤除的主要是一些频率相当高的干扰信号。

常用的信号线滤波器方案有两种。

（1）安装在印制电路板上的滤波环节　该方案的优点是便宜，缺点是效果不是很理想。主要原因是：输入与输出没有隔离，容易产生耦合；滤波器的接地隔阻抗不够低，削弱了高频旁路的作用；滤波器与机箱之间的一段连线会起到动天线的作用，既会引入外界干扰，通过机箱内部连线产生辐射，影响内部电路工作的可靠性，也会耦合到内部电路产生的电磁干扰（通过辐射感应的方式），并将其引到设备外部。

（2）安装在机箱及其构件上的滤波器　直接将滤波器（贯通滤波器、滤波阵列板和滤波连接器）安装在设备的金属机箱及其构件上，可使滤波器的输入与输出之间完全隔离，而且接地良好，滤波效果十分理想。只是成本较高，而且在设计之初就要在结构上给予考虑。

9.7.2　信号线 EMC 滤波线路举例

关于信号线滤波器的设计及注意事项前面的章节已经详细讲解过了，在此就不赘述了，下面介绍几种常用端口的 EMC 线路设计。

（1）键盘和鼠标 PS/2 端口滤波设计　PS/2 端口是键盘和鼠标连接到电脑的早期接口，目前一些工控机还在使用。这种接口的滤波器设计主要是因为计算机需要处理两种外界现象。

第一，电脑（PC 机）的 I/O 产生扫描信号用于确定哪个键和鼠标键按下，扫描操作所产生的辐射必须保持在标准所确定的可接受的 EMI 电平限值之内。

第二，键盘和鼠标控制器需要抵抗静电放电（ESD）。

图 9-36 所示的电路是一个比较成熟的 PS/2 接口滤波电路，TVS 管用来抑制 ESD，PS/2 接口经常要进行插拔，受 ESD 干扰比较严重，因此采用多级 ESD 防护，R_1 和 C 组成 π 型滤波器，用来滤除内部电路传输到 PS/2 接口的噪声，同时也滤除外界注入 PS/2 接口的干扰，该滤波电路对差模干扰和共模干扰都有抑制效果。这个电路可以由分立器件组成，也可以采用现成的集成化滤波器件，如 ST 公司的 KBMF01SC6，为 SOT23-6L 封装，如果该器件正确使用，可以使 PS/2 接口满足标准 PCCPart15 和 CISPR22 的要求，同时 ESD 抗干扰等级高达 15kV，这是符合 IEC 61000-4-2 标准的最高电平。

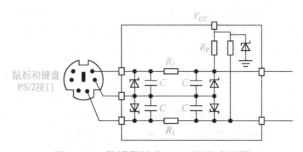

图 9-36　鼠标和键盘 PS/2 接口滤波器

（2）RS232 接口滤波电路的设计　RS232 接口的电气特性为不平衡双向接口，在工业控制通信中应用广泛，接口参数如下：

开路电压：≤ 25V；

负载电容：≤ 2500pF；

负载阻抗：2 ~ 7kΩ；

输出电阻：300Ω；

输出短路电流：≤ 60mA；

信号速度：≤ 60kbit/s。

接口滤波电路常采用 LC 滤波的形式，L 为滤波磁珠（有时也可以用电阻代替），C 为滤波电容，如图 9-37 所示，L 可以选用阻抗特性为 500Ω/100MHz、通流量合适的磁珠。滤波电容由于接口信号质量的要求，通常容值不能很大，图 9-37 所示的电路中该电容为 220pF，以达到对高频干扰信号的滤波效果，同时对有效信号不产生影响。对于接地产品，还会在 GND 和大地或金属外壳之间跨接一个值约为 0.01μF 的 Y 电容，进行共模滤波。如果还有浪涌保护电路（电缆采用非屏蔽电缆时，需要在端口上直接进行浪涌测试，此时接口需要浪涌保护电路，如 TVS 管或放电管等），将滤波电路放置在浪涌保护电路的后侧。

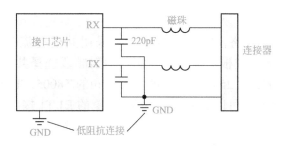

图 9-37　常用 RS232 接口滤波电路

（3）RS422 和 RS485 接口滤波电路的设计　RS422 接口的电气特性为平衡双向接口，也是工业电子产品中比较常用的通信接口，其参数如下：

空载输出电压：（$R_t = \infty$）±10V；

负载输出电压：（$R_t = 100$）±2V；

输出电阻：100Ω；

输出短路电流：±150mA；

输出共模电压：（$R_t = 100$）±3V；

接收共模电压范围：-7 ～ 7V；

差分接收电压：±10V；

差分接收电压极限值：±12V。

RS485 接口的电气特性也为平衡双向接口，接口参数如下：

差分输出电压：开路 1.5 ～ 6V、-1.5 ～ 6V；54Ω 负载时，1.5 ～ 5V、-1.5 ～ 5V；

输入阻抗：12kΩ；

输出共模电压范围：（负载为 54Ω）-1 ～ 3V；

接收器接收共模电压范围：-7 ～ 12V。

RS422 与 RS485 接口电路的滤波电路通常采用共模扼流圈的形式（图 9-38），如果还有浪涌保护电路，应该将滤波电路放置在浪涌保护电路的后侧。

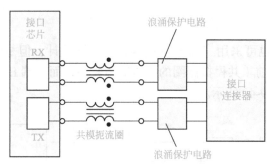

图 9-38　RS422 接口滤波电路

（4）E1/T1 接口电路 EMC 设计　E1/T1 接口电路的主要参数如下：

信号速度：2048kbit/s ×（1+50 × 10^{-6}）；

负载阻抗：75Ω（同轴传输），120Ω（双绞线传输）；

信号电压：2.37V（同轴传输），3V（双绞线传输）；

脉冲宽度：24ns。

E1/T1 是平衡接口电路，它的滤波设计可采用共模扼流圈的形式，电路形式与 RS422、RS485 一样，应根据信号线引起的辐射频段选择共模扼流圈的参数，如 MURATA 公司的 PLM250H/250S 系列，PULSE 公司的 T8005、T8006、T8008。

目前 PULSE 公司已经可以提供集成共模扼流圈的 E1/T1 接口隔离变压器（原理如图 9-39 所示）产品，可以与不同的接口芯片配合（表 9-2）使用，实践证明该器件可以使 E1/T1 接口得到较好的滤波效果。

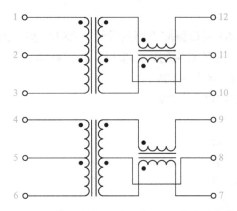

图 9-39　集成共模扼流圈的 E1/T1 隔离变压器

表 9-2　E1/T1 接口芯片与接口变压器的配合表

IC 芯片	接口变压器
LXT384	T1207
T7688	T1214
DS2154、DS21554	T1213
PEB22254	T1215
PEB225554	T1219

E1/T1 接口电路也可采用三端 EMI 电容进行滤波设计，但是此时应该将浪涌保护电路置于滤波电路之前（共模扼流圈的耐压能力较强，而三端 EMI 电容的耐压能力较弱），电路形式如图 9-40 所示。

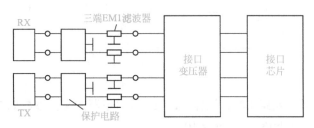

图 9-40　采用三端 EMI 电容对 E1/T1 接口进行滤波设计

可选用的三端滤波器件如 MURATA 公司的 NMF51R 系列。

（5）以太网口的滤波设计　以太网是一种高速接口电路，很多带有以太网线的产品在电磁兼容测试时，就是因为以太网线导致辐射测试失败，除了电缆屏蔽层接地和选用带有屏蔽的接口连接器外，以太网接口电路的滤波设计、PCB 布线布局（因为工作频率较高，使 PCB 布局布线显得尤为重要）也是很重要的一部分，以下是笔者对 10M/100M 以太网接口电路的 EMC 设计经验，供读者参考。

① 原理设计。图 9-41 中所示的是常用以太网接口电路图，就是该部分电路完成阻抗的匹配与 EMI 的抑制。

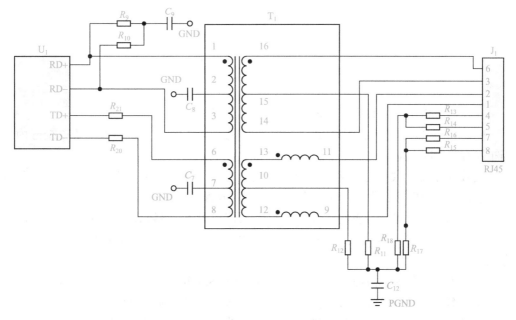

图 9-41　常用以太网接口电路图

⚡ **提示**

　　该电路的变压器只在发射端集成了共模线圈，而接收端没有集成共模线圈；如果选用的变压器没有集成共模线圈，则需要外接共模扼流圈；当然也可以选用发端和收端都集成了共模线圈的网口变压器，如 H1012 等，选用集成了共模线圈的网口变压器时，下面介绍的 PCB 布局布线方法仍然适用。

图中 R_9、R_{10} 为收端差模匹配电阻，通过中间电容接地，提供共模阻抗匹配，同时也具有共模滤波效果，使得外部共模干扰信号不会进入接收电路；R_{20}、R_{21} 为发端驱动电阻；变压器次级中心抽头通过电容 C_7、C_8 接地，可以滤除电路内部产生和外部引入的共模干扰，变压器具有低频隔离、滤波的作用；初级端由电阻、电容组成的电路是专用的 Bob Smith 电路，以达到差模、共模阻抗匹配的效果，通过电容接地还可以滤除共模干扰，该电路可以提供 10dB 的 EMI 衰减，RJ45 连接器中未用引脚通过电阻、电容组成的阻抗匹配网络接地以免产生干扰。用于接口芯片、晶振电源去耦的磁珠要具有 $100\Omega/100MHz$ 或更高的阻抗特性。

② 印制电路板布局（图 9-42）。

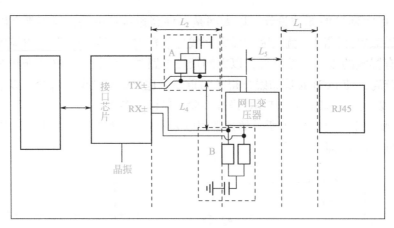

图 9-42　接口电路 PCB 布局

变压器在板上的放置方向应该使初级、次级电路完全隔离开。

变压器与 RJ45 之间的距离 L_1、接口芯片与变压器的距离 L_2，应控制在 2.5cm 内，当布局有限制时，应优先保证变压器与 RJ45 之间的距离在 2.5cm 内。

接收端差模、共模与电阻、电容靠近接口芯片放置，两个电阻对称放置，在共有点中心位置接出电容；发送端串阻靠近接口芯片放置。

接口芯片的放置方向应使其接收端正对变压器，以保持接口芯片固有的 A/D 隔离，由于路径最短化可以容易做到平衡走形，减少干扰信号向板内耦合的同时，防止共模电流向差模电流转化，从而影响接收端的信号控制。

变压器次级共模滤波电容应靠近变压器，Bob Smith 电路应靠近 RJ45 连接器。

图 9-42 中 A 区域电路靠近接口芯片放置，B 区域的电路靠近网口变压器放置。

信号线 TX- 和 TX+（RX+ 和 RX-）之间的距离要保持在 2cm 之内。

③ PCB 布线（图 9-43）。保护地 PGND 的分割线通过变压器正下方，分割除线宽应在 0.25cm 以上（图 9-42 的 L_5），并保证输入 / 输出线有很好的隔离（图 9-42 中的 L_4），隔离可以采用 9-44 中所示的铺 GND 的方式。

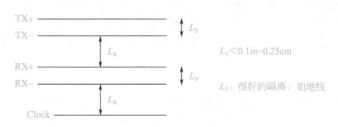

图 9-43　PCB 布线

除了 PGND 层外，网口变压器初级边下的所有平面层作挖空处理，如图 9-45 中的右边方框区域（图 9-45 是一个具有良好以太网接口电路 EMC 设计的 PCB 图）。建议此区域内 PGND 层的焊盘及过孔设置应满足：热焊盘（Thermal Pad）、反焊盘（Anti Pad）直径比正常焊盘（Regular Pad）大 70mil（密耳，$1\text{mil}=25.4 \times 10^{-6}\text{m}$）以上。

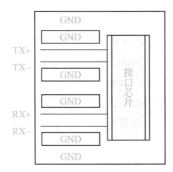

图 9-44　输入 / 输出线用 GND 隔离

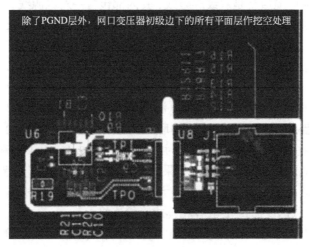

图 9-45　网口布局图

TX+ 和 TX-（RX+ 和 RX-）是最优先处理的关键信号线，如图 9-45 中高亮的标有 TPI、TPO 字样的网络；TX+ 和 TX-（RX+ 和 RX-）应以差分形式布线，平衡对称是最重要的，以提高接收端性能，防止发送端辐射发射；差分线间距不超过 100mil（图 9-43 所示的 L_3）；紧邻地平面布线，推荐直接在顶层不打过孔直连，顶层下第二层为地平面；附近不能有其他高速信号线，特别是数字信号，宽度建议为 20mil，提高抗干扰能力（空间足够时，考虑在旁边布屏蔽地线，屏蔽地线必须每隔一段距离要有接地孔）。

接品芯片的数字电源和模拟电源必须分开，如图 9-45 所示，每一个模拟电源引脚处布置一个高频电容；模拟电源在电源层分割，见图 9-45 中右边矩形方框区域；分割宽度为 50mil；数字电源不能扩展到 TX+ 和 TX-（RX+ 和 RX-）信号附近。

电流偏置电阻（图 9-45 中的 R_{19}）附近不能有其他高速信号穿过。

变压器与 RJ45 连接器之间的接收、发送信号线的处理方式与次级的印制线 TX+ 和 TX-（RX+ 和 RX-）处理方式一致。

Bob Smith 电路布线加粗，电阻和电容节点网络（图 9-45 中白色高亮网络）的处理方式是在走线层敷铜（图 9-45 中所示的白色高亮铜箔）。

TX+ 和 TX- 印制线最好没有过孔，TX+ 和 RX- 印制线与元件布在同一层。

（6）USB 接口的 EMC 设计　USB 接口是一种较为通用、并支持即插即用的串行接口。USB 同时是一种通信协议，支持主设备与外围设备之间的数据传输，如电脑与电脑外设之间的数据传输。USB2.0 版定义最大的传输速度为如下三种：

① 低速传输的传输速度为 1.5Mbit/s；

② 全速传输的传输速度为 12Mbit/s；

③ 高速传输的传输速率为 480Mbit/s。

高达 480Mbit/s 的传输速率，与传输速率为 12Mbit/s 的全速 USB1.1 和传输速率为 1.5Mbit/s 的低速 USB1.0 完全兼容，这使得手机、扫描仪、视频会议摄像机等消费类产品可以与计算机进行高速、高性能的数据传输。另外，USB2.0 的加强牌 USBOTG 还可以实现没有主机时设备与设备之间的数据传输。例如，数码相机可以直接与打印机连接并打印照片，PDA 可以与其他品牌的 PDA 进行数据传输或文件交换。

USB 信号传输电缆通常是双绞屏蔽线，其内部包含一对电源线和一对 USB 信号线，在传输通道上的输入电压值为 2.25 ～ 4.07V，传输的最大电流约为 500mA。USB 接口的传输速率很高，因此如何提高 USB 信号的传输质量、减小电磁干扰（EMI）和静电放电（ESD）成为 USB 设计的关键。现以 USB2.0 为例，从电路设计和 PCB 设计两个方面对此进行分析。

当 USB 接口中带有电源信号，对电源信号也要进行滤波处理，图 9-46 是常用的 USB 接口滤波电路原理图，电源线上串联一个磁珠（如阻抗为 120Ω/100MHz、额定电流为 2A），并在电源线上的磁珠两端并联电容（图 9-46 中的 C_1 和 C_2），电容的取值一般在 0.01 ～ 0.1μF 之间。另外，如果该产品接地，则建议将电路板的工作地通过旁路电容（图 9-46 中的 C_Y）接至外壳或大地，并与电缆屏蔽层相连（浮地产品需要将 USB 电缆屏蔽层与 GND 通过 Y 电容相连或直接连接）。

USB 差分线对上串联一个共模扼流圈（如共模阻抗为 90Ω/100MHz）。对于共模扼流圈（共模电感）的选择，应主要考虑共模扼流圈的差模不平衡电感对高速 USB 信号的影响。如果差模电感太大，就会对 USB 信号产生衰减，影响 USB 接口的工作性能。图 9-47 是一个共模扼流圈的衰减损耗曲线图，曲线表明，该器件在 100MHz 处差模衰减几乎为零，480MHz 处的差模衰减也接近于零，而这两点频率上的共模衰减却很大。这种衰减特性表明此共模扼流圈对差分信号不会造成影响，而对共模干扰电流会进行选择性的衰减。

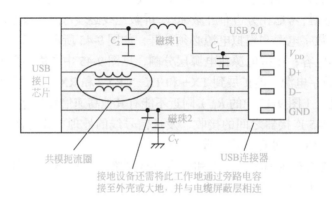

图 9-46　常用的 USB 接口滤波电路原理图

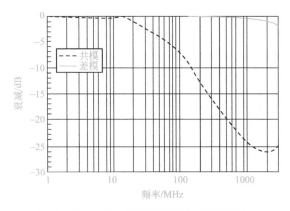

图 9-47 一个共模扼流圈的衰减损耗曲线

由于 USB 接口支持热插拔，USB 接口很容易因不可避免的人为因素而导致静电损坏器件，比如死机、烧板等。因此，使用 USB 接口的用户迫切要求加入 ESD 的保护器件。对于接地设备，USB 2.0 的 ESD 保护电路原理如图 9-48 所示，ESD 保护器件分别并联在电路中的电源线、USB 数据线、工作地线和大地或金属外壳（屏蔽层）之间。对于不接地设备，ESD 保护器件则分别并联在电路中的电源线、USB 数据线和磁珠之前的工作地 GND（即图 9-48 中的右侧）之间，并将 USB 电缆屏蔽层与 GND 通过 Y 电容相连（也可直接连接）。

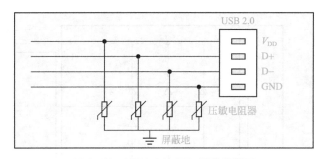

图 9-48 USB2.0 的 ESD 保护电路图

差分线对因数据传送速度高达 480Mbit/s，则需要连接分布电容非常小的器件，如小于 4pF（如图 9-49 所示电压波形也验证了分布电容为 4pF 的压敏电阻器可以满足 USB 信号的要求），较大电容的保护器件可导致数据信号波形变形，甚至出现位错误。实验室的测量结果显示，分布线电容高于 3.5pF 的 ESD 保护二极管就可能会在高速数据传输时产生很大的信号干扰，结果可能导致 USB2.0 收发器无法正常读取数据。而对于 USB1.1 接口，分布电容大约为 50pF 的二极管也不会构成任何数据完整性问题，这就是 USB2.0 的 ESD 保护器的额定分布电容在 0V 时通常要求低于 3pF 的主要原因。

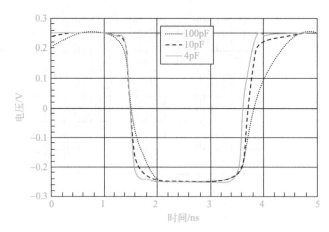

图 9-49　不同电容值的压敏电阻对波形的影响

如图 9-50 所示为 USB 接口的另一种 ESD 保护电路。在这个电路图中，由于单个 TVS 管的分布电容较大，因此不能直接并联在 USB 的数据线之间。利用二极管的分布电容较小的特性，当二极管与 TVS 管串联时，总分布电容取决于较小的部分，因此不会对 D+、D− 信号产品产生影响，图 9-50 中的箭头线表示 D+、D− 线上 ESD 电流放电的路径。通常图中的 4 个二极管和 1 个 TVS 管是集成在一起的一个器件，它可以做到在 D+、D− 之间的典型线路分布电容低于 3.5pF，可完全满足 USB 接口的所有设计要求。

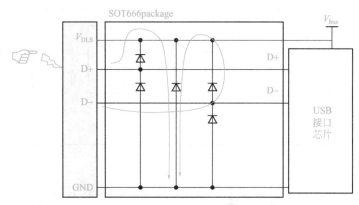

图 9-50　利用二极管和 TVS 管对 USB 接口进行 ESD 保护

由于 USB 接口信号速度较高，因此在印制电路板设计时，也要特别注意 PCB 布线对其 EMC 性能的影响。对于 USB2.0 的 PCB 布线，需要考虑以下原则：

① 差分线对要保持线等长，否则会导致时序偏移、降低信号质量以及增加 EMI 发射。

② 差分线对之间的间距要保持小于 10mm，并且信号从始端到末端均保持一致，并增大它们与其他信号走线的间距。

③ 差分走线要求在同一板层上，因为不同层之间的阻抗、过孔等差别会降低差模传输的效果而引入共模噪声。

④ 差分信号线之间的耦合会影响信号线的外在阻抗，必须采用终端电阻实现对分传输线的最佳匹配。

⑤ 尽量减少过孔等是会引起线路不连续的因素。

⑥ 避免 90° 走线，因为这样会导致阻值不连续，可用圆弧或 45° 折线来代替。

⑦ 压敏电阻器的接地端要接入屏蔽地层，并放置在端口位置。

⑧ 每对 D+/D- 外围加上包围的屏蔽地线。

⑨ USB 控制接口芯片靠近 USB 连接器，使 USB 连接器与 USB 连接器之间的 D+/D- 信号线距离最短。

⑩ 避免使用两个 USB 连接器的 D+/D- 印制线同时与一个 USB 接口芯片连接。

⑪ USB 接口芯片用的晶振时钟线周围需要用屏蔽 GND 线作包地处理，并保持时钟线等距平行布线。

9.8

电路板互连电缆的设计

电路板的差模辐射往往比较容易控制，这是因为差模电流是十分明显的，容易通过布线等方式对其环路面积进行控制，实际中大量的辐射是由电路板外拖电缆产生的共模辐射，而机箱内电路板之间的互连电缆是产生辐射的主要原因。

设备内部的互连电缆使用最多的是扁平电缆，在使用扁平电缆时，首先要注意布线方式，尽量按照信号线与地线交错排列的方式布线，以减小差模电流的环路面积，如果相邻的信号之间没有公共地线阻抗耦合和串扰的问题，也可以每两根信号线用一根地线隔开，如图 9-51 所示。

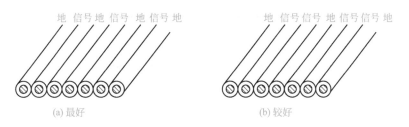

图 9-51　扁平电缆的正确应用

当电缆中的差模电流环路面积有控制后，主要的辐射是电缆的共模辐射，对于共模辐射，各种针对设备外部电缆所采取的措施都适合内部互连电缆，对于单独的电路板通常没有屏蔽措施，因此滤波措施的效果往往不是很明显，尤其是对高频干扰的滤波效果很有限。因此，要充分发挥屏蔽的作用，对内部电缆进行屏蔽的关键是设备要有金属机箱，屏蔽电缆的屏蔽层以低阻抗搭接到金属机箱上，这样做的目的是为共模电流提供一个低阻抗的回流路径，从而控制共模电流的环路面积。

为了实现电缆屏蔽层的低阻抗端接，可以采用图 9-52 所示的方法。首先在电路板上的电缆接口处设置一块干净地，干净地的作用是降低电缆上地线的共模噪声，同时为电缆屏蔽层提供端接的位置。将电缆的屏蔽层尽量以 360° 搭接的方式连接到这块干净地上，然后通过搭接簧片将这块干净地连接到金属机壳上。当屏蔽电缆难以实施时，将电缆尽量靠近金属机箱布置，也能起到降低电缆共模辐射的作用。

金属机箱对降低共模辐射起着至关重要的作用。因此，如果机箱是非金属的，这时可以在电路板的下方放置一块金属板。这块金属板必须同时置于电缆所连接的两块电路板的下方。这时，电缆的屏蔽层要连接到金属板上，非屏蔽电缆应该紧贴着金属板布置。

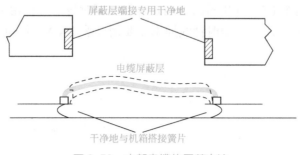

图 9-52　内部电缆的屏蔽方法

这种方法也是基于为共模电流提供一个阻抗更低的路径的原理，控制共模电流的流向，减小电流环路的面积，如图 9-53 所示。金属板与电路板和互连电缆靠得越近，共模电流回路的阻抗越低，因此更多的共模电流会从金属板流回共模干扰源。

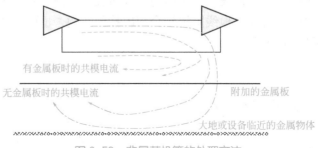

图 9-53　非屏蔽机箱的处理方法

根据上述的原理，如果机箱内放置着的电路板不在一个方向，则需要在每块不同方向的电路板下方设置金属板，并用最低的阻抗将这些金属板连接起来，将这些金属板连接起来的搭接条起着桥的作用，电路板之间的互连电缆从这个桥上走过，并紧贴着桥面，如图 9-54 所示。因此搭接条要有一定宽度，比互连电缆宽出得越多越好。如果互连电缆是屏蔽电缆，就不需要这样做了，可将电缆的屏蔽层搭接到两块金属板上，屏蔽层起着桥的作用。

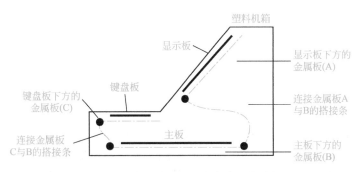

图 9-54 线路板不在一个方向上的情况

在处理内部互连电缆时，还要注意消除一些"隐蔽的"、较大的差模电流回路。如图 9-55（a）所示，CPU 板与控制板之间通过两根电缆连接：一根是信号电缆 AB，另一根是电源电缆 CD。虽然信号电缆中有信号地线，但是一部分差模电流仍然会从 CD 流回驱动源，形成一个较大的辐射回路 ABCD，一种更坏的情况是，在信号电缆中没有信号地线，这是因为设计师怕两根地线形成"地环路"。

在显示板与控制板之间也会出现同样的问题。这里，显示板与控制板之间有一根信号电缆 FG，同时与 CPU 板之间有一根电源电缆 EF。这样，显示板与控制板之间除了信号电缆内的地线提供信号回流通路以外，还存在着一个回路 ADGF，这是一个面积更大的回路。

图 9-55（b）是针对以上问题的解决办法，包括两个改进：一个是去掉给显示板供电的电缆 EF，显示板由控制板供电，主要增加电缆 CD 的电流容量；另一个是将 CD 尽量靠近 AB。

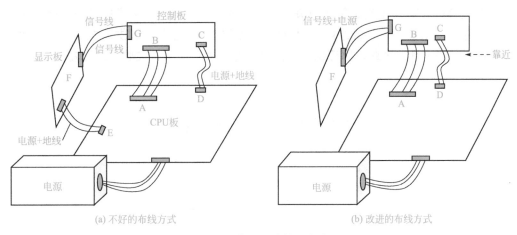

(a) 不好的布线方式　　　　　　　　　　(b) 改进的布线方式

图 9-55　注意隐蔽的差模电流回路

这种隐蔽的差模电流回路只能在设计时注意避免，一旦设备成型，这类问题检查起来是十分困难的。

9.9

电路板及设备上的开关触点的处理

　　任何一台电子、电气设备里，用开关触点来接通或断开一个或几个电感性负载（如小功率的电源变压器及继电器和接触器的线圈）都是不可避免的，而开关切换电感性负载时触点间所产生的电弧干扰及它对电子设备工作的影响也是人们所熟知的，本节就来讨论干扰的形成及防范措施。

9.9.1　开关断开时瞬态干扰形成的原理

　　图 9-56 是供电线路、机械开关和电感性负载（图中的继电器绕组）组成的一个小系统。假设继电器绕组的稳态电流 I 为 70mA，绕组电感 L_2 为 1H，存在于继电器绕组的层间和匝间的分布电容 C_2 为 50pF。当开关断开时，继电器绕组的稳态电流被切断，根据电感性负载电流不能突变的特性，继电器绕组只能通过对分布电容 C_2 的充电来保持电流的连续性，根据能量守恒定律（计算中未计入继电器绕组的内阻 R），有

$$1/2 \times L_2 I^2 = 1/2 \times C_2 U^2$$

　　在继电器绕组两端可能出现的电压峰值为

$$U = I \left(L_2/C_2 \right)^{1/2} = 3130.5\text{V}$$

　　转换中的自谐振频率为

$$f = 1/\left[2\pi \left(L_2 C_2 \right)^{1/2} \right] = 7.118\text{kHz}$$

　　上述分析表明，开关 S 断开的瞬间，可在继电器绕组上产生高频衰减振荡（因绕组本身存在电阻）。由于绕组两端出现的电压非常高，继电器的供电电压与之相比，几乎可以忽略不计，因此，感应出来的高电压将直接出现在开关触点的两端。

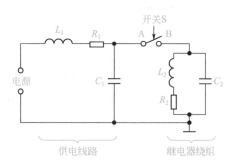

图 9-56　继电器及供电线路

　　通过进一步分析可以知道，在开关触点刚刚断开的瞬间，两触点间的距离还很近，其实不用达到 3130.5V，只要在继电器绕组上感生出较低电压，就已经可以引起刚松开的两触点间的空气击穿，这就是第一次电弧的形成过程。一旦在开关触点间产生电弧，两触点瞬间变为等电位，即在供电线路上产生一个高电压，与此同时，继电器线圈的

分布电容 C_2 要通过电弧、供电线路和供电电源进行放电。由于放电时间常数很小，因此放电很快结束，本次放电的电弧也就阻断，而在供电线路上可以见到一个非常短暂的小脉冲。这时整个电路又恢复到继电器绕组电感 L_2 中的能量向分布电容 C_2 转移，继电器绕组两端第二次出现高压。由于开关触点的距离在逐渐拉大，尽管第二次触点间的放电可以形成，但放电电压要适当提高，放电的等待时间将适当增长。以上情况将一次次地重复，放电电压一次次增高，放电间隔时间一次次增长。直到触点间的距离大到使分布电容 C_2 上的电压不能击穿为止，所以，平时我们在机械开关切换电感性负载时看到的电弧放电，实际上是在供电线路中产生一连串的高压窄脉冲。这里，供电线路的分布电感 L_1 可以起到阻挡脉冲、不被电源短路的作用。

图 9-57 是实测的开关断开过程中瞬态干扰的形成过程。由图可见，"尖峰"电压一次比一次大，"尖峰"的间隔时间一次比一次长，与分析中提到开关触点距离在逐渐拉大的解释是一致的。

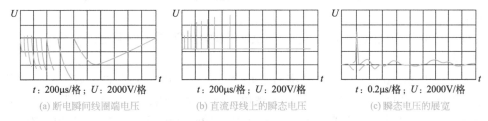

(a) 断电瞬间线圈端电压　　　(b) 直流母线上的瞬态电压　　　(c) 瞬态电压的展宽

图 9-57　开关断开过程中的瞬态干扰形成过程

上述瞬态干扰的形成与被切换负载的性质有关。

9.9.2　开关切换瞬态干扰抑制

（1）对继电器线圈（电感性负载）的处理　由开关触点切换电感性负载时产生的干扰往往是导致设备不能可靠工作的重要原因之一，干扰抑制的办法之一是：可以在直流继电器线圈上（继续前面讨论过的话题）并联一些电阻、电容和二极管等元件，如图 9-58 所示。

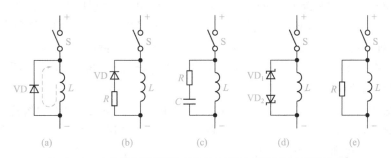

(a)　　　(b)　　　(c)　　　(d)　　　(e)

图 9-58　通过对直流继电器绕组处理来抑制开关切换瞬变

图 9-58（a）中二极管近乎理想的顺向导通状态阻止了开关切换瞬间绕组电感对分布电容的充电，避免了自谐振的发生。线路中电流表达式为 $I=I_0 e^{-t/\tau}$。式中，I_0 为继电

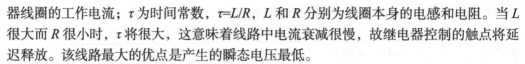

器线圈的工作电流；τ 为时间常数，$\tau=L/R$，L 和 R 分别为线圈本身的电感和电阻。当 L 很大而 R 很小时，τ 将很大，这意味着线路中电流衰减很慢，故继电器控制的触点将延迟释放。该线路最大的优点是产生的瞬态电压最低。

图 9-58（b）与图 9-58（a）不同，在二极管回路中串入了电阻 R。就电感能量释放通路来说，它与绕组电阻同处于一条串联回路，所以电路（b）的总电阻比电路（a）更大，其结果是电路（b）的 τ 比电路（a）小，故电路（b）的触点释放过程将比电路（a）快。串联电阻 R 的值要适中，太大了，相当于抑制回路开路，对瞬变无抑制作用；太小了，就变得与电路（a）一样。所以对 R 的值要通过试验来加以折中。

对于图 9-58（c），并联电容 C，是人为地加大继电器线圈中分布电容对瞬变形成的影响之举，今假定电容 C 的值为 $0.5\mu F$，且不忽略串联电阻的存在，则新电路线圈绕组两端可感应出的电压峰值为

$$U=I\times\left[L_2/\left(C+C_2 \right) \right]^{1/2}=98.7V$$

可见瞬态干扰的幅度大大降低（原先为 3130.5V）。此外，自谐振频率也将降低为 226Hz。

线路中的附加电阻 R 将为自谐振提供额外的功率消耗，使振荡经过几周后被很快衰减至零。

对于图 9-58（d），在继电器绕组上并联一对背对背连接的 TVS 管，TVS 管的击穿电压要大于继电器绕组的工作电压，继电器工作时，TVS 管不导通，但在机械开关 S 切断继电器绕组电流的瞬间，只要绕组上感生的瞬态电压超过 TVS 管的限定电压，TVS 管便导通，并把绕组电压钳制在 TVS 管的限定电压上，阻止了绕组电压的继续升高，即阻止了瞬态电压的产生。TVS 管对功率的消耗使继电器绕组的能量释放很快得以完成。

对于图 9-58（e），在继电器绕组上并联一个电阻 R，此电阻用以消耗瞬变的能量，阻止高瞬态电压的形成。图 9-58（e）的特点是简单，但在继电器工作时有附加能量消耗。阻值小，附加消耗大，但抑制作用明显；阻值大，消耗小，但抑制作用不明显。

实用中可将图 9-58（a）～图 9-58（e）的线路进行适当组合，以便对瞬态干扰的抑制更加有利。同时要注意，瞬变抑制元件要尽量靠近继电器绕组，元件引线也要尽可能地短，避免发生寄生振荡。

图 9-58（a）～图 9-58（e）的线路是针对直流供电线路设计的，对于交流线路来说，因图 9-58（a）、图 9-58（b）两线路中二极管的单向导电性而不适用，其余线路仍适用。

（2）对开关触点的处理　除了采用在继电器绕组上并联电阻、电容、二极管的办法来抑制瞬态干扰的产生外，还可对开关触点进行处理来抑制开关切换瞬变的形成，可能采取的方案如图 9-59 所示。

对于图 9-59（a），开关 S 断开的瞬间，电源电压 C 经二极管给电容充电，所以触点两端不会拉弧，从而抑制了瞬态干扰的产生，开关重新闭合时，电容 C 经过电阻 R 和开关放电，恢复到准备状态，电阻 R 限制了电容 C 的放电电流。

对于图 9-59（b），TVS 管的钳位作用避免了触点断开瞬间在触点两侧的电压增长，从而抑制了瞬态干扰的形成。要注意 TVS 管的极性，TVS 管的击穿电压最少要大于电源电压最大值的 1.5 倍。

对于图 9-59（c），开关断开时，继电器绕组中能量经 R、C 支路释放，并将能量消耗在电阻 R 上，从而抑制瞬态干扰的形成。使用时要对 R 和 C 的值进行折中选择。

上述线路原则上也能用到交流线路中，但要注意交流线路的特点，例如由于二极管的单向导电性，不能使用图 9-59（a）所示电路；对图 9-59（b），要使用背对背连接的 TVS 管。

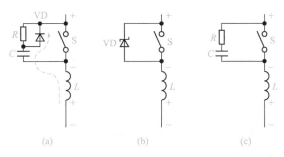

图 9-59　通过对开关触点的处理来抑制开关切换瞬变

（3）其他可以采用的办法　在用机械开关、接触器、继电器接通或断开大功率负载时，由于开关的动作时间不能与电网电压保持同步，因此才会出现很大的电流冲击和电压浪涌，为此，最好采用交流固体继电器（采用电压过零型）来控制负载的接通与断开，因为电压过零型交流固体继电器是在电网电压过零时接通，而在交流固体继电器电流过零的瞬间断开，从而可以确保线路是在无噪声的情况下操作，使干扰降至最低限度。

9.10 操作按钮与电子线路配合的问题

按钮与电子电路的配合是电子设备设计中经常遇到的问题，但由于按钮触点的抖动，操作一次按钮会产生多个控制脉冲，如图 9-60 所示。

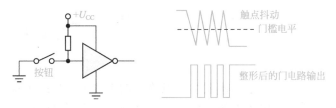

图 9-60　由于按钮操作与电子线路的配合不当所产生的误动作

为了解决按钮操作中的设备误动作，一个比较好的办法是在整形电路后面串联一级单稳态触发电路，只要该单稳态电路的延时时间选得比触点抖动过程长很多，就能避免由触点抖动所引起的电子线路误动作。

上述线路使用器件较多，而且万一触点抖动时间超过单稳态电路的延时时间，仍能造成电子线路工作的不可靠，一个更好的方案是与 R-S 触发器配合（图 9-61），该方案可保证万无一失。

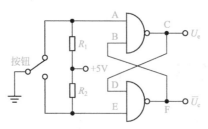

图 9-61　用 R-S 触发器与按钮操作配合来解决触点的颤动

图 9-61 中按钮有一组转换触点，在按钮动作之前，R-S 触发器的 A 点接地，所以上面一个与非门的输出 C 为高电平。与此同时，C 被连到下面一个与非门的输入 D 上，它和下面与非门的另一个输入端 E 同为高电平，所以下面与非门的输出 F 为低电平，下面与非门的输出 F 返回又接到上面与非门的输入 B 上，这种连接方法保证一旦按动按钮，只要动触点还没有运动到常开触点的位置，R-S 触发器的状态就能够保持下去，所以即使按钮常闭的地方有触点的颤动，也不影响 R-S 触发器的输出状态。只有当动触点与常开触点相撞，状态才会变化，此时 R-S 触发器由于 E 点接地，使下面与非门的输出变为高电平，这一变化被送到上面与非门的输入 B。而上面与非门的另一输入 A 由于动触点的脱离使常开触点变为高电平，这样上面与非门的两个输入同时为高电平，从而使输出 C 变为低电平。C 的状态又被回送到下面与非门的输入 D。因此，只要动触点没有返回常闭触点位置，即使动触点在常开触点位置处有颤动，也不会影响新建立起来的输出状态，新的输出状态一直要等到动触点重新返回常闭触点位置方可结束。所以用 R-S 触发器与按钮操作配合确实可以避免因按钮触点颤动而产生的输出状态不稳。利用 R-S 触发器与按钮操作配合的另一个好处是可以获得一对互补的输出。

9.11

电路之间的耦合

关于导线之间的串扰问题同样发生在电路板的走线上，导线串扰中所讲到的各种概念和结论也同样适合电路板上的走线。在电路板上，走线之间的电容和互感与走线的几何尺寸、位置及电路板材料的介电常数有关。由于这些参数都比较确定，因此可以利用电磁兼容分析软件对电路板上导线之间的串扰进行比较精确的计算。

串扰不仅会影响电路的正常工作，而且会使电路板对外界的电磁辐射增加，这主要是因为电路板上的一些高频信号会串扰到 I/O 接口电路上，在电缆上形成共模电压，导致共模辐射。因此，在电路板设计时，要避免各种可能造成电路工作不正常和在电缆上形成共模电压的串扰。

电路板上减小串扰的一些原则如下：

① 通过合理的布局使各种连线尽量短；

② 由于串扰程度与施扰信号的频率成正比，因此使高频信号线（上升沿很陡的脉冲）远离敏感信号线；

③ 施扰线与受扰线不仅需尽可能地远离，而且需避免它们平行；

④ 在多层板中，使施扰线和受扰线与地线层相邻；

⑤ 在多层板中，使施扰线与受扰线分别在地线层或电源线的相对两面；

⑥ 尽量使用输入阻抗较低的敏感电路，必要时可以用旁路电容降低敏感电路的输入阻抗；

⑦ 在施扰线与受扰线中间布一根地线，可以将串扰降低 6 ～ 12dB。

地线对串扰的抑制作用是非常明显的，如图 9-62 所示是地线对串扰电压影响的一个例子，从图中可以看出，地线层的作用是最显著的，因此，使用多层电路板对串扰的抑制是非常有效的。在防止电路板走线串扰方面，一个有名的规则叫做 3W 规则，它的含义是当有地线层时，对于宽度是 3W 的信号轨线，如果其他轨线的中心与它的中心之间的距离大于 3W，就能避免串扰，如图 9-63 所示。这个规则的依据是，3W 范围内包含了信号电流产生的 75% 的磁通量，只要相邻的导线在这个范围之外，串扰就会减小许多。信号电流所产生的磁通量的 98% 包含在 10W 范围内。

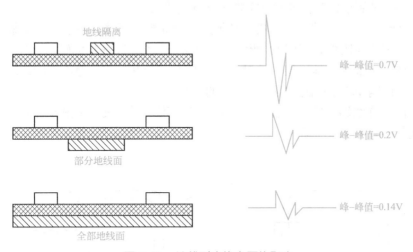

图 9-62　地线对串扰电压的影响

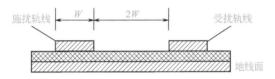

图 9-63　防止走线之间串扰的 3W 规则

229

9.12

电路板的局部屏蔽

在实际工程中有时需要在电路板上对关键器件／电路进行局部屏蔽。由于对屏蔽体的屏蔽效能影响最大的因素是穿过屏蔽体的导线，因此从理论上讲，所有穿过屏蔽区域的导线都需要滤波（这与屏蔽机箱的要求是一致的）。这也使得确定屏蔽区域对是否能做好局部屏蔽显得至关重要。如果屏蔽区域选择不当，会给滤波带来困难，甚至不能实现。确定屏蔽区域应遵循如下原则：

① 穿过屏蔽区域界面的导线应尽量少；

② 穿过屏蔽区域界面的导线要可滤波，即这些导线上传输的信号频率要尽量低，如果这些导线上传输的信号频率较高，势必要求滤波器的截止频率较高，从而降低了滤波的效果。

使用馈通式滤波器是对穿过屏蔽区域的导线进行滤波的理想方法，但这并不适合电路板上的走线。对于电路板上的走线，可使用贴片式三端电容器，这种电容器类似于馈通式滤波器，但可以安装在电路板上，如图 9-64（a）所示。使用贴片电容也能取得较好的效果，贴片电容要尽量靠近屏蔽盒，一端接在需要滤波的信号线上，另一端接在屏蔽盒的壁上，如图 9-64（b）所示。用于抑制外部干扰时，电容安装在屏蔽盒的外侧，而用于抑制辐射时，电容应安装在屏蔽盒的内侧。

要获得预期的屏蔽效果，屏蔽体必须是一个完整六面体，一般在电路板背面设置一块完整的铜箔或地线层，作为屏蔽盒的一个面，屏蔽盒为一个五面体，扣在这个面上，构成屏蔽体，五面体与地线层的接触点越多越好（最好连续，但不可能，因为有导线要穿出），间隔要小于屏蔽电磁波的波长的 1/20。

如果随便在线路上罩一个五面体，并且接地不良，不仅几乎没有屏蔽效能，而且可能会在某些频率上增加辐射。

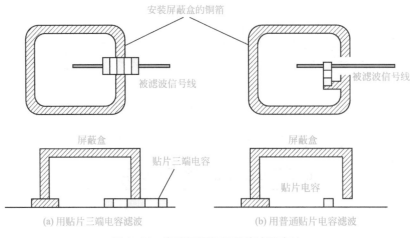

图 9-64　电路板局部屏蔽的滤波方法

9.13

从时序上降低电路受干扰的概率

虽然在电路设计和电路板设计上可以采取很多措施提高电路的电磁兼容性，但是还有一项传统的电磁兼容设计技术是我们应该掌握的，这就是控制电路的工作时间来减小受干扰概率，这种方法的基本思路是尽量缩短电路的工作时间，以回避一些偶发性的或非持续性的干扰。下面是一些这方面的例子。

① 如果施扰源与受扰源可以分时工作，可对施扰电路与受扰电路通过一个控制器进行控制，使它们的工作时间错开，一个典型的应用就是在军用系统中，往往同时存在高灵敏度的接收机和大功率的雷达发射机或电子干扰机，这时为了防止高灵敏度接收机的前级被大功率电磁波烧毁，在大功率发射机工作时将接收机的天线输入阻断，这个阻断控制命令来自发射机控制器。

② 如果干扰源无法控制，可以采用缩短工作时间窗口的方式提高电路的抗扰度。大多数数字电路芯片都设置了"使能端"，应该充分利用这个功能，如图 9-65 所示，这里如果没有控制时间窗口的宽度，输出会受到第 3 根输入线上的噪声信号的干扰，在数字电路中使用锁存器实现时间窗口的控制非常方便，如图 9-66 所示，锁存器在没有噪声的时刻读入数据并锁存住。使能控制端和锁存器的读入控制端的可靠性是十分重要的，一旦这根控制线受到干扰，电路就会随之受到影响。但是这种控制线毕竟很少，可以采用前面介绍的各种措施进行重点电磁兼容设计，提高其抗扰度。

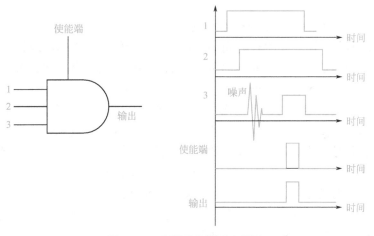

图 9-65 利用使能端避免干扰

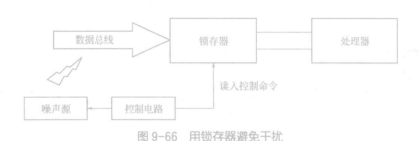

图 9-66　用锁存器避免干扰

9.14

软件抗扰措施

　　尽管在电路方面采取了大量的技术措施来抑制电磁干扰，但是由于实际电磁环境十分复杂，没有一个设计能够 100% 抑制电磁干扰，而电子设备的可靠性无论多高都不为过。因此，在软件方面采取一些力所能及的措施是十分必要的，特别是在一些实施有效电磁兼容硬件设计的场合，软件的措施更有必要。

　　微处理器（CPU）电路受到干扰的现象往往有两种：一种是输出错误数据或指令，另一种是死机。导致这两种现象的实质是相同的，只不过受到干扰的电路部位不同及干扰的结果不同，当普通的数据线受到干扰时，仅出现数据错误；而当与指令地址相关的数据受到干扰（程序计数器出错、地址寄存器出错）时，程序会执行一条意外的指令（输出意外的结果），或者进入一个空存储单元（发生死机）。要想解决这些问题可以采取下面所述的一些措施。

9.14.1　看门狗

　　看门狗是常用的一种防止处理器发生死机的技术，它的作用是当程序不正常时，使处理器及时复位，防止发生长时间的死机现象，看门狗的工作原理如图 9-67 所示。看门狗由两部分组成，一部分是定时复位电路，每隔一定间隔向处理器的复位端发出一个复位指令（形象地称为"吠叫"）。定时复位电路的核心是一个定时器，当定时器的累计时间达到设定值时，就输出一个复位指令。另一部分是给定时复位电路计数器清零的电路，只要程序正常运行，它就定时给复位电路的计数器清零（形象地称为"喂狗"），使计数器永远达不到设定的值，不能发出复位指令，因此，只有当主人（系统）处于觉醒状态，并且不断地"喂狗"时，看门狗才不会"吠叫"，一旦主人睡了，中断喂食，看门狗就会"吠叫"，惊醒主人（使系统复位）。

　　看门狗"吠叫"的时间间隔十分重要，过短时，要求处理器经常中断关键的工作来"喂"看门狗，并且可能会导致处理器在有足够的时间从复位状态转入服务状态之前，它再次"吠叫"，使系统不断复位。时间间隔过长时，会使系统不能及时恢复，导致应用方面的问题，具体数值要靠设计人员根据实际应用情况来确定，通常选在 10ms ～ 1s。

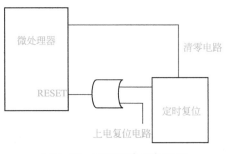

图 9-67 看门狗的工作原理

看门狗的原理虽然简单，但要在程序中做得完善并不容易，因为程序的执行有很大灵活性，要保证程序在任何状态下，看门狗的功能都保持有效。

9.14.2 其他措施

一些偶发性的干扰可以应用一些先验知识对数据的合理性进行确认加以排除，例如，当数据的范围是已知时，可对输入的数据设置上限和下限，当数据受到的干扰超过这两个限值时，系统自动认为是错误数据，不予响应。

不仅可以对数值进行范围的限制，当数据的变化率已知时，也可以对数据的变化率进行限制。例如，当某个数据受到干扰、发生了突变时，尽管其数值可能在合理的范围内，但是变化率是不合理的，也可以认为是错误数据。

对于数字信号，由于只有高低两个电平，因此范围和变化率检验的方法不再适用，这时通常对输入数据进行多次采样，连续几个（2～3个）采样相同时，才认为是正确的数据。由于需要对每个脉冲进行多次采样的比较，因此对处理器的速度有更高的要求。

第 ⑩ 章

产品的电气设计和装配

本章围绕设备电气设计、机械结构、工艺设计及排布、安装等方面的问题进行介绍，在内容上可能不都与电磁兼容有关，但从可靠性、工艺性等角度出发，这些设计则是必需的。可扫二维码详细学习。

产品的电气设计和装配

第 11 章

电磁兼容故障的诊断及整改

11.1 产品电磁兼容定性

设备的电磁兼容性主要包含设备的电磁干扰发射和设备的电磁抗扰度两方面的测试。其中，设备的抗扰度试验，特别是一些脉冲性质的抗扰度测试项目，由于试验设备（指静电放电发生器、脉冲群发生器、雷击浪涌发生器和周波电压跌落模拟器）相对低廉，不少企业已经具备或准备购置，但对于设备干扰的测试项目及设备的抗辐射电磁场和抗射频传导干扰的测试项目，由于其测试设备成本较高，一般企业往往无法拥有。然而产品标准的客观要求又不容企业不做这些试验。办法之一是把设备送到标准试验室去做这些试验，从试验开始到试验达标为止，中间需要不断改进，然而每进行一次试验，企业都要付出相应的代价（包括差旅费及试验费用），相信这不会是一个小数目，特别是在产品研发初期阶段，这些钱出得实在有点冤，所以企业还是应当具备一定的试验手段，进行一定的摸底测试工作，等到有一定把握再到标准试验室去做试验，这样从费用到时间都比较合算，现在的问题是企业应配备什么样的设备，下面我们来进行这方面的讨论。

11.1.1 摸底试验配置

比较接近标准试验室的配置是选择带有准峰值检波器（可选件）的频谱仪，配一台人工电源网络，即可测试设备产生的传导干扰发射；再配一台功率吸收钳，便可测试设备产生的辐射干扰发射。上述配置尽管不符合标准对试验仪器的要求，但试验结果可以与试验站的试验有一定的可比性，主要是所花的费用要比试验室的标准配置低得多。

上述试验如果能在屏蔽室里进行，效果当然更好，关键还是一个费用问题。

这里用吸收钳法来测试受试设备的辐射干扰发射，对于家用电器、电动工具肯定没有问题（标准本来就是规定用吸收钳法来进行测试的）。对于其他设备，这只能算是一个定性试验的配置，相信试验结果的大趋势还是一致的，所以可以用来作为产品干扰发射的摸底。直到自认为测试结果比较满意时，再去正规认证试验站去做试验，相信两者即使存在差异（可能是试验人员对标准理解的差异，导致双方在试验方法的掌握上存在差异；也可能是试验仪器之间存在的固有差异），相差也不会太大，再付出一些努力即可达标。

11.1.2　定性试验配置

（1）传导干扰的定性观察法　按照标准的试验方法，对设备的传导干扰测试要用到人工电源网络和 EMI 测量接收机，但由于仪器的价格问题非一般企业所能承受，为此建议采用示波器来进行定性观察。其基本原理仍与标准所推荐的方法相同，只是改用频率特性好的示波器来代替 EMI 测量接收机；"人工电源网络"试验人员可以自行制作（见图 11-1，其中用两个 50Ω 电阻来替代测量接收机的 50Ω 输入阻抗）。

按试验标准规定的方式进行配置（如图 11-2 所示）。

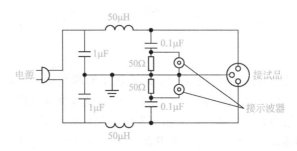

图 11-1　人工电源网络

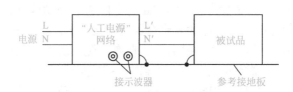

图 11-2　传导干扰发射的定性测试方法

由于示波器是时域分析仪器，在屏幕上观察到的只是整个传导干扰发射的集合，标准允许的干扰限值（150kHz ～ 30MHz 范围内）为 56 ～ 66dBμV，折合到示波器上显示，幅度应在 630μV ～ 2mV。这就是说，在示波器的屏幕上应该只能刚刚看到一些干扰电平的影子（示波器的灵敏度要调到最高），否则传导干扰发射肯定不合格，如果在示波器屏幕上看到的干扰确实较大，则试验人员必须采取一定措施，直到自己认为初步达到要求为止，然后才能去标准试验室做试验，即使这样，到标准试验室的试验结果仍将在合格与不合格之间，但即使不能合格，相信距达到"合格"的目标也不会太远了。最主要的是可以使企业的试验人员通过定性测试来增长见识，逐步积累经验，逐渐掌握定性试验结果与标准试验结果之间的规律，也就是试验人员要知道定性试验达到何种程度到标准试验室做试验便能基本通过了。

（2）辐射干扰发射的定性观察法 由于辐射干扰发射的测试频率范围较宽（30 ～ 1000MHz），所以选用的示波器频带要宽。测试探头也由试验人员自己制作，如图 11-3 所示，其中一个是磁场测试探头，另一个是电场测试探头。

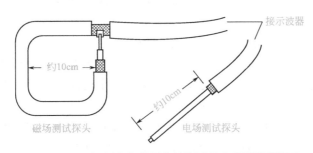

图 11-3 用于辐射干扰发射定性测试的电场和磁场探头

这种测试方法适合做比较试验，在示波器屏幕上看到的波形幅度与探头离开试品的距离和探头摆放的位置有关，因此测试过程中的变数要比传导干扰多得多，需要试验人员积累更多的试验经验，才能取得较好的效果。但不管怎样，这也算是一种定性试验，通过这种方法，使试验人员多少也能了解一些产品电磁辐射的强弱，并根据定性探测到的结果来开展一些整改工作。

11.2
产品电磁兼容故障的定位

对于电子工程师们来说，设备因电子元器件早期失效而引起的故障是比较容易诊断和处理的，但是对由电磁兼容问题引起的故障的分析、判断和处理似乎就不那么简单了。它通常是由于设计缺陷、设备间干扰的相互作用或设备所处电磁环境不良所引起的，对其诊断处理都比较麻烦，由电磁兼容问题引起的故障之所以复杂，主要是由于故障原因往往是深层次的，平时不显现，只有在满足了一定条件之后，故障才会显现出来，举例说，甲、乙两台设备单独工作时都是正常的，但将两台设备组成一个系统后，就出现了系统工作的不稳定。这里有几种可能性。

① 两台设备都设计不足，组成一个系统后，相互间产生了干扰。新的干扰是这两台设备的干扰频率之和或之差。如果两个频率相近还会产生拍频，极端情况是两个干扰的幅值相互叠加，造成系统工作的不稳定（类似情况也可以出现在同一台设备内不同部件的配合上，造成该台设备工作的不稳定）。

② 两台设备互连后，由于信号在长线传输中发生波形畸变，造成系统工作的不稳定。

③ 由于周围电磁环境对系统特别是对互连线的作用，造成系统工作的不稳定等。

可见故障的原因是多方面的。再加上干扰电磁耦合的环境参数又是分布性质的，所以故障的再现性比较差，令人捉摸不定，这一切都给电磁兼容故障的分析和诊断带来了困难。

但是不管怎样，对于产品的电磁兼容性设计和电磁兼容性诊断都是在产品设计时不可偏废的两个方面，原因如下：

① 电磁兼容性的设计属于早期预防，而电磁兼容性的故障诊断和处理属于后期补救，所以"先天不足，后期补救"是我们开展故障诊断和处理的主要目的。但是我们不能期望不经任何前期考虑的产品就能获得好的补救方案，反倒是常常会延误了最佳的产品上市时机，甚至是带着问题交付用户使用。

② 产品出现电磁兼容问题常常是难以避免的，问题是故障出现的多少。经过前期考虑电磁兼容性设计的产品，即使在后期故障检测中出现了问题，也比从来没有考虑过电磁兼容设计的产品要强得多，所消耗费用代价也要小得多。

③ 后期补偿的经验可以经过总结后用到下一个产品的电磁兼容性设计中，形成良性循环，因此电磁兼容性设计的内容是可以总结和提高的。

总之，我们不提倡利用后期故障诊断和处理来代替前期的电磁兼容性设计。

11.2.1　故障判断

无论什么原因，只要设备或系统出现工作不正常，就是发生了故障。电磁兼容性的故障除了部分出现硬件损坏外，大部分故障是软故障，即重新通电之后，故障现象即可消失。

诊断故障的基本思路就是断定是否为电磁兼容性故障。有时电磁兼容性故障与可靠性故障并存，最典型的情况是瞬态电磁脉冲冲击引起的元器件损坏，这种现象比较普遍，表面上是可靠性问题，但实际上是电磁兼容问题。

对故障处理的一般要求是故障的准确定位，这是发现故障的根本；其次是故障机理分析，只有彻底了解了故障机理，才能完全解决故障问题。

电磁兼容性故障除了采用分析和试探外，可以充分利用检测手段，特别是利用电磁兼容性测试仪器、频谱仪和宽带示波器等，但在某些场合，分析和定位是解决电磁兼容故障更为有效的手段。

11.2.2　故障信号的测试

引起电磁兼容性故障的信号可能是设备工作时的正常信号（对于被干扰设备来说，它是有害信号），也可能是不希望有的信号，即设备运行时附带产生的杂散信号。

根据电磁干扰信号的传播途径，可以分为传导干扰和辐射干扰，也可能是两者的综合。

监测仪器一般有两种：时域监测时采用宽带示波器，频域监测时采用频谱仪。这两种仪器的针对性很强，对不经常发生的脉冲干扰，主要用宽带示波器，并且最好有瞬态触发和记忆功能，遇到尖峰干扰能够记忆保存。对于频谱仪，测试用的探头可以是宽频带的电流钳，从导线上拾取能量，直接探测传导干扰。探头也可以是一些小的偶极子天线，用来探测电磁场辐射情况。

一般情况下只要确认了干扰信号，电磁兼容问题就比较容易解决了。

常用的故障定位方法如下。

（1）故障排除确认法 在已经确认干扰现象的条件下，逐步撤去部分设备或电路（即让部分设备或电路不加电、退出工作），并观察干扰部位的波形。如果撤去某个设备或某部分电路后，干扰现象消除，并且波形也发生变化，则说明干扰可能来自撤出的设备或电路。然后比较两种波形，可以发现多出的波形可能就是干扰信号。

（2）改变状态确认法 改变状态确认法有两种方法：一种是用相近的设备进行替代（这两种设备的技术性能有所不同，例如可以用线性电源来代替开关电源，通常认为开关电源的干扰要比线性电源大些，也比较难以处理，因此在怀疑是不是电源部分的电磁干扰过大而引起设备工作不正常时，首先就可能怀疑开关电源的工作是否正常）；另一种是改变工作方式，例如由工作模式 1 改为工作模式 2。如果故障得到消除，则干扰信号就可能是由于这两种工作模式的差别所致。

（3）直接监测法 用探测设备直接测量设备工作的波形。当发现异常的波形信号时，则可以确认干扰信号的存在。

只是这种干扰确认法比较复杂，要求有比较过硬的线路分析功底，且清楚线路各部位应有的波形。实际工作中经常要将干扰的探测与分析结合在一起。

（4）试探法 试探法是在发现故障却无法确定干扰源的复杂情况下使用的。根据看到的现象来进行分析，然后根据自己对电路的认识来假设干扰源来自某个设备或电路，并因此确定干扰的传播途径，再对干扰源和传播途径进行某些整改及联机试验。若故障消除或得到改善，说明试探法奏效，在经过多次使用后，故障可能完全消除。这种方法有较大的随意性，有时效率也不高，而且要求从事线路整改的人员经验丰富，有比较强的电路功底，然而对某些电磁干扰（如降低传输线干扰电平）是行之有效的方法。

11.2.3 故障定位的方法

故障的定位和机理分析是电磁兼容性故障诊断的重要内容，故障定位通常采用故障排除确认法、改变状态确认法、直接监测法和试探法。第一种方法借鉴了可靠性分析的基本方法，第二种方法是电磁兼容性标准测量的延伸，并应考虑电磁兼容性故障的特点和外场（现场）试验的条件，在前两种方法不能奏效时，只能应用直接监测法和试探法。电磁兼容性诊断的最终目的是要排除电磁兼容性故障，因此无论是分析法还是试探法，其严密性和精度不是主要的，关键是故障定性，目的是解决问题，故障出现后，也不排除采用预测分析法，因为所有电磁干扰并不都是可以探测的，应用计算和分析也可以进行故障定位。

11.2.4 故障排查举例（变频调速系统）

11.2.4.1 故障的判断

根据故障发生的时间来进行判断。

（1）故障在接通变频器时才发生 可能造成故障的原因有：

① 变频器的输出走线是否规范（如信号电缆有没有与变频器的输出电缆并行走线等）。

处理意见：

· 将电动机的电缆局部地分开；

- 在电动机和信号电缆上加屏蔽，以降低两者之间的感应；
- 在电动机电缆上加接正弦波或 dv/dt 的滤波器；
- 提高敏感器件的抗扰性。

② 变频器电源侧的噪声超出正常范围。

处理意见：设法减小变频器电源这一侧的电气噪声。

（2）故障和变频器的接通与否无明显关系　可能造成故障的原因有：

① 属于长期性质的故障（主要反映为低频性质的故障）。

处理意见：

- 将模拟信号电缆的屏蔽层一端接地；
- 检查等电位节点和接地，如有必要应予改进；
- 用高频电流探头和示波器来分析故障信号；
- 如果发送的故障信号不能再现，应设法通过干扰模拟器加一个模拟的故障信号至被试系统。

② 属于偶尔发生的故障。

a. 有硬件失效。

i. 仅仅为界面上的器件：

- 检查等电位的连接点和接地是否正常，有无断线、虚接等现象；
- 检查浪涌保护器件的情况；
- 检查信号的质量，如有无信号反射，是否造成信号的波形畸变；
- 检查电源电压是否符合要求。

ii. 根据经验判断在整个系统里有硬件失效：

- 用电源记录仪来记录电网电压的情况；
- 检查电源的相位；
- 检查功率因数补偿。

b. 无硬件失效。

通过故障模拟来进行检查，为此用一个干扰模拟器，将干扰施加到被试系统（或设备），然后注意观察所发生的情况：

- 当有少量干扰注入时就已产生故障，则根据经验判断很可能是电磁兼容问题；
- 即使加大试验电压，设备仍无任何反应，那就说明很可能不是电磁兼容的问题（至少不是这一项模拟试验的电磁兼容问题）；
- 当配合进行其他干扰试验时仍有故障发生，则仍可能是电磁兼容问题。

11.2.4.2　故障的现场检测

主要用模拟现场可能有的干扰情况来进行电磁兼容故障的检测，常用以下几种方法。

（1）脉冲群的现场试验　主要模拟在电网中低能量、传导性质的脉冲干扰。

① 试验电压：150V ～ 4.5kV。

② 谐波频率的范围：2.5kHz ～ 200MHz。

③ 试验方法：考虑到现场安装情况的复杂性，一般推荐脉冲群发生器的输出用一根 1m 长的电线与被试电缆并行捆绑（耦合电容大约是 100pF），向受试设备注入脉冲，如图 11-4 所示。有条件的话，也可用电容耦合夹向受试设备注入脉冲。

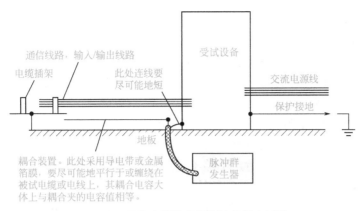

图 11-4　用脉冲群做现场故障的摸底试验

- 起始测试电压为 150V。
- 在每个电压下运行 30s。
- 以 300V 为增量，逐渐升高试验电压。
- 观察受试设备，在故障发生时将试验停下来。
- 改变极性和试验频率，重复以下试验。

④ 试验评估（不一定符合标准的要求）：

- 小于 2kV 时，判断为抗扰能力较低，应提高设备的抗干扰能力。
- 大于 2.5kV 时，通常认为可以。
- 大于 3.8kV 时，则认为很好，一般不可能是由于抗脉冲群干扰能力较低而引起的设备故障。

（2）静电放电的现场试验　主要模拟人体对设备的放电，详细配置与布局如图 11-5 所示。

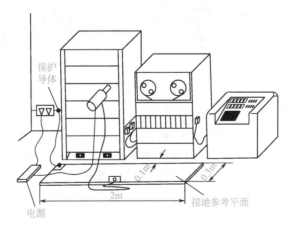

图 11-5　用静电放电做现场故障摸底试验

① 试验电压：300V ～ 16kV。

② 谐波频率的范围：0 ～ 800MHz。

③ 试验方法：

- 试验起始电压为 500V。

- 放电电极要垂直于受试设备表面。
- 在每个测试点上要停留 5s。
- 以 300V 为增量，逐步提高试验电压。
- 要在所有可以接触到的受试设备表面放电（包括按钮和开关）。
- 试验中，机柜的门应处在关闭位置。
- 一种极性试验完毕后，再改用另一种极性进行试验。

④ 试验评估（不一定符合标准的要求）：

- 小于 3kV 时，抗扰能力肯定不够（要设法提高其抗静电干扰的能力）。
- 大于 5kV 时，通常认为已经可以了。
- 大于 14kV 时，很好，如果有电磁兼容问题，一般不是设备的抗静电干扰能力不够造成的。

（3）用移动电话进行现场辐射抗扰度试验　用移动电话进行现场辐射抗扰度摸底试验属于近场试验（试验距离小于 $\lambda/10$）。由于移动电话的频率比较单一，所以这只是一个非常普通的定性试验，模拟试验的方法如图 11-6 所示。

图 11-6　用移动电话做辐射的现场故障摸拟试验

在进行该模拟试验时，应注意以下问题：

① 在近场试验中，场强与距离的 $1/d_2$ 或 $1/d_3$ 成正比。

② 对狭缝、键盘、显示器和未屏蔽的电缆等进行试验时，要经过适当的衰减。

③ 当场强远大于 10V/m 时，可能引起受试设备失效。

11.3

电磁兼容故障整改

本节针对在电磁兼容测试中暴露出来的问题提出一般性的处理意见，便于广大工程技术人员进行现场整改，由于标准分为辐射干扰发射、传导干扰发射、电源谐波发射、静电放电、射频辐射电磁场抗扰度试验、脉冲群试验、浪涌（冲击）试验和由射频场感应所引起的传导干扰抗扰度试验等几种，因此，本节在内容编排上也分成相应 8 节，与之一一对应，便于读者选择使用，文中提出的措施，在讲述电磁兼容性设计时已有详细介绍，这里只给出提纲性的说明。

11.3.1　辐射发射超标

设备的辐射干扰发射超标有两种可能：一种是设备外壳的屏蔽性能不完善；另一种是射频干扰经由电源线和其他线缆逸出。判断方法是拔掉不必要的电线和电源插头，或者将电缆长度减小至最短，继续做试验，如果没有任何改善迹象，则应怀疑是设备外壳屏蔽性能不完善；如果有所改善，则有可能是线缆的问题；如果针对以上两种可能采取了必要措施后仍然没有任何改善，则有可能是设备上余下线缆的问题。

① 金属机箱屏蔽性能不良引起的问题。金属机箱屏蔽性能不完善引起的辐射发射超标主要有以下几个原因：

a. 机箱的缝隙过大或机箱配合上存在问题。

处理意见：

- 清除结合面上的油漆、氧化层及表面沾污；
- 增加结合面上的紧固件数目及接触表面的平整度；
- 采用导电衬垫来改善接触表面的接触性能；
- 采取永久性的接缝（要连续焊接）。

b. 其他功能性开孔过大。

处理意见：

- 减小通风孔直径，通风风口采用防尘板，必要时采用波导通风板，但后者成本昂贵；
- 显示窗口采用带有屏蔽作用的透明材料，或采用隔舱，并对信号线采取滤波；
- 对键盘等采用隔舱，并对信号线采取滤波。

c. 机箱内部布线不当，电磁干扰从透明缝隙逸出。处理意见：将印制电路板及设备内部布线等可能产生辐射干扰的布局远离缝隙或功能性开孔的部位，或采取增加屏蔽的补救措施或重新布局。

② 非金属机箱引起的辐射问题。处理非金属机箱的辐射发射超标主要有以下几个措施：

a. 对机箱进行导电性喷涂，特别要注意结合部分的缝隙也要进行喷涂，保证机箱有导电性的连接；

b. 对产生辐射干扰和可能产生辐射干扰的部位采取局部屏蔽，并对所有进入或离开屏蔽体的导线进行滤波或套上吸收磁环；

c. 重新考虑内部布线和印制电路板的布局，尽可能使信号及其回线的环路最小。

③ 在电路板下放置一块金属板，金属板与电路板之间的距离尽量小，如果电路板是双层板，甚至是单层板，需将金属板与电路板的信号地多点连接起来，以改善信号地的质量。如果电路板是四层以上的电路板，由于本身的信号地已经很好，仅需要将金属板与电路板的地线在 I/O 接口处相连。

④ 内部互连电缆避免从电路板上方跨过，尽量靠近电路板下方的金属板，必要时采用屏蔽电缆，屏蔽层与金属板以低阻抗搭接起来，如图 11-7 所示。

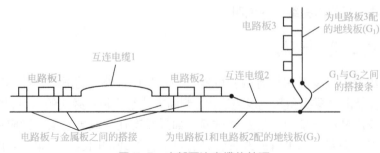

图 11-7　内部互连电缆的处理

⑤ 采用高频性能良好的电源线滤波器，滤波器的外壳直接安装在金属板上，如果设备使用了开关电源，开关电源部分必须屏蔽起来，并且将电源线滤波器的外壳与开关电源的金属外壳以最低的阻抗搭接起来（可以通过电路板下方的金属板连接），如图 11-8 所示。

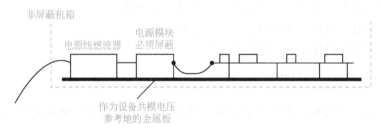

图 11-8　非屏蔽机的电源处理

⑥ 电缆引起的辐射问题。设备上的线缆主要有两种，分别是电源线和信号线，对于通过这两种线缆所造成的辐射发射超标，在处理方法上有所不同。

a. 对电源线的处理。

• 加装电源线滤波器（如果已经有滤波器，则换用高性能的滤波器），要特别注意安装位置（尽量放在机箱中电源线入口端）和安装情况，要保证滤波器外壳与机箱搭接良好，接地良好；

• 如果不合格的频率比较高，可考虑在电源线入口部分套装铁氧体磁环。

b. 对信号线的处理。

• 在信号线上套铁氧体磁环（或铁氧体磁夹）；

• 对信号线滤波（共模滤波），必要时将连接器改为滤波阵列板或滤波连接器；

• 换用屏蔽电缆，屏蔽电缆的屏蔽层与机箱尽量采用 360° 搭接方式，必要时在屏蔽线上再套铁氧体磁环。

11.3.2　传导发射超标

导致射频传导发射超标的原因如图 11-9 所示。

① 开关电源或 DC/DC 变换器工作在脉冲状态，它们本身会产生很强的干扰，这种干扰既有共模的，也有差模的。对于一般开关电源和变换器，频率在 1MHz 以下以差模为主，在 1MHz 以上以共模为主。

② 数字电路的工作电流是瞬变的，虽然在每个电路芯片的旁边和电路板上都安装了去耦电容，但还是有一部分瞬态电流反映在电源中，沿着电源线传导发射。

③ 机箱内的电路板、电缆都是辐射源，这些辐射能量会感应进电源线和电源电路本身，形成传导发射。需要注意的是，当机箱内各种频率的信号耦合进电源电路时，由于电源内有许多二极管、三极管电路，会使这些不同频率的信号相互发生混频、调制，甚至对干扰进行放大，从而导致严重的干扰。

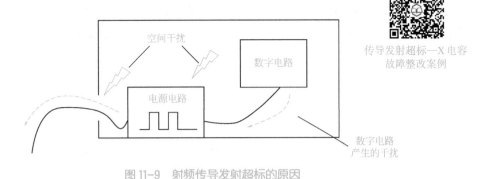

传导发射超标—X 电容
故障整改案例

图 11-9　射频传导发射超标的原因

设备的传导干扰发射超标主要是线缆方面的问题，但超标的频率一般比较低，处理起来常常比较麻烦，采用的方法如下。

（1）对电源线的处理

① 检查电源线附近有无信号电缆存在，有无可能是因为信号电缆与电源线之间的耦合使电源线的传导干扰发射超标（多见于超标频率的频段较高的情况）。如有，或拉大两者间的距离，或采用屏蔽措施。

② 加装电源线滤波器（如果已经有滤波器，则换用高性能的滤波器），要特别注意安装位置（尽可能放在机箱中电源线入口端）和安装情况，要保证滤波器外壳与机箱搭接良好，接地良好。

③ 虽经采取措施，设备传导干扰发射仍未达标（特别是在低频段没有达标）。此时可考虑在设备内部线路连接接地端子处串入一个电感。由于这部分连接属单点接地，平时无电流流过，在此这个电感可以做得很大，而不用担心出现磁饱和问题，之所以采取这一措施是因为：设备传导干扰发射测试实际上是共模电压测试（电源线对大地的干扰电压测试），电源线上有工作电流流过，故滤波器的滤波电感值受制于工作电流，不能做得很大，滤波器的插入损耗也就有限，特别是低频端的损耗更加有限。新方案里的附加电感正好可以弥补这一缺憾，从而可获得更好的传导干扰的抑制能力。

（2）对信号线的处理

① 注意信号线周围有无其他辐射能量（附近的布线及印制电路板的布局）被引到信号线上，如有，或拉大两者的距离，或采用屏蔽措施，或考虑改变设备内部布局和印制电路板的布局。

② 在信号线上套铁氧体磁环（或铁氧体磁夹）。

③ 对信号线进行共模滤波，必要时采用滤波连接器（或滤波阵列板）。注意滤波器的参数，传导干扰发射超标的频率比辐射干扰发射超标的频率要低些，因此取用的元件参数应当大一些。

11.3.3 电源谐波发射超标

（1）**主要原因**　导致电源谐波发射的直接原因是设备的输入电流波形不是正弦波。由于设备的电源电路的一般结构是"整流 + 滤波电容"的电路，如图 11-10 所示，这种电路输入的是正弦波电压，输出的是全波整流后的电压，经过大容量电容平滑滤波后，得到脉动很小的直流电压，由于电容上的电压保持在较高的数值，因此只有当整流后的电压接近峰值时（超过电容上的电压），才会有电流流进电路和电容，因此电流是非正弦波的，这种非正弦波电流中包含了大量的谐波电流，从而导致谐波发射试验不合格。

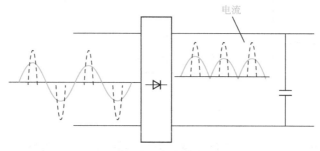

图 11-10　谐波电流产生的原理

（2）**处理措施**　由于谐波发射的产生是因为非正弦波的输入电流，因此解决的主要方法是对电源进行功率因数补偿，使输入电流接近正弦波电流。

在滤波电容与整流桥之间串联电感，能够限制电流的突变，这仅能对较高次的谐波起到一定的抑制作用，同时由于电感量过大，会带来重量、体积和功率损耗方面的问题。这种方法通常不能保证满足有关标准的要求。

有效的方法是采用有源功率因数补偿技术，这种技术能够将电流波形补偿为正弦波，大多数正规的电源厂商都有相应的技术和成熟的电路模块，在订货时要提出要求，由电源供应商负责安装在电源内部，这种补偿电路的缺点是，与开关电源本身一样，会产生较强的射频干扰发射，但是只要对开关电源本身采取了屏蔽和滤波措施，这种干扰并不会成为问题。

如果电源本身没有考虑谐波的抑制，则从电源外部很难采取对策。

11.3.4 静电放电抗扰度不合格

（1）**不合格的主要原因**　静电放电对设备的影响有下面几种：

① 静电放电电流直接流进电路，对电路形成干扰，甚至导致电路硬件损坏，如图 11-11 所示。由于电流总是选择阻抗最小的路径，因此，当电路的某个部分与静电放电路径相连时，就为静电放电电流提供了一条潜在的路径。图 11-11（a）的情况是，机壳上的静电放电电流通过信号线上共模滤波电容进入电路。图 11-11（b）的情况是，

机壳上的静电放电电流通过信号地与机壳地的连接线进入电路。当机壳上有缝隙或较大的孔洞时，由于机壳的阻抗较大，就会发生这种情况，图 11-11（a）所示为控制干扰发射的措施。

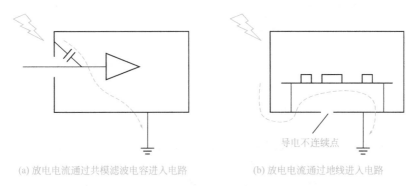

(a) 放电电流通过共模滤波电容进入电路　　　(b) 放电电流通过地线进入电路

图 11-11　静电放电电流直接流进电路

② 静电放电电流通过分布电容耦合进电路，如图 11-12 所示，由于静电放电电流的频率很高，可达 1GHz 以上，因此空间的分布电容会成为良好的导通路径。当机箱上有孔洞、缝隙等形成的较高阻抗时电流就会另辟路径，这时的实际电流路径很难预测。

③ 静电放电电流在传输过程中，通过与邻近的电路之间的电感和电容耦合方式耦合进电路，如图 11-13 所示。由于静电放电电流的频率很高，趋肤效应明显，因此当机箱完整时，电流主要在机箱的外表面，并不容易发生这种情况；当机箱上有缝隙及孔洞时，电流流过缝隙、孔洞会伴随着电磁辐射，则容易发生在放电电流从机箱上改变路径，在其他导体上传输的过程中。

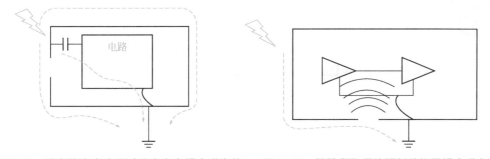

图 11-12　静电放电电流通过分布电容耦合进电路　　　图 11-13　缝隙和孔洞的辐射将能量耦合进电路

④ 静电放电电流在机箱上产生电位差，对电路的地线形成干扰，如图 11-14 所示。若机箱两部分之间的搭接阻抗较高，如 0.1Ω，当静电放电电流流过搭接点时，会产生电压降，例如，放电电流为 30A 时，会有 3V 的电压，这个电压以共模电压的方式耦合进电路（地环路电流）。如果电路利用这个机箱作为信号地，则这个电压直接以差模电压形式出现在电路中，导致电路工作异常，这种情况在实际中很常见，因为许多机箱 / 机柜的搭接仅靠螺钉连接，射频搭接阻抗较大。

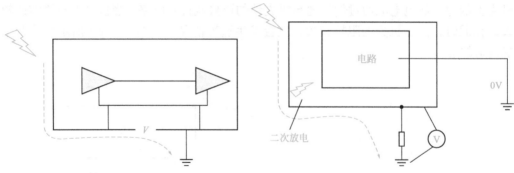

图 11-14　静电放电电流在机箱上形成的共模电压　　　图 11-15　二次放电形成的干扰

⑤ 机箱与电路之间的二次放电导致的电路故障，如图 11-15 所示。当机箱上发生静电放电时，由于机箱接地线的射频阻抗较大，机箱的电位会瞬间升高，接地阻抗值和机箱的大小（对应电容的大小）决定了其具体电压值，如果机箱内的电路板没有其他的接地导体，则电路板的电位在机箱电位升高的同时升高，不会发生问题。但是如果电路板通过其他导体接地，例如与另一台设备通过电缆相连，而另一台设备是接地的，则电路板与机箱之间出现了很高的电压，这个电压会高达数千伏，从而导致二次放电，二次放电由于没有人体电阻的限流，因此瞬间电流更大，危害更大。

⑥ 互连设备之间相互影响，如图 11-16 所示。如果电路板与机箱是连接起来的，当发生静电放电时，电路板的电位升为机箱的电位，这个电压就以共模电压的形式传给了电缆另一端的设备，导致另一端的设备出现故障。反过来，电缆另一端的设备上如果出现了静电放电，也会形成同样的干扰。

车载电子产品
静电放电抗扰
度整改措施

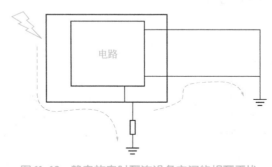

图 11-16　静电放电时互连设备之间的相互干扰

静电放电对设备造成的损害有硬损坏、软损坏和数据错误三种，硬损坏造成设备硬件明显的永久性损坏，这种损坏容易发现，问题也相对容易解决。软损坏当时看不出来，但是硬件的内在品质已经受到影响，在之后的使用中，会由于过压、高温等因素发生失效，这种故障模式特别需要注意。数据错误通常仅造成临时性的影响，对电子设备进行静电放电防护应该使其不会受到硬损坏和软损坏，而数据错误往往可以容忍。车载电子产品静电放电抗扰度整改案例可扫二维码学习。

（2）处理措施　防止静电放电危害的思路有三个：

① 防止静电荷的积累，从而彻底消除静电放电现象；

② 使设备机箱表面绝缘，防止静电放电发生；

③ 控制静电放电的路径，避免对电路的干扰。

第一条措施仅适合生产现场或静电敏感物品的运输等场合，不是本书论述的内容。第二条虽然十分有效，但是实际产品中有一定的局限性，因为很难使一个产品的表面没有任何金属物件，并且按照静电放电试验的标准，当受试设备表面没有可以触及的金属部件时，就不需要进行试验。

需要明确的是，电磁兼容设计中考虑的静电问题与以往所说的静电防护问题不同。以往所说的静电防护是防止静电电压对器件或设备造成损坏，侧重点在于防止静电积累，保持物体各个部位的电位一致，而电磁兼容中考虑的是静电放电现象对设备造成的危害，侧重放电的危害过程。

在设备的静电放电加固设计中，上述最后一条措施才是设计的重点，除个别情况下会出现矛盾以外，前面叙述的大部分针对电磁干扰发射和抗扰度的技术措施对静电放电都有一定的作用。因此，针对静电放电应该采取的措施，往往在考虑其他电磁兼容性指标时就已经采取了，只要设备顺利通过其他各项电磁兼容试验，在静电放电试验中一般不会有大的问题，下面列举一些具体的技术措施。

① 屏蔽机箱。完整的屏蔽机箱能消除静电放电的影响，因为完整的屏蔽机箱使放电电流局限在机箱的外表面，不会流进电路或耦合进电路。

② 屏蔽挡板。当机箱上的缝隙或孔洞不可避免时，可以在电路（包括电路板和电缆）与缝隙/孔洞之间加一道金属屏蔽板，将屏蔽板与机箱采用低阻抗搭接的方式连接起来，如图 11-17 所示。在进行结构和电气设计时，要使敏感电路、电缆尽量远离这些缝隙、孔洞。

③ 信号地与机箱单点连接。将电路板上的信号地与机箱在一点连接起来（单点接地），防止静电放电电流在机箱上产生的电压耦合进电路，接地点选择在电缆入口处，这样电缆另一端传过来的共模电压可以直接被消除掉，如图 11-18（a）所示。如果按图 11-18（b）所示连接，则放电电流会流过电路板而导致干扰。将信号地与机箱连接起来的另一个意义是防止电路板与机箱之间产生过大的电压，造成二次放电或其他干扰。

④ 控制面板上的金属部件的放电路径。机箱控制面板上装的金属部件要与金属机箱紧密搭接，使静电放电电流顺利通过机箱泄放，防止静电放电电流流进电路，如果金属部件安装在绝缘面板上，需要为放电电流提供一条阻抗很低的泄放通路，并且这个通路要远离敏感电路，如图 11-19 所示。必要时，可以在金属部件与电路连接的导线上安装一个 Γ 形滤波器，不同种类、型号的部件，由于其内部结构的不同，可能对静电放电的反应也不同（有些品种容易导致静电放电电流从开关的外壳传入线路），可以通过试验进行挑选。

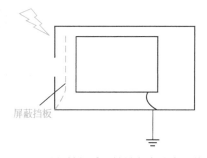

图 11-17 用屏蔽挡板减小缝隙与电路之间的干扰

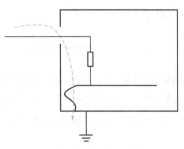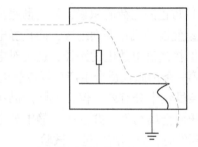

(a) 由电缆过来的共模电流不会流进电路地　　　　　(b) 由电缆过来的共模电流流进电路地

图 11-18　电路板上的信号地与金属机箱在一点连接

⑤ 防止静电放电电流流过共模滤波电容进入电路，当电缆与机箱之间加有共模滤波电容时，可在靠近电路一侧安装一个铁氧体磁珠，以防止机箱上的电流流进电路，如图 11-20 所示。

⑥ 电缆上使用共模扼流圈。当一台设备上发生静电放电时，共模电压通过电缆传给另一台设备，由于使用了共模扼流圈，一部分电压会降在共模扼流圈上。

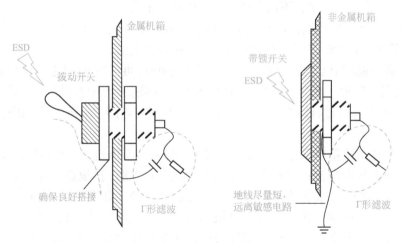

图 11-19　面板上的金属部件的处理

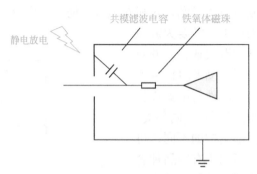

图 11-20　增加阻抗防止电流通过共模滤波电容进入电路

⑦ 设备之间的互连电缆使用屏蔽电缆，电缆的屏蔽层与设备的金属机箱之间保持低阻抗搭接，这样做的目的是将两个机箱的电位拉到一起，防止一台设备上发生静电放电时，较高的共模电压耦合到另一台设备上。

⑧ 在电缆的入口处安装瞬态抑制二极管或滤波电容，如图 11-21 所示。这些器件在连接时，应与金属机箱或安全地直接相连。

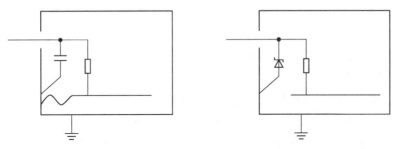

图 11-21　在电缆入口安装共模抑制器件

11.3.5　射频电磁场辐射抗扰度不合格

（1）不合格的主要原因　空间电磁场的能量可以通过两个路径进入电路：一个是直接耦合进电路（差模电流回路），另一个是通过电路的外接电缆进入电路。对于屏蔽机箱，电磁场能量主要是通过设备的外接电缆进入电路，对于非屏蔽机箱，两者都存在。当非屏蔽机箱内有较多内部互连电缆时，这些电缆也是接收空间干扰的良好天线。

如果在电路板布线和内部互连电缆设计时充分考虑了敏感信号回路的环路面积控制，电路板和内部互连电缆一般并不容易直接被外界电磁场干扰，除非是特别敏感的电路，干扰主要通过外接电缆进入电路。

通过电缆进入电路又分为直接和间接两种情况。通过电缆直接进入电路是指电磁场在电缆上感应出共模电流，由于电路的不平衡性，在电路的输入端产生了差模电压，对电路形成影响。通过电缆间接进入电路是指共模电流传进机箱后产生二次辐射，对机箱内的敏感电路产生影响。上述各种干扰情况如图 11-22 所示。

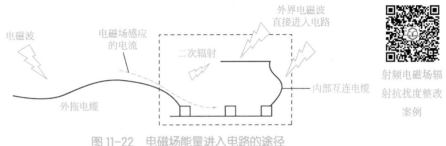

图 11-22　电磁场能量进入电路的途径

外拖电缆的长度达到电磁波的 1/4 波长时，电缆的接收效率最高，因此，在试验时会发现，受试设备在某些频率点上的响应比其他频率差得多。通过将频率与接收电缆的长度对应，可以确定故障电路的位置。

251

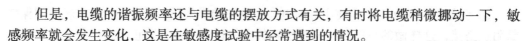

但是，电缆的谐振频率还与电缆的摆放方式有关，有时将电缆稍微挪动一下，敏感频率就会发生变化，这是在敏感度试验中经常遇到的情况。

（2）处理措施　由于空间干扰主要通过电缆进入电路，因此提高设备对空间辐射场的抗扰度首先要考虑各种电缆的天线效应，现把有关控制电磁场对电缆影响的方法总结如下：

① 尽量使用平衡电路传输信号，并在布线时注意线路的对称性；

② 在电缆与输入电路的连接处套铁氧体磁环，根据干扰的频率（或敏感的频率）调整匝数；

③ 对于特别敏感的电路，使用同轴电缆，同轴电缆两端的芯线露出部分要尽量短；

④ 电缆尽量靠近接地平面；

⑤ 在电缆与接收电路连接处采用共模滤波电容；

⑥ 使用屏蔽电缆时，屏蔽层与屏蔽机箱要360°端接。

另外，在进行电路板和内部互连电缆布线时，在特别敏感的信号线旁边铺设一条地线，以减小感应环路面积。

由于设备对射频场响应的非线性，以及产品在批量生产时由于器件和组装工艺方面的差异，在设计时应留有一定的裕量，根据经验通常要超出6dB的裕量，也就是在摸底试验时可将试验场强增加6dB，而受试设备不应出现故障。

11.3.6　电快速脉冲群抗扰度不合格

（1）不合格原因　对于检验设备的抗扰度来说电快速脉冲试验具有典型的意义。因为电快速脉冲试验波形的上升沿很陡，因此包含了很丰富的高频谐波分量，能够检验电路在较宽的频率范围内的抗扰度。另外，由于试验脉冲是持续一段时间的脉冲串，因此它对电路的干扰有一个累积效应，大多数电路为了抗瞬态干扰，在输入端安装了积分电路，这种电路对单个脉冲具有很好的抑制作用，但是对于一串脉冲则不能有效地抑制。

电快速脉冲对设备产生影响的原因有图11-23所示的3种，主要包括：

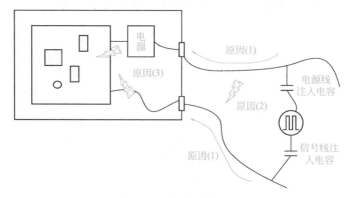

图11-23　电快速脉冲对设备产生影响的原因

① 通过电源线直接传导进设备的电源，导致电路的电源线上有过大的噪声电压。从图11-23所示的干扰注入方式可知，当单独对火线或零线注入时，在火线和零线之间

存在着差模干扰，这种差模电压会出现在电源的直流输出端，当同时对火线和零线注入时，仅存在着共模电压，由于大部分电源的输入都是平衡的（无论是变压器输入，还是整流桥输入），因此实际共模干扰转变成差模电压的成分很少，对电源的输出影响并不大。

② 干扰能量在电源线上传导的过程中，向空间辐射，这些辐射能量感应到邻近的信号电缆上，对信号电缆连接的电路形成干扰（如果发生这种情况，往往会在直接向信号电缆注入试验脉冲时，导致试验失败）。

③ 干扰脉冲信号在电缆（包括信号电缆和电源电缆）上传播时产生的二次辐射能量感应进电路，对电路形成干扰。

（2）整改措施

① 针对电源线的措施。

a. 金属机箱。解决电源线干扰问题的主要方法是在电源线入口处安装电源线滤波器，阻止干扰进入设备，从图 11-24 所示的干扰注入方法可知，注入到电源线上的电压是共模电压，滤波器必须能对这种共模电压起到抑制作用才能使受试设备顺利通过试验。目前，市面上的很多成品电源滤波器主要是针对电快速脉冲试验设计的，设计人员可以根据产品特点直接选用。下面是用滤波器抑制电源线上的电快速脉冲的方法。

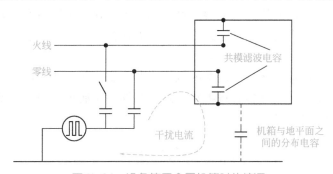

图 11-24　设备使用金属机箱时的情况

b. 设备机箱是非金属的。如果设备采用的是非金属机箱，就必须在机箱底部加一块金属板，供滤波器中的共模滤波电容接地。如图 11-25 所示，这时的共模干扰电流通过金属板与地平面之间的分布电容形成通路。如果设备的尺寸较小，意味着金属板尺寸也较小，这时金属板与地平面之间的电容量较小，不能起到较好的旁路作用。因此电感的特性对于设备能够顺利通过试验至关重要，需要采用各种措施提高电感高频特性，必要时可用多个电感串联。

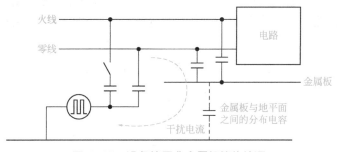

图 11-25　设备使用非金属机箱的情况

② 针对信号线的措施。

a. 信号电缆屏蔽。从试验方法可知，干扰脉冲耦合进信号电缆的方式为电容性耦合。消除电容性耦合的方法是将电缆屏蔽起来，并且接地，因此，用电缆屏蔽的方法解决电快速脉冲干扰的条件是电缆屏蔽层能够与试验中的参考地平面可靠连接。如果设备的外壳是金属的并且接地，这个条件容易满足；当设备的外壳是金属的，但是不接地时，屏蔽电缆只能对电快速脉冲中的高频成分起到抑制作用，这是通过金属机壳与地之间的分布电容来接地的；如果机箱是非金属机箱，则电缆屏蔽的方法就没有什么效果。

b. 信号电缆上安装共模扼流圈。共模扼流圈实际是一种低通滤波器，根据低通滤波器对脉冲干扰的抑制作用，只有当电感量足够大时，才能有效。但是当扼流圈的电感量较大时（往往匝数较多），分布电容也较大，扼流圈的高频抑制效果降低，而电快速脉冲波形中包含了大量的高频成分。因此，在实际使用时，需要注意调整扼流圈的匝数，必要时用两个不同匝数的扼流圈串联起来，兼顾高频和低频的要求。

c. 采用双绞线作为设备的信号电缆，并在设备信号线接口处（即靠近设备的一端）加套铁氧体磁环，并将信号线在磁环上绕 2～3 圈，对于抗扰能力不是太弱的设备来说，这种措施的效果还是不错的。

d. 信号电缆上安装共模滤波电容。这种滤波方法比扼流圈具有更好的效果，但是需要金属机箱作为滤波电容的地。另外，这种方法会对差模信号有一定的衰减，在使用时需要注意。

e. 对敏感电路局部屏蔽。当设备的机箱为非金属机箱，或者电缆的屏蔽和滤波措施不易实施时，干扰会直接耦合进电路，这时只能对敏感电路进行局部屏蔽，屏蔽体应该是一个完整的六面体。

11.3.7 浪涌（冲击）抗扰度不合格

（1）不合格原因 浪涌脉冲的上升时间较长，脉宽较宽，不含有较高的频率成分，因此对电路的干扰以传导为主，主要体现在过高的差模电压幅度导致输入器件击穿损坏，或者过高的共模电压导致线路与地之间的绝缘层击穿，由于器件击穿后阻抗很低，浪涌发生器产生的很大的电流使器件过热发生损坏，导致受试设备永久性损坏。

对于有较大滤波电容的整流电路，过电流使器件损坏也可能是首先发生的，例如，在图 11-26 所示的电路中，浪涌到来时，整流电路和滤波电容提供了很低的阻抗，浪涌发生器输出的很大的电流流过整流二极管，当整流二极管不能承受这个电流时，就发生过热而烧毁，随着电容的充电，电容上的电压也会达到很高，有可能导致电容击穿损坏。

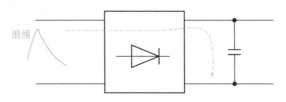

图 11-26　浪涌对有平滑电容的整流电路的影响

（2）整改措施　雷击浪涌试验的最大特点是能量特别大，所以采用普通滤波器和铁氧体磁芯来滤波、吸收的方案基本无效，必须使用气体放电管、压敏电阻、硅瞬态电压抑制二极管和半导体放电管等专门的浪涌吸收器件才行。

雷击浪涌试验有共模和差模两种，因此浪涌吸收器件的使用要考虑到与试验相对应，为显现使用效果，浪涌吸收器件要用在进线入口处，由于浪涌吸收过程中的 di/dv 特别大，在器件附近不能有信号线和电源线经过，以防止因电磁耦合将干扰引入信号和电源线路。此外，浪涌吸收器件的引脚要短；吸收器件的吸收容量要与浪涌电压和电流的试验等级相匹配。

最后，采用组合式保护方案能够发挥不同保护器件各自的特点，从而取得最好的保护效果。

当并联型的浪涌抑制器发挥作用时，它将浪涌能量旁路到地线上，由于地线都是有一定阻抗的，因此当瞬间的大电流流过地线时，地线上会产生一个很大的瞬态电压。例如，如果地线的阻抗为 1Ω，当流过地线的峰值电流为 2kA 时，地线上的电压最大到 2kV，因此线路上的电压也为 2kV，这种现象一般称为地线反弹。地线反弹对设备的影响如下：

① 浪涌抑制器的地与设备的地不在同一点，设备的线路实际上没有受到保护，较高的浪涌电压仍然加到设备的电源线与地之间，如图 11-27（a）所示。解决的办法是在线路与设备外壳（地）之间再并联一只浪涌抑制器，如图 11-27（b）所示。

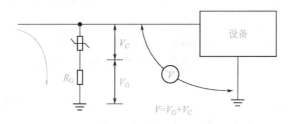

(a) 设备的线路与外壳之间出现浪涌电压

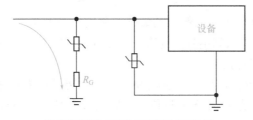

(b) 消除线路与外壳之间出现的浪涌电压

图 11-27　地线反弹对设备的影响及对策

② 浪涌抑制器的地与设备的地在同一点，这时，该台设备的线路与地之间没有浪涌电压，受到了保护，但是如果这个设备与其他设备连接在一起，另一台设备就要承受 2kV 的共模电压，如图 11-28 所示。这个共模电压会出现在所连接设备 1 与设备 2 的电缆上。解决的方法是在互连电缆的设备 2 一端也安装浪涌抑制器。

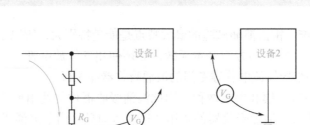

图 11-28　地线反弹对互连设备的影响

需要注意的是，浪涌抑制器件的寿命不是永久的，总会失效。因此，在结构设计上，浪涌抑制器件应该便于更换，并且，当浪涌抑制器件失效时，应该有明显的显示，提醒维护人员进行更换。浪涌抑制器件的失效模式一般为短路，这可以称为安全模式，因为当浪涌抑制器短路时，线路会出现故障，从而提醒维修人员更换浪涌抑制器。但是，也有开路失效模式的可能性，这时往往会给设备带来危险，因为设备会直接处于没有保护的状态下。

11.3.8　射频场感应传导抗扰度不合格

（1）不合格原因

① 电磁钳注入方式的信号线：

a. 流过电磁钳的试验电流以互感耦合的方式在电缆束中的每根导线上感应出共模电压，由于线路的不平衡性，在电路的输入端产生差模电压，从而对电路产生影响。

b. 通过电磁钳注入到电缆束中的导线上的电压，在导线上产生电流，这个噪声电流流进机箱后，产生的二次辐射对机箱的敏感电路造成干扰，或者与邻近的敏感电路发生耦合。

② 电源线。对电源线进行试验时，如果设备内没有二次电源模块（AC-DC、DC-DC），这种干扰会直接传进电路，以电源线噪声的形式对电路造成严重的干扰；如果有二次电源模块，大部分干扰会被隔离掉，二次电源为电路提供比较清洁的电源。这时，主要的干扰模式是二次辐射对机箱内的敏感电路造成的干扰。

（2）整改措施　注入到信号电缆束上的电压为共模电压，注入到电源电缆上的既有共模电压，也有差模电压。

对于电源线的试验，一般只要在电源的入口安装了性能较好的滤波器就不会出现问题，特别是对于数字设备，由于通过传导发射试验有时需要安装性能非常好的滤波器，而这种滤波器可以提供足够的衰减，对于通过射频场传导抗扰度试验完全没有问题。

设备的射频场感应传导抗扰度试验的具体整改措施如下（设备是金属外壳）。

① 屏蔽电缆。注意屏蔽层的端接方式，要与机箱 360° 搭接，可以起到较好的抑制共模干扰作用。在此试验的特例中，屏蔽电缆的另一个作用是降低了试验的严格程度。

② 平衡电路。电缆的驱动和接收采用平衡电路设计，并在布线和设计结构时充分保证两根导线的对称性（注意平衡电路中不能使用同轴电缆）。

③ 共模扼流圈。根据敏感频率调整扼流圈的匝数。

④ 共模滤波电容。在电缆束的接收电路端，导线（包括信号线与信号回线）与金

属外壳之间需安装滤波电容，最好安装穿心电容。当使用平衡线路时，两个滤波电容的容量要一致，避免人为破坏线路的平衡性。

⑤ 系统单点接地。当电缆为非屏蔽电缆时，这项措施往往是必然的，因为共模扼流圈和共模滤波电容一般仅能抑制较高频率的干扰，对低频干扰没有作用，将系统单点接地，可以切断地环路，降低对较低频率（1MHz 以下）的注入干扰信号的敏感度。如果用双绞线或同轴线传输信号，则对这种抑制效果更好。这种方法对于高频干扰是无效的，因为当频率很高时，分布电容已经构成了共模电流的通路。

第 ⑫ 章

单片机、可编程控制器及工控机的抗扰问题

单片机、可编程控制器及工控机的抗扰问题不容忽视，可扫二维码详细学习。

单片机、可编程控制器
及工控机的抗扰措施

第 13 章

家用电器的电磁兼容测试及整改

13.1
家用电器引起的电磁干扰

家用电器主要指在家庭及类似场所中使用的各种电气和电子器具，又称民用电器、日用电器。常用的家用电器按照用途大致可划分为以下几类产品：

① 空气调节类设备。主要用于调节室内空气温度、湿度及过滤空气，常用的有电风扇、换气扇、冷热风器、空调器、加湿器、空气清洁器等。

② 制冷设备。利用制冷技术产生低温以冷却和保存食物、饮料，如家用电冰箱、冷饮机等。

③ 清洁设备。用来清洁衣物或室内环境，如洗衣机、吸尘器、地板打蜡机等。

④ 熨烫设备。可用于熨烫衣服，如电熨斗等。

⑤ 取暖设备。主要是通过电热元件，使电能转换为热能，供人们取暖，这类设备有电加热器、电热毯、电热被等。

⑥ 保健设备。用于身体保健的小型家用保健设备，如电动按摩器、负离子发生器、频谱治疗仪等。

⑦ 美容设备。如电吹风、电动剃须刀、超声波洗面器等。

⑧ 照明设备。指各种室内外照明灯具、电子镇压器、电子调光器等。

⑨ 其他家用电子设备。如音响类产品、视频产品、计时产品、计算产品、娱乐产品等。

目前家用电器正朝着节能、智能、自动、方便、舒适的方向发展，由于家用电器的品种越来越多，在生活环境中的家用电器的数量也越来越多。因此，家用电器工作时所产生的电磁干扰对于同一环境中其他用电设备可靠性的影响，以及对于人们身体健康的影响成了人们广泛关注的问题。目前，保护电磁环境和防止电磁污染的问题，已引起世界各国各有关国际组织的普遍关注，设备的电磁兼容性实际上已成为市场的准入指标，在我国家用电器产品的强制性认证中，产品的电磁兼容性已变得和产品的电气安全性同等重要。

家用电器对电磁环境产生的影响大致分为以下几种类型：

① 带有换向器的电动机在运转过程中，电刷与换向器接触形成火花而产生电磁干扰。这一类设备有吸尘器、电吹风、电动缝纫机、电动剃须刀及各种电动工具等。

② 由于开关频繁的动作而产生电磁干扰的家用电器，如电饭煲、电熨斗、电烤箱、洗衣机等。

③ 在设备启动时所需的大电流可能会造成局部环境内电网电压的暂时性下降，从而导致其他家用电器或电子设备不能正常运行的家用电器，如空调器、电冰箱等，这类电感性负载运行时还会导致电源功率因数下降，设备中的电力电子器件还会产生谐波电流。

④ 带有可控硅器件的家用电器，如电子调光灯、电风扇、多功能控制器等，在运行时也会产生谐波电流。

⑤ 各种气体放电灯（如荧光灯等）在工作时由于气体的电离，会产生电磁干扰（包括传导和辐射的干扰）。

⑥ 带有微处理器的家用电器，如模糊类家电、带遥控的家电、全自动洗衣机、彩色电视机、影碟机、组合音响、家庭影院、热水器、微波炉等，它们所采用的二电平数字信号会引起电磁干扰，而且随着时钟频率的不断提高，其干扰频谱可高达数百兆赫。

⑦ 微波炉、电磁灶、家庭影院、功率放大器等所产生的高频电磁能量泄漏，不仅会引起电磁干扰，而且将对人体健康造成危害。

家用电器产生的电磁干扰过大，就会对环境造成电磁污染，最常见的例子是干扰收音机和电视机的收听和收看，使计算机及其控制电器发生误操作或丢失数据，除此之外，对于医疗器械，例如心脏起搏器，在电磁环境中受到电磁干扰后也会出现工作失常，这一后果可能是非常严重的。大量事实证明人体本身在受到过量的电磁辐射之后，会出现血流加快、局部体温升高、酶活性降低、蛋白质变性、心率改变、局部组织受损等现象，过量的电磁辐射还会对中枢神经系统、心血管系统、血液与免疫系统、生殖系统等造成不良影响。

13.2

家用电器电磁兼容测试的标准化

进入 21 世纪，特别是我国加入世界贸易组织后，国家质量监督检验检疫总局和国家认证认可监督管理委员会提出了对进口和国产商品都适用的"3C"认证制度，提出了一个强制性产品认证的产品目录。在第一批产品目录中就有 19 个大类共 132 种产品榜上有名，这些都是和国计民生密切相关的产品，产品中除了少数明显与电技术无关外，多数产品都有电气安全问题，有相当多的产品还涉及电磁兼容问题，其中涉及家用电器（包括电动工具）范畴的有电动工具产品 16 种、家用和类似用途电器 18 种、音 / 视频类设备 16 种、信息技术类设备 12 种、电信终端类设备 9 种、照明灯具类产品 2 种、几乎达到全部 132 种产品中的一半，这不能不说是国家对于民用电器设备质量的重视。

判断家用电器设备的性能好坏唯有按照标准来进行检验。尽管上述产品都融入了"家用"产品这个大范畴，但是从产品标准的分类看，上述产品则分属于几个产品大类，各有其产品的特殊性，因此要用各自不同的产品大类（或称产品族）标准来对它们的电气安全和电磁兼容性提出要求，所以在本章里的家用电器专指第一批实施强制性产品认证的产品目录中所指的家用和类似用途电器，一共有 18 种设备，包括家用电冰箱和食品冷冻箱（有效容积在 500L 以下，家用或类似用途的有或无冷冻食品储藏室的电冰箱、冷冻食品储藏箱和食品冷冻箱及它们的组合），电风扇（单相交流和直流家用和类似用途的电风扇），空调器（制冷量不超过 21000 大卡 /h 的家用及类似用途的空调器），电动机—压缩机（输入功率在 5000W 以下的家用和类似用途空调及制冷装置所用全封闭或半封闭式的密闭式电动机—压缩机），家用电动洗衣机（带或不带水加热装置、脱水装置或干衣装置的洗涤衣物的电动洗衣机），电热水器（把水加热至沸点以下的固定储水式和快热式电热水器），室内加热器（家用和类似用途的辐射式加热器、板状加热器、充液式加热器、风扇式加热器、对流式加热器、管状加热器），真空吸尘器（具有吸除干燥灰尘或液体的作用，由串激整流子电动机或直流电动机驱动的真空吸尘器），皮肤或毛发护理器具（用于人或动物的皮肤或毛发护理并带有电热元件的电器），电熨斗（家用和类似用途的干式电熨斗和蒸汽电熨斗），电磁灶（家用和类似用途的采用电磁能加热的灶具、内部可以有一个或多个电磁加热元件），电烤箱（包括额定容积不超过 10L 的家用和类似用途的电烤箱、面包烘烤器、华夫烙饼模和类似器具），电动食品加工器具（家用电动食品加工器和类似用途的多功能食品加工器），微波炉（频率在 300MHz 以上的一个或多个 I.S.M. 波段的电磁能量来加热食物和饮料的家用器具，可带有着色和蒸汽功能），电灶、灶台、烤炉和类似器具（包括家用电灶、分离式固定烤炉、灶台、台式电灶、电灶的灶头、烤架和烤盘及内装式烤炉、烤架），抽油烟机（安装在家用烹调器具和炉灶的上部，带有风扇、电灯泡和控制调节器之类用于抽吸排除厨房中油烟的家用电器），液体加热器和冷热饮水机，电饭锅（采用电热元件加热的自动保温式或定时式电饭锅）。

许多家用电器都有一个共同的特点，即内部拥有电动机的驱动线路，在这些装置中，由电动机所产生的电磁干扰是一个严重的问题，与家用电器驱动情况相类似的还有一种设备就是电动工具，电动工具在运行时也会产生电磁干扰，由于这些设备（家用电器和电动工具）采用的电动机的性质类似，消耗的功率也差不多（几十瓦至几千瓦），往往都在一般的居民生活和办公环境中使用，这样，由它们所产生的电磁干扰对同一环境中的其他电器设备就形成了严重危害。为此，国际和国家在制定标准时把家用电器和电动工具归在一起，制定了相应的标准来对它们的电磁兼容性能进行考核。

根据电磁兼容性包括设备自身工作所产生的电磁干扰，以及设备对外界干扰的抗干扰能力这两方面的要求，国内也专门制定了两个标准来与之对应，它们分别是：GB 4343.1—2018《电磁兼容—家用电器、电动工具和类似器具的要求　第 1 部分：发射》（对应于国际标准 CISPR 14-1：2005）；GB/T 4343.2—2009《电磁兼容　家用电器、电动工具和类似器具的要求　第 2 部分：抗扰度》（对应于国际标准 CISPR 14—2008）。

13.2.1 家用电器、电动工具和类似器具的电磁发射要求

根据家用电器和电动工具工作的特点，GB 4343.1 标准对于干扰持续时间的长短提出了连续干扰和断续干扰两种可能区别的干扰。

连续干扰，可以是一连串的脉冲，也可以是一系列杂乱无章的噪声，或者是两者的重叠，一般是指一串持续时间为 200ms 以上的干扰，表 13-1 和表 13-2 给出了连续干扰的干扰电压允许值；表 13-3 给出了连续干扰的干扰功率允许值。

表 13-1　家用电器和类似器具及装有半导体调节控制器设备的传导干扰（连续干扰）允许值

频率范围 /MHz	在电源端子上		在负载端子和附加端子上	
	准峰值 /dBμV	平均值 /dBμV	准峰值 /dBμV	平均值 /dBμV
0.15 ～ 0.50	65 ～ 56	59 ～ 46	80	70
0.50 ～ 5.00	56	46	74	64
5.00 ～ 30.0	60	50	74	64

注：随频率的对数线性减小。

表 13-2　电动工具的传导干扰（连续干扰）允许值

频率范围 /MHz	电动机额定功率≤ 700W		700W< 电动机额定功率≤ 1000W		电动机额定功率 >1000W	
	准峰值 / dBμV	平均值 / dBμV	准峰值 / dBμV	平均值 / dBμV	准峰值 / dBμV	平均值 / dBμV
0.15 ～ 0.50	66 ～ 59	59 ～ 49	70 ～ 63	63 ～ 53	76 ～ 69	69 ～ 59
0.50 ～ 5.00	59	49	63	53	69	59
5.00 ～ 30.0	64	54	68	58	74	64

注：随频率的对数线性减小。

表 13-3　连续干扰的干扰功率允许值

频率范围 /MHz	家用电器和 类似器具		电动工具					
			电动机额定 功率≤ 700W		700W <电动机 额定功率≤ 1000W		电动机额定功率> 1000W	
	准峰值 / dBμV	平均值 / dBμV	准峰值 / dBμV	平均值 / dBμV	准峰值 / dBμV	平均值 / dBμV	准峰值 / dBμV	平均值 / dBμV
30 ～ 300	45 ～ 55	35 ～ 45	45 ～ 55	35 ～ 45	49 ～ 59	39 ～ 49	55 ～ 65	45 ～ 55

注：随频率的对数线性增大。

断续干扰是指一系列不连续的干扰，与连续干扰相比，断续干扰在收音机及电视机的音频与视频输出端所引起的干扰对人们的主观感觉是不一样的，因为它一般只以短脉冲的形式出现，干扰的主观效应与每个干扰的持续时间及干扰的间隔时间有关，通常干扰的允许值可以放宽一点。

GB 4343.1 标准根据家用电器中恒温控制器的开关操作、自动程序控制及其他电气控制的特点，又把断续干扰划分成喀呖声干扰和非喀呖声干扰，前者特指持续时间短于 200ms、间隔时间大于 200ms 的断续干扰。

这里还要引进喀呖声率的概念，它是指 1min 内的喀呖声数，由公式 $N=n_1/T$ 决定，式中，n_1 是观察时间 T（min）内的喀呖声数。

但某些电器（见表 13-4）的喀呖声率，由公式 $N=fn_2/T$ 来决定。式中，n_2 是观察时间 T（min）内的开关操作次数；f 是表 13-4 所给的系数。

表 13-4　用开关操作次数及运行条件所给系数 f 来导出喀呖声率 N

电器类型	系数 f
便携式或可移动式房间加热设备的调温器	1
冷藏箱、冷冻箱	0.5
有自动加热板的电灶	0.5
带有一个或多个由调温或能量调节器控制的加热板器具	0.5
电熨斗	0.66
缝纫机速度控制和启动开关	1
牙钻速度控制和启动开关	1
办公器具启动开关	1
幻灯放映机换片装置	1

断续干扰的干扰允许值是在表 13-1 和表 13-2 所规定的值基础上再增加一个由喀呖声率 N 来确定的量：

44dB	（$N<0.2$）
$20\lg(30/N)$ dB	（$0.2\leq N\leq 30$）
0dB	（$N>30$）

注：干扰在 30～300MHz 频段内不规定任何允许值。

① 当被试品的喀呖声率不大于 5 且每次喀呖声的持续时间都小于 10ms 时，则对这类干扰无允许值的要求，可直接认为它是符合标准要求的。

② 对喀呖声率小于 5 且由两个或多个单独开关操作引起的相继两个干扰，每个干扰的最大持续时间为 200ms，而在其前、后 2s 内再没有其他干扰，此时即使这两次干扰的间隔时间小于 200ms，也应当把这两次干扰当成两次喀呖声，而不作为连续干扰来处理。

③ 对作为恒温控制的三相开关，由每一相开关动作（断开或闭合）引起的相继 3 个干扰，若满足：a.15min 内的开关动作不超过 1 次，而且除了这 3 个干扰外，在 2s 内再无其他干扰跟随在其前、后；b.3 个干扰中，每个干扰的持续时间都不大于 10ms，并且干扰值不超过连续干扰允许值 44dB，那么这 3 次干扰应当被定义成 3 次喀呖声，而不作为连续干扰处理。

④ 对于安装在试品中的开关或控制器，如果这种开关或控制器的手动操作仅仅起到了以下作用：

a.电源的通/断；

b.简单的程度选择；

c.在有限的固定位置间用开关时的能量或速度控制；

d. 对脱水机变速器、电子调温器等进行设定值改变。

那么，对这类因手动操作所引起的干扰不予考虑。

⑤ 对于在房间内固定位置使用的取暖器及装在取暖器内部的控温器，其干扰允许值暂无规定。

图 13-1 为一些断续干扰的判断例子。

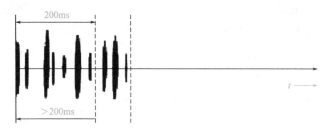

(a) 间隔小于200ms，持续时间大于200ms的脉冲干扰

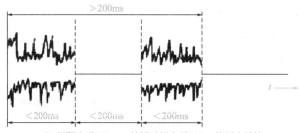

(b) 间隔小于200ms，持续时间大于200ms的两次干扰

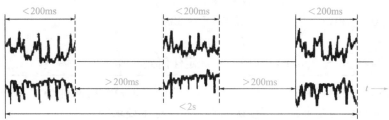

(c) 任意2s内，经常发生两次以上的喀呖声

(d) 单个脉冲持续时间小于200ms，间隔时间小于200ms，总持续时间不大于200ms的若干脉冲干扰

图 13-1　断续干扰的判断例子

13.2.2　家用电器、电动工具和类似器具的抗扰度要求

现在家用电器、电动工具和类似器具越来越多地采用了电子控制和微处理器的控制线路来对它们的运行进行控制，因此这些设备除了有电磁干扰的发射问题，还存在设备的抗干扰问题。GB/T 4343.2 就是一个测试这些设备电磁抗扰度的标准。

GB/T 4343.2 标准适用于额定电压不超过 250V（单相）和 480V（三相）的家用与类似用途的电器及电动玩具、电动工具的电磁抗扰度的试验要求。表 13-5 列出了试验项目与试验要求。

表 13-5　家用电器、电动工具和类似器具的抗扰度要求

试验项目	试验部位	试验条件	试验配置	备注
静电放电	机壳端口	8kV（空气放电） 4kV（接触放电）	参见 GB/T 17626.2	
电快速瞬变脉冲群	信号线和控制线端口	0.5kV（峰值） 5kHz（重复频率）	参见 GB/T 17626.4	试验仅用在端口的电缆线长度超过 3m 的情况下
	直流电源的输入和输出端口	0.5kV（峰值） 5kHz（重复频率）		用电池供电的设备不做此项试验，因设备未连至电网
	交流电源的输入和输出端口	1kV（峰值） 5kHz（重复频率）		用耦合/去耦网络做交流电源端口的试验
由射频场感应所引起的传导干扰 1kHz，80%AM	信号线和控制线端口	1V（均方根值），指未调制时的信号， 0.15～230MHz	参见 GB/T 17626.6	试验仅用在端口的电缆线长度超过 3m 的情况下
	直流电源的输入和输出端口	1V（均方根值），指未调制时的信号 0.15～230MHz		用电池供电的设备不做此项试验，因设备未连至电网
	交流电源的输入和输出端口	3V（均方根值），指未调制时的信号 0.15～230MHz		用耦合/去耦网络做交流电源端口的试验
射频辐射电磁场 1kHz，80%AM	机壳端口	3V/m（均方根值），指未调制时的信号 80～1000MHz	参见 GB/T 17626.3	
浪涌（综合波）	线 - 线	1kV	参见 GB/T 17626.5	
	线 - 地	2kV		
电压跌落与中断	交流电源输入端口	电压跌落至 0V，0.5 周波	参见 GB/T 17626.11	
		电压跌至额定值的 40%，10 周波（50Hz）12 周波（60Hz）		
		电压跌至额定值的 70%，25 周波（50Hz）30 周波（60Hz）		

抗扰度试验性能评定的具体判据由制造商给出，性能的评定准则有以下几种。

准则 A：被试品在试验中能连续工作，无性能下降和低于制造商规定的性能降级现象。性能的等级可以用性能允许降低的情况来代表。如果制造商未规定被试品的最低性能水平或可以允许的性能降低情况，那么这两者均可以从产品说明和文件中导出，也可以由用户根据被试品的使用情况来合理制定。

准则 B：被试品可以在试验后连续工作。被试品在工作时无性能下降、恶化或低于制造商所允许的性能降低，被试品的性能水平可以用性能允许的性能损失情况来代表。在试验中，允许被试品的性能有所降低，但不允许其实际工作状态或存储数据发

生变化，如果制造商未给出被试品的最低性能水平或可以允许的性能降低情况，那么这两者均可以从产品说明和文件中导出，也可以由用户根据被试品的使用情况来合理制定。

准则 C：允许被试品有暂时性的性能下降，只要这种性能是可以通过控制操作来自行恢复或人工恢复的。

表 13-6 是被试品在抗扰度试验中所允许的性能降低情况。

表 13-6　抗扰度试验中的性能降级举例

性能（未详尽列）	判据			
	A	B[2]	C1[3]	C2[3]
电动机的速度	10%[1]	−	+	−
转矩	10%[1]	−	+	−
位移	10%[1]	−	+	−
功率（消耗、输入）	10%[1]	−	+	−
开关（状态变化）	−	−	+	−
发热	10%[1]	−	+	−
定时（程序延时、占空系数）	10%[1]	−	+	−
待机状态	−	−	④	−
数据存储	−	−	⑤	⑦
传感器性能（信号传递）	⑥	−	⑦	−
指示器（视觉和听觉）	⑥	−	⑦	−
音频功能	⑥	−	⑦	−
照明	⑥	−	⑦	−

① 精确度值。
② 对判据 B 来说，测量或检验是对被试品在电磁干扰试验前或试验后的稳态工作下进行的。
③ 对判据 C 来说，其中 C1 是在复位之前，C2 是在复位之后。
④ 只许开关断开，但不允许开关接通。
⑤ 允许数据变化或丢失。
⑥ 允许出现由制造商所规定的较低性能状态，但不允许其正常功能丢失。
⑦ 允许正常功能丢失。
注：表中"−"表示不允许改变；"+"表示允许改变。

GB/T 4343.2 标准对它所覆盖的设备做了一些分类，每个类别的设备各有其特殊要求：

类别 1：主要是一些无电子控制电路的设备，如用电动机驱动的设备、电动玩具、电加热设备及类似的电器设备（如紫外线及红外线的辐射设备）。这类设备的共同特点是电路由无源元件（如射频干扰抑制电容或电感，变压器和电源整流器等）构成，不涉及电子控制电路。

类别 2：带有电子控制电路的变压器玩具、双电源玩具、由市电供电的电动器具、电动工具、电热器具和类似电器（如紫外线辐射仪、红外线辐射仪和微波炉），其内部含有电子控制线路的内部时钟频率或振荡频率，其不超过 15MHz（注：玩具，例如教育用的电脑、器具，带有电子控制单元的轨道装置）。

类别 3：带有电子控制电路并且由电池（内装式电池或外接式电池）供电的器具。在正常使用条件下，该类型器具不与市电相连，其电子控制线路的内部时钟频率或振荡频率不超过 15MHz。

该类包括装有可充电电池的设备，可充电电池通过将器具接到市电来进行充电。但是，当该类器具接到市电时，应按 2 类设备来进行考核（注：玩具，例如音乐软体玩具、有线控制玩具和电动电子玩具）。

类别 4：泛指标准范围内的所有其他设备。

对于不同类别设备的试验项目应用及性能判据见表 13-7。

表 13-7　不同类别设备的试验项目应用及性能判据

序号	试验项目名称	设备类别及性能判据[①]			
		类别 1	类别 2	类别 3	类别 4
1	静电放电试验	—	√，判据 B	√，判据 B[②]	√，判据 B
2	电快速瞬变脉冲群试验	—	√，判据 B	—	√，判据 B
3	由射频场感应所引起的传导干扰试验	—	√，判据 A	√，判据 A	√，判据 A
4	射频辐射电磁场试验	—	—	—	√，判据 A
5	浪涌（综合波）试验	—	√，判据 B	—	√，判据 B
6	电压跌落与中断试验	—	√，判据 C	—	√，判据 C

注：①关于设备的性能判据概念见表 13-6。

②不用使用者输入分数和数据的玩具，例如：音乐软体玩具、发声玩具等，适用性能判据 C。

13.3

电磁兼容故障整改实例

电磁兼容故障整改实例可扫二维码学习。

电动工具电磁干扰的抑制

小家电电磁发射超标整改

变频空调单片机控制电路抗扰设计

第 **14** 章

开关电源的传导干扰

14.1

开关电源认证和电磁兼容测试

开关电源是利用现代电力电子技术，控制开关管开通和关断的时间比率，维持稳定输出电压的一种电源，开关电源一般由脉冲宽度调制（PWM）控制 IC 和 MOSFET 构成。随着电力电子技术的发展和创新，开关电源技术也在不断地创新。目前，开关电源以小型、轻量和高效率的特点被广泛应用于工业自动化控制、军工设备、通信设备、家电等领域，是当今电子信息产业飞速发展不可缺少的一种电源方式。

在我国强制性产品认证目录中虽然没有将开关电源列为一个产品大类，但在目录的信息技术类设备提到的 12 种产品中，将计算机的内置电源和电源适配器与微型计算机、便携式计算机、与计算机连用的显示设备、与计算机连用的打印设备、多用途打印复印机、扫描仪、充电器、电脑游戏机、学习机、复印机、服务器、金属及贸易结算电子设备等一起列为强制认证的产品。

此外，在需要强制性认证的音 / 视频设备、音 / 视频设备的部件、卫星电视广播接收机、电信终端设备中，虽没有把开关电源列为一种独立产品，但是在这些产品的认证实施细则中却把开关电源作为一种对电磁兼容性能有影响的主要零部件列在认证产品的零部件清单中。事实上，还有更多的电子设备，尽管在其认证的实施细则中都没有直接提到过开关电源的问题，但是在这些产品的认证（这里是指广义的"认证"，除了 3C 认证外，还有一些产品尽管不需要 3C 认证，但有"入网"认证的要求）中都无一例外地提到了要做电磁兼容性试验，由于开关电源作为这些设备中与电网连接的关键部件，所以这些试验都和开关电源的可靠性休戚相关。

这样看来，无论开关电源是不是作为一个独立产品参加强制产品的认证，作为电子设备与电网连接的一个首要部件，只要这个产品需要参加认证，那么开关电源都必须经受电磁兼容性试验。

14.2

开关电源的电磁兼容试验

让我们回顾一下"电磁兼容"的定义，"设备或系统在其电磁环境中能正常工作，且不对该环境中的任何事物构成不能承受的电磁干扰的能力"。可以看出，设备的电磁兼容性包含两方面的意思：设备要有一定的抗干扰能力，使其在电磁环境中能够正常工作；同时，设备工作中自身产生的电磁干扰应抑制在一定水平下，不能对同处于一个电磁环境中的任何事物构成不能承受的电磁干扰。由此看来，对开关电源的电磁兼容性测量也包含了对开关电源的抗干扰能力和对开关电源自身干扰抑制这两方面的要求。

迄今为止，开关电源电磁兼容性测试的国家标准尚未出台，但是在参加强制性产品认证的信息技术设备类产品里，有一张"机内开关电源的认证试验项目一览表"（国家认证认可监督管理委员会颁布），其中列出了 3 个电磁兼容测试项目，分别是 0.15～30MHz 电源端传导干扰电压测试、30～1000MHz 辐射干扰场强测试和暂态谐波电流测试。十分明显，这几项试验都是针对开关电源自身工作中所产生的电磁干扰的，分别是针对射频性质的传导干扰电压和辐射干扰场强测试，以及针对电网污染的谐波电流测试。

此外，对包括音 / 视频设备、音 / 视频设备的部件、卫星电视广播接收机、金融及贸易结算设备、电信终端设备等产品在内的所有需要认证的电子产品有测试产品自身工作中所产生的电磁干扰的要求外，还有抗扰度测试的要求。

在上述产品中的强制性认证实施细则中，引用的电磁兼容性测试标准有：

① 设备工作时自身所产生的电磁干扰：GB/T 9254—2008《信息技术设备无线电骚扰限值和测量方法》，测试设备的电源端子干扰电压和辐射干扰场强。

② 设备工作时对电网造成的污染：GB 17625.1—2012《低压电气及电子设备发出的谐波电流限值（设备的每相输入电流≤16A）》，测试设备对于电网的污染（谐波电流发射）。

③ 设备的抗扰性：GB/T 17626《电磁兼容试验和测量技术系列标准》，主要测试设备对于静电放电、射频辐射电磁场、电快速瞬变脉冲群、雷击浪涌、由射频场感应所引起的传导注入、电压暂降与短时中断等干扰的抗干扰能力。

从国内外电子产品的认证情况看，通常电子产品本身的电磁干扰发射是强制性的测试项目，因为电子产品的电磁干扰发射对确保世界范围内通信和广播畅通具有决定性的作用，对保证同一电磁环境内的其他电子设备和系统的正常运行具有积极意义。同样，电子产品工作时所产生的暂态谐波电流实际上是对整个公共电网的污染。对谐波电流发射的限制，实际上也就保证了公共电网的供电质量。

相比之下，抗干扰能力是说明电子产品性能高低的重要指标，是评价同类产品好坏的主要指标之一，也是客户选购电子设备的主要依据。这样看来，电子产品的电磁干扰发射和谐波电流发射是必须实施强制检查的项目，而电子产品的抗干扰性能则应根据产品认证与入网需要进行必需的检查。

由此可见，作为信息技术设备类产品参加强制性产品认证的机内开关电源的 3 个电磁兼容测试项目（即对机内开关电源所做的传导干扰电压测试、辐射干扰场强测试及谐波电流测试）是适当的，也是必需的。

而对广大电子产品所做的抗干扰性能测试，实际上不全部是针对开关电源的一种试验，从更深的层面来说，是对整个设备的抗干扰性能进行试验，大量事实证明，即使一台设备的开关电源通过了全部的抗干扰试验项目，也不等于这台设备能通过相应的抗干扰试验，这里面有经由开关电源漏过去的干扰信号，设备的其他功能线路在这些干扰下会产生误动作，甚至导致功能线路中的元器件损坏或程序丢失。此外，设备内部的布局和布线不当也可能将干扰越过开关电源直接进入其他功能线路，导致设备产生误动作等受干扰现象。

基于这一原因，本章只讨论开关电源的电磁干扰的发射问题。

14.3

开关电源的电磁干扰

开关电源将市电直接整流、滤波成为高压直流，然后通过逆变将高压直流转换成低电压的高频交流，再经过高频整流和滤波变成所需要的直流低电压。其间，通过直流输出电压的取样，反过来对晶体管的开关时间进行控制，从而可以保持输出电压不变，这种线路的好处是没有了笨重的工频变压器；工作在开关状态下的晶体管的功耗要比线性状态低得多，所以不需要庞大的散热器；再者，逆变器的工作频率较高（达几十千赫至 200kHz），只要用较低小容量的电容器就可获得输出电压的平滑滤波效果。由此可见，开关电源的根本优点是小型化、轻量化和高效化。

但是开关电源也有其固有的问题，开关电源的内部含有开关三极管、整流及续流二极管、功率变压器，均在高电压、大电流和高频下工作，而且工作的电压和电流波形多为方波。高压、大电流的方波在其切换过程中将产生严重的电压和电流谐波，将通过电源输入和输出线路及外壳向外形成传导和辐射干扰，对周围敏感设备造成干扰，引起它们工作异常。

开关电源工作时产生的电磁干扰还会危害处在同一台设备里的其他线路的工作，造成设备本身工作的不稳定，甚至开关电源自身工作的不稳定。

下面讲解开关电源电磁兼容问题的由来。

开关电源因工作在高电压、大电流的开关状态下，电磁兼容性问题相当突出。从整机的电磁性能方面，主要有共阻抗耦合、线间耦合、电场耦合、磁场耦合及电磁波耦合等几种。其中：共阻抗耦合是干扰源与受干扰体在电气上存在共同阻抗，通过该阻抗使干扰信号进入受干扰体；线间耦合主要是由于 PCB 印制线并行布线而产生的相互耦合干扰；电场耦合是电位差产生的感应电场对受干扰体产生的场耦合；磁场耦合是在大电流的脉冲电源线附近，产生的低频磁场对干扰对象产生的耦合；电磁波耦合则是由于脉动的电压或电流产生的高频电磁波通过空间向外辐射，对相应的受干扰体产生的耦合。

图 14-1 是开关电源的主要部分，用于说明电源中电磁干扰的产生与耦合途径。

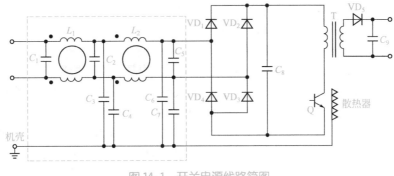

图 14-1 开关电源线路简图

14.3.1 整流电路

在输入整流回路中，整流管 $VD_1 \sim VD_4$ 只有在脉动电压超过输入滤波电容 C_8 上的电压时才能导通，电流才从市电电源输入，并对 C_8 进行充电。一旦 C_8 上的电压高于市电电源的瞬时电压，整流管便截止。所以输入整流回路的电流是脉冲性质的，有着丰富的高次谐波电流。输入电流与市电电源电压的不同步还导致开关电源的功率因数低下，一般只在 0.65 左右。

14.3.2 开关换能部分

开关电源工作时，开关管 Q 处在高频通 / 断状态，经由高频变压器 T 的初级线圈、开关管 Q 和输入滤波电容 C_8 形成了一个高频电流环路。这个环路的存在可能对空间形成电磁辐射，辐射干扰的强度（包括电场和磁场干扰）与 IAf^2 成正比，其中 I 是高频电流环中的电流强度；A 是环路所包围的面积；f 是电流频率。注意，运用上述关系的条件是回路尺寸远小于频率分量的波长。此外，式中电流是由配套子设备对电源的要求决定的；频率则由电源的重量、滤波要求和系统效率来确定。

输入滤波电容 C_8 对电磁干扰的形成也有一定影响，如果 C_8 的电容量不够大，则对输入滤波就会不足，这时高频电流还会以差模方式传导到交流电源中去。

此外，在开关回路中，开关管驱动的负载是高频变压器的初级线圈，是电感性的，由于高频变压器结构不是完全理想的，除了初级电感外，还存在一定的漏电感，所以在开关管关断的瞬间，变压器中储存的能量不能 100% 地传送到次级，结果在高频变压器的漏电感上感应出一个尖峰高电压，如果该尖峰有足够高的幅度，那很有可能会造成开关管 Q 的击穿。

14.3.3 次级整流电路

开关电源在工作时，次级整流回路的 VD_3 也处于高频开关状态，由高频变压器次级线圈、整流二极管 VD_5 和滤波电容 C_9 构成了高频开关电流的环路，由于有这个环路存在，同样也有可能对空间形成电磁辐射。

次级整流回路中的二极管在正向导通时 PN 结被充电，在施加反向电压时，积累的电荷将被抛散，并因此产生反向电流，这个过程非常短暂，所以在有分布电感（如变压器的漏感等）和分布电容（如二极管的结电容等）存在的回路里，实际上成了一个高频的谐振电路，当二极管截止瞬间的电流变化非常剧烈时，在整个次级整流回路中会产生高频衰减振荡。其后果是：

① 如果振荡的幅度超过整流二极管的反向击穿电压，就可能造成整流二极管击穿。

② 即使不造成整流二极管的击穿，在次级回路中的高频振荡现象也会成为对外界的差模辐射。

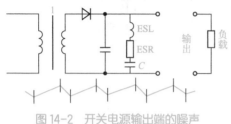

图 14-2　开关电源输出端的噪声

③ 在开关电源输出端的直流滤波电容，由于滤波电容中存在的等效串联电感削弱了电容本身的旁路作用，因此在开关电源输出端会出现频率很高的尖峰干扰（在示波器的屏蔽上展开观察，就是高频衰减振荡），如图 14-2 所示。

14.3.4　稳压控制电路

控制回路中的脉冲控制信号是主要的干扰源，只不过与其他各项干扰源比起来，控制回路的干扰也就可以忽略不计了。

14.3.5　分布电容问题

（1）初级回路开关管外壳与散热器的容性耦合引起的共模传导干扰　初级回路中开关管外壳与散热器之间的容性耦合会在电源输入端产生传导的共模干扰，该共模传导的途径形成一个环路，该环始于高 dv/dt 的散热器和安全接地线，通过交流电源的高频导纳和输入电源线（相线和中线）返回。

对初级电路来说，经整流后的直流电压为 300V 左右，直流变换器就在这个电压下工作，对于开关电源的开关管来说，开关波形上升与下降时间做到 100ns 的情况并不困难，因此，开关波形的电压变化率实际上达到了 300V/100ns 或 3kV/1μs，当用硅酯涂覆的聚酰受片垫在开关管与散热器之间时，开关晶体管的管壳与散热器之间的分布电容大约为 50pF，所以波形瞬变时经过分布电容流到散热器，最后进入安全地的共模瞬态电流要达到

$$I=C \times (\mathrm{d}v/\mathrm{d}t)=50 \times 10^{-12} \times (3000/10^{-6})=150(\mathrm{mA})$$

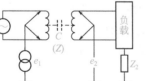

图 14-3　普通隔离变压器
共模抑制能力分析
C—绕组间的分布电容；
Z—绕组间的耦合阻抗；
e_1—初级干扰（共模电压）；
e_2—次级干扰（共模电压）

（2）高频变压器初、次级之间分布电容引起的共模传导干扰　共模干扰是一种相对大地的干扰，所以它不会通过变压器"电生磁和磁生电"的机理来传递，而必须通过变压器绕组间的耦合电容传递，而在开关电源的高频变压器初、次级之间存在着分布电容是个不争的事实，我们用一个装置电容（装置对地的分布电容）来与整个开关电源等效，从而就得到了如图 14-3 所示的干扰通路，共模干扰通过变压器的耦合电容，经过装置电容再运回大地，于是就得到一个由变压器的耦合电容与装置电容构成的分压器，共模电压就按照

分压器中电容量的大小来分压，分到的电压为

$$e_2=e_1Z_2/Z$$

至此，我们简略地讨论了开关电源的电磁干扰起因，由此形成的电磁干扰有射频辐射性质的，也有射频传导性质的，当然还有谐波电流的发生问题。

但是从开关电源的工作情况看，电磁干扰发射的起因主要还是来源于晶体管的逆变工作状态（开关晶体管、高频变压器和输出整流回路在工作时，产生的这种 dv/dt 和 di/dt 变化率很大、幅度很大的电压和电流脉冲）。就目前的晶体管开关速度看，逆变器的工作频率大体上都设计在几十千赫至几百千赫（kHz）范围内，即使考虑了逆变器工作所形成的高次谐波，其谐波的主要高频成分也只有几十兆赫（MHz），因此是属于"窄频"性制裁的干扰，而且干扰的频率偏低。

另外，从电磁干扰的测试标准看，试验以 30MHz 为界，对 30MHz 以上的频率，由于测试的频率较高，电磁波的波长较短，比较容易从设备（包括线路）中逸出，成为电磁辐射进入空间，因此对 30MHz 以上的电磁干扰测试采用射频辐射电磁场场强的测试方法。对于 30MHz 以下的频率，由于电磁波的波长较长，不太容易形成电磁波的空间辐射，这种情况下，电磁波的传导传输是它的主要形式，因此对 30MHz 以下电磁干扰的测试采用传导干扰电压的测试为其试验方法。

这样看来，对开关电源来说，电磁干扰的发射在很大程序上以传导干扰为其主要形式。再者，对于大多数小功率开关电源来说，它的几何尺寸也远小于 30MHz 所对应的波长（10m），即使开关电源有辐射干扰的发射，从其表面向外的辐射效率也很低，所以就这一点来说，在开关电源中考虑得更多的还是传导干扰的发射。因此本章余下部分主要讨论开关电源传导干扰电压的测试和抑制问题。

对于开关电源谐波电流发射的问题，在 GB 17625.1 标准中规定对于额定功率达到 75W（今后可能会规定为 50W）以上的开关电源要测试其谐波电流的发射情况。GB 17625.1 标准还专门提出了开关电源的谐波电流发射限值要求。

在开关电源的谐波电流抑制问题上，除了采用无源滤波器外，目前发展迅速、使用更多的便是开关电源的有源功率因数控制了，关于这方面的讨论，目前已有大量的文章发表在科技刊物上，在此就不做论述了。

14.4

开关电源的传导发射测试

14.4.1 交流电源端口传导发射限值

GB 9254—2008《信息技术设备无线电骚扰限值和测量方法》标准将设备（信息技术设备）分为 A、B 两类，其中 B 类是在生活环境中使用的设备。属于 B 类的环境有：住宅区、商业区、商务区、公共娱乐区、户外场所和轻工业区。标准将不属于 B 类环境使用的信息技术类设备认定是 A 类环境的设备。表 14-1 是标准对开关电源交流电源的输入端口的传导干扰的限值要求。

表 14-1　开关电源交流电源输入端口传导干扰的限值要求

频率范围 /MHz	A 类设备		B 类设备	
	准峰值 /dBμV	平均值 /dBμV	准峰值 /dBμV	平均值 /dBμV
0.15 ～ 0.5	79	66	66 ～ 56	56 ～ 46
0.5 ～ 5.0	73	60	56	46
5.0 ～ 30	73	60	60	50

注：1. 在过渡频率处应采用较低的限值。
2. B 类设备在 0.15 ～ 0.50MHz 范围内随频率对数线性递减。

14.4.2　传导发射试验配置

按照 GB 9254 标准的要求，受试设备的传导干扰发射试验在屏蔽室中进行，基本试验仪器有两个：人工电源网络以及带有准峰值检波和平均值检波的干扰接收机。

14.4.2.1　试验配置

图 14-4 所示是典型的传导干扰发射试验的配置。

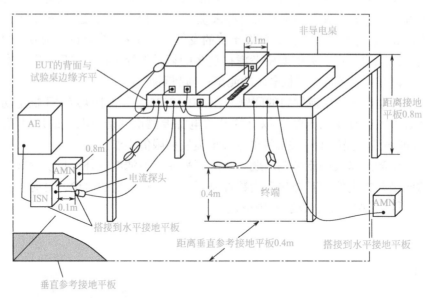

图 14-4　典型的传导干扰发射试验的配置

14.4.2.2　传导干扰测量的试验技巧

传导干扰测量的试验技巧如下：

① 人工电源网络所体现的实际阻抗取决于受试设备与人工电源网连接情况，为了避免出现试验过程中的阻抗不稳定，两者之间的连接必须牢靠。

② 为了保证测试结果有重复性和可比性，受试设备至少要预热足够长的时间，要让受试设备的工作状态达到稳定。

③ 试验仪器的扫描速度要足够低，以便能捕捉每一次谐波的峰值。

④ 试验过程中，一般先用峰值测量法对整个试验频段进行扫描，如果峰值测量已经低于准峰值和平均值测量限值，则相应频段的准峰值和平均值检波测量可以不做，受试设备即已通过传导干扰的发射试验，这是因为在 3 种检波测量中，峰值检波的测量速度最快（在测量频率范围内，所花的测量时间最少），而得到的测量值总是最高，因此当峰值检波的测量值已经低于标准所规定的准峰值和平均值限值时，受试设备就肯定可以通过所有试验。只有峰值测量高于准峰值和平均值限值的部分时，才要做准峰值和平均值的测量试验，这一试验方法对于提高试验效率十分有效。

14.4.2.3　试验中的注意事项

试验注意事项如下：

① 试验应在试品（这里指开关电源）的正常使用情况下，以能产生最大电磁干扰发射的工作方式进行，试验中还要适当地改变试品（开关电源）的布局，以便使干扰发射为最大。

② 试验应将试验中用到的试验仪器、试验方法、试验配置和试验布局等明确记录在案，以备试验能重复进行，试验结果可以追溯。

③ 除非另有说明，试验应在试品（开关电源）额定电压和规定工作条件下进行。

14.4.2.4　对传导干扰测量结果的数值分析

图 14-5 所示是传导干扰测量线路的等效线路。

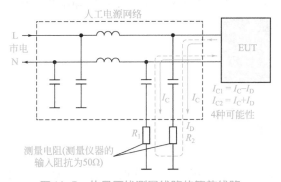

图 14-5　传导干扰测量线路的等效线路

从图 14-5 可见，受试设备在两根电源线上（一根是相线 L，另一根是中线 N）的传导干扰发射电压实际上是由电流 I_{C1} 和 I_{C2} 在测量电阻上的压降造成的，而这两个电流又是受试设备在工作时产生的差模电流 I_D 和共模电流 I_C 叠加而成的，由于在两个测量电阻上的 I_D 和 I_C 的电流流向不同，导致测量电阻上实际的电流 I_{C1} 和 I_{C2} 不等，在 R_1 上的电流为

$I_{C1}=I_C-I_D$

在 R_2 上的电流为

$I_{C2}=I_C+I_D$

我们利用测量仪器测到了测量电阻上的压降，实际上也就测到了电阻上的干扰电

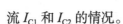

流 I_{C1} 和 I_{C2} 的情况。

实际的测量结果有如下几种可能：

① 在 R_1 和 R_2 上的测量电压大体上相等，而且测量电压在标准所规定的限值范围内；

② 在 R_1 和 R_2 上的测量电压大体上相等，但测量电压超出标准所规定的限值范围；

③ 在 R_1 和 R_2 上的测量电压不等，但测量电压在标准所规定的限值范围内；

④ 在 R_1 和 R_2 上的测量电压不等，而测量电压超出标准所规定的限值范围。

对于①、③两种结果，由于测量结果已经在标准所限定的范围内，所以我们不必做过多辨别，已经可以认定受试设备通过这项试验了。

对于②，有两种可能的情况：要么差模电流 I_D 很小，$I_{C1}=I_{C2}$；要么差模电流 I_D 很大，使 $I_{C1}=-I_{C2}$，只是测量仪器无法辨别相位，使测值的大小大体相等。

对于④，都是共模电流 I_C 和差模电流 I_D 共同作用的结果，只是成分的比例与②不同。

通过上面的分析可以看到，尽管测量仪器检测到的干扰电压是测量电阻对参考地的电压，但实际结果超标不全是共模电压（共模电流在测量电阻上产生的压降）的问题，由于测量电阻上的压降实际上是共模电流与差模电流共同作用的结果，所以采取的应对措施也是考虑这两种情况。

作为一般规律，如果测量结果是在 1～2MHz 以下超标的，通常是差模超标的可能性比较大；反之，若在 1～2MHz 以上超标，则共模超标的可能性比较大。

为了使企业内部的摸底试验与标准试验室的测试结果相符（即到标准试验室试验时能够一次通过），在摸底试验阶段的测试结果至少要比标准规定的限值低 2dB（最好能达到 6dB），这 2dB 意味着已经考虑了试验仪器和试验方法不一致时的测试误差，而 6dB 代表设计的裕量。

14.5
怎样抑制传导干扰

开关电源产生的干扰是多途径、多方式的，所以采取的应对措施也是多方面的，包括差模滤波、共模滤波、EMI 磁芯吸收和变压器结构设计等，作为开关电源传导干扰的抑制技术，本节重点介绍采用输入滤波和接地等措施来抑制其电源输入部分的传导干扰。

14.5.1 差模滤波

开关电源和交流输入之间的环流会造成开关电源的差模传导干扰的发射，也就是说差模电流将经过电源进线流入开关电源，经过中线流出开关电源。

大部分差模传导发射是由功率晶体管集电极电流波形的基波和谐波造成的，在进行 EMI 测试时，差模电流在人工电源网络 L 线上的测量电阻 R_{SL} 的压降与它在人工电源网络 N 线上的测量电阻 R_{SN} 的压降幅值相同、相位相反。

下面用图 14-6 所示的等效电路来代替实际电路，以便于对开关电源差模干扰进行分析。初级电流用电流源 I_{PRI} 代表；储能电容 C_{IN} 在 100kHz ～ 1MHz 频率范围内的有效阻抗用等效串联电阻 ESR 代表；桥式整流器导电期间用短路代表；交流电源的阻抗用人工电源网络的两个 50Ω 的测量电阻代表；差模滤波器用差模滤波电容 C_{D} 和两个差模电感 L_{D} 组成的 LC 滤波器代表。这个模型在频率高至 1MHz 左右时有效。

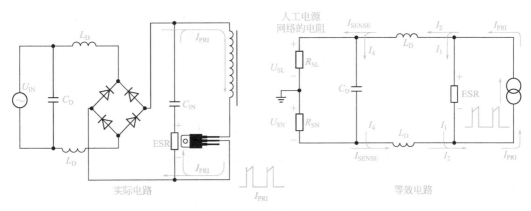

图 14-6 差模发射的线路组成

针对 100kHz ～ 1MHz 频率范围内差模干扰电压的测试与调整，我们就可以利用图 14-6 的等效电路进行，由于滤波电容 C_{D} 的典型值为 0.1 ～ 1.0μF，在讨论的 100kHz ～ 1MHz 频率范围内阻抗远小于人工电源网络测量电阻值的总和，所以对差模干扰电压的测试与调整只和滤波电容 C_{D}、差模电感 L_{D} 有关，只要在调试中有了前一次的测试结果，我们可以估算出要换用什么参数的新滤波元件，便能做到大体达标。

 注意

为了与正规电源滤波器的滤波元器件的符号相一致，习惯上把差模滤波电容 C_{D} 称为X电容。

14.5.2 共模滤波分析

对开关电源来说，开关电路产生的电磁干扰是开关电源的主要干扰源之一。开关电路是开关电源的核心，主要由开关管和高频变压器组成。它产生的 dv/dt 是具有较大幅度的脉冲，频带较宽且谐波丰富。

共模传导干扰发射是共模电流造成的，它并不在交流电源中流通，也不在电源输入之间形成环流。平衡的共模电流同时在相线 L 和中线 N 上流动，两者相位相同、幅度相等，正如本章在介绍关于开关电源中电磁干扰的由来时叙述的那样，共模传导干扰的发射主要是由开关晶体管集电极电压变动所引起的；初级电路中功率晶体管外壳与散热器之间的容性耦合会在电源输入端产生传导的共模噪声源，该共模传导的途径形成一个环路，环路始于高 dv/dt 的晶体管外壳，经过该晶体管外壳与散热器之间的寄生电容耦合，再经过散热器与开关电源外壳的连接线及安全接地线，由交流电源的高频导纳和输入电源线（相线和中线）返回，对于 220VAC 输入的开关电源，当开关波形的上升沿与下降沿达到 100ns 时，因开关晶体管集电极与散热器之间存在着分布电容，所以开关波形瞬变时会由电流经过分布电容流到散热器，最后进入安全地，瞬态电流的值要达到 150mA。

为了解决晶体管外壳与散热器之间因分布电容带来的有害影响，可以在晶体管外壳与散热器之间安装屏蔽层的绝缘垫片，并把屏蔽层接到开关电源初级的地回路。这样，晶体管开关时由 dv/dt 所引起的容性电流进入开关回路，而不是进入外壳或安全接地线。图 14-7 所示是屏蔽层的接线示意图和实物图。晶体管的散热器仍接开关电源外壳，开关电源的外壳仍可接安全地，此法可大大减小进入交流电源的共模传导干扰。

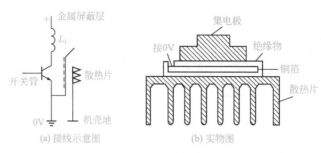

图 14-7　晶体管管壳与散热器之间的屏蔽层接法

加接市电输入电路电源滤波器中的共模电容是抑制开关电源共模传导干扰的又一主要措施。图 14-8 所示线路中的共模电容（C_4 和 C_5）为共模电流返回开关电源初级的回路提供了捷径；滤波器的共模电感 L_C 则阻止了共模电流进入相线与中线。

在图 14-8 这个例子里，开关电源的外壳不要直接接安全地，如果要接安全地（如设备内部的配套电源），应该接一个电感器之后再接安全地，以免高频共模电流趁机逸出，在这种情况下可以再加一级共模滤波电容来进一步衰减共模电流，如图 14-9 所示。

如果开关电源适配器中给开关晶体管配备了足够大的散热器，则散热器不用与电源的外壳连接，可以将散热器直接接到初级回路的地上，这时电源外壳可以直接接安全地，而不必担心共模电流的逸出，当然，如果能在开关电源输入滤波部分再加一级共模电容，将使共模传导干扰的抑制能力有进一步的提高，如图 14-10 所示。

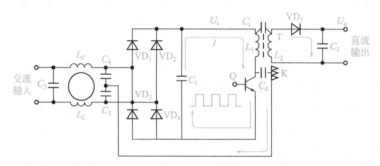

图 14-8　加接共模电容（C_4 和 C_5）为共模电流返回开关电源初级的回路提供了捷径

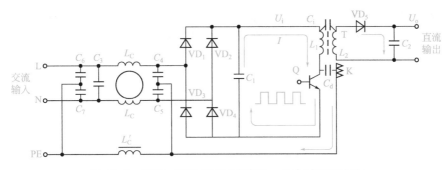

图 14-9　增加一级共模滤波电容进一步衰减共模电流

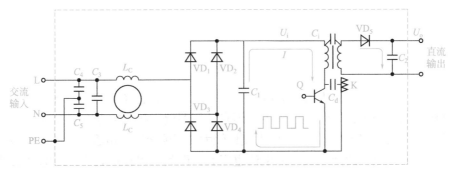

图 14-10　用外壳接地和共模滤波来抑制共模干扰

其实，由开关晶体管集电极电压变动所引起的共模传导干扰的发射不仅出现在交流电源的输入电源线上（相线和中线）。开关晶体管集电极电压的 dv/dt 变动还可以通过脉冲变压器初级和次级绕组之间的分布电容 C_d 出现在次级的两根直流输出线上，产生共模干扰的输出。这时，可以在初级和次级回路的地线之间跨接一个电容 C_Y，这个电容将为共模电流返回初级侧提供通路，从而抑制次级输出线上的共模干扰，如图 14-11 所示。

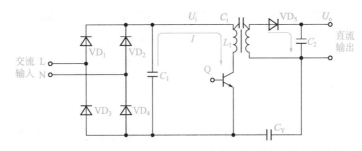

图 14-11　通过初、次级回路地线间跨接电容来抑制输出线上的共模干扰

为了与正规电源滤波器的滤波元器件的符号相一致，我们习惯上把共模滤波电容称为 Y 电容，这样我们把输入滤波器中的共模滤波电容、初级与次级回路的地线之间的跨接电容都称为 Y 电容。

最后，一个完整的、对共模和差模干扰都有抑制能力的滤波器电路如图 14-12 所示，图中没有专门设置差模电感，是利用共模电感绕制中的不完全对称所形成的一个寄生差模电感来担当的。如果一节滤波不够，可以采用两节滤波电路，如果经过一节滤波，共模指标达标而差模效果仍然不好，则可以在滤波器输出端再增加两个差模电感。

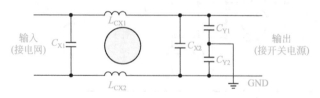

图 14-12　开关电源的实用滤波器电路

14.5.3　输入滤波电路

14.5.3.1　X 电容

如上所述，开关电源中的滤波电容分成两组，分别是 X 电容和 Y 电容，其中，X 电容跨接在电源线上，在滤波器中主要用来抑制差模干扰。X 电容一般选用金属薄膜电容器；通常，X 电容多选用耐纹波电流比较大的聚酯薄膜类电容。这种类型的电容，体积较大，但其允许瞬间充放电的电流也很大，而其内阻相应较小。X 电容采用塑封的方形高压 CBB 电容，CBB 电容不但有更好的电气性能，而且与电源的输入端并联可以有效地减小高频脉冲对电源的影响。

X 电容有几个特点：首先，由于电容器跨接在电源线上，因此额定电压应与电网电压相当；其次，由于 X 电容的失效不会造成人员被电击，所以在实际使用中 X 电容的容量相对 Y 电容来说可以选得大些，其典型容量是零点几微法（μF）至 1μF；最后，考虑到受试设备有不同的安全要求，对于不同要求的设备应选择不同脉冲耐压的电容，表 14-2 列出了对 X 电容的分级要求。

表 14-2　X 电容的分级要求

分级	峰值脉冲电压要求 /kV	IEC-664 安装类别	应用场合	在老化试验前应施加的峰值脉冲电压
X1	> 2.5，≤ 4.0	Ⅲ	有高压脉冲	$C \leqslant 1.0\mu F$，$U_p = 4kV$
X2	≤ 2.5	Ⅱ	一般用途	$C \leqslant 1.0\mu F$，$U_p = 2.5kV$
X3	≤ 1.2	Ⅰ	一般用途	无

表中，X2 级电容是最通常使用的；X1 级电容也经常使用，但价格比较高；X3 级电容则较少采用。

14.5.3.2　Y 电容

Y 电容是分别跨接在电源线两线和地之间（L-E，N-E）的电容，一般是成对出现。基于漏电流的限制，Y 电容值不能太大，一般 Y 电容是 nF 级。Y 电容是用来对付共模干扰电压的。Y 电容也有几个特点：首先 Y 电容失效会导致人员遭到电击；其次，对 Y 电容有最大漏电的限制（其范围为 0.25 ～ 3.5mA，由产品标准决定）。由此可见，对 Y 电容除了有耐压的要求外，对电容也有一定要求，表 14-3 是对 Y 电容的分级要求。

表 14-3 Y 电容的分级要求

分级	绝缘类型	额定电压 /VAC	试验电压 /VAC	在老化试验前要施加峰值脉冲电压 /kV
Y1	双层绝缘或加强绝缘	≤ 250	3000	8.0
Y2	基本绝缘或附加绝缘	≥ 150，≤ 250	1500	5.0
Y3	基本绝缘或附加绝缘	≥ 150，≤ 250	1500	无
Y4	基本绝缘或附加绝缘	< 150	900	2.5

对于两线 230VAC 输入或一般的通用电源，用一个 Y1 电容直接接在 AC 输入线或桥式整流器输出与电源次级之间，Y1 电容必须满足耐压的要求（若进线电压为 230VAC，要用 3000VAC 试验 1min）。Y1 电容通常不用在三线输入的情况下。

Y2 电容不满足加强绝缘的要求，在多数情况下，两线输入要用两只 2200pF 的 Y2 电容串联起来，用在初级与次级之间，这样即使有一个 Y2 电容产生短路失效，也不致产生危险，串联连接的两个 Y2 电容也必须满足耐压要求（若进线电压为 230VAC，要用 3000VAC 试验 1min）。对电源输入为 3 线的场合，Y2 电容可以直接接在 AC 电源线或桥式整流输出与大地之间，因为接大地线能够旁路掉 Y2 电容短路失效所产生的故障电流。Y2 电容的额定电压为 250VAC。

基于安全方面的原因（泄漏电流）限制，在 230VAC 的开关电源中，单个共模电容 Y1 的使用范围为 1 ~ 4.7nF，典型值为 1nF 或 2.2nF。如果用两只 Y2 电容串联起来代替一个 Y1 电容，每个电容的容量要加倍。

14.5.3.3 滤波电感

对电感器要关注 3 个关键参数：有效的阻抗特性、电流额定值和通过浪涌电流的能力。

将差模电感器用在滤波器中作为抑制差模与共模干扰的手段一般仅见于 5W 以下的小功率电源，使用时要考虑到通过电流的峰值，常将分离电感放到交流电源的每一相上，以平衡高频阻抗。

共模滤波器要求采用相对较大的电感量，大多数应用场合中的共模电感在几毫亨（mH）至二三十毫亨之间，共模电感的电感量不受差模电流的影响。

14.5.4 电源滤波器实际电路分析

14.5.4.1 电容器

电容器的选择除注意额定电压和安全要求外，还要注意阻抗特性。

在高频下，实际电容除有电容成分外，还有寄生电感和电阻成分，因此阻抗特性不同于理想情况（见图 14-13）。等效串联电感（ESL）造成电容器有自谐波频率 f_r。电容器在自谐振点上的阻抗取决于等效串联电阻（ESR）。超过自谐振频率 f_r 时，电容器就会呈电感特性。

常用滤波电容有塑料薄膜电容器、塑料薄膜和纸混合的电容器及具有最高自谐振频率的陶瓷电容。

图 14-14 所示是各种常用规格的 X 电容的阻抗特性，其中多数 X 电容都是短引线的，作为对此，图中给出了一个长引线的 X 电容的阻抗特性，非常明显，引线短的电容有比较小的阻抗，能衰减频率比较高的传导干扰电流。

图 14-15 所示是 Y 电容的阻抗特性，作为对比，电容特性都在短引线下得出，只有一个是长引线的电容在 10 ～ 200MHz 范围内都有良好的滤波特性，除非电容器的引线

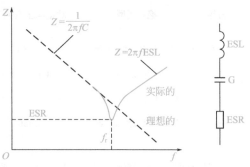

图 14-13 理想电容器与实际电容器的阻抗特性比较

或印制电路板上的布线太长从而影响它的效果，一般电容器的谐振频率要达到 40MHz甚至更高。当电容器的引线过长或印制电路板的布线过长时，也可能产生电磁干扰的发射（包括频率较低的传导干扰发射、频率较高的辐射干扰发射）。使用引线较短的Y 电容可同时满足对两种干扰的抑制。

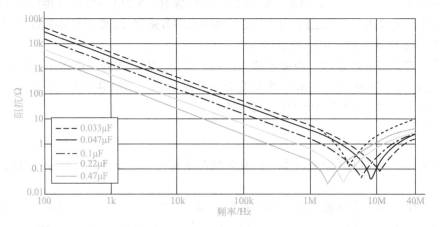

图 14-14　X 电容的阻抗特性

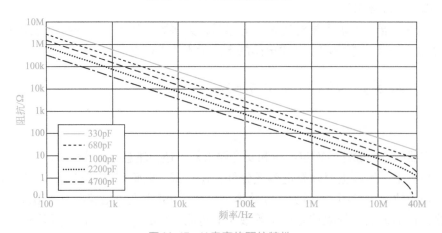

图 14-15　Y 电容的阻抗特性

14.5.4.2　电感器

图 14-16 所示是理想与实际电感器的阻抗特性，理想电感器的阻抗是随频率增大而线性增加的，实际电感器由于寄生电容 C_W 和串联电阻 R_S 的存在产生了一个自谐振频率，低于谐振频率 f_r，电感器的作用与普通电感器一样，是电感性的，而高于谐振频率 f_r，电感器的作用与电容器相仿。

图 14-17 所示是两个差模电感器的阻抗特性，图中电感量比较大的差模电感器在 1MHz 左右就达到自谐振；电感量比较小的差模电感器在 3MHz 左右才产生自谐振。超过自谐振频率时，电感器本身呈现电容的特性。

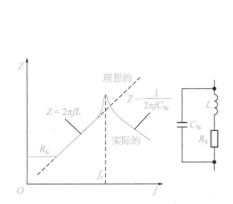

图 14-16　理想与实际电感器的阻抗特性

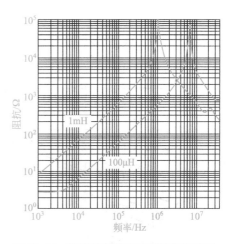

图 14-17　典型的差模电感器的阻抗特性

除了环形磁芯制成的共模电感器外，图 14-18 和图 14-19 所示的两种结构的电感在开关电源中也是用得较多的，这两种电感分别称为"U 型磁芯"和"管筒型磁芯"的共模电感器。这两种电感具有绕制方便、电感量大的特点。为了减小寄生电容，这两种共模电感器都采用了分段绕制的办法，图 14-20 和图 14-21 所示是它们的阻抗特性，作为对比，图中还给出了一个典型的环形磁芯的阻抗特性。

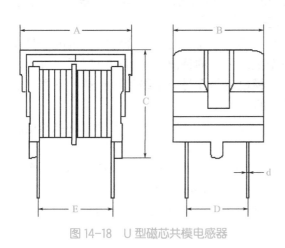

图 14-18　U 型磁芯共模电感器

图 14-19　管筒型磁芯共模电感器

电磁兼容（EMC）原理、设计与故障排除实例详解

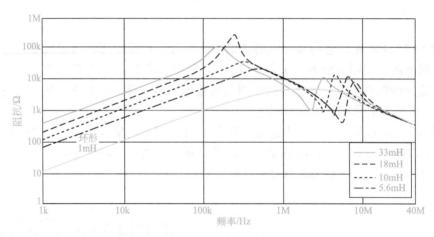

图 14-20　U 型磁芯共模电感器的共模阻抗特性

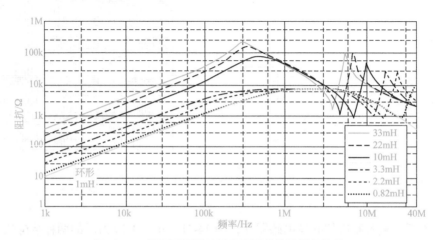

图 14-21　管筒型磁芯共模电感器的共模阻抗特性

　　应该指出，图 14-13 所示的共模电感器是一种理想化的共模电感器，实际上由于两个线圈的不对称，除了包含一个共模电感外，还等效串联了一个差模的漏感（如图 14-22 所示）。所以实际的共模电感器在一定程度上还能抑制差模干扰。

　　在共模电感器中，每个绕组的共模电感是在另一个绕组开路的情况下测得的电感量，每个绕组的差模电感是在另一个绕组短路情况下测得的电感量的一半。

图 14-22　实际共模电感器的等效电路

　　图 14-23 和图 14-24 给出了 U 型磁芯共模电感器和管筒型磁芯共模电感器的差模阻抗特性。

　　如想减少 10 ～ 200MHz 范围内的高频传导发射，可以采用图 14-25 所示的一个小环形铁氧体磁芯（铁氧材料的厚度为 12.7mm，内径为 6.4mm，外径为 8.0mm）配合 3 ～ 5 圈不同颜色的绝缘导线，用双线并绕的方法来制作共模电感器，这个电感器常常用在开关电源的输出线上。

284

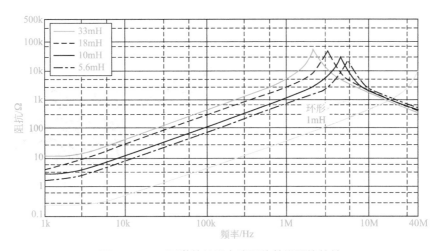

图 14-23　U 型磁芯共模电感器的差模阻抗特性

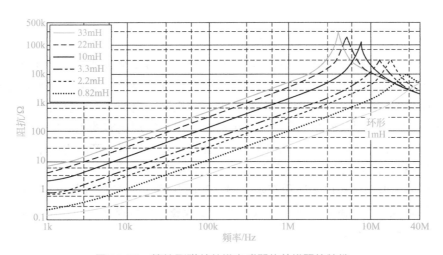

图 14-24　管筒型磁芯共模电感器的差模阻抗特性

14.5.4.3　滤波元器件的安装

最后要说明的是：当需要抑制的传导干扰的频率超过 1MHz 时，元件的布局就显得非常重要，不适当的布局会导致电容的 ESL 增高，引起传导干扰的抑制情况变差，甚至可能使噪声电压直接耦合到交流电源线上，通常要求滤波元器件的布局比较紧凑，特别是共模电容的引脚必须非常短，直接接到需要接电容的地方去，图 14-26 所示是一个成品电源滤波器的内部结构，这一结构和布局的构思同样适用于开关电源输入滤波器的布局，这种滤波器具有共模和差模两种电感，以衰减两种噪声为目的，共模电感采用铁氧体环形磁芯，差模电感采用铁粉磁芯，由于铁粉磁芯抗饱和能力较强，即使开关电源输入电流有强脉冲电流通过，电感量也不会下降太多，所以用它做差模电感量合适。

图 14-26 所示结构中另一值得借鉴的地方是输入与输出的彻底分开，避免了已经滤过波的输出线重新被输入端的干扰所污染。

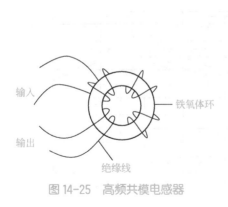

图 14-25　高频共模电感器　　　　图 14-26　成品电源滤波器的内部结构

14.5.5　滤波电路中各元件介绍

14.5.5.1　X、Y 滤波电容的选择

开关电源内部涉及安全要求的一些器件必须要取得安全认证，其中电源的输入滤波器是最重要的，因此，滤波电容必须符合安全认证的要求，开关电源的制造商必须能够出示滤波电容制造商所提供的认证证明，否则开关电源制造商就得承担所有滤波电容的安全检测费用。另外，在产品认证时，要申报安规电容的生产厂、产品的品牌及型号，今后生产中如变更厂地，则要向认证机关重新申报，产品生产中如要变更安规电容的规格，则只允许换小，不可以换大，否则要重新申报。

表 14-4 为厦门法拉电子股份有限公司生产的几例 X 和 Y 的安规电容，满足 UL、CSA 和 VDE 等安全规格的要求，主要用在电子设备、电气设备、办公事务设备等中作为抗干扰的滤波器件使用。

14.5.5.2　共模电感和差模电感的制作材料

对于开关电源滤波电路中用得很多的共模电感和差模电感，由于通过的电流情况不同，设计考虑的侧重点也不同。

表 14-4　安规电容举例

C42 系列安规电容（X2 类，275VAC/305VAC）	
■外形图 Outline Drawing	■电路结构图 Electrical Connection
电容器类别	X2 类
气候类别 / 阻燃等级	40/110/56/B
工作温度范围	−40 ～ +110℃
额定电压	275/305VAC

续表

C42 系列安规电容（X2 类，275VAC/305VAC）		
最大连续直流电压	630VDC	
电容量范围	0.001 ～ 10μF	
电容量偏差	± 10%（K）、± 20%（M）	
耐电压	引线之间	2000VDC（试验时间 2s）（容量 ≤ 1.0μF）
		1800VDC（试验时间 2s）（容量 > 1.0μF）
	极 - 壳之间	2110VAC（试验时间 1min）
绝缘电阻	≥ 15000MΩ，（容量 ≤ 0.33μF） ≥ 5000MΩ，（容量 > 0.33μF） （试验环境 20℃，试验电压 100V，试验时间 1min）	
损耗角正切	试验信号频率 1kHz，试验环境 20℃	试验信号频率 10kHz，试验环境 20℃
	容量 0.001 ～ 0.47μF　≤ 10×10^{-4}	≤ 20×10^{-4}
	容量 0.47 ～ 1.0μF　≤ 20×10^{-4}	≤ 40×10^{-4}
	容量 1.0 ～ 10μF　≤ 30×10^{-4}	—

C4R 系列安规电容（带放电电阻，X2 类，275VAC/305VAC）		
■外形图 Outline Drawing		■电路结构图 Electrical Connection

电容器类别	X2 类	
气候类别 / 阻燃等级	40/110/56/B	
工作温度范围	−40 ～ +110℃	
额定电压	275/305VAC	
最大连续直流电压	630VDC	
电容量范围	0.22 ～ 10μF	
电容量偏差	± 10%（K）、± 20%（M）	
放电电阻范围 / 偏差	470kΩ ～ 10MΩ，± 10%	
耐电压	引线之间	2000VDC（试验时间 2s）（容量 ≤ 1.0μF）
		1800VDC（试验时间 2s）（容量 > 1.0μF）
	极 - 壳之间	2110VAC（试验时间 1min）
损耗角正切	试验信号频率 1kHz，试验环境 20℃	试验信号频率 10kHz，试验环境 20℃
	容量 0.22 ～ 0.47μF　≤ 10×10^{-4}	≤ 20×10^{-4}
	容量 0.47 ～ 1.0μF　≤ 20×10^{-4}	≤ 40×10^{-4}
	容量 1.0 ～ 10μF　≤ 30×10^{-4}	—

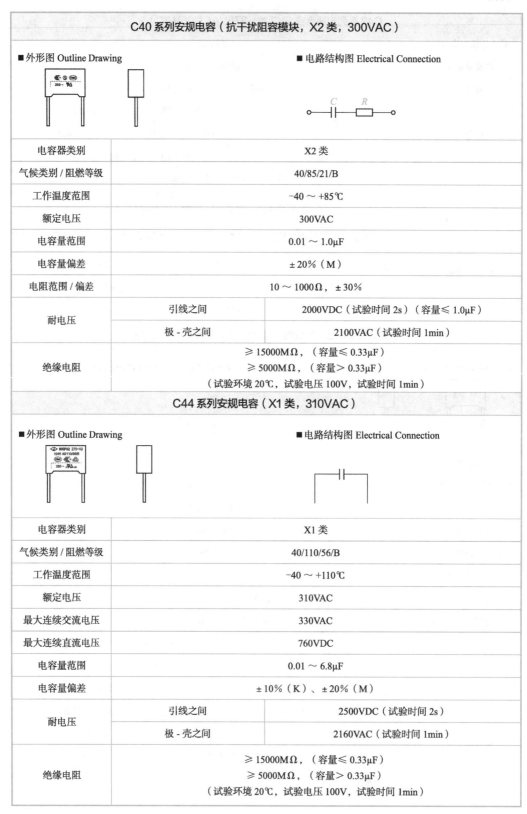

C40 系列安规电容（抗干扰阻容模块，X2 类，300VAC）

■ 外形图 Outline Drawing　　　　　　　■ 电路结构图 Electrical Connection

电容器类别	X2 类	
气候类别 / 阻燃等级	40/85/21/B	
工作温度范围	−40 ～ +85℃	
额定电压	300VAC	
电容量范围	0.01 ～ 1.0μF	
电容量偏差	±20%（M）	
电阻范围 / 偏差	10 ～ 1000Ω，±30%	
耐电压	引线之间	2000VDC（试验时间 2s）（容量≤ 1.0μF）
	极 - 壳之间	2100VAC（试验时间 1min）
绝缘电阻	≥ 15000MΩ，（容量≤ 0.33μF） ≥ 5000MΩ，（容量＞ 0.33μF） （试验环境 20℃，试验电压 100V，试验时间 1min）	

C44 系列安规电容（X1 类，310VAC）

■ 外形图 Outline Drawing　　　　　　　■ 电路结构图 Electrical Connection

电容器类别	X1 类	
气候类别 / 阻燃等级	40/110/56/B	
工作温度范围	−40 ～ +110℃	
额定电压	310VAC	
最大连续交流电压	330VAC	
最大连续直流电压	760VDC	
电容量范围	0.01 ～ 6.8μF	
电容量偏差	±10%（K）、±20%（M）	
耐电压	引线之间	2500VDC（试验时间 2s）
	极 - 壳之间	2160VAC（试验时间 1min）
绝缘电阻	≥ 15000MΩ，（容量≤ 0.33μF） ≥ 5000MΩ，（容量＞ 0.33μF） （试验环境 20℃，试验电压 100V，试验时间 1min）	

续表

C44 系列安规电容（X1 类，310VAC）		
损耗角正切	试验信号频率 1kHz，试验环境 20℃	试验信号频率 10kHz，试验环境 20℃
	容量 0.01 ～ 0.47μF　$\leq 10 \times 10^{-4}$	$\leq 20 \times 10^{-4}$
	容量 0.47 ～ 1.0μF　$\leq 20 \times 10^{-4}$	$\leq 40 \times 10^{-4}$
	容量 > 1.0μF　$\leq 30 \times 10^{-4}$	—

C45 系列安规电容（X1 类，440VAC）	

■外形图 Outline Drawing　　　　　　　　　　■电路结构图 Electrical Connection

电容器类别	X1 类
气候类别 / 阻燃等级	40/110/56/B
工作温度范围	−40 ～ +110℃
额定电压	440VAC
最大连续直流电压	1000VDC
电容量范围	0.0047 ～ 4.7μF
电容量偏差	± 10%（K）、± 20%（M）
耐电压	引线之间	3400VDC（试验时间 2s）
	极 - 壳之间	2380VAC（试验时间 1min）
绝缘电阻	≥ 15000MΩ，（容量 ≤ 0.33μF） ≥ 5000MΩ，（容量 > 0.33μF） （试验环境 20℃，试验电压 100V，试验时间 1min）	
损耗角正切	试验信号频率 1kHz，试验环境 20℃	试验信号频率 10kHz，试验环境 20℃
	容量 0.001 ～ 0.47μF　$\leq 10 \times 10^{-4}$	$\leq 20 \times 10^{-4}$
	容量 0.47 ～ 1.0μF　$\leq 20 \times 10^{-4}$	$\leq 40 \times 10^{-4}$
	容量 > 1.0μF　$\leq 30 \times 10^{-4}$	—

C43 系列安规电容（Y2 类，300VAC）	

■外形图 Outline Drawing　　　　　　　　　　■电路结构图 Electrical Connection

电容器类别	Y2 类
气候类别 / 阻燃等级	40/110/56/B
工作温度范围	−40 ～ +110℃
额定电压	300VAC
最大连续交流电压	480VAC

续表

C43 系列安规电容（Y2 类，300VAC）		
最大连续直流电压	1250VDC	
电容量范围	0.001 ～ 1.0μF	
电容量偏差	± 10%（K）、± 20%（M）	
耐电压	引线之间	2000VAC 或 3400VDC（试验时间 2s）
	极 - 壳之间	2380VAC（试验时间 1min）
绝缘电阻	≥ 15000MΩ，（容量≤ 0.33μF） ≥ 5000MΩ，（容量> 0.33μF） （试验环境 20℃，试验电压 100V，试验时间 1min）	
损耗角正切	试验信号频率 1kHz，试验环境 20℃	试验信号频率 10kHz，试验环境 20℃
	≤ 30 × 10⁻⁴	≤ 40 × 10⁻⁴

C47 系列安规电容（Y1 类，440VAC）		

■ 外形图 Outline Drawing   ■ 电路结构图 Electrical Connection

电容器类别	Y1 类
气候类别 / 阻燃等级	40/110/56/B
工作温度范围	−40 ～ +110℃
额定电压	440VAC
最大连续交流电压	900VAC
最大连续直流电压	3000VDC
电容量范围	0.00047 ～ 0.022μF
电容量偏差	± 10%（K）、± 20%（M）

耐电压	引线之间	4000VAC（试验时间 2s）
	极 - 壳之间	4000VAC（试验时间 1min）
绝缘电阻	≥ 15000MΩ，（容量≤ 0.33μF） （试验环境 20℃，试验电压 100V，试验时间 1min）	
损耗角正切	试验信号频率 1kHz，试验环境 20℃	试验信号频率 10kHz，试验环境 20℃
	≤ 10 × 10⁻⁴	≤ 20 × 10⁻⁴

（1）共模电感器　两个线圈绕在同一铁芯上，匝数和相位都相同（绕制反向）。这样，当电路中的正常电流流经共模电感时，电流在同相位绕制的电感线圈中产生反向的磁场而相互抵消，此时正常信号电流主要受线圈电阻的影响（和少量因漏感造成的阻尼）；当有共模电流流经线圈时，由于共模电流的同向性，会在线圈内产生同向的磁场而增大线圈的感抗，使线圈表现为高阻抗，产生较强的阻尼效果，以此衰减共模电流，达到滤波的目的。

由于共模干扰的电流不大，但干扰频率相对较高，因此要求电感器的磁芯是高频、高磁导率材料，用它制作出来的电感具有高电感量及由此形成的高阻抗。

基于这个原因，对制作共模电感的软磁材料要求如下：

① 在重点干扰频段内有高的初始磁导率 μ_i，可保证共模电感有高电感量，或在同样的电感量下面有比较少的匝数和分布电容，以便达到高插入损耗。

② 高的饱和磁感应强度 B，以便抵消高幅值的尖峰干扰，而不会产生磁芯的饱和。

③ 初始磁导率 μ_i 的频率特性要尽量宽。

④ 好的温度特性（如 $-40 \sim +120℃$ ）。

⑤ 在实际应用中，在有非平衡电流（如漏电或三相不平衡负载等原因）引起的偏磁情况下，仍能保持磁芯的高磁导率而不至于进入饱和状态。

实际应用中，软磁铁氧体是最常用的磁芯材料，尽管近年出现了 μ 值为 $2000 \sim 3000$ 的新铁氧体材料，考虑到工作温度、频率特性等综合因素，目前仍以 μ 值为 $4000 \sim 10000$ 的铁氧体材料为主要材料。

但近年来铁基纳米晶磁环开始展现其竞争力：一方面纳米晶磁环以 μ 值为 8000 以上的磁导率、$-50 \sim +130℃$ 的工作温度范围和良好的 $0 \sim 1MHz$ 的频率特性，使滤波器的共模滤波特性大大提高；另一方面，价格也在逐步降低。特别是在中、大型磁环的应用领域 [如三相、大功率及电流不平衡（即有漏电）等场合]，其性价比已经优于高 μ 值的铁氧体材料。

（2）差模电感器　差模电感在滤波器设计中是用来通过低频峰值电流或直流的，因此避免磁路发生饱和是关键因素，同时对所需抑制频段内的干扰有尽可能高的电感量，基于这些要求，差模电感器的磁芯材料有以下特性：

① 恒导磁特性，在额定低频峰值偏流（或直流）安匝数的条件下，磁芯不饱和，同时具有高的线性增量磁导率和电感量，即具有良好的交直流叠加特性。

② 高的饱和磁感应强度 B。

③ 良好的频率特性。

常用差模电感器磁芯材料有两类（按高频特性由优到差的顺序排列）：

① 带气隙的磁芯材料：铁氧体、非晶合金（FG 型）、坡莫合金（薄）及硅钢（薄）等。

② 不带气隙的磁芯材料：铁镍钼粉芯、恒导磁非晶合金、铁硅铝粉芯、铁粉芯等。

考虑到开关电源中的制作成本，目前用得最多的还是由铁粉芯材料制作的差模电感。

在实际应用中，有时候也用铁硅铝粉芯来代替铁粉芯，它的磁芯损耗比铁粉芯更低，低的磁芯损耗可以使铁硅铝粉芯比尺寸类似的铁粉芯在高频下具有更低的温升，同时它的直流偏磁性能也比相近磁导率和尺寸的铁粉芯要好，所以铁硅铝粉芯是开关电源中作为能量储存和滤波电感器用的磁芯的理想选择，只是铁硅铝粉芯的价格要比普通铁粉芯贵不少。

（3）成品共模电感器选型　目前，市面上的成品共模电感种类也非常丰富，综合成本也并不比用户自己绕制高多少，有的电子产品生产企业不具备自己生产电感器的条件，可以选用这些产品。表 14-5 ～表 14-7 分别列出了日本村田电子公司生产的共模电感参数。

表 14-5　日本村田 PLA10 系列标准绕线型共模电感

PLA10 系列标准绕线型共模电感（普通型）

● PLA10系列 标准绕线型

PLA10 尺寸（单位：mm）

PLA10 外形图

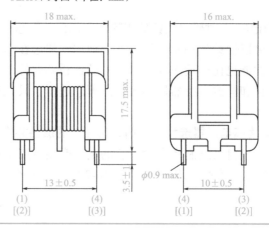

共模电感量 /mH	额定电流 /A	额定电压 /V	最小绝缘电阻 /MΩ
1.5	2.0	300	100
1.8	1.7	300	100
2.2	1.5	300	100
3.0	1.3	300	100
3.5	1.2	300	100
5.5	1.0	300	100
7.4	0.8	300	100
10.0	0.7	300	100
12.0	0.6	300	100
20.0	0.5	300	100
30.0	0.4	300	100
43.0	0.3	300	100

工作温度范围：−25 ～ +120℃，额定电流下的线圈温升：最大 60K

PLA10 系列标准绕线型共模电感（安全认证型）

● PLA10 系列　标准绕线型（安全标准认证—安全标准：EN60065）

PLA10 尺寸图（单位：mm）

PLA10 外形图

续表

PLA10 系列标准绕线型共模电感（安全认证型）			
共模电感量 /mH	额定电流 /A	额定电压 /V	最小绝缘电阻 /MΩ
1.5	2.0	250	100
1.8	1.7	250	100
2.2	1.5	250	100
3.0	1.3	250	100
3.5	1.2	250	100
5.5	1.0	250	100
7.4	0.8	250	100
10.0	0.7	250	100
12.0	0.6	250	100
20.0	0.5	250	100
30.0	0.4	250	100
43.0	0.3	250	100
工作温度范围：−25 ～ +60℃，额定电流下的线圈温升：最大 60K			

表 14-6　日本村田 PLA10 系列分段绕组型共模电感

PLA10 系列分段绕组型共模电感（普通型）			

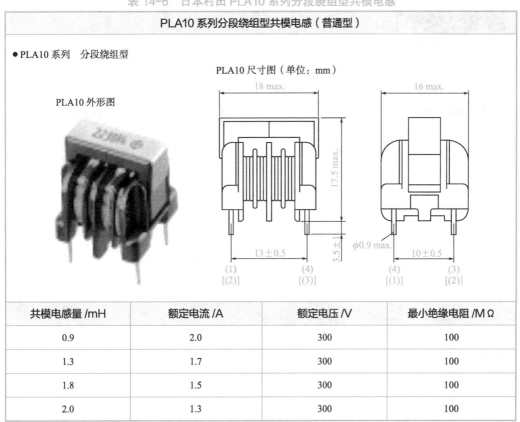

共模电感量 /mH	额定电流 /A	额定电压 /V	最小绝缘电阻 /MΩ
0.9	2.0	300	100
1.3	1.7	300	100
1.8	1.5	300	100
2.0	1.3	300	100

续表

共模电感量 /mH	额定电流 /A	额定电压 /V	最小绝缘电阻 /MΩ
3.6	1.0	300	100
7.7	0.7	300	100
13.0	0.5	300	100
22.0	0.4	300	100
36.0	0.3	300	100

工作温度范围：−25 ～ +120℃，额定电流下的线圈温升：最大 60K

PLA10 系列分段绕组型共模电感（安全认证型）

● PLA10 系列 分段绕组型（安全标准认证—安全标准：EN60065）

PLA10 尺寸图（单位：mm）

PLA10 外形图

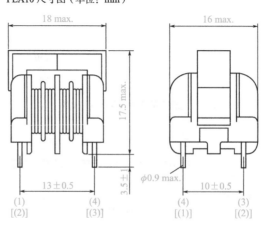

共模电感量 /mH	额定电流 /A	额定电压 /V	最小绝缘电阻 /MΩ
0.9	2.0	250	100
1.3	1.7	250	100
1.8	1.5	250	100
2.0	1.3	250	100
3.6	1.0	250	100
7.7	0.7	250	100
13.0	0.5	250	100
22.0	0.4	250	100
36.0	0.3	250	100

工作温度范围：−25 ～ +60℃，额定电流下的线圈温升：最大 60K

表 14-7　日本村田 PLH10 系列共模电感

PLH10 系列共模电感（普通型）

PLH10 外形图 　　　　PLH10 尺寸图（单位：mm）

 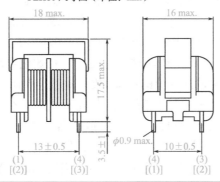

共模电感量 /μH	额定电流 /A	额定电压 /V	最小绝缘电阻 /MΩ
70	3.6	300	100
110	2.6	300	100
160	2.1	300	100
220	1.5	300	100
290	1.2	300	100
370	1.0	300	100

工作温度范围：-25 ～ +120℃，额定电流下的线圈温升：最大 60K

PLH10 系列共模电感（安全认证型）

● PLH10 系列（安全标准认证—安全标准：EN60065）

PLH10 外形图 　　　　PLH10 尺寸图（单位：mm）

共模电感量 /μH	额定电流 /A	额定电压 /V	最小绝缘电阻 /MΩ
70	3.6	250	100
110	2.6	250	100
160	2.1	250	100
220	1.5	250	100
290	1.2	250	100
370	1.0	250	100

工作温度范围：-25 ～ +60℃，额定电流下的线圈温升：最大 60K

（4）共模电感设计

① 导线规格。根据通过的额定电流，选择合适的电流密度，最后确定导线规格。

② 电感量的确定。根据实测的传导情况（电子、电气设备本身工作时产生的传导干扰及外界对设备形成的传导干扰）与我们的期望值（对设备所产生的传导干扰来说，取标准规定的限值）的差值，折算出所需的插入损耗值（通常要留出 6dB 以上的设计裕量），进而计算出所需的电感量值。然后只是由于设备的实际阻抗与标准规定的测试条件相差很大，计算误差会较大，但不管怎样，这些数据终究是设计的基础。

除了上面通过测量和计算的方法来确定共模电感的电感量外，对开关电源产品常常是按经验和习惯取电感量，一般取 10 ～ 30mH（开关频率低的，如 50kHz，电感量取大一些，如 30mH；开关频率高的，如 100kHz，电感量取小一些，如 10mH）。

③ 磁芯材料的选择。首先，噪声是由开关电源的单位基频所产生的，再加上高频谐波，也就是表示噪声在 10kHz ～ 50MHz 范围内都会存在。为此，电感必须在更宽的频率范围内存在高阻抗特性。共模电感的总阻抗由两部分组成：串联感抗和串联电阻。在低频时，阻抗呈感抗特性。但随着频率的增加，有效磁导率下降，感抗亦在下降。

对于大多数产品来讲，共模电感的磁芯都选用铁氧体（镍锌系和锰锌系）。镍锌系磁芯的特点是具有较低的初磁导率，但在非常高的频率（大于 100MHz）时，仍能保持初磁导率。而锰锌系则恰恰相反，其具有很高的初磁导率，但在频率很低（20kHz）时，磁导率可能会衰减。由于镍锌系磁芯有很低的初磁导率，所以在低频时，不可产生高阻抗特性。然而锰锌系磁芯在低频时，能提供非常高的阻抗特性，且非常适用于 10kHz ～ 50MHz 的抗电磁干扰。基于此，本书只集中讨论锰锌系磁芯。

锰锌系磁芯有很多种形状：环形、E 形、罐形、RM 形及 EP 形等。但对于大多数共模电感都是使用环形磁芯。主要是有以下两种好处：

第一：环形磁芯比较便宜。因为环形只有一个就可制作，而其他形状的磁芯必须有一对才能构成共模电感磁芯，且在成形时，因考虑两磁芯的配对问题，还须增加研磨工序（如镜面磁芯）才能得到较高的磁导率。对于环形磁芯却不需如此。

第二：与其他形状磁芯相比环形磁芯有较高的有效磁导率。因为两配对磁芯在装配时，无论怎样作业都不可消除气隙的现象，故有效磁导率比只有单一封闭形磁芯要低。

环形磁芯有一缺点：绕线成本较高。因其他形状磁芯有一配套线架在使用，绕线都可以机器作业，而环形磁芯只可以手工作业或机器（速度较低）作业。但通常情况下，共模电感圈数较少（小于 30 圈），故绕线成本比较少。

④ 电感器的设计。关于电感器的设计，可以借助磁芯材料生产厂家产品样本中提供的 nH/N^2 数据，由于电感量与匝数平方成正比，所以很容易得到需要绕制的匝数，若需要修正，也很容易在一两次内完成。

即使得不到厂家提供的 nH/N^2 数据，也可以通过试绕几匝线圈然后测量电感值估算出 nH/N^2 数据。

对于环形磁芯，要根据它的内径尺寸校核能否容纳单层 N 匝导线，考虑到共模电感在一个磁芯上要容纳两个相同的线圈，两个线圈之间要有足够的绝缘能力，因此这两个线圈不能相碰，比较好的办法是使每个线圈只占磁芯内径的 4/10，若电感器的电感量要求较大，缠绕匝数较多，往往一层容纳不下，需要多层才能达到目的，则电感器的分布电容较大，可能影响其正常发挥作用，比较好的办法是采用分段绕法。

另外，前面讲到过的采用"U 型磁芯"和"管筒型磁芯"的共模电感器也是一种很好的选择，因为这两种形式的电感具有绕制方便、电感量大的特点，这两种共模电感器所配用的骨架都方便采用分段绕制的办法来绕制电感，有利于减小寄生电容。

（5）**电感器的饱和问题**　电感器制作完成后（特别是差模电感制作完成后），要判断铁芯的饱和问题，一个简单方法是在电感前串联一只能通过电感额定电流的电阻，然后在串联电路中通以全电流，用示波器观察电阻两端的电压波形。由于电阻是线性元件，不会产生非线性的电流波形，因此如果电流有非正弦的情况出现，必定是电感线圈的铁芯饱和所造成的，一旦铁芯出现饱和，电感线圈的电感量将减小，所以线路中的电流瞬间要变大。事实上，在观察到的电流峰值附近会出现"峰化"现象（如图 14-27），所以只要在示波器上看到电阻的电压波形开始出现"峰化"，则证明电感线圈的铁芯开始出现饱和，在这种情况下，要么减少线圈的匝数（适当减小线圈的电感量作为折中），要么改换截面积更大的铁芯来防止出现铁芯饱和。

图 14-27　电感器铁芯饱和情况的判别

14.5.6　影响电磁干扰的其他因素

本章重点讲解了开关电源传导干扰的限值、传导干扰的测试方法及利用交流电源输入侧的滤波器设计来抑制传导干扰发射的方法，其实，影响开关电源传导干扰发射的因素还远远不止这些，其他如开关电源印制电路板的排布、各功能区域在印制电路板上的布局、开关电源变压器的设计、开关管缓冲和钳位电路的采用，甚至所用电子元器件的性能等都对开关电源传导干扰的发射有着不同程度的影响，设计人员对此都不能掉以轻心，只有充分注意了各有关方面的相互影响，才能设计出一个性能卓越的开关电源产品来。

第15章

汽车电子产品的电磁兼容设计

按照对汽车行驶性能作用的影响划分，可以把汽车电子产品归纳为两类：一类是汽车电子控制装置，汽车电子控制装置要和车上机械系统进行配合使用，即"机电结合"的汽车电子装置，它们包括发动机、底盘、车身电子控制。例如电子燃油喷射系统、制动防抱死控制、防滑控制、牵引力控制、电子控制悬架、电子控制自动变速器、电子动力转向等。另一类是车载汽车电子装置，车载汽车电子装置是在汽车环境下能够独立使用的电子装置，它和汽车本身的性能并无直接关系。它们包括汽车信息系统（行车电脑）、导航系统、汽车音响及电视娱乐系统、车载通信系统、上网设备等。

目前电子技术发展的方向向集中综合控制发展：将发动机管理系统和自动变速器控制系统集成为动力传动系统的综合控制（PCM）；将制动防抱死控制系统（ABS）、牵引力控制系统（TCS）和驱动防滑控制系统（ASR）综合在一起进行制动控制；通过中央底盘控制器，将制动、悬架、转向、动力传动等控制系统通过总线进行连接。控制器通过复杂的控制运算，对各子系统进行协调，将车辆行驶性能控制到最佳水平，形成一体化底盘控制系统（UCC）。

由于汽车上的电子、电气装置数量的急剧增多，为了减少连接导线的数量和重量，网络、总线技术在此期间有了很大的发展。通信线将各种汽车电子装置连接成为一个网络，通过数据总线发送和接收信息。电子装置除了独立完成各自的控制功能外，还可以为其他控制装置提供数据服务，由于使用了网络化设计，从而简化了布线，减少了电气节点的数量和导线的用量，使装配工作更为简化，同时也增加了信息传递的可靠性，通过数据总线可以访问任何一个电子控制装置，读取故障码对其进行故障诊断，使整车维修工作变得更为简单。

15.1

车载电子、电气产品的电磁兼容问题

15.1.1 车载电子产品的电磁兼容

汽车电磁兼容技术的定义是：车辆或零部件或独立技术单元在其电磁环境中的工

作令人满意，又不对该环境中任何事物造成不应有的电磁干扰的能力，即在汽车及其周围的空间中，在一定时间内（运行的时间），在可用的频谱资源条件下，汽车本身及其周围的用电设备可以共存且不至于引起降级。

说得更加通俗一点，对车载电子、电气设备的电磁兼容性是指设备本身不应对周围空间内的其他设备产生过大干扰，与此同时，它在接受环境干扰时也不应产生性能下降，如果汽车内部的所有电子、电气设备都能做到这一点，那么在汽车这个电磁环境中的所有设备便达到了电磁兼容的目的，可以共存于该环境内。基于这一原因，我们必须重视对车辆电子、电气设备电磁兼容性的研究和设计。

15.1.2 汽车内部的电磁环境

与一般用在电力电网中的电子、电气设备不同，汽车是一个独立的电磁环境，一个非常狭小的电磁环境。在这个电磁环境之内拥有数十种乃至上百种电子、电气设备，设备与设备之间具有非常短的作用距离。在这些设备中有一部分是许多带有电动机、线圈和触点的电气设备，这些电气设备可以等效成许许多多不同参数的电感和电容的组合，在由这些电感和电容构成的闭合回路中，当电路断开和接通的一瞬间，在触点间就会产生火花或电弧，另外，在电动机转动的过程中，炭刷与滑环之间也会产生火花和电弧，这种电火花和电弧本身就是一个发射高频电磁干扰的干扰源，其产生的电磁干扰可以以辐射的方式向周围空间发射电磁波，也可以以传导的形式通过汽车内部的电源线路、通信网络影响其他通信设备和电子设备的正常工作。如果是军用车辆，这些干扰还能扰乱武备系统、无线电、雷达和计算机电路控制系统的正常工作。所以，对于这些产生强干扰的设备主要有一个干扰抑制的问题，与此同时，在汽车里面还有许多带有单片机控制的电子、电气设备，这些设备在工作时会产生干扰（同样是以辐射和传导两种形式产生干扰），但干扰与前一类设备相比要弱得多，在更多情况下是这些设备受到前一类设备的干扰之后产生误动作甚至失效，所以对这些怕干扰的设备，主要应考虑抗干扰的问题。

除了汽车内部各种设备和部件之间的相互干扰外，往往还要考虑由外部环境对车辆形成的电磁干扰。例如，由环境电磁场形成的干扰（可以高达200V/m，甚至500V/m）；人体的放电；来自大自然的干扰，如雷电等。

由于电力电网与汽车的局部电网之间的差异，特别在汽车这个特殊环境中，电源是直流的，工作电压只有12V、24V及今后的42V，设备与设备之间的作用距离又特别近，因此在普通电力电网中适用的一套电磁兼容标准，在这里基本上不能采用，而必须采用一套新的、适用于汽车这个特殊环境下的电磁兼容标准。

15.1.3 车载电子、电气产品电磁兼容的标准化

汽车上的电子、电气设备所产生的电磁干扰会给汽车本身装备的电子控制系统及其他电子产品的正常工作带来不利影响。因此，要保证诸如 ABC、发动机燃油电子控制等系统和其他电子设备的正常可靠工作，就必须重视对电磁兼容技术的研究和设计。

汽车技术比较先进的国家都十分重视对汽车电磁兼容技术的研究，纷纷制定了相应法规和标准；各大汽车生产商则投入资金建立相应的汽车电磁兼容技术研究中心，对其整车执行测试认可，对汽车电子产品零部件的批量生产进行检查，分析事故的赔

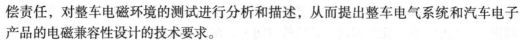

偿责任，对整车电磁环境的测试进行分析和描述，从而提出整车电气系统和汽车电子产品的电磁兼容性设计的技术要求。

在我国，汽车电磁兼容技术的研究起步较晚，相关标准还不够完善，同先进国家相比差距还是比较大的。目前，国内相对实力较强的几个大型汽车厂家也都认识到了电磁兼容技术的重要性，并已开展这方面的研究。

下面列举一些国内外相关汽车电磁兼容技术的主要标准。

（1）国内汽车电磁兼容技术相关标准举例

具体举例如下：

① GB 14023—2011《车辆、机动船和由火花点火发动机驱动的装置的无线电骚扰特性的限值和测量方法》（等同于国际标准 CISPR 12）；

② GB/T 18655—2010《用于保护车载接收机的无线电骚扰特性的限值和测量方法》（等同于国际标准 CISPR 25）；

③ GB/T 17619—1998《机动车电子电气组件的电磁辐射抗扰性限值和测量方法》；

④ GB/T 18387—2017《电动车辆的电磁场辐射强度的限值和测量方法》。

（2）国际汽车电磁兼容技术相关标准举例

具体举例如下：

① ISO 11451《道路车辆—窄带辐射电磁能量所产生的电气干扰—整车测试法（Road vehicles-Electrical disturbances by narrowband radiated electromagnetic energy-Vehicle test methods）》

② ISO 11452《道路车辆—窄带辐射电磁能量所产生的电气干扰—零部件测试法（Road vehicles-Electrical disturbances by narrowband radiated electromagnetic energy-Component test methods）》

③ ISO 7637《道路车辆—由传导和耦合产生的电气干扰（Road vehicles-electrical disturbances by conduction and coupling）》

④ ISO 10605《道路车辆—静电放电产生的电气干扰（Road vehicles-electrical disturbances from electrostatic and discharge）》

⑤ CISPR 12《车辆、机动船和内燃发动机驱动装置的无线电骚扰特性的限值和测量方法（Vehicles，boats and interal combustion engine drive devices radio disturbance characteristics limits and methods of measurement）》

⑥ CISPR 25《用于保护用在车辆、机动船和装置上车载接收机的无线电骚扰特性的限值和测量方法（Limits and methods of measurement of radio disturbance characteristics for the protection of receivers used on board vehicles，bcats and on devices）》

除了这里列举的一些标准外，在欧洲有欧洲的汽车电磁兼容标准，美国有美国汽车工程学会（SAE）的电磁兼容标准，日本有日本的 IASO 汽车电磁兼容标准，甚至各国的一些大的汽车厂也有他们自己的汽车电磁兼容标准，但在内容上与这里列举的国际标准有很多相似之处。

15.1.4 部分国家标准简介

这里介绍两个与车载电子、电气设备电磁兼容性测试有关的国家标准。

（1）GB/T 18655—2010《用于保护车载接收机的无线电骚扰特性的限值和测量方法》

GB/T 18655—2010 标准是汽车及其零部件的电磁兼容性标准之一，主要用于考查汽车及其零部件产生的各种电磁干扰对车内无线电接收机的干扰程度，并对干扰以限值形式加以限制。

这里车辆的含义包括轿车、客车、乘用车、载货车、电动车辆、农用拖拉机、工程机械车辆等。

车载接收机是指在有电磁干扰情况下可能会影响正常工作或运行的各种承受体，如收音机、电视接收机、无线电话及地面移动通信等设备。

GB/T 18655—2010 标准适用的产品分两大类：一类是汽车整车；另一类是安装于汽车上的各种零部件和电子模块，标准规定了适用产品（但不限于此），目的在于限制汽车及其零部件的无线电干扰，保护车载无线电接收机能收到无线电信号，标准规定要使用干扰抑制控制器或必要的抑制措施，用以减小因车内电气设备对其内部电源的无线电干扰的能量，以及减小通过车内的线束耦合对车载无线电接收天线端的干扰能量。

对整车产品的测试，主要考查车载无线电接收机天线末端无线电干扰电压的大小。

对零部件和电子模块的测试，分有窄带和宽带干扰源的两类产品，其中，属于窄带干扰的产品有微处理器、数字逻辑电路、振荡器、时钟信号发生器等，这种干扰源有较强的耦合能量，与有用信号相似且连续产生，因此这种干扰更加有害。宽带干扰源按持续时间划分，可分成连续型、长时型和短时型。属连续型的有点火系统、主动行驶控制器、燃油喷射控制器、仪表调节器、交流发电机等；属长时型的有雨刮器电动机、后雨刮器电机、暖风电动机、空调压缩机、发动机冷却风扇等；属短时型的有电动天线、清洗泵电机、门后视镜电动机、中央控制门锁、电动座椅等。

GB/T 18655—2010 标准为强制性国家标准，它为了保护车载接收机正常运行，对车辆内部和零部件的无线电干扰特性提出了技术要求。凡任何欲安装于车辆上的电子、电气零部件应首先符合本标准的要求，对于任何新定型的车辆也应首先符合本标准的要求。

（2）GB/T 17619—1998《机动车电子电气组件的电磁辐射抗扰性限值和测量方法》

GB/T 17619—1998 标准是对汽车电子、电气部件抗电磁辐射干扰特性的要求。

GB/T 17619—1998 标准的技术内容采用了欧共体指令 95/54/EC 中的相关部分（此指令在欧共体内为强制执行）。此标准在我国作为推荐性国家标准颁布，主要是考虑到我国当时（1998 年前后）的汽车电子产品远远落后于世界发达国家的情况，为了使国内企业能够了解国外新技术、新产品的技术要求，并有一个可以参照执行的国家标准，拟在此标准执行一段时间之后，在技术应用方面、检测试验方面都积累一定经验，有一定基础，再转换成强制性标准，达到最终与国家接轨的目标责任制。应该指出，此标准虽然作为推荐标准在国内颁布，但其技术内容的作用应同于强制性标准加以执行，尤其是对生产汽车电子、电气组件企业，因为电子、电气组件电磁抗扰性的好坏直接影响到汽车整车的性能（如安全性、经济性和可靠性等），因此，这一标准的颁布对于提高国内汽车电子、电气的电磁抗扰性及整车的电磁抗扰性水平起到了极好的作用。

GB/T 17619—1998 标准规定了汽车电子产品的抗电磁干扰的试验，有辐射和传导两种形式，分成 4 类共 5 种试验方法，它们分别是：带状线（有 150mm 和 800mm 两种）

试验；大电流注入（BCI）试验；横电磁波（TEM）小室试验；自由场试验。试验的频率范围为 20 ～ 1000MHz，试验信号为正弦波，采用 1kHz 正弦波进行幅度调制，调制深度为 80%。

GB/T 17619—1998 标准除了适用于对汽车电子、电气产品的试验外，还适用于对各种机动车辆上电子、电气的试验。通过试验可以增加车辆运行的安全性、可靠性和电磁兼容性。考虑到对某些大型物体的抗扰性试验投资要求很高，试验设备的投资规模较大，使用度低，因此，有时候可以采用对车辆保养的独立技术单元或电子、电气组件进行抗扰性试验来替代整车试验的办法，对大型物体的抗扰性做出初步评估，目前人们接触较多的汽车电子、电气组件有：燃油喷射电子控制系统、安全气囊电子引爆装置、ABS 和各种电子传感器等。凡是要安装在汽车上的各种电子装置都属于该标准的适用范围。

通过本节对 GB/T 18655—2010 和 GB/T 17619—1998 两个标准的简介不难看出，这里强调的是对汽车电子、电气设备无线电干扰特性的测试，以及汽车电子、电气设备抗辐射干扰能力的测试。

事实上，在汽车这个局部电网中，任何一台电子、电气设备的开关都会在汽车的局部电网上产生瞬态干扰，而装在同一电网上的其他电子、电气设备在经受这一瞬态干扰后，都存在一个抗干扰的问题，在国际上，专门有一个标准用来测试车载电子、电气设备动作时所产生的瞬态干扰，以及设备的抗瞬态干扰的能力，这就是 ISO 7637 标准。在国内，现正组织有关技术专家从事将该国际标准转化成我国国家标准的工作，在 15.2 节中将专门介绍这一标准，相信对国内汽车电子、电气设备制造行业及汽车整车行业在解决车内瞬态干扰问题上有很好的参考作用。

15.2
ISO 7637 标准

本节介绍的 ISO 7637-2: 2007《道路车辆 - 由传导和耦合产生的电气干扰，第 2 部分：在电源线上的是瞬变传导干扰》标准是 ISO 7637 标准的最新版本 [ISO 7637-2（Second edition 2004-06-15）Road vehicles Electrical disturbances from conduction and coupling-Part2: Electrical transient conduction along supply lines only]。该标准说明了对于车辆用电子、电气设备的电源线瞬态电压发射及设备的抗瞬态干扰性能的测量方法。标准提供的这些测量方法适合在实验室里做型式试验。通过这些试验，可以保证今后安装在 12V 和 24V 系统的轿车、轻型货车及普通货车上的设备有足够的电磁兼容性。

其中，车辆用电子、电气设备的电源线瞬态电压发射试验要使用人工电源网络，以便在实验室之间提供可以相互比较的试验结果，通过这些试验，可以给设备和系统的开发提供方便。当然，必要时这些试验也可以用在车载电子、电气设备的生产阶段。

设备对电源线瞬变抗扰度性能评估的型式试验可以用试验脉冲发生器来进行，标准所描述的试验脉冲只是在汽车电网中经常遇到的一些典型瞬变脉冲，这些试验并不能覆盖车辆中所有类型的瞬变，所以在特殊情况下，可以再增加一些试验脉冲。当然，在车辆中，考虑到有些电子、电气设备的功能或连接可能不会受到标准所描述的部分瞬变的影响，因此在实际试验中，我们可以把这部分脉冲省略掉，对一些特定的设备，车辆制造商有义务另外指定一些需要的试验脉冲。

15.2.1　试验条件

标准规定试验的环境温度是（23±5）℃。试验电压采用表 15-1 的参数，若要采用其他电压，需征得客户同意，并将选用的电压值写在试验报告里。

表 15-1　试验电压

试验电压	12V 系统 /V	24V 系统 /V
U_A	13.5±0.5	27±1
U_a	12±0.2	24±0.4

15.2.2　瞬态电压发射试验

15.2.2.1　试验配置和试验方法

试验中要注意周围的电磁环境不会影响试验工作的进行。从干扰源（受试设备）来的电压瞬变要用人工电源网络来进行测量，后者对受试设备提供了标准的阻抗，干扰源经人工电源网络接到并联电阻 R_S、开关 S 和电源，如图 15-1（a）、图 15-1（b）所示。

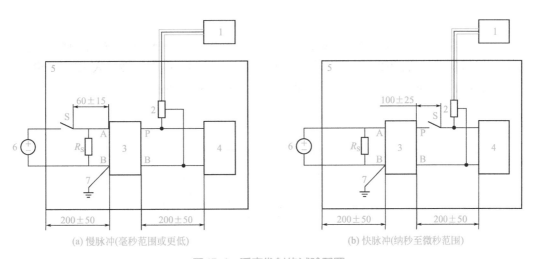

(a) 慢脉冲(毫秒范围或更低)　　　　　　　(b) 快脉冲(纳秒至微秒范围)

图 15-1　瞬变发射的试验配置

注 1：1—示波器或等效设备；2—电压探头；3—人工网络；4—DUT（瞬态源）；
5—接地平板；6—电源；7—接地线，长度小于 100mm。

注 2：点 A，点 B，点 P，见图 15-2。

在人工电源网络、开关和受试设备之间的连线应放在金属接地板上方 50(+10, −0)mm 处。

电缆的尺寸应按车内的实际情况来选择，要有能力承载受试设备的工作电流。如果试验计划没有特殊的要求，受试设备应该放在接地板表面的一个高度为 50(+10, −0) mm 非导电的材料上。干扰电压应在尽可能靠近受试设备的地方来测量（见图 15-1），试验要使用电压探头和示波器或波形采集设备。重复性的瞬变在开关 S 闭合时测试，如果瞬变是由电源松开而引起的，则应在开关 S 断开的瞬间就开始测量。

在测量中，对受试设备来说，敏感的操作是关于设备的接通和断开，以及设备工作模式的变化。受试设备的确切工作状态应制定在试验计划中。

对采样速率和触发电平进行选择以捕捉瞬变的一个完整波形，要有足够的分辨率，能显示瞬变的最正和最负部分。采用适当的采样速度和触发电平，根据试验计划来运行受试设备，记录其电压幅度。瞬变的其他参数（如上升时间、下降时间和瞬变的持续时间）也要记录下来。除非另有规定，要求采集 10 个波形，对这些波形的最正和最负及与之关联的参数都要记录下来。

下面是对图 15-1 所示试验配置中用到的试验设备的一些说明。

（1）人工电源网络　为了确定车辆电气和电子设备的性能，根据标准的要求，要采用人工电源网络来代替车内线束的阻抗，一个人工电源网络的线路简图例子如图 15-2 所示。

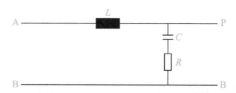

图 15-2　适合车载电气和电子设备的人工电源网络

注 1：A—电源端；B—公共端（可以接地）；C—电容；L—电感；P—DUT 端；R—电阻。
注 2：各种元件的主要特性：$L=5\,\mu H$（空心线圈）；P 端和 A 端之间的内阻 $<5\,m\Omega$；$C=0.1\,\mu F$，在交流电 200V 工作电压和直流电 1500V 工作电压时；$R=50\,\Omega$。

人工电源网络要能够经受受试设备的持续工作电流。当 A 和 B 被短路时，测量 P 和 B 之间的阻抗，测得的阻抗值 $|Z_{PB}|$ 应符合图 15-3 给出的频率特性。人工电源网络阻抗的实测值与理论值（如图 15-3 所示曲线）之间的偏差不超过 10%。

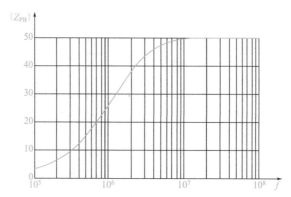

图 15-3　车载电气和电子设备人工电源网络的阻抗特性

注：$|Z_{PB}|$—阻抗，Ω；f—频率，Hz。

人工电源网络的上限工作频率高达 100MHz。当人工电源网络的外壳是金属时，则人工电源网络要平放在参考接地板上，并且电源线终端的接地端子要与接地板接在一起，见图 15-1。

（2）并联电阻 R_S 并联电阻 R_S（见图 15-1）模拟其他车载设备的直流电阻，这些车载设备是与受试设备并联的，并且不会被点火开关所切断。R_S 是根据在点火开关被断开时测得的在断开处对地的线束阻值来加以选择的，也可以由车辆制造商来确定，如无其他要求，一般选 $R_S=40\Omega$，如果采用线绕电阻，应当采取双线并绕的方法，以尽可能地减少电感成分。

当要模拟最坏情形时，R_S 可以不要。

（3）开关 S 在图 15-1 中，根据实际试验的要求，开关 S 可以放在人工电源网络的任何一侧，为了测量瞬变波形（t_d 约为微秒级），开关要放在人工电源网络的受试设备这一侧。在试验时，如图 15-1 所示，只有一个开关是动作的（其他开关的触点保持闭合），开关的选择应事前在试验计划中规定好并记录在试验报告中。

由于开关 S 会明显影响瞬变干扰的特性，因此对所推荐的开关做如下说明：

① 为了测量高瞬变（幅度超过 400V），建议采用在车辆上与受试设备配合使用的标准产品，如果没有，则可以采用有下列特性的汽车继电器：

a. 触点容量，$I=30A$，持续电流，电阻性负载；

b. 高纯度的银触点材料；

c. 在继电器触点上不加抑制措施；

d. 触点与线圈电路有电气绝缘；

e. 线圈上有瞬变抑制措施。

如果主触点发生磨损，开关继电器应予替换。

② 如果是一种可以反复使用的开关，对于干扰就可以做出更加精确的评估，为此推荐采用电子开关，它产生的干扰幅度可能会比传统开关（电弧型开关）高一些，在评估试验结果时要把这一点也考虑进去。对于调试抑制器的功能来说，电子开关是非常合适的一种器件，为了对较低的电压瞬变进行测量（幅度低于 400V，例如对带有瞬变抑制的干扰所产生的瞬变进行测量），电子开关应具有以下特性：

a. 最大电压 $U_{max}=400V$（在 25A 时）；

b. 最大电流 $I_{max}=25A$（持续电流），100A（$\Delta t \leqslant 1s$）；

c. 电压降 $\Delta U \leqslant 1V$（在 25A 时）；

d. 试验电压 $U_{A1}=13.5V$，$U_{A2}=27V$；

e. 开关时间 $\Delta t_s=300$（$1 \pm 20\%$）ns（带受试设备时）；

f. $R=0.6\Omega$，$L=50\mu H$（1kHz 时测）；

g. 并联电阻 $R_S=10\Omega$、20Ω、40Ω，外接电阻；

h. 触发分为内触发和外触发；

i. 电压探头比为 1 ∶ 100。

开关应能承受短路。

（4）电源 持续工作的电源的内阻 R_i 要低于 0.01Ω（直流），并且在频率低于 400Hz 时的内阻抗 $Z_i=R_i$。负载从 0 到最大（包括浪涌电流）时，输出电压偏离不超过 1V，并且在 100μs 之内能恢复到最大偏离值的 63%，纹波电压 U_r 不超过 0.2V（峰-峰），最低频率为 400Hz。

如果用一台标准的电源（要有足够的电流容量）模拟蓄电池，那么很重要的一点就是要像蓄电池一样有足够低的内阻。

当使用蓄电池时，需要有一台充电电源，以便充到规定的电压值（分别是 13.5V 和 27V）。

15.2.2.2　瞬态电压发射试验结果的评估

标准提供了对被试的车载电子、电气设备所产生瞬态电压发射的评估办法。

（1）瞬态电压波形的参数及缩写（见表 15-2）

表 15-2　瞬态电压波形参数及缩写

参数	缩写
峰值幅度	U_s（U_{s1}，U_{s2}）
脉冲持续时间	t_d
脉冲上升时间	t_r
脉冲下降时间	t_f
脉冲重率时间	t_1
脉冲串持续时间	t_4
两串脉冲之间的时间	t_5
脉冲串周期时间	t_d+t_5

（2）瞬态电压发射的等级分类

瞬变发射的等级分类的推荐限值分别见表 15-3 和表 15-4 的 I 列到 IV 列，至于是直接选择表格中的限值，还是取用在这些限值之外的某一个值，可以由汽车制造商和设备供应商协商解决，在没有特殊要求的场合下，推荐选用表 15-3 和表 15-4 中 I 列至 IV 列的限值。

试验配置按图 15-1 所示进行，可以用来观察低速或瞬变的波形。在图 15-4（单个瞬变脉冲的波形）和图 15-5（一群瞬变脉冲的波形）中列举的电压波形是做型式试验时得到的典型波形。

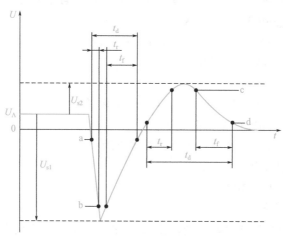

图 15-4　单个瞬变脉冲的波形

a—0.1（$U_{s1}+U_A$）；b—0.9（$U_{s1}+U_A$）；c—0.9（$U_{s2}+U_A$）；d—0.1（$U_{s2}+U_A$）

常见的瞬态电压波形如下：

① 有正、负脉冲（分别是 U_{s2} 和 U_{s1}）的瞬变；对正、负两种电压限值都将运用。

② 正脉冲瞬变（U_{s2}）：采用正电压限值。

③ 负脉冲瞬变（U_{s1}）：采用负电压限值。

④ 有一群或几群正、负脉冲（分别是 U_{s2} 和 U_{s1}）的瞬变：对正、负两种电压限值都将运用。

（3）瞬态电压波形的等级分类

确定瞬态电压的幅度和波形，采用图 15-1（a）的配置做第一次测量，用以确定低速脉冲（毫秒级）的最大幅度，然后用图 15-1（b）的配置确定瞬变（纳秒级）的最大幅度。

瞬态电压幅度的等级分类可以用表 15-3 和表 15-4 的值来进行。

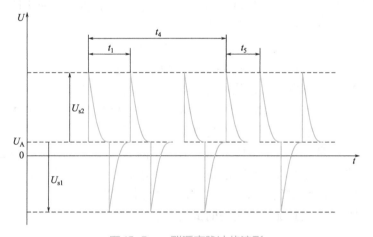

图 15-5　一群瞬变脉冲的波形

表 15-3　对 12V 系统等级分类的推荐限值

脉冲幅度 U_s	U_s 的严酷度等级的推荐值				
	V *	IV	III	II	I
正	—	+100V	+75V	+50V	+25V
负	—	−150V	−100V	−50V	−25V

注：* 由汽车制造商和设备供应商协商确定的值。

表 15-4　对 24V 系统等级分类的推荐限值

脉冲幅度 U_s	U_s 的严酷度等级的推荐值				
	V *	IV	III	II	I
正	—	+200V	+150V	+100V	+50V
负	—	−600V	+450V	+300V	+150V

15.2.3 抗扰度试验

15.2.3.1 试验配置和试验方法

汽车电子、电气设备的瞬态电压抗扰度试验配置如图 15-6 所示，这里要特别指出的是：由于标准中讲到的 P3a 和 P3b 这两个脉冲的沿边特别陡，波形特别窄，含有的谐波成分特别丰富，因此对于试验的配置特别严格，如规定在试验脉冲发生器的端子与受试设备之间的连线长度为 500（±100）mm，平直地放置在参考接地板的上方，离开接地板的高度为 50（+10，-0）mm。

试验时，先要对试验脉冲发生器的设定提供指定的脉冲极性、幅度、宽度，以及配合试验所必需的发生器内阻，注意图 15-6（a）中的可选电阻 R_v 不接，然后将被试品接到发生器上 [见图 15-6（b），此时示波器应撤离]。

对于被试品的性能可以在试验中、也可以在试验后再根据实际使用情况进行评估。

为了校正所采用的试验脉冲发生器，需要对电源进行接通或断开操作，这里的切换过程是由与电源整合在一起的脉冲发生器来控制的。

模拟交流发电机采取卸载脉冲抑制的一种方法（见图 15-12），是将一个抑制二极管（或二极管桥堆）跨接在试验脉冲发生器的输出端，见图 15-6（a）、（b），由于单个二极管往往不能处理太大的交流发电机电流，这里推荐采用桥式电路，见图 15-6（c），这样，同一个发生器可用于产生试验脉冲 5a 和 5b。

抑制二极管和抑制电压（钳位电压）值由不同的汽车制造商自己决定，没有统一的标准值，因此供应商（及部分制造商）要从制造商处获取完成这个试验的二极管和钳位电压的信息，单个二极管可以用在二极管桥堆中，以提供特定的钳位电压。

下面是对图 15-6 试验配置中用到的试验设备的一些说明：

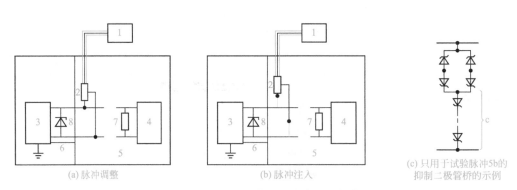

(a) 脉冲调整　　　　　　　　　　(b) 脉冲注入　　　　　(c) 只用于试验脉冲5b的抑制二极管桥的示例

图 15-6　汽车电子、电气设备的瞬态电压抗扰度试验配置

1—示波器或等效设备；2—电压探头；3—电源内阻为 R_i 的试验脉冲发生器；4—DUT；
5—接地平板；6—接地线（试验脉冲 3 的最大长度为 100mm）；7—电阻（R_v）[a]；8—二极管桥 [b]
a—用于模拟车辆系统负载的抛负载试验脉冲 5a 和 5b。采用 R_v 时，其大小应在试验计划中指明
（典型值介于 0.7Ω 与 40Ω 之间）；
b—用于模拟具有集中抛负载抑制的交流发电机抛负载波形的脉冲 5b；
c—增加正向偏压二极管以便达到最大开路（抑制）电压

① 测量示波器最好选用数字示波器（最上的信号扫描采样速度为 2GHz/s，带宽为

400MHz，输入灵敏度至少为 5mV/div）。如果不采用数字示波器，那么也可以使用模拟的长余辉同步示波器，其特性要满足以下条件：

a. 带宽从直流开始，至少达到 400MHz；

b. 写入速度至少达到 100cm/μs；

c. 输入灵敏度至少达到 5mV/div。

记录可以通过示波器配用的照相机，或者其他适用的记录设备。

② 电压探头。对电压探头的要求是：

a. 衰减量为 100 ∶ 1；

b. 最大输入电压至少达到 1kV；

c. 输入阻抗 Z 和电容 C 符合表 15-5 给出的要求。

表 15-5　电压探头的参数

f/MHz	Z/kΩ	C/pF
1	>40	<4
10	>4	<4
100	>0.4	<4

最大的探头电缆长度为 3m；

最大的探头接地线长度为 0.13m。

注意，测试探头连线的长度会影响测试结果。

15.2.3.2　试验脉冲发生器

抗扰度试验用的脉冲发生器应当能产生本节下面所规定的开路试验脉冲的最大值 $|U_s|$。同时，U_s 的值可以在表 15-6 ～表 15-12 中给的限值范围内进行调节。

峰值电压 U_s 按要求调至指定的试验电平，其允差为（+10，-0）%。除非另有规定，波形计划（t）的允差及内阻（R_i）的允差是 ±20%。

发生器性能的校正方法及允差和对受试设备抗扰度性能的评估参见下面的介绍。

（1）试验脉冲 1　这个试验模拟由于在电感性负载上切断电源时产生的瞬充，可用于车辆中直接与电感性负载相并联的设备的试验。脉冲波形见图 15-7，相应的参数见表 15-6。

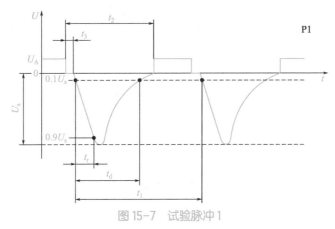

图 15-7　试验脉冲 1

表 15-6　试验脉冲 1 的参数

参数	12V 系统	24V 系统
U_s	$-100 \sim -75V$	$-600 \sim -450V$
R_i	10Ω	50Ω
t_d	2ms	1ms
t_r	$1 (+0, -0.5) \mu s$	$3 (+0, -0.5) \mu s$
t_1	$0.5 \sim 5s$	
t_2	200ms	
t_3	$<100\mu s$	

（2）试验脉冲 2　脉冲 2 在 ISO 7637-2：2004 标准里有两个，分别称为脉冲 2a 和脉冲 2b。

试验脉冲 2a 模拟和受试设备相并联的设备被突然切断电流时，在线束电感上产生的瞬变。试验脉冲 2b 模拟点火被切断的瞬间，由于直流电动机扮演发电机角色，并由此产生瞬变现象。

脉冲的波形分别见图 15-8 和图 15-9，相应的参数分别见表 15-7 和表 15-8。

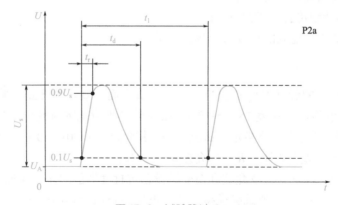

图 15-8　试验脉冲 2a

表 15-7　脉冲 2a 的参数

参数	12V 系统	24V 系统
U_s	$+37 \sim +50V$	
R_i	2Ω	
t_d	$0 \sim 0.05ms$	
t_r	$1 (+0, -0.5) \mu s$	
t_1	$0.2 \sim 5s$	

（3）脉冲 3a 和 3b　这些试验脉冲是模拟开关切换过程中所产生的瞬变，瞬变的参数是由线束的分布电容和电感来确定的。

脉冲的波形分别见图 15-10 和图 15-11，相应的参数分别见表 15-9 和表 15-10。

（4）试验脉冲 4 该脉冲模拟由于激励内燃机发动机的启动器 - 电动机线路时引起的电源电压降低情况，这里并没有考虑启动瞬间伴生的尖峰干扰。脉冲波形见图 15-12，相应的参数见表 15-11。

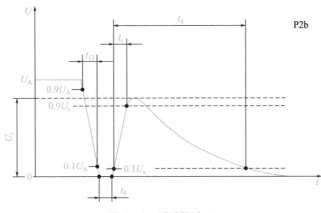

图 15-9 试验脉冲 2b

表 15-8 脉冲 2b 的参数

参数	12V 系统	24V 系统
U_s	10V	20V
R_i	$0 \sim 0.05 \Omega$	
t_d	$0.2 \sim 2s$	
t_{12}	$1ms \pm 0.5ms$	
t_r	$1ms \pm 0.5ms$	
t_6	$1ms \pm 0.5ms$	

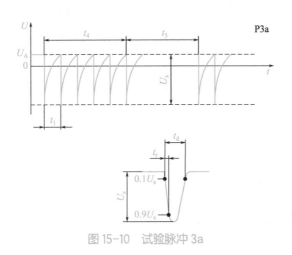

图 15-10 试验脉冲 3a

表 15-9　脉冲 3a 的参数

参数	12V 系统	24V 系统
U_s	$-150 \sim -112V$	$-200 \sim -150V$
R_i	50Ω	
t_d	$0.2\,(+0.1,\ -0)\,\mu s$	
t_r	$5ns \pm 1.5ns$	
t_1	$100\mu s$	
t_5	$90ms$	

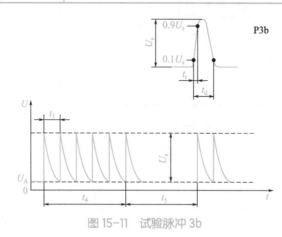

图 15-11　试验脉冲 3b

表 15-10　试验脉冲 3b 的参数

参数	12V 系统	24V 系统
U_s	$+75 \sim +100V$	$+150 \sim +200V$
R_i	50Ω	
t_d	$0.2\,(+0.1,\ -0)\,\mu s$	
t_r	$5ns \pm 1.5ns$	
t_1	$100\mu s$	
t_5	$90ms$	

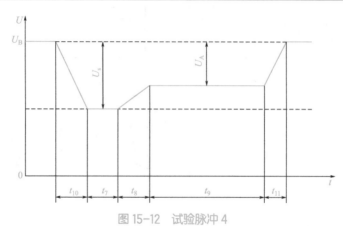

图 15-12　试验脉冲 4

表 15-11　试验脉冲 4 的参数

参数	12V 系统	24V 系统
U_s	$-7 \sim -6V$	$-16 \sim -12V$
U_A	$-6 \sim -2.5V$ 同时 $|U_A| \leqslant |U_s|$	$-12 \sim -5V$ 同时 $|U_A| \leqslant |U_s|$
R_i	$0 \sim 0.02\Omega$	
t_7	$15 \sim 40ms$	$50 \sim 100ms$
t_8	$\leqslant 50ms$	
t_9	$5\mu s$	$10ms$
t_{11}	$5 \sim 100ms$	$10 \sim 100ms$

（5）试验脉冲 5a 和 5b　它模拟在卸载时出现的瞬变。这种脉冲发生在蓄电池被突然松开，而交流发电机还在产生充电电流的瞬间，因此发电机电路的端子电压被不适当地升高了，与此同时，其他负载依然留在交流发电机的电路上，这种卸载脉冲的幅度取决于交流发电机的速度及在电池松开瞬间交流发电机的励磁情况，卸载脉冲的持续时间主要取决于励磁线路的时间常数及脉冲的幅度，在大多数新的交流发电机中，卸载脉冲的幅度是用附加的限幅二极管来抑制（钳位）的。

这种卸载的情况可能是由于电缆的腐蚀、接线不良或发动机运行时内部接线松开等原因引起电池松开而造成的。

未加抑制措施的卸载脉冲（5a）的波形和参数见图 15-13 和表 15-12。采取了抑制措施的卸载脉冲（5b）波形和参数见图 15-14 和表 15-13。

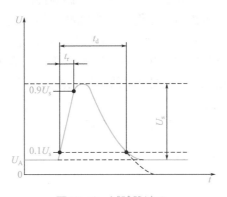

图 15-13　试验脉冲 5a

表 15-12　试验脉冲 5a 的参数

参数	12V 系统	24V 系统
U_s	$+65 \sim +87V$	$+123 \sim +174V$
R_i	$0.5 \sim 4\Omega$	$1 \sim 8\Omega$
t_d	$40 \sim 400ms$	$100 \sim 350ms$
t_r	$10 (+0, -5) ms$	

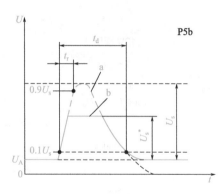

图 15-14　试验脉冲 5b

表 15-13　试验脉冲 5b 的参数

参数	12V 系统	24V 系统
U_s	+65 ～ +87V	+123 ～ +174V
U_s^*	由用户指定	
t_d	同未被抑制时的值	

脉冲的下降部分沿指数曲线衰减，在理论上可以衰减到 0V，但实际上在 U_A 处中断。

15.2.3.3　试验脉冲发生器的校正

这里讲述试验脉冲发生器输出特性的校正方法，要在两种不同负载（空载和匹配负载）情况下进行校正，用以确定试验脉冲发生器的性能，通过对发生器的校正可以保证在开路和负载条件下参数的一致性。因为脉冲的能量是影响试验结果的关键，因此在试验报告中应当记载实际所用的脉冲能量情况，在校正中 U_A 和 U_B 都是 0V，校正中要小心选择电阻，它们在施加脉冲和直流额定电压时要有足够的能量耗散。此外，还要注意，电阻应当是无感的，匹配电阻的阻值允差为 ±1%，在校验每个脉冲时，源阻抗的选择要等于负载电阻。

（1）脉冲 1 的校正　见表 15-14 和表 15-15。

表 15-14　试验脉冲 1 的校正（12V 系统）

试验脉冲 1	U_s	t_r	t_d
空载	−100V ± 10V	1（+0，−0.5）μs	2000μs ± 400μs
100Ω 负载	−50V ± 10V	—	1500μs ± 300μs

表 15-15　试验脉冲 1 的校正（24V 系统）

试验脉冲 1	U_s	t_r	t_d
空载	−60V ± 60V	3（+0，−1.5）μs	1000μs ± 200μs
100Ω 负载	−300V ± 30V	—	1000μs ± 200μs

（2）试验脉冲 2a 和 2b 的校正　见表 15-16 和表 15-17。

表 15-16　试验脉冲 2a 的校正（12V 和 24V 系统）

试验脉冲 2a	U_s	t_r	t_d
空载	+50V ± 5V	1（+0，−0.5）μs	50μs ± 10μs
2Ω 负载	+25V ± 5V	—	12μs ± 2.4μs

表 15-17　试验脉冲 2b 的校正（12V 和 24V 系统）

试验脉冲 2b	U_s	t_r	t_d
空载和 0.5Ω	+10V ± 1V（12V 系统）	1ms ± 0.5ms	2s ± 0.4s
负载	+20V ± 2V（24V 系统）		

（3）试验脉冲 3a 和 3b 的校正　见表 15-18 和表 15-19。

表 15-18　试验脉冲 3a 的校正（12V 和 24V 系统）

试验脉冲 3a	U_s	t_r	t_d
空载	−200V ± 20V	5ns ± 1.5ns	150ns ± 45ns
50Ω 负载	−100V ± 20V	5ns ± 1.5ns	150ns ± 45ns

表 15-19　试验脉冲 3b 的校正（12V 和 24V 系统）

试验脉冲 3b	U_s	t_r	t_d
空载	+200V ± 20V	5ns ± 1.5ns	150ns ± 45ns
50Ω 负载	+100V ± 20V	5ns ± 1.5ns	150ns ± 45ns

在校正试验脉冲 3a 和 3b 时，由于脉冲频谱覆盖的频率范围达到 20MHz 以上，在这个频率范围内再采用高阻抗的电压探头是有困难的。另外，探头的接地电缆可以在波形中引起明显的振铃，造成虚假的测试结果，所以在这里极力推荐使用同轴测试设备。

（4）试验脉冲 4（12V 和 24V 系统）　不需要脉冲校正。

（5）试验脉冲 5 的校正　见表 15-20 和表 15-21。

表 15-20　试验脉冲 5 的校正（12V 系统）

试验脉冲 5a	U_s	t_r	t_d
空载	+100V ± 10V	10（+0，−5）ns	400ns ± 80ns
2Ω 负载	+50V ± 10V	—	200ns ± 40ns

注：脉冲是在试验电平为 100V 时进行校正的，脉宽选择为 400ms，内阻 R_i=2Ω，采用的终端电阻为 2Ω。

表 15-21　试验脉冲 5 的校正（24V 系统）

试验脉冲 5a	U_s	t_r	t_d
空载	+200V ± 20V	10（+0，−5）ms	350ns ± 70ns
2Ω 负载	+100V ± 20V	—	175ns ± 35ns

15.2.3.4　试验的失效模式和严酷度等级分类

ISO 7637 标准规定了在指定的试验条件下工作的车载电子、电气设备按功能进行分类的方法，这一方法仅适用于车载电气设备的型式试验。试验要在那些代表设备实际工作环境（如整车环境）的条件下进行，这样有助于保证敏感设备在技术和经济上的最优化设计。

描述设备失效模式严重程度的分类有 3 个基本要素：

① 受试设备暴露在试验的电磁环境中及试验以后的功能状态。

② 标准所规定的应当施加在受试设备上的典型脉冲和试验方法。

③ 试验脉冲的基本参数（即试验的严酷度等级）。

下面介绍关于受试设备的基本失效模式和试验的严酷度等级分类。

（1）按受试设备的失效模式分类　所有的失效模式都是根据设备或系统的功能情况来分类的，一共分成 5 个等级。

A 级：在试验中和试验后，设备或系统的所有功能全部符合设备要求。

B 级：在试验中，设备或系统能按设计要求进行工作，但有一项或多项指标超过规定的允差。然而在试验后，所有的功能都能自动恢复到正常范围内，所有记忆功能则能保持 A 级。

C 级：在试验中，设备或系统有一项或多项功能不能符合设计要求，但是在试验后能够自动恢复到正常状态。

D 级：在试验中，设备或系统有一项或多项功能不能符合设计要求，而且在试验后也不能恢复到正常状态，设备或系统要由操作人员通过简单的复位后方能恢复正常。

E 级：在试验中和试验后，设备或系统有一项或多项功能不能符合设计要求，而且不经过修理或更换该设备或系统就不能够恢复到正常状态。

（2）试验脉冲的严酷度等级分类　在表 15-22 和表 15-23 中"Ⅲ 最低"列和"Ⅳ 最高"列中给出了最小和最大严酷度电平的推荐值，试验电平和试验时间的选择由汽车制造商与设备供应商之间协商确定，若无特殊规定，就采用这两张表格中给出的推荐值。

表 15-22　12V 系统中的推荐值

试验脉冲	试验电平 U_s/V				最少的脉冲数或试验时间	脉冲串的周期或重复时间	
	Ⅰ	Ⅱ	Ⅲ 最低	Ⅳ 最高		最短	最长
1	—	—	−75	−100	5000 个脉冲	0.5s	0.5s
2a	—	—	+37	+50	5000 个脉冲	0.2s	0.2s
2b	—	—	+10	+10	10 个脉冲	0.5s	0.5s
3a	—	—	−112	−150	1h	90ms	100ms
3b	—	—	+75	+100	1h	90ms	100ms
4	—	—	−6	−7	1 个脉冲	—	—
5	—	—	+65	+87	1 个脉冲	—	—

注：1.脉冲 5 的试验电平反映了卸载情况发生时交流发电机的额定转速，如果在汽车里采用了卸载保护措施，那么在试验中应当选用由图 15-14 和表 15-13 所定义的脉冲 5b。

2.这里试验用的脉冲数和试验时间是针对可靠性试验来设定的。

3.对于试验脉冲 4 和试验脉冲 5，由于最少脉冲个数选择为"1"，所以不存在脉冲周期的问题，如果要用到几个脉冲，那么在脉冲与脉冲间至少要延迟 1min。

4.表中试验电平一栏，第 Ⅰ 列和第 Ⅱ 列中的值（对应以前标准中给出的电平）被删除了，原因是这些值不能满足车载设备有足够抗扰度的要求。

表 15-23 24V 系统中的推荐值

试验脉冲	试验电平 U_s/V				最少的脉冲数或试验时间	脉冲串的周期或重复时间	
	I	II	III 最低	IV 最高		最短	最长
1	—	—	−450	−600	5000 个脉冲	0.5s	0.5s
2a	—	—	+37	+50	5000 个脉冲	0.2s	0.2s
2b	—	—	+20	+20	10 个脉冲	0.5s	0.5s
3a	—	—	−150	−200	1h	90ms	100ms
3b	—	—	+150	+200	1h	90ms	100ms
4	—	—	−12	−16	1 个脉冲	—	—
5	—	—	+123	+173	1 个脉冲	—	—

注：1. 脉冲 5 的试验电平反映了卸载情况发生时交流发电机的额定转速，如果在汽车里采用了卸载保护措施，那么在试验中应当选用由图 15-14 和表 15-13 所定义的脉冲 5b。

2. 这里试验用的脉冲数和试验时间是针对可靠性试验来设定的。

3. 对于试验脉冲 4 和试验脉冲 5，由于最少脉冲个数选择为 "1"，所以不存在脉冲周期的问题，如果要用到几个脉冲，那么在脉冲与脉冲间至少要延迟 1min。

4. 表中试验电平一栏，第 I 列和第 II 列中的值（对应以前标准中给出的电平）被删除了，原因是这些值不能满足车载设备有足够抗扰度的要求。

（3）设备的试验等级和性能等级选择　根据设备的应用情况，由制造商和用户来规定试验中的被试品功能状态级别及试验的严酷度等级。

- 如果能预见设备在实际使用中不会遇到某几种试验脉冲，则相应的试验可以省略。
- 若设备不需要工作在某几种脉冲发生的情况下（如起始过程中的灯光闪烁），则 C 类情况也被允许。
- 若设备发生故障时不会引起用户烦恼和不方便，则 D 类的功能降级也可接受。
- 对于 E 类的功能降级通常是不被接受的。

（4）试验举例　下面用几个例子说明如何采用 ISO 7637 标准来对设备失效模式等级进行分类。

[例15-1]

这个例子（见表 15-24）给出了设备供应商出于销售和配套的用途，对所提供产品性能的分级情况。

表 15-24 例 1（12V 和 24V 系统）

试验脉冲	在相应试验等级下的功能状态（见 ISO 7637-2 标准附录 A 中的 A·4）				设备状态
	I	II	III	IV	
1	不适用				设备与电池相连
2a	不适用				设备与电池相连

续表

试验脉冲	在相应试验等级下的功能状态 （见 ISO 7637-2 标准附录 A 中的 A·4）				设备状态
	Ⅰ	Ⅱ	Ⅲ	Ⅳ	
2b	不适用				设备与电池相连
3a	—	—	A	C	—
3b	—	—	B	C	—
4，等	—	—	C	D	设备不需要工作在启动状态下

注：试验中对严酷度等级的提高要小心，要避免同一台设备在经受所有试验之后可能表现出来的积累效应。

[例15-2]

这个例子（见表 15-25 和表 15-26）是出于配套和采购目的，顾客对实际设备的最低要求。

表 15-25　例 15-2（12V 系统）

试验脉冲	脉冲电压 /V	在 ISO 7637-2 标准的 A·4 节中的功能状态分级	最少的脉冲数和试 验时间	试验性质
1	-75	C	5000 个脉冲	可靠性试验
2a	+50	A	5000 个脉冲	可靠性试验
2b	+10	A	10 个脉冲	功能性试验
3a	-112	C	1h	可靠性试验
3b	+75	C	1h	可靠性试验
4	—	—	—	不适用
5	—	—	—	不适用

表 15-26　例 15-2（24V 系统）

试验脉冲	脉冲电压 /V	在 ISO 7637-2 标准的 A·4 节中的功能状态分级	最少的脉冲数和试 验时间	试验性质
1	-450 ～ -150	C	5000 个脉冲	可靠性试验
2a	+50	A	5000 个脉冲	可靠性试验
2b	+20	A	10 个脉冲	功能性试验
3a	-150 ～ -35	C	1h	可靠性试验
3b	+35 ～ +150	C	1h	可靠性试验
4	—	—	—	不适用
5	—	—	—	不适用

15.2.3.5　对车载电子、电气设备抗扰度试验的解读

下面对 ISO 7637-2 标准抗扰度试验的各个脉冲进行讲解：

• P1 脉冲是内阻较大（10～50Ω）、电压较高（几十伏至几百伏）、前沿较快（微秒级）和宽度较大（毫秒级）的负脉冲。在整个 ISO 7637-2 标准里属于中等速度和中等能量的脉冲干扰，对受试设备兼顾了干扰（造成设备误动作）和破坏（造成设备中元器件的损坏）两方面的作用。

• P2a 脉冲在整个 ISO 7637-2 标准里属于速度快和能量较小的脉冲干扰，它的作用与 P1 脉冲有点相似，但它是正脉冲。

• P2b 脉冲是一个电压不高（大体与系统的电源电压相当）、前沿较缓（毫秒级）、宽度很大（达到秒级）和内阻很小的脉冲。在整个 ISO 7637-2 标准里属于低速和高能量的脉冲干扰，着重考核对设备（元器件）的破坏性。P2b 脉冲的这个作用与 P5 有点相似，但电压较低，脉冲更宽。

• P3 脉冲在整个 ISO 7637-2 标准中是一系列高速、低能量的小脉冲，常能引起采用微处理或数字逻辑控制的设备产生误动作。

• P4 脉冲在 ISO 7637-2 标准里主要考核受试设备在跌落过程中误动作的情况，尤其考核带微处理器的设备有没有出现数据丢失和程序紊乱的情况。

• P5 脉冲是幅度较高（100～200V，相对于系统电源电压来说，这已经算是高电压了）、宽度较大（达几百毫秒）、内阻又极低（几欧，甚至零点几欧）的脉冲，所以在 ISO 7637-2 标准里，P5 脉冲属于能量比较大的脉冲。除了考核受试设备在 P5 作用下的抗干扰能力外，在相当程度上还在考核它对设备元器件的破坏性。

在 ISO 7637-2 标准所提出的 5 个脉冲波形虽然并不能覆盖车辆中所有类型的瞬变，但实际上还是综合了多方面的干扰来考核车载电气设备，其中包括高速、低能量的脉冲；低速、高能量的脉冲；兼顾速度和能量两方面的中等速度和中等能量脉冲；直流电压中断与直流电压跌落。因此，一旦车载电气设备通过了 ISO 7637-2 标准的考核，在一般情况下是可以保证以后安装在 12V 和 24V 系统的轿车、轻型货车及普通货车上的设备具有足够的电磁兼容性。

15.2.3.6　除电源线外，试验脉冲 3 经由串扰方式对设备造成的干扰

在评价车载电子、电气设备的电磁兼容性能时，除了考虑从电源线引入的瞬变干扰外，事实上还要考核经由线路电容和电感耦合过来的高速瞬变干扰的抗干扰性能，在 ISO 7637 系列标准中还有一个 ISO 7637-3：2007 描述了利用电容耦合夹对受试设备其他连线施加试验脉冲 3 的方法，用以验证这些设备经受因切断电感性负载（包括继电器、接触器等）时所耦合过来的快速瞬变脉冲的抗干扰能力，本节就来讲述试验脉冲 3 的这种试验方法。

（1）试验配置　在实验室里，利用电容耦合夹与被试线路之间的分布电容将高速试验脉冲耦合到被试线路上，利用这种脉冲的施加方式可以得到能够重复且相互比较的试验结果，详细配置如图 15-15 所示。

图中参考接地板为金属板（如铜、黄铜或镀锌钢板），最小尺寸为 2m×1m（最终尺寸取决于受试设备），最小厚度为 1mm。实验室的接地端子应连接至参考接地板上。

除非受试设备外壳与底盘相连并且有自己的接地连接，否则受试设备仍放在接地

板上，其间用厚度为 50 ～ 100mm 的绝缘垫隔开。受试设备应放在耦合夹靠近脉冲发生器这一侧。

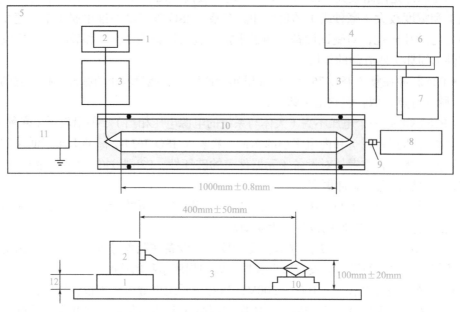

图 15-15 试验脉冲 3 在受试设备除电源外的其他线路上的试验配置

1—绝缘支架，用于 DUT 不直接与车辆底盘连接的情况；

2—DUT；3—测试线束的绝缘支架；4—辅助设备（比如传感器、负载、配件）；

5—地平面；6—电源；7—电池；8—示波器；9—50Ω 衰减器；10—安装在车辆上的 CCC；

11—测试脉冲发生器；12—所选尺寸应在试验计划中规定并记录于试验报告

为减少布局对试验的影响，除了设备下方的参考接地板以外，受试设备与其他导电性结构（包括实验室墙壁及其他有金属外壳的仪器和设备）的最小距离为 0.5m。

受试设备应按实际使用情况连线，并按制造商规定的安装说明与接地系统连接，不允许有额外的接地连线。

要按规定采用试验线束，在耦合夹外侧走线的电源线长度为 1m。受试设备与耦合夹之间的距离及周边设备与耦合夹之间的距离应该是 400mm+50mm。露在耦合夹外面的被测线段应放在离地高度为（100+20）mm 的绝缘垫子上，并与耦合夹轴线方向成 90°±15°角。

图 15-15 中的耦合夹绞接部分要尽量放平，以保证与线束之间有尽可能大的耦合电容。

建议将线束的长度限制为 2m，以提高试验结果的可靠性，如使用成品线束且线束长度超过 2m，此时线束不应挽成圈，线束的布局要在试验报告中详细说明，同时应维持受试设备与耦合夹之间的最大距离为 0.45m。

为了得到可重复的试验结果，试验配置应采用机械固定。

另外，为了能体现受试设备正常工作时所必需的负载、传感器等独立单元，应尽可能以最短的接地线与参考接地板连接。

（2）试验电压的施加　试验前，应先校正试验脉冲发生器的输出至试验计划规定的值，脉冲幅度的校正是用一台输入阻抗为 50Ω 的示波器经 50Ω 同轴衰减器及 50Ω 同轴电缆与耦合夹的一个输入端相连。与此同时，试验脉冲发生器经 50Ω 同轴电缆与耦合夹的另一输入端相连（耦合夹有两个 50Ω 的同轴输入端），如图 15-16 所示，注意，校准时不得有被试线束通过耦合夹。

试验电压校正结束后，将被试线束压入耦合夹并开始试验，试验中应注意记录试验布局和线束情况，以便在必要时可追溯试验结果。

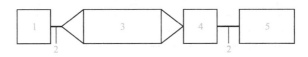

图 15-16　试验脉冲的校正

1—测试脉冲发生器；2—50Ω 同轴电缆；3—耦合夹；4—50Ω 衰减器；5—示波器

（3）试验电平推荐　12V 和 24V 系统的试验电压推荐值分别见表 15-27 和表 15-28。

表 15-27　12V 系统的试验电压

试验脉冲	试验电压 U_s（加在耦合夹上的试验脉冲电压）					试验时间 /min	脉冲群的周期 /ms	
	1 级	2 级	3 级	4 级	X 级		min	max
a	−10min	−20	−40	−60max	＊	10	90	110
b	+10min	+20	+30	+40max	＊	10	90	110

注：＊经制造商及供应商双方协商确定。

表 15-28　24V 系统的试验电压

试验脉冲	试验电压 U_s（加在耦合夹上的试验脉冲电压）					试验时间 /min	脉冲群的周期 /ms	
	1 级	2 级	3 级	4 级	X 级		min	max
a	−14min	−28	−56	−80max	＊	10	90	110
b	+14min	+28	+56	+80max	＊	10	90	110

注：＊经制造商及供应商双方协商确定。

（4）耦合夹　耦合夹提供了一种将试验脉冲加到被试线束的方法，耦合效果取决于线束的直径和材料。耦合夹可以由铜、黄铜或是镀钢板制成，在其两端各配有一个 50Ω 同轴电缆的连接头，详见图 15-17。

耦合夹的特性如下：

① 电缆与耦合夹之间的耦合电容大约为 $100 \sim 200\text{pF}$。

② 适用的线束直径范围为 $4 \sim 40\text{mm}$。

③ 脉冲电压的绝缘强度不小于 200V。

④ 阻抗（不带试验线束时）为 $(50 \pm 5)\ \Omega$。

耦合夹与试验脉冲发生器之间的同轴电缆（50Ω）长度不超过 0.5m。注意，连接电缆阻抗的不匹配会造成波形的反射和畸变。

（5）试验评述　尽管 ISO 7637 标准中利用试验脉冲 3 所进行的设备抗扰度试验与 GB/T 17626.4—2018（等同于国标标准 IEC 61000-4-4）非常相似，但毕竟还有不同之处，现介绍如下。

① 脉冲波形（见表 15-29）。

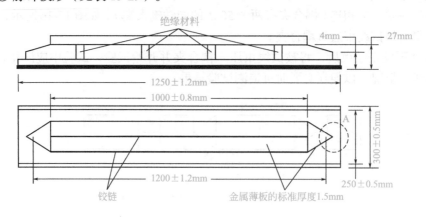

总图

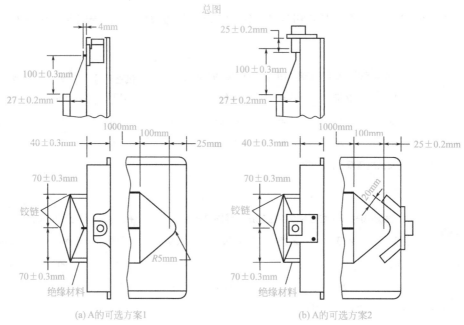

(a) A 的可选方案1　　　　　　　　(b) A 的可选方案2

图 15-17　耦合夹

表 15-29　ISO 7637 与 IEC 61000-4-4 波形比较

	ISO 7637	GB/T 17626.4（等同于 IEC 61000-4-4）
脉冲前沿 t_r/ns （前沿 10% 至前沿 90%）	$5 \times (1 \pm 30\%)$	$5 \times (1 \pm 30\%)$
脉冲持续时间 t_d/ns	$150 \times (1 \pm 30\%)$ （前沿 10% 至后沿 10%）	$50 \times (1 \pm 30\%)$ （前沿 50% 至后沿 50%）
发生器内阻 R_i/Ω	50	50
脉冲间隔时间 t_1/μs	100	200，400
脉冲串长度 t_2/ms	10	15
脉冲串间隔时间 t_3/ms	90	285

② 试验方法。在试验配置中，包括仪器、受试设备和耦合夹在内的几何投影至参考接地板边缘的最小尺寸，在图 15-15 中未明确给出，但在 GB/T 17626.4 中规定要大于 0.1m。

受试设备的绝缘支座在图 15-15 中定为 50 ～ 100mm，但在 GB/T 17626.4 中明确为 0.1m。

线束留在试验脉冲发生器与耦合夹之间，以及负载、传感器与耦合夹之间的距离，在图 15-15 中定为 0.45m，但在 GB/T 17626.4 中都规定为 1m。

试验方法中最大的不同是图 15-15 所示的耦合夹一端连试验脉冲发生器，另一端连 50Ω 同轴衰减器，但在 GB/T 17626.4 中未提到 50Ω 同轴衰减器，而且两个标准所提到的耦合夹的结构也不尽相同；在 ISO 7637 标准中的耦合夹底板与耦合板之间的距离是 27mm，而 GB/T 17626.4 中的距离是 100mm。

在 ISO 7637 标准中最好的一点是：给出的试验布局（见图 15-15）比较明确，尤其是标准中提到了为得到可重复的试验结果，试验配置应采用机械固定等，值得试验人员仔细体会。

试验人员应当认真地比较不同标准中试验方法的细微不同，不断总结试验经验，这对提高试验人员的技能和提高试验结果的准确性有很大好处。

15.2.4　不合格整改措施

在 ISO 7637-2 标准中还专门提到了改进设备对瞬态电压发射抑制及提高设备抗瞬态干扰能力的常用措施，现简述如下。

（1）对干扰源的发射限制　要特别指出，在设备的干扰发生位置上来抑制干扰的发射，这是最有效的办法。

瞬态干扰应当在设备（干扰源）内部或在其端子上进行抑制，通常的办法是采用二极管、硅瞬态电压抑制二极管、压敏电阻、阻尼电阻和抑制滤波器等。

如果不可能在设备（干扰源）内部或端子上抑制瞬态干扰，则抑制器件应当安装在距离干扰源尽量近的位置上。

只要在瞬态干扰源和抑制器件之间没有安插分断开关，硅瞬态电压抑制二极管、压敏电阻及其他器件在电源一路端子上的使用可以给敏感设备足够的保护。

（2）设备抗扰度性能的改善　设备抗扰度性能可以用二极管、硅瞬态电压抑制二极管、压敏电阻、电容、抑制滤波器、阻尼电阻等来加以改进，就像处理瞬态干扰那样，应当接在端子上。另外，要对安装和连接位置做适当选择，以便能改进抗扰度性能。通常电子设备不要接在启动器 - 电动机的端子上。

（3）辅助抑制技术　实用的瞬变抑制可以采用下述方法中的一种或几种组合来实现：

① 对敏感设备采用一组"干净"的独立电源；

② 在线索的关键位置上插入抑制器件；

③ 采用带有低通滤波特性的线束；

④ 要认真地对线束进行布线工作。

15.3

车载电子产品电磁兼容设计

15.3.1　电磁兼容设计目的

无论是汽车内部还是外部的电磁干扰对车用电子设备尤其是车用 ECU（电控单元）干扰都很大，这些电磁干扰会严重干扰汽车电子设备的工作性能。半导体元件对脉动电压非常敏感，当瞬态电压值超过其电压值时，半导体元件会被击穿而损坏，而脉冲信号一旦被 ECU（电控单元）误认为输入信号便会使电子设备做出错误的判断，以致产生故障。因此，为了防止异常现象发生且允许汽车电子设备在这种环境下正常工作，在现代汽车上采用一些防干扰方法，以保证车用电子设备的正常工作。

15.3.2　电磁兼容设计涵盖的项目

车载设备电磁兼容性设计的内容主要包括 3 个方面：切断电磁干扰进入车载电子产品内部产生相互干扰的通路；提高电磁效应敏感件的质量；从汽车电气系统的总体设计和电路设计方面采取措施对最敏感的器件和部位进行屏蔽保护。这里着重介绍汽车电气系统的总体设计和电路设计。

15.3.2.1　电路设计

车载设备电路设计主要包括选择电子元件和电路，识别临界电路，采取屏蔽、隔离临界电路和采用抑制干扰技术的方案，以及确定连线和接地的原则等，其重点在于了解采用元件的电磁敏感门限数据，制定出一个可行的整体电路设计方案。

15.3.2.2　布线和结构设计

主要包括连线和接地的实施原则，元件、布线、不同电路的电磁屏蔽隔离及抗干扰的规则、结构类型、材料选用、材料接触的腐蚀、表面涂覆等，重点是抓住屏蔽隔离的效能，对开口处的处理和结构的综合利用。

15.3.2.3　系统和总体设计

对系统、分系统、装置、组件和元件应规定各自的控制指示及其间的协调要求，从总体的系统功能上制定出抗干扰的实施方案和采取的主要措施。

其中，电磁兼容性设计的重点是系统设计和电路设计，而电子元器件的电磁敏感门限测试和分析是设计工作的基础。

15.3.2.4　抑制干扰源的技术措施

一般来说电磁噪声是难以消除的，但可采取各种措施把电磁噪声抑制到不至于产生电磁干扰的程度。通常单用一种简单的办法来解决电磁噪声问题往往难以奏效，所以最好采用几种不同的组合方法。

（1）一般要求　汽车电磁噪声的抑制可以在受干扰设备方面进行，但由于干扰频率、干扰电波的传播方式及其他种种实际情况，在受干扰设备端采取措施是较为困难的。由于汽车电气设备的电磁噪声能干扰其他通信设备和各种电子设备，所以应考虑抑制汽车电气设备本身产生的电磁噪声，汽车上各种电气产生的电磁干扰波的特性与电平是各不相同的，所以干扰的抑制办法也应符合其特性和电平，抑制干扰电波设计可采用阻尼、屏蔽、滤波和连接等基本措施，且必须满足 4 个条件：

① 有良好的抑制效果。

② 不妨碍汽车电气设备本身的性能。

③ 可靠性高，使用方便。

④ 价格合理。

（2）电磁噪声抑制器 目前国内外汽车使用的抑制器基本是由电阻体、电感、电容（即 R、L、C）单独或组装而成的，如电阻体、屏蔽导线、电容器、抑制干扰电感线圈及抑制干扰滤波器等。

（3）具体方法

① 电路设计模块化。在电路板设计中，根据电路在汽车上发挥的功能及位置的不同，将执行器电路、传感器电路、系统控制电路分开设计，形成不同的电路模块，使不同模块的电源、搭铁（金属车体）线分开，减少不应有的耦合，提高绝缘阻抗。为避免干扰，应先将电源（汽车在行驶过程中主要由发电机供电）传输到各个模块，而后分别进行整流、滤波、稳压、供电。模块中的数字搭铁和模拟搭铁分开，工作搭铁和安全搭铁一点连接。

② 阻尼电阻。在点火装置的高压电路中，串入阻尼电阻，削弱火花产生的干扰电磁波。阻尼电阻值越大，抑制效果越好。但阻尼电阻值太大，又会减少火花塞电极间的火花能量。阻尼电阻一般用碳质材料制成，电阻值约 10 ～ 20kΩ。阻尼电阻加在点火线圈端和火花塞接头端。

③ 并联电容器。在可能产生火花处并联电容器，如在调节器的"电池"接柱和"搭铁"之间和发电机"电枢"接柱和"搭铁"之间并联 0.2 ～ 0.8μF 的电容器；在水温表和机油压力表的传感器触点间并联 0.1 ～ 0.2μF 的电容器；在闪光继电器和电喇叭的触点处并联 0.5μF 电容器等。

④ 金属屏蔽。发电机、启动机、火花塞等电气设备产生的火花，都能产生电磁波。屏蔽是抑制电磁波干扰的有效方法。屏蔽电场或磁场时，可选用铜、铝、钢等电导率高的材料作屏蔽体。当屏蔽高频磁场时应选购电导率高的钢、铝等材料；屏蔽低频磁场时，选购磁导率高的磁钢、坡莫合金、铁等材料。为了有效发挥屏蔽体的屏蔽作用，还应注意屏蔽体的有效搭铁。汽车电器中的导线也用密织的金属网或金属导管套起来，并将其搭铁。这样就使这些电器因工作火花而发射的电磁波，在金属屏蔽内感应寄生电流，产生焦耳热而耗散，从而起到防干扰的作用。这种方法有较好的防干扰效果，但装置复杂、成本高，并且会增大高压电路的分布电容，干扰点火性能。因此，一般只用在特殊需要的汽车上。

⑤ 感抗型高压阻尼线。目前国内外多采用高压阻尼线，其线芯用 0.1mm 的镍铬钼丝绕成，相当于电感、电容及电阻三者的复合体，抑制效果比集中电阻更好。

⑥ 采用滤波器。滤波器主要抑制通过电路通路直接进入的干扰，根据信号和干扰信号之间的频率差别，可以采用不同性能的滤波器，抑制干扰信号，提高信噪比。

⑦ 采用平衡技术。平衡技术是消除串音干扰的有效方法。信号的往复两条线的电性能（包括阻抗、分布电容等）相等时叫平衡。在汽车电路中，检测信号的输入、控制信号的输出，特别是在时序信号传输中，通常采用双绞线作为平衡线，双绞线的螺距要小，长度要尽量短。

⑧ 提高信号幅值，即提高信噪比，是抗干扰的重要方法。对于微弱的传感器信号（如温度信号、光电信号等），采用放大电路增大幅值，减小干扰。同时，为避免提高幅值的信号成为干扰源，应采用平衡线传输。

总之，汽车产生的电磁干扰不但能影响外界电子、电气设备的正常工作，而且会影响汽车本身装配的电子、电气设备的工作，因此，我们必须对汽车电磁兼容性的问题给予足够的重视，在进行汽车电气系统设计时需充分考虑电磁干扰方面的特殊需要，尽量采取电磁兼容性设计的各种方法和原则，减少电磁干扰的产生和对车辆装置或携带的无线电装置的影响，特别是随着科学技术的进步，车载电子、电气设备层出不穷，车载设备对电磁兼容性的要求也在不断地提高，因此，我们应该充分了解、重视并掌握电磁兼容性的设计方法，以满足各种车辆对电磁兼容性提出的各种要求，尽可能地提高产品的可靠性和竞争能力。

需要特别指出的是，我国的军用越野汽车生产厂家应该充分考虑军用越野汽车的各种用途，特别是针对一些对电磁干扰要求比较高的军用车辆或军车底盘安装载导弹发射系统或无线电雷达系统的特种用途的军用车辆，在进行电气系统设计时需充分考虑电磁干扰方面的特殊要求，尽量采取电磁兼容性设计的各种方法和原则，减少电磁干扰的产生和对车辆装置或携带的无线电装置的影响。

15.4

电磁兼容设计实例

15.4.1　行车记录仪的抗扰设计

15.4.1.1　汽车上的干扰源

汽车电器上的负载多种多样，既有小阻抗、大电流的阻性感性负载，也有小电流、高电压的脉冲发生装置，还有高频振荡信号源，它们不仅对外是潜在的干扰发射源，也是对车载电子产品的干扰源。另外，由于高机动性，汽车也可能会处于各种可以想象得到的从低频到高频的复杂电磁场中，由此产生的电磁干扰耦合也会影响汽车电子、电气系统的正常运行。汽车电系内的电压可以归纳为以下几类：正常工作电压、异常稳态电压、无线电干扰电压、瞬态过电压和静电放电。

15.4.1.2　汽车行驶记录仪设计中电磁兼容的一般考虑

汽车电器的电磁兼容环境应是一个设备共存、互不干扰的环境，这就要求系统具备良好的 EMI 和 EMS 特性。造成电器功能降级或失效的电磁干扰的发生必须同时具备 3 个要素：干扰源、干扰耦合通路以及敏感设备。抑制干扰源、阻断耦合以及提高敏感设备的抗扰阈值是解决电磁兼容问题的根本措施。

（1）电磁干扰的传输和传输途径　电磁干扰的发生必然存在干扰能量的传播和传播通道。干扰的传输有两种基本方式：传导和辐射。辐射耦合细分为：天线对天线耦合、场对线耦合和线对线耦合。针对干扰的传播和耦合途径，在汽车电气工程实践中要采取如下的系统方法来改善 EMC 特性：滤波、屏蔽、搭铁和布线。

（2）干扰源和敏感设备的电磁兼容设计　在方案已定的功能电路中，检验电磁兼容指标是否满足要求。此时如不满足要求，则可通过参数修改来达到指标，如调整数字化控制器的工作频率、圆整脉冲的上升率或重新选择元件等。其次进行防护设计，包括滤波、屏蔽、搭铁与搭接设计，甚至采用时空隔离和频率回避等改进措施。最后是做布局调整性设计，包括对总体布局的检验、屏蔽体缝隙的检验、组件和印制板布局检验等。电路和分系统的电磁兼容设计包括如下的步骤：元件选择、电路选择、滤波技术应用、搭铁设计、屏蔽设计、电路布局和系统布局规划。

（3）ESD 防护设计　为了消除静电放电的危害，可采取的措施有：建立完善的屏蔽结构，通过搭铁的金属壳将静电荷释放到地；内部电路与金属壳的连接应采用一点搭铁；增加诸如硅瞬态电压抑制二极管（STVS 管）之类的快速保护元件，将高压电荷泄放到地；印制电路板设计中增加保护环带，将人手拔插电路板的电荷通过最短的路径泄放到地。

15.4.1.3　汽车行驶记录仪有抗干扰设计

（1）汽车行驶记录仪的硬件结构　图 15-18 为汽车行驶记录仪硬件结构原理。信号的抗干扰处理是通过光电隔离来实现的。车载设备的电源系统对设备的可靠运行影响很大，好的电源电路能够过滤掉许多通过电源线传入的干扰信号。

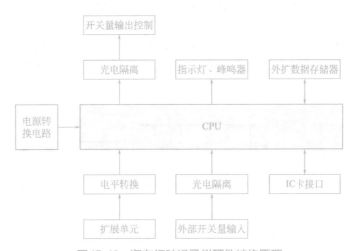

图 15-18　汽车行驶记录仪硬件结构原理

（2）电源部分的抗干扰设计　本控制模块的电源电路如图 15-19 所示。车载蓄电池—发电机的电源从 24V_1 处进入，二极管 VD_{16} 主要是防止电源的正负极误接反。电感 L_1、L_2 对电源进行滤波，和共模电感 L_3、电容 C_8 配合，可以过滤掉电源中的尖峰脉冲。二极管 VD_{24} P6KE51A 是瞬态电压抑制器（TVS 管），它可以快速吸收超过额定电压的尖峰脉冲，瞬时通过电流很大，最大功率可达 $500 \sim 1000W$。电容 E_5 和 C_9 进一步对电源进行滤波。过滤干净的电流通过开关电源芯片 LM2576-5 变换为系统使用的 5V 电源。电容 E_7 和 C_{11} 对输出 5V 电源进行滤波，电阻 R_{18} 和发光二极管 VD_{28} 指示当前是否有电。

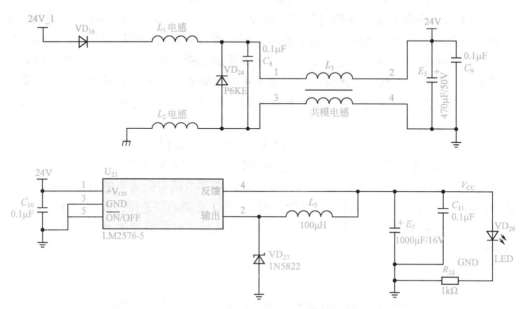

图 15-19　汽车行驶记录仪的电源电路

在某些对可靠性要求更高的电源系统中，可以考虑采用宽输入电压范围的 DC/DC 模块进行电源变换，如图 15-20 所示。这种 DC/DC 模块的输入和输出完全隔离，输入范围很宽。标称输入电压为 12V 的 DC/DC 电源的允许输入范围是 $9 \sim 18V$；标称输入电压为 24V 的 DC/DC 电源模块的允许输入范围是 $18 \sim 36V$。这两种电路都经历了实际应用的考验，实践表明，不管在汽油车上还是在柴油车上都稳定可靠。

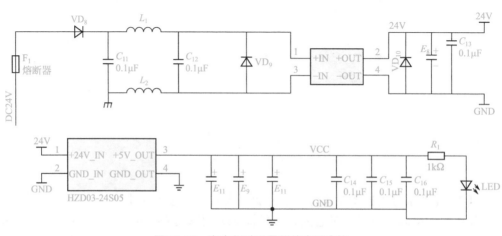

图 15-20　汽车行驶记录仪的电源变换

（3）电路板设计上需要注意的抗干扰问题

电路板的布线对系统的抗干扰性能影响很大，本系统布线主要从以下几点进行考虑：

① 尽量加粗电源线和地线，在电源入口处尽量使用大储能电容，在电路板空余处铺设覆铜，这样会大大增强电路板的抗干扰性能。

② 在芯片的电源和地两端增加去耦电容，电容值为 0.01 ～ 0.1μF，最好用陶瓷电容，每个芯片处都要加，这非常重要。

③ I/O 引脚外加上一个去耦电容，可以滤除大量的外部干扰。

④ 尽量减小高频信号线的布线长度，特别是时钟信号线，由于频率很高，布线越长，发出的电磁干扰就越强烈。同时，也要尽量减小其他信号线的长度。

⑤ 尽量使用表面贴装芯片，这样不仅可以缩短电路长度，还不会发生因震动、冲击而松动的情况。

15.4.2　车载数字视听设备的电磁兼容设计

随着数字化产品的不断问世，其电磁兼容性的设计越来越引起人们的重视。因为高速数字电路工作时，会产生大量的高频干扰信号，处理不好，不仅影响本身性能，而且会影响周围环境。如 VCD 机 MPEG1 视频数据率和音频数据率之和约为 1.5Mbit/s；DVD MPEG2 音视频可变码率平均为 4.69Mbit/s，最大速率达 10.7Mbit/s，处理系统又与高速的存储器配合使用进行数据的读写。随着码率的不断提高，数字信号处理的速度越来越快，产生大量与速度成正比的干扰脉冲，其频率越来越高，幅度越来越大，这对产品的抗干扰设计带来更大的难度，也是产品品质高低的关键所在。若处理不当，将影响音视频的质量和读盘纠错能力。严重时高频干扰脉冲会通过电源或空间辐射出来，影响周围电子设备的正常工作。现以 Car-VCD 机为例讨论数字 AV 产品的抗干扰设计。

15.4.2.1　数字电路的常见干扰噪声

对数字式音 / 视频类产品的数字信号处理系统来说，常见的噪声有以下几种。

（1）电源噪声　主要包括由于 DSP 电路、CPU、动态存储器件和其他数字逻辑电路在工作过程中逻辑状态高速变换造成系统电流和电压变化产生的噪声、温度变化时的直流噪声及供电电源本身产生的噪声。

（2）地线噪声　系统内各部分的地线之间出现电位差或存在接地阻抗引起的接地噪声。

（3）反射噪声　传输线路各部分的特性阻抗不同或与负载阻抗不匹配时，所传输的信号在终端（或临界）部位产生反射，使信号波形发生畸变或产生振荡。

（4）串扰噪声　由于扁平电缆或束捆导线等传输线之间、印制电路板内平行印制导线之间的电磁感应及高速开关电流通过分布电容等寄生参数把无用信号成分叠加在目的信号上引起的噪声。

15.4.2.2　抑制干扰噪声的措施

（1）电源和地线噪声的抑制　在车用 CD、VCD 中大量地应用 CMOS 数字器件和数字模拟混合器件，当设备工作时这些器件同时工作会使电路板内的电源电压和地电平波动，导致信号波形产生尖峰过冲或衰减振荡，造成数字 IC 的噪声容限下降而引起误动作。这是数字 IC 的开关电流在电源线、地线上形成的电压降与印制条和元器件引脚的分布电感所形成的感应电压降，两者起作用的结果。由于车用 VCD 中有多条高频数字信号线，因此，电源和地线的干扰相当严重。其次，由于一部分 CMOS 电路是数字模拟混合器件，如 D/A 转换器件，根据 CMOS 的基本理论，数字和模拟电路形成在同一个类型芯片上，如只有数字部分电源 V_{DD} 供电，尽管模拟电源未接，V_{DD} 的电能会转换到模拟部分上去，V_{DD} 电压依然会出现于模拟电源 V_{OC} 脚上。同样，V_{DD} 上存在的噪声亦会出现在 V_{OC} 上，由于 V_{DD} 和 V_{OC} 上的噪声作用造成数模混合电路，如音频 D/A PCM1710 的 THD+N 和动态范围下降，影响整机的性能。

为抑制电源和地线噪声，笔者认为在车用 VCD 设计中可采取以下措施：

① 选用贴片元件和尽可能缩短元件的引脚长度，以减小元件分布电感的影响；选用噪声容限大的数字 IC。

② V_{DD} 及 V_{OC} 电源端尽可能靠近器件接入滤波电容，以缩短开关电流的流通途径，用 10μF 铝电解和 0.1μF 独石电容并联接在电源脚上。对于 MPEG 板主电源输入端和 MPEG 解码芯片以及 DRAM、SDRAM 等高速数字 IC 的电源端可用钽电解电容代替铝电解电容，因为高频时钽电解的对地阻抗比铝电解小得多。

③ 印制电路板布局时，要将模拟电路区和数字电路区合理地分开，电源和地线单独引出，电源供给处汇集到一点；PCB 布线时，高频数字信号线要用短线，主要信号线最好集中在 PCB 中心，时钟发生电路应在板中心附近，时钟输出应采用总线式或并联布线，电源线尽可能远离高频数字信号线或用地线隔开。

④ 印制电路板的电源线和地线印制条尽可能宽，以减小线电阻，从而减小公共阻抗引起的干扰噪声。

⑤ 对数模混合电路，V_{DD} 与 V_{OC} 应连到模拟电源 V_{OC}，AGND 与 DGND 接到模拟地 AGND。根据 BB、PHILIPS、ALPINE 公司实验结果，建议把 D/A 器件视为模拟器件，MPEG 电路与 D/A 器件连接中，D/A 器件必须置于 AGND 上，同时要提供一条数字回路供这些数字噪声 / 能量反馈回信号源，以减小数字器件的噪声对模拟电路的影响，使 D/A 器件的动态特性提高。

根据实测 VCD 机 MPEG 解压板数字电源 V_{DD} 与模拟电源 V_{OC} 的噪声电平，得知电源上叠加的噪声电平已相当小，V_{DD} 噪声电平与 V_{OC} 噪声电平波形基本一致，且数字电源噪声电平（V_{PP}=85mV）明显大于模拟电源的噪声电平，这说明这些干扰脉冲主要由数字信号产生。

（2）反射干扰噪声的抑制　通常情况下，传输线是无损耗线，单位长度传输线的传输时间 $\tau=(LC)^{\frac{1}{2}}$，特性阻抗 $Z_0=(L/C)^{\frac{1}{2}}$，其中 C、L 为单位长度传输线的分布电容和分布电感。传输线最大匹配线长度 $l_{max}=t_\tau v/k$，式中，t_τ 为传输信号的前沿时间；v 为电磁波在传输线中的传播速度，用聚乙烯线时为 2×10^8m/s；k 为经验常数，常取 4～5。如果传输线的长度超过 l_{max}，应在其始端和终端进行阻抗匹配，否则由于阻抗不匹配就会造成信号严重畸变。这里笔者以 VCD 机机芯 DSP 信号输出端至 MPEG 板之间传输线为例进一步加以说明。用长 10cm 束捆线和长 60cm 扁平电缆作传输线进行对比实验，先用束捆线作实验，用 YOKOGAWA DL-1540 数字示波器测得 DSP 输出端和 MPEG 板输入端的波形基本一致，上升沿时间 t_r 为 10ns，其 l_{max}=50cm，因此束捆线长度小于 l_{max}，故不必进行阻抗匹配。若把束捆线换成长 60cm 的扁平电缆，根据波形可知，波形畸变明显变大，主要是上升沿变差，上升时间 t_r 变大和波形的峰谷比变大。其原因是扁平电缆的长度大于 l_{max}，传输电缆要作长线处理，其阻抗必须进行匹配。反射至 DSP 输出端反射波的反射系数有正有负从而形成波峰和波谷使 DSP 输出的上升时间变长，DATA、LRCK 波形也有类似情况。

上述比较实验显示，要想抑制反射干扰，就要设法使发送端和终端的阻抗匹配，或者把传输线的长度尽可能缩短，即 $l < l_{max}$。由于是民用产品，要考虑到生产成本及便于生产加工等因素，在车用 VCD 中采取的主要措施有：

① DSP 输出端加适当电阻使之与束捆线和扁平电缆的特性阻抗基本一致，使发送端的阻抗基本匹配，以抵消数字信号脉冲上升 / 下降的过冲。

② 把束捆线的长度缩短为 $l \ll l_{max}$，因线很短，波形畸变轻微，实际结果使 DSP 的波形明显改善。

③ 用终端二极管取代匹配电阻，此法已广泛用于数字 IC 的芯片制作中，作为输入 / 输出端的匹配和保护网络，这种匹配方法有以下优点：能改善终端波形，对发送端的电平高低没有影响；补设方便，同机有多个负载时达到最佳匹配；具有保护作用，可有效抑制过冲脉冲。

④ 加整形电路可减少因连接线不匹配引起干扰噪声，整形电路通常加在输入端前，但要注意不能使信号产生新的相位变化。

（3）数字信号的串扰抑制　串扰是指信号传输线在传输信号的过程中，在其相邻信号线上引起严重的干扰噪声，大多发生在扁平电缆、束捆导线或印制板电路上平行的印制导线之间。串扰的强弱与相邻两信号线之间的互阻抗和信号本身的阻抗有关，下面讨论扁平电缆的串扰问题。

现代数字 AV 产品中，广泛使用扁平电缆做连接导线，虽有很多优点，但若使用不当，很容易发生串扰，影响数字产品的正常工作，扁平电缆的各导线之间均有分布电容，经实际测量，每 10cm 长的相邻导线间的分布电容约 3pF。频率为 100MHz 时，1pF 电容的阻抗为 1.6kΩ，10cm 传输的耦合阻抗仅为 0.5kΩ，而且扁平电缆导线的分布电容与其长度成正比，布线较长时串扰更为严重。以 VCD 机为例，信号为数百千赫。数兆赫的方波和 10 ～ 20MHz 的时钟信号，其含有几十倍的高次谐波，信号频谱最高近数百兆赫，这种高频分量极易通过扁平电缆各导线之间的分布电容相互串扰。在 VCD 机试制时，笔者做过对比实验，分别用 60cm 长扁平电缆和 10cm 长的束捆线连接 DSP 与 MPEG 板，经测试，60cm 扁平电缆上的干扰明显比 10cm 长束捆线上的干扰大得多，说明扁平电缆分布电容与长度成正比，干扰又与分布电容成正比，如把 DSP 输出端的 BCK 时钟断开，LRCK 干扰点明显减小且干扰脉冲幅度下降。由此说明干扰大部分来自 BCK 方波信号，控制好导线间的距离可降低干扰，在车用 VCD 中采取以下措施：

① 尽可能缩短信号线的传输长度。

② 在多种电平的信号传输时，应尽量把前后沿时间相近的同级电平信号划为一组传输。就 VCD 来说，DATA、BCK、LRCK 信号与主时钟之间用一根地线相互隔离。必要时用屏蔽线代替束捆线来传输 MCLK 和 BCK 时钟，减小串扰和辐射。

③ 若条件允许，在双面印制板布线时，正面传输高频数字信号和时钟信号，在其

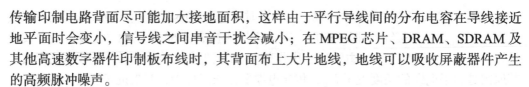

传输印制电路背面尽可能加大接地面积，这样由于平行导线间的分布电容在导线接近地平面时会变小，信号线之间串音干扰会减小；在 MPEG 芯片、DRAM、SDRAM 及其他高速数字器件印制板布线时，其背面布上大片地线，地线可以吸收屏蔽器件产生的高频脉冲噪声。

国际上十分重视电子产品的 EMC 设计，欧美、日本等的电子产品的电磁兼容标准是强制执行的。因此，在汽车数字 AV 产品设计、试制过程中，应把 EMC 设计作为设计过程的重要一环，从元件选购、电路板设计及整机整体布局严格按照数字电路的抗干扰设计要求，可以设计、开发出具备良好电磁兼容性能和优良音视频性能的数字 AV 产品。

15.4.2.3 数字信号处理系统的抗干扰设计

实际上，电源线电流变化产生的感应压降、数字信号传输的反射干扰和数字信号间的串扰相互之间有着密切联系且密不可分的。反映在数字信号处理系统中，其危害性最大的是高频脉冲噪声。所以，抑制高频脉冲噪声是数字 AV 产品电磁兼容性设计的重要组成部分。

在 VCD 设计过程中，整机调试时，遇到整机工作时功能出错，通过内置检测程序检测 CPU 和 MPEG 芯片 CL680A1 连接处，用示波器观察到 HRDY 和 HCK 上高频毛刺较大，采用在 HRDY 上并联一个 51pF 电容，而考虑到 HCK 并联电容会影响其上升和下降时间，故采用触发器对 HCK 进行整形，此处 MCLK 时钟频率远大于 HCK 频率。通过采取以上措施后，用内置检测程序检测数据通信的准确率大，达到 100%，整机工作完全正常。为了提高系统的抗干扰性能，在数字 AV 产品中可采用如下措施。

（1）增加总线的抗干扰能力 采用三态门方式总线结构，总线加上拉电阻使总线在瞬间处于稳定的高电平，而消除总线处于电压不稳定的悬浮状态。

（2）用软件消除干扰 在系统设计时，虽在硬件上做了种种改进，但抗干扰效果并不显著，如出现系统的"死机"和数据传输错误等，从软件着手可加以改进：

① 使用监控计时器来检测系统是否受干扰，一旦系统受到干扰立即采取系统中断使系统重新进行初始化后再启动，以消除干扰影响；

② 采用软件容错技术，就是承认故障和错误是客观事实，并考虑采取措施来消除、抑制、减小其造成的影响。

（3）提高系统控制信号抗干扰能力 在系统中通常有 CS、RD、WD、RESET、STB 等控制线，CPU 与其控制器件的传输距离较远且控制线阻抗较高，易受脉冲噪声干扰，对于 RD、WR、STB 等控制信号在被控器件的输入端并接一个 20pF 电容能消除干扰，而对于 RESET 等控制信号并接 0.01μF 电容，干扰问题也可解决。对控制线加缓冲驱动器，使控制线的阻抗变低，也具有抑制干扰的作用。

（4）IC 不用端子的处理 对于这些空着不用的端子一定要妥善处理，否则噪声很容易通过分布电容进入这些端子，对电路造成干扰。如 TTL、CMOS 电路不用的输入端加 $1 \sim 10k\Omega$ 的上拉电阻，触发器不用的输出端并一个小容量的陶瓷电容等。

15.4.3 电磁兼容其他措施

由于汽车电子设备的使用环境要比普通电子设备恶劣得多，首先，车内的空间有限、高温、废气、灰尘和震动这些因素都要求汽车电子设备具有内在的优异品质，以保证其在这种恶劣环境下能够可靠地工作。为此，汽车电子设备大多使用高密度的贴片元器件，采用多层立体装配结构方式，这在技术设计上要有很高的要求，其成本也随之增大。

其次，汽车要行驶在不同等级的路面上，汽车电子设备会经常受到震动和冲击，因此汽车电子设备在结构上必须具有良好的抗震性能，元器件的焊接装配要求绝对牢固，个别元器件更需要用强力胶固定，电路板需增加抗震措施。

再次，由于汽车发动机点火装置与各种汽车电子和电气设备共用一个蓄电池，这就会通过电源线和其他线路对汽车电子设备的工作产生干扰，因此汽车电子设备最一般的抗干扰措施就是在电源线和电感线圈（位于电源与设备之间）上进行滤波；对来自空间的辐射干扰则采用金属外壳来密封屏蔽；并在设备的线路中采用专门的、有抗干扰能力的集成电路，用以降低对外界噪声干扰的敏感度。

数据通信和数据共享，可以大大减少汽车上的线束，使装配工作大为简化，同时也增加了信息传送的可靠性，通过总线可以访问任何一个电子设备，读取故障码并对其进行故障分析，使整个维修工作变得更为简单。

CAN 控制器采用 MICROCHIP 公司内部带 CAN 引擎的微控制器（单片机）PCI18F248，其片上带 5 路 10bit A/D 转换器、1 个 8bit/2 个 16bit 定时 / 计数器、1 ～ 4 路 PWM 输出控制器及 22 个 I/O 端口，它除了可以进行模拟、数字量的采集、控制外，还可以通过脉冲宽度调制（PWM）方式控制各种执行电动机的速度。

CAN 收发器选用 MICROCHIP 公司的 MCP2551，这是一种应用广泛的 CAN 控制器与物理总线间的接口芯片，能够对总线的信息进行差动发送和接收，它能增大通信距离、提高系统的瞬间抗干扰能力、保护总线、降低射频干扰等。

考虑到汽车上的电磁干扰比较严重，对系统的抗干扰能力要求较高，为了进一步提高系统的抗干扰能力，在 CAN 控制器（单片机）和驱动总线的 CAN 收发器 MCP2551 之间增加了由高速隔离器件 6N137 构成的光电隔离电路，电源也采用微型 DC/DC 模块来进行隔离。

选用带两路 CAN 控制器、支持 CAN2.0B 通信协议的数字信号处理芯片（DSP 芯片，如 DSPIC30F6010）作为节点控制核心，可以提高系统的控制速度，增强系统控制的灵活性及提高系统的可靠性。DSPIC30F6010 为 16 位定点 DSP 芯片，工作温度范围可达 -40 ～ +125℃，具有 16 通道的 10bit 高速 A/D 转换器、5 个 bit 定时器 / 计数器、8 个通用的 PWM 控制器和 8 个专用的电动机控制 PWM 控制器。此外，该芯片还具有 MCU+DSP 双 CPU 内核及多达 68 个 I/O 端口。DSP 的处理速度和丰富的外围接口资源使它足以应付汽车电控单元不断升级的需求。车载电子产品静电放电抗扰度整改案例可扫二维码学习。

车载电子产品静电放电
抗扰度整改案例

第 16 章

铁路信号的电磁兼容技术

铁路通信信号系统是铁路运输的基础设施，是实现铁路统一指挥调度、保证列车运行安全、提高运输效率和质量的关键技术设备，电磁干扰可能会导致设备故障，从而影响安全和运行效率，信号系统的电磁兼容是运输安全和效率的重要保障。

EMC 设计的关键技术是对 EMI 源的研究。从 EMI 源处控制其电磁辐射是治本的方法。但是针对铁路供电系统，控制此源并非易事。除了从 EMI 源产生的机理着手降低产生电磁噪声的电平外，还需要广泛地应用屏蔽（包括隔离）、滤波、接地和浪涌抑制等技术。需要牢记的一点是：在解决电磁兼容问题时，合理的接地是最经济有效的 EMC 设计技术。目前我国客运专线的建设都采用了综合接地系统，车站也采用了信号设备雷电综合防护系统，但对综合接地、雷电综合防护系统的研究还不是很深，缺乏有针对性和说服力的详细分析论证，所以 EMC 的问题还需不断地研究。

总的来说，针对 EMI 的三要素即通过抑制干扰源产生的 EMI，通过切断干扰的传播途径，通过提高敏感设备抗 EMI 的能力（降低对干扰的敏感度），采用技术和组织两方面相结合的办法来实现此问题的解决。

从电磁兼容的角度看，铁路信号系统是由多种电气和电子设备组成的，工作于不同地点的分布式复杂系统，其功能特点、工作参数、周围电磁环境均不尽一致。因此，铁路信号系统虽然总体上属于弱电系统，但其电磁兼容设计技术也相应有所区别。如果把信号系统作为一个整体，设备遭受的电磁干扰来源可以划分为两类，即系统内（Intra-system）和系统外或系统间（Inter-system）。系统内是指在同一电磁环境中各个信号设备之间的影响，如信号机械室或机房内部两种设备，系统外的主要电磁干扰源包括电气化铁路干扰和雷电电磁干扰。

值得特别关注的一点是，在高速和重载背景下，信号系统大量采用了基于微电子器件及通信技术，这给信号系统的电磁兼容性带来了新的考验。

16.1

信号系统电磁环境

16.1.1　电磁环境干扰源

信号系统应当在其所处的环境条件下完成规定的功能，满足高安全性和高可靠性的要求，而影响信号设备安全性和可靠性指标的重要因素就是所在环境的电磁干扰。

电气化铁路是一个庞大而复杂的系统，其电磁环境可分为铁路系统内部和铁路系统外部两种。

铁路系统外部的干扰源大致可分为以下几种。

● 自然干扰。包括雷电、大气层的电场变化及太阳黑子的电磁辐射等。雷电能在输电线上产生幅值很高的高频浪涌电压，对铁路供电系统形成干扰。太阳黑子的电磁辐射能量很强，可造成无线通信的中断。

● 放电干扰。局部放电可以分成正电晕放电、负电晕放电和火花放电三种。最常见的电晕放电来自高压输电线，高压输电线因绝缘失效会产生间隙脉冲电流，形成电晕放电，在输电线垂直方向上的电晕干扰是衡量影响路外通信、导航系统的重要指标之一。

● 工频干扰。供电设备和输出线都产生工频干扰，因信号线跟供电线平行，这种低频干扰就会耦合到信号线上成为干扰。

● 射频干扰。通信设备、无线电广播、雷达等通过天线会发射强烈的电波。射频干扰通过空间传播，其实质是干扰能量以场的形式向四周传播，分为近场和远场。周围空间的干扰电场和磁场都会在闭合环路中产生感应电压，从而对环路产生干扰。

● 电力干扰。随着越来越多的电力设备接入电力主干网，系统会出现一些潜在的干扰。这些干扰包括电力线干扰、电快速瞬变、电涌、电压变化、闪电瞬变和电力线谐波等。

考虑电气化铁路现状，依据电磁干扰强弱和特点，信号设备所处的铁路系统内部电磁环境可划分为三类：室内、轨旁和车载。其中的典型设备如：室内环境中的车站联锁、调度指挥系统等设备；在轨旁工作的轨道电路、应答器等设备；车载 ATP 等设备。

● 轨旁的严格定义是指距离最近的钢轨 3m 之内的范围，但考虑到铁路系统与外部系统的分界，范围可延伸至 10m 内，此环境中的信号设备常没有建筑物保护，环境复杂，电磁干扰强烈，需要设备直接面对系统外干扰，充分利用滤波、屏蔽等电磁干扰抑制技术。

● 室内是指信号建筑物内部，建筑物距离钢轨相对较远，且新建机械室及机房在屏蔽、接地、供电质量等方面已进行全面考虑，外部电磁干扰相对较小，但以机柜为单元的设备种类较多，电缆连接较复杂，设备自身的电磁兼容设计、机柜屏蔽、共阻抗耦合等方面应重点考虑，即关注系统内信号设备电磁发射及相互之间的电磁兼容设计。

● 直接参与列车速度控制的车载信号设备工作于机车上，并且通过磁场耦合接收地面连续和点式信息，CTCS-3 中还完成射频段 GSM-R 无线通信；比室内设备密度更大，同时与电力机车变压器等强电部分距离较近；还可能涉及不同设备集成的问题，在屏蔽、电缆布线、电源等方面尤其需要进行设计。

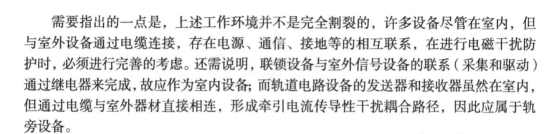

需要指出的一点是，上述工作环境并不是完全割裂的，许多设备尽管在室内，但与室外设备通过电缆连接，存在电源、通信、接地等的相互联系，在进行电磁干扰防护时，必须进行完善的考虑。还需说明，联锁设备与室外信号设备的联系（采集和驱动）通过继电器来完成，故应作为室内设备；而轨道电路设备的发送器和接收器虽然在室内，但通过电缆与室外器材直接相连，形成牵引电流传导性干扰耦合路径，因此应属于轨旁设备。

16.1.2　电磁兼容与安全可靠性

固体器件的信号控制系统，尤其是早期由机电或模拟设备（如继电器逻辑或 PID 控制器）所完成的许多功能已经被基于微处理器的系统所替代了，与用硬导线连接的电路完成一项特殊功能任务相比，可编程电子系统依赖于一个数字连接架构，这种结构不仅对干扰更加敏感，而且由于维持状态仅需要很小的能量，所以干扰的后果是无法预测的，一个随机脉冲能否破坏其运行取决于脉冲相对于内部时钟时序、正在传输的数据和程序的执行状态等。随着系统功能复杂程度的增加，相应出现在复杂的、不可预测的失效模式下系统故障的可能性也大大增加。因此，电磁兼容性与可靠性要求对铁路信号系统来说至关重要，而抗干扰技术是提高电磁兼容性和可靠性的一项关键技术，可以说没有采取抗干扰措施的控制系统是根本不能投入实际使用的。

系统的可靠性也就是系统的正常工作能力，要提高系统的可靠性，首先要分析影响系统正常工作的因素，然后采取适当的措施来消除或抑制这些因素。

功能安全性是信号设备最关键的性能之一，相关的欧洲标准包括 EN 50126、EN 50128、EN 50129 等，国家标准 GB/T 20438.1 ~ 7 "电气 / 电子 / 可编程电子安全相关系统的功能安全" 等同于欧洲标准 IEC 61508，于 2006 年颁布，2007 年 1 月 1 日开始正式实施。信号设备的安全性指标是根据安全完善度等级（SIL）划分的，按照危险侧故障率的量化指标，由低到高分为 1 ~ 4 级，但在目前的各种电磁兼容标准中，通常会明确指出不涉及安全方面的要求，抗扰度试验的性能判据 A、B、C、D 中仅包含了在电磁干扰下设备性能的正常与否，无法明确体现信号设备在电磁干扰下对安全苛求的特点。

由于电磁干扰可能引起信号设备错误动作，具有潜在影响安全的风险，因此，对于信号设备，需要详细地评估电磁干扰引起的故障及其影响，可引入电磁兼容安全性（EMC Safety）概念，目前，国外正在开展这方面的研究，并采用故障树分析法等来定义可能导致非安全状态故障的 EMI。

总之，铁路信号电磁兼容技术的研究目的是提高信号设备电磁兼容性能，主要涉及两个方面：系统内各设备应满足电磁干扰的发射限值要求，应充分考察影响系统工作环境的电磁干扰源，有的放矢地采取防护措施。

16.1.3　电气化铁路的干扰源

在电气化铁路迅速发展的今天，铁路系统内部的干扰主要表现在电气化牵引供电系统对信号设备的干扰。

电气化铁路供电及接触网系统的故障放电，电力机车受电弓在接触网导线上滑动

产生的电磁噪声 (主要影响线路的无线通信、有线通信、信号系统)，电力机车 (尤其是车载设备复杂的动车组) 内部的电力电子器件 (主要影响车内安装的弱电设备)，地线干扰，牵引回流引起的地线上的地电位升是信号系统接地的重要干扰源。轨道电路和车载设备受钢轨中不平衡牵引电流回流的传导性干扰。信息传输电缆受牵引网系统的感性、容性耦合的干扰。运动中的电力机车上的电动力系统对其下面的轨道电路的电磁感应干扰。本节重点分析电气化铁路干扰源。

16.1.3.1　电气化铁路系统的构成

电气铁路包括牵引供电系统和电力机车，牵引供电系统包括牵引变电所和牵引网，牵引网是指由接触网、馈电线、轨道、回流线等设施构成的输电网络，如图 16-1 所示，由牵引变电所—馈电线—接触网—电力机车—钢轨—回流线—（牵引变电所）接地网组成了闭合近牵引供电回路。

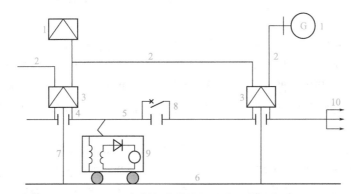

图 16-1　工频单相交流牵引供电系统示意图

1—区域变电所或发电厂；2—高压输电线；3—牵引变电所；4—馈电线；5—接触网；
6—钢轨；7—回流线；8—分区所；9—电力机车；10—开闭所

（1）牵引供电系统　牵引供电系统各部分的主要功能是：

① 变电所。完成变压（110/220kV）、变相和向牵引网供电等功能，并实现三相交流一次供电系统与单相电牵引系统的接口与系统变换。从一次供电网络接收电能，通过变压器降压，并将电能从三相 110kV（或 220kV）变换成两个单相 27.5kV(或 55kV) 电源，然后通过馈电线分别供电给牵引变电所两侧的接触网。变电所两侧的牵引网区段称作供电分区（或供电臂）。

② 馈电线。馈电线是连接牵引变电所和接触网的导线，把牵引变电所变换后的电能送到接触网。馈电线一般为大截面的钢芯铝绞线。

③ 接触网。接触网是一种悬挂在电气化铁路线路上方，并和铁路轨顶保持一定距离的链形或单导线的输电网。电力机车的受电弓和接触网滑动接触取得电能，由接触线、承力索以及支持、悬挂和定位等装置组成。

④ 钢轨。在非电牵引情形下，钢轨只作为列车的导轨。在电气化铁路，钢轨除仍具上述功能外，还需要完成导通回流的任务，是电路的组成部分。因此，电气化铁路的钢轨应具有畅通导电的性能。

⑤ 回流线。连接钢轨和牵引变电所中主变压器接地相之间的导线称为回流线，它也是电路的组成部分，其作用是将钢轨、地中的回路电流导入牵引变电所。

⑥ 其他设备还包括吸上线、BT（吸流变压器）、AT（自耦变压器）、正馈线、保护线、地线等。

牵引供电系统的主要特点是：

① 供电可靠性高。电气化铁路属一级负荷，对供电可靠性要求高，为保证向电气化铁路安全、可靠、不间断地供电，牵引变电所一般有两路独立的电源进线，一路电源的故障停电，应不影响另一路电源的工作，变电所内一般放置两台牵引变压器，一主一备运行。

② 大供电容量。如按照列车速度 350km/h、3min 追踪间隔考虑，当供电臂长度为 30km 时，变电所的峰值功率超过 120MV·A，牵引变压器负荷率普遍较低，一般不超过 30%。

③ 供电电压品质要求较高。牵引网额定电压为 25kV，正常工作电压为 20～29kV。

（2）供电制式 供电制式是指供电系统向电动车辆或电力机车供电所采用的电流和电压制式，按牵引网供电制式不同，分为工频单相交流制、低频单相交流制（50/3Hz，25Hz）和直流制，我国铁路采用工频单相交流制（50Hz/25kV），而直流制电力牵引仅用于地下铁路、城市交通轻轨运输系统和工矿运输系统，额定电压有 1500V 和 750V 两种。

GB/T 1402 "铁路干线电力网牵引交流电压标准"规定，铁路干线电力牵引变电所牵引侧母线上的额定电压为 27.5kV，自耦变压器（AT）供电电压为 55kV；电力机车、电动车组受电弓和接触网的额定电压为 25kV，最高允许电压为 29kV；电力机车、电动车组受电弓上最低工作电压为 20kV，电力机车、电动车组在供电系统非正常情况下运行时，受电弓上的电压不得低于 19kV。

牵引供电方式主要有以下 5 种。

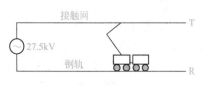

图 16-2　直接供电方式

① 直接供电（T-R）。直接供电方式是在牵引网中不断增加特殊防护措施的一种供电方式，是结构最简单的一种。电气化铁路最早大都采用这种供电方式，它的一根馈电线接在接触网（T）上，另一根馈电线接在钢轨（R）上，如图 16-2 所示。这种供电方式结构简单，投资最省，牵引网阻损较小，能耗也较低。供电距离单线一般为 30km 左右，复线一般为 25km 左右。电气化铁路是单相负荷，机车由接触网取得电流经钢轨流回牵引变电所。由于钢轨与大地是不绝缘的，一部分回流电流由钢轨流入大地，因此对信号设备和通信线路产生较大电磁干扰。这是直接供电方式的缺点，它一般采用在铁路沿线通信线路已改用地下屏蔽电缆的区段。

② 带回流线的直接供电（DN 或 T-R-NF）。DN 供电方式是在接触网支柱上架有一条与钢轨并联的回流线，如图 16-3 所示。这种供电方式取消了吸流变压器，保留了回流线。利用接触网与回流线之间的互感作用，使钢轨中的回流尽可能地由回流线流回牵引变电所。因而能部分抵消接触网对邻近通信线路的干扰，但其防干扰效果不如 BT 供电方式。这种供电方式可在对通信线路防干扰要求不高的区段采用。由于取消了

吸流变压器, 只保留了回流线, 因此牵引网阻抗比直接供电方式低一些, 供电性能好一些, 造价也比 BT 供电方式低。目前, 这种供电方式在我国电气化铁路上得到了广泛应用。

③ 吸流变压器(Booset Transformer, BT)供电。吸流变压器供电方式的工作原理是, 由于吸流变压器的变比为 1：1, 当吸流变压器的一次绕组流过牵引电流时, 在其二次绕组中强制回流通过吸上线流入回流线。由于接触网与回流线中流过的电流大致相等, 方向相反, 因此邻近的通信线路的电磁感应绝大部分被抵消, 从而降低了对通信线路的干扰。这种供电方式由于在牵引网中串联了吸流变压器, 牵引网的阻抗比直接供电方式约大 50%, 能耗也比较大, 供电距离也较短, 单线一般为 25km 左右, 复线一般为 20km 左右, 投资也比直接供电方式大, 如图 16-4 所示。

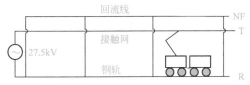

图 16-3 带回流线的直接供电方式

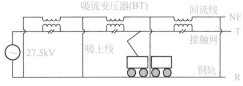

图 16-4 BT 供电方式

BT 方式牵引网阻抗偏大, 能耗大, 供电距离较短, 由于是串联结构, 可靠性较低, 另外, 电力机车过 BT 时, 易产生电弧。

④ 同轴电力电缆(Coaxial Cable, CC)供电。CC 供电方式是一种新型的供电方式。同轴电力电缆沿铁路线路敷设, 其内部芯线作为馈电线与接触网连接, 外部导体作为回流线与钢轨相接。每隔 5～10km 作为一个分段, 如图 16-5 所示。由于馈电线与回流线在同一电缆中, 间隔很小, 而同轴布置, 使互感系数增大, 所以同轴电力电缆的阻抗比接触网和钢轨的阻抗小得多, 牵引电流和回流几乎全部经由同轴电力电缆。因此电缆芯线与外部导体电流相等, 方向相反, 二者形成的磁场相互抵消, 对邻近的通信线路几乎无干扰。由于阻抗小, 因而供电距离长。但由于同轴电力电缆造价高、投资大, 现仅在一些特别困难的区段采用。

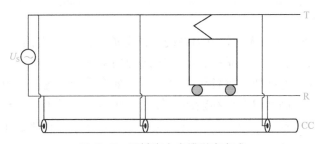

图 16-5 同轴电力电缆供电方式

该方式引起的电磁干扰小, 供电距离长, 但投资大。

⑤ 自耦变压器(Auto Transformer, AT)供电。AT 供电方式是 20 世纪 70 年代才发展起来的一种供电方式。它既能有效地减轻牵引网对通信线的干扰, 又能适应高速、大功率电力机车运行, 故近年来在我国得到了迅速发展。这种供电方式是每隔 10km 左右在接触网与正馈线之间并联接入一台自耦变压器, 绕组与钢轨相接。自耦变压器将

牵引网的供电电压提高一倍，而供给电力机车的电压仍是 25kV，其工作原理如图 16-6 所示。电力机车由接触网（T）受电后，牵引电流一般由钢轨（R）流回，由于自耦变压器的作用，钢轨流回的电流经自耦变压器绕组和正馈线（F）流回变电所。当自耦变压器的一个绕组流过牵引电力时，其另一个绕组感应出电流供给电力机车，因此实际上当机车负荷电力为 I 时，由于自耦变压器的作用，流经接触网（T）和正馈线（F）的电流为 $I/2$。

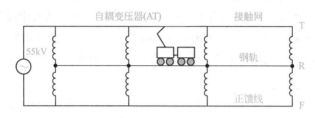

图 16-6　AT 供电方式

在相同的牵引负荷条件下，接触悬挂和正馈线中的电流大致可减小一半，牵引网单位阻抗约为 BT 供电方式牵引网单位阻抗的 1/4 左右，因此，AT 方式大大减小了牵引网的电压损失和电能损失，牵引变电所的间距可增大到 90～100km，变电所和相应的外部高压输电线数量均可以减少，由于无须在 AT 处将接触悬挂实行电分段，当牵引重载、高速列车的大电流电力机车通过时，受电弓不会产生强烈电弧，能满足高速、重载列车运输中电磁辐射等方面的要求。

在长回路效应条件下，接触网与正馈线中流过的电流大小相等，方向相反，因此，有效减弱了对通信线路和信号设备的电磁干扰。

AT 方式阻抗小、损耗低、干扰小，但变配电装置结构复杂，投资高，相应的施工、维修和运行也比较复杂。

在以上各种供电方式中，目前 AT 方式主要应用于客运专线和重载铁路中，如京津城际，京沪、武广、郑西、合要、合武、石太等客运专线，大秦、神朔等重载铁路。AT 供电臂长度一般为 30km；而带回流线的直接供电方式通常应用于其他一般线路，供电臂长度一般为 20～25km。

（3）电力机车　作为大容量电力系统的供电负荷，电力机车或动力车本身不带燃料，属于非自给式牵引动力，是一种非自带能源的机车。电力机车具有功率大、过载能力强、牵引力大、速度快、整备作业时间短、维修量少、运营费用低、便于实现多机牵引、能采用再生制动以及节约能源等优点。使用电力机车牵引车列，可以提高列车运行速度和承载重量，从而大幅度地提高铁路的运输能力和通过能力。电力机车启动加速快，爬坡能力强，工作不受严寒的影响，运行时没有煤烟，所以在运输繁忙的铁路干线和隧道多、坡度陡的山区线路上更能发挥优越性。此外，电力旅客列车，可为客车空气调节和电热取暖提供便利条件。另外，电力机车与信号控制系统等弱电系统的电磁兼容也有密切关系。

电力机车的牵引功率大，如内燃机车 DF4 仅为 2430kW，而电力机车中，韶山 SS1 型为 6400kW；和谐型 HXD1 为 9600kW、HXD2 为 1000kW；CRH3 型的 4M+4T 动力配置下，牵引功率为 8800kW；而 16 辆编组时速达 350km/h，总功率也达到 18240kW。

德国 ICE1 高速列车的最大牵引电流为 850A，而 ICE3 型车运行电流最大可达 1450A。

电力机车是波动剧烈的大容量单相不平衡非线性负载，采用交 - 直整流式的电力机车由于机车变压器、整流器、平波电抗器的影响，使机车原边电流发生畸变，交流侧不再是正弦波，而包含了丰富的谐波成分，在机车和牵引供电构成的整个系统中，由于机车的基波和谐波阻抗比系统其他部分阻抗大得多，一般将电力机车视为谐波的恒流源，列车启动、加速、制动等不同工况下，机车取流不断变化，谐波电流分量也随之变化，因此，电力机车相当于移动的、幅度和成分不断变化的谐波电流源。

电力机车不仅是电力系统重要谐波源之一，对发电机、感应电动机、电力电容器及电气计量仪表会产生不利影响，同时对信号和通信系统也形成比较严重的电磁干扰。国家标准 GB/T 14549—1993《电能质量 公用电网谐波》中，给出了公用电网谐波电压、谐波电流的限制值，但由于电气化铁路负荷的特殊性，还难以完全达到国标限制值，为降低谐波成分，可安装带 3、5、7 次滤波支路的静止无功功率补偿装置（Static Var Compensator, SVC）、有源电力滤波装置 (Active Power Filter, APF)。电力牵引采用基于 PWM（脉宽调制）技术的交 - 直 - 交型传动系统，如图 16-7 所示，可有效解决电气化铁路谐波问题，新型动车组的谐波含量已显著降低。

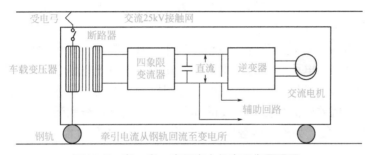

图 16-7 交 - 直 - 交型电力机车工作原理图

（4）高速铁路下机车受流特点 接触网 - 受电弓受流系统的受流过程是受电弓在接触网下，以机车速度运动中完成的，受流过程是一个动态过程，这一动态过程包括了多种机械运动形式和电气状态变化：受电弓相对于接触导线的滑动摩擦；受电弓上下振动；受电弓由于机车横向摆动而形成的横向振动；接触网上下振动，并形成行波沿导线向前传播；受电弓和接触导线之间发生的水平和垂直方向撞击；弓网离线发生电弧，受电弓受流中，电流发生剧烈变化等。所以，弓网受流过程是一个复杂的机械电气过程。随着列车速度的提高，上述各种运动加剧，维持弓网之间的良好接触性能愈加困难，受流质量也随之下降，当列车速度超过受流系统的允许范围，受流质量将严重恶化，影响列车取流和正常运行。在高速条件下，受流系统的性能与常规电气化铁路的受流质量是不同的，系统所需解决的问题也不尽相同，高速受流技术是高速铁路的关键技术之一。

电气化铁路发展 100 多年来，接触网 - 受电弓受流系统在外观的硬件上没有太大的变化，但是，随着列车速度的提高和新技术的采用，受流系统的电流容量、适用速度、安全性能有了相当大的提高，高速铁路的受流系统必须符合的基本条件如下：

① 保证功率传输的可靠性。在高速列车运行的全部接触网区段，必须保证电力机车所需要的最低电压；在高速铁路所有可能的运营条件下，接触网 - 受电弓系统的电流

负荷能力必须保证高速列车的可靠运行。高速列车的电流负荷特性较之常规电力机车有较大的区别，其特征是脉冲负荷占的比例大、电流大、持续时间短，由于列车速度快，启动和加速获得电流很大，在弓网高速相对运动中，整个牵引供电系统均要适应高速列车对电压水平和电流负荷的要求。

② 受流系统的运行安全性。受流系统的安全运行是高速铁路正常运营的保证。高速受流系统的安全性主要从下面几个方面建立：

a.接触网的几何参数（拉出值、导线高度、定位器坡度）保证受电弓滑板沿接触网安全地滑动；

b.接触网的性能参数（硬点、弹性、分相绝缘器、分段绝缘器和线岔结构的平滑性）不损害受电弓的滑板乃至弓头；

c.受电弓的自身性能（受电弓滑板的抗冲击性、耐磨性、横向刚度）；

d.接触网-受电弓的匹配性能（离线、接触导线抬升量、接触导线的弯曲应力）。

受流系统的安全性能涉及的方面很多，它是接触网设计、施工、运营维护首先要考虑的因素。

③ 良好的受流质量。受流系统的理想运行状态是弓网可靠接触，机车不间断地从接触网上获得电能。运行状态的性能参数为：无离线、无火花。实际线路中，离线率要尽量小，系统具有动态稳定性。

④ 保证受流系统的使用寿命。受流系统中，涉及使用寿命的两个主要因素是接触导线的使用寿命和受电弓滑板的使用寿命。其寿命取决于它们之间的磨耗，磨耗量在一定速度和传递功率条件下，主要取决于弓网接触力的大小，保持接触力均匀，即控制接触力的标准偏差以减少接触导线的局部磨耗。接触导线和受电弓滑板在材质上应具有一定的耐磨性能，另外，接触导线应具有抗电化学腐蚀性能。

16.1.3.2　干扰的类型

与电气化铁路系统相比，信号设备在电气化铁路中处于从属被动的地位。电气化铁路属于强电系统，它具有以下特点：

① 额定电压高，可达 25kV；

② 牵引电流可达到数百安培甚至上千安培；

③ 电力机车为非线性负载，在整流换相和运行过程中会产生大量谐波成分。

这些特点构成了电气化铁路对信号设备干扰的基本原因。

从干扰的种类来说，可分为传导、感应、辐射三种形式，由于传导性干扰的能量大，一般称为传导性干扰，具体表现形式为：牵引电流不平衡引起的传导性干扰、牵引电流中进入大地的电流分量引起的地电位升、接触网高压电场所感应引起的工频电场、牵引电流引起的工频磁场、电力机车受电弓与接触网摩擦和离线等引起的射频电磁场干扰。

（1）传导性干扰

① 传导性干扰即牵引电流不平衡干扰，是电气化铁路对轨道电路干扰的主要原因。信号设备和牵引电流共用钢轨这个通道，由于钢轨阻抗、接续线电阻、对地泄漏、扼流变压器线圈对称度不同等因素，流经两根钢轨上的电流往往不等，从而形成了不平衡电流。多数轨道区段不平衡系统小于 10%，不平衡电流有稳态和瞬态脉冲两种形式，

较大不平衡电流以及脉冲电流中的直流分量易造成扼流变压器等铁芯器件的磁饱和，削弱信号传输。对于轨道电路设备，此干扰源的性质近似为电流源，音频信号接收还应对同频段的谐波成分进行防护。

② 牵引回流通过钢轨与大地之间漏导入地，使附近的大地电位升高，在大地中杂散电流会对通信电缆等产生影响，另外，地中电流在流过与地连通的电缆外皮等金属件时，其温度升高将加速金属腐蚀，严重时会造成烧损，防护地电位升的措施包括：有条件可实施贯通地线；与电气化铁路距离较近时，可将电缆金属外皮对地绝缘；采用平衡传输、隔离技术等防止共地阻抗耦合。

（2）感应耦合　感应耦合包括容性耦合（电影响）、感性耦合（磁影响），对于信号设备来说，工频电场和工频磁场属于近场。

① 容性耦合。接触网电压为 25kV，当强电线上有一对地电压存在时，只要受扰设备（如通信线）与大地之间有电压，强电线与通信线之间就会有电容耦合，因此必然有电流自强电流分流入受扰设备，产生静电感应电动势，从而形成容性耦合。静电场的强度与电流大小以及受扰物的距离有关。

② 感性耦合。受电弓与接触网接触，当受电弓升降弓、过分电段、开关其主断电路以及驶过有硬点的接触网时，会使牵引网中产生大的冲击电流。钢轨是牵引电流的回线，脉冲电流瞬间冲击使扼流变压器饱和，25Hz 信号在几个周期内被削弱，从而使轨道继电器误动作。另外，受电弓与接触网离线时会产生电火花，引发无线电干扰脉冲，从而影响到无线通信的质量。

电场为容性耦合，电场占优时在近场处随距离的三次方衰减，设备防护手段有：采用良导体屏蔽并接地，与接触网保持距离以减小耦合电容等，埋地电缆可不考虑电场影响。工频磁场通过电感耦合，磁场占优时在近场处随距离的三次方衰减，在通信信号电缆和电路中产生感应电动势或电压，在 AT、BT、直供加回流线等供电方式下，由于回流线的作用，会减弱磁耦合的影响，低频磁场屏蔽应采用高磁导率材料，但需考虑磁饱和问题。

（3）辐射影响　射频电磁场干扰主要由机车受电弓与接触网离线等引起，频段为数百千赫到 1GHz，射频电磁场为远场，随着距离增大而减小，干扰场强大小主要与受电弓 - 接触网参数、列车速度等因素有关，对 GSM-R 等无线通信等产生干扰，对辐射干扰屏蔽的机理是电磁波的反射和吸收，并不需接地。

（4）其他干扰　现有的供电系统中，为了保证人员的安全和设备的正常运行，通常利用钢轨作为接触网自然接地体。当接地装置的火花间隙失效或有些杆塔不经过火花间隙直接连接钢轨，在同一轨道电路区段内的 2 个及以上接触网杆塔地线分别接在两根钢轨上，或者不同轨道电路区段内杆塔地线经贯通的架空地线短路了钢轨绝缘接头，就会造成轨道电力红光带。另外，当机车发生受电弓支持绝缘闪络、放电间隙击穿等接地故障时，巨大的短路电流会瞬间使火花间隙反击穿，也会影响到信号设备。

上述电磁干扰在室内、轨旁、车载具有不同的强度，对该环境中的信号设备呈现出不同的侧重点和形式，影响机理及设备对干扰的防护都是电磁兼容学科和信号控制系统的研究范围。在很多情况下，尽管机理能将各个环境中的信号设备作为完全独立的子系统，但从干扰能量和影响严重性的角度出发，对于不同的信号设备，应重点关注的干扰种类有所不同。

16.1.4　雷电与信号防雷

铁路信号设备担负着保证行车安全和提高运输效率的重要任务。随着我国铁路的飞速发展，铁路信号设备也有了突飞猛进的发展，以电子和微电子技术装备起来的铁路信号设备逐年增加。由于微电子设备是弱电工作环境，容易受电磁脉冲干扰，甚至被击穿损毁。雷击发生时，雷击放电诱发过电压和过电流，经站场电源系统、通信信号传输通道，通过传导、感应的方式损坏站内通信信号设备，造成极大的经济损失，直接威胁着铁路正常的安全运输生产。因此，采用先进的防雷技术对铁路信号设备进行防护就显得尤为重要。

根据雷击电压进入通信、信号、电力等设备的方式的不同，可将侵入设备的雷电分为直击雷和感应雷。

16.1.4.1　直击雷

一般将雷电直接击中线路设备或终端设备并经设备入地的雷击过电压、过电流称为直击雷。这种雷具有电压高、电流大的特点，因此破坏性极大，但其频度并不高。

地闪直击雷的产生过程是：当雷云很低周围又没有异性电荷雷云时，就在地面的凸表面（野外的任何物，如人、建筑物等）上感应异性电荷，当此间的电场强度达到一定值时，就会击穿空气对上下级点放电，雷电流经此点泄放入大地，如果没有适当的避雷措施，铁路系统的架空接触网等很可能是直击雷的目标，这时电压可高达 5000kV，雷电流可高达数十千安。

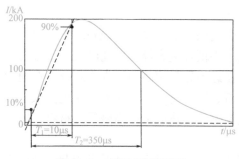

图 16-8　直击雷电流波形

直击雷（雷云放电）的特性是：雷电流的峰值高（kA 级以上）、持续时间短（微秒级）。IEC（国际电工委员会）推荐的直击雷电流波形如图 16-8 所示，直击雷电流可认为是一个峰值约 200kA、持续时间为微秒级的脉冲波，IEC 1312-1 对不同的建筑物提出了几种不同的直接雷击电性能参数，见表 16-1。

表 16-1　直接雷击电性能参数

雷电流参数	保护级别		
	Ⅰ	Ⅱ	Ⅲ～Ⅳ
I 峰值 /kA	200	150	100
T_1 波头时间 /μs	10	10	10
T_2 半值时间 /μs	350	350	350

对于一些易燃易爆的地方应取Ⅰ级，一般的企事业单位大楼应取Ⅱ级，一般的民房取Ⅲ～Ⅳ级，铁路系统的各类信号楼取Ⅱ级。

在铁路系统中，电气化铁路的接触网是沿铁路长距离敷设的架空明线，而且沿铁路线分布大量的接触网杆塔以及其他用途（如无线通信设施）的杆塔等金属凸出物体（如信号机、声屏障设施、信号楼等），这些设施都是直击雷容易侵入的地点。

16.1.4.2　感应雷

在雷云形成过程中，将雷云与大地之间的静电场和当雷击中信号或电力线路附近大地或其他物体时，雷闪电流产生的强大电磁场作用于线路，经传输进入设备的雷击过电压和过电流称为感应雷。感应雷电压幅值和雷云对地放电时的电流有关，也和雷击点与线路间相对位置有关，同时和雷击点周围环境（如土壤电阻率）有关，还和线路长度、线路高度、设备接地装置的电阻等诸多因素有关，因此动态范围很大，确切计算十分困难。

感应雷电流实际上是一个峰值高、持续时间为微秒级的脉冲电流（或电压），又称为浪涌电流（或浪涌电压）。感应雷电流的波形如图 16-9 所示。与直击雷的雷电流波形相比，感应雷电流峰值低，半峰值时间短，从能量角度来讲，10/350 波是 8/20 波的 5 倍以上，可见直接雷击比感应雷击要强烈得多，感应雷击的强度即感应雷电流的大小，是防雷工作中最重要的一个实地参数。

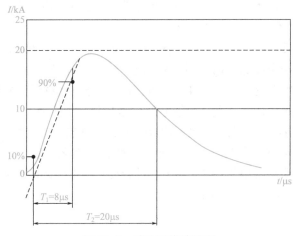

图 16-9　感应雷电流波形

关于感应雷电流的大小，我国的一些相关标准没有具体的数据，目前只有 IEC、IEEE、ITU 等标准中有较明确的说法，有个别不可能估算的地方，可假定：全部雷电流的 50% 流入建筑物的 LPS（直接雷击防护系统）接地装置，另 50%（i_s）分配于建筑物的各种设施（外来导电物、电力线和各类信号线等）。流入每一段设施中的电流 i_i 为 i_s/n（n 为上述设施的个数）。为估算流经无屏蔽电缆芯线的电流 i_v，电缆电流 i_i 要除以芯线数 m，即 $i_v = i_i/m$。

铁运（2006）26 号《铁路信号设备雷电及电磁兼容综合防护实施指导意见》规定，安装在电力线上 SPD 可承受的感应雷电流峰值为 50kA（8/20μs），信号线 SPD 可承受的感应雷电流峰值为 10kA（8/20μs）。

16.1.4.3　雷击过电压侵入信号设备途径

各种信号设备，由于工作环境与控制条件不同，所以它受雷电袭击的途径也是各异的。为了确保信号设备的正常工作，只有掌握雷电袭击信号设备的途径，才能采取经济而有效的雷电防护措施。信号设备遭受雷电袭击的途径主要有以下几方面。

（1）由信号交流电源系统侵入　雷电袭击自动闭塞高压电源架空线路时，高压线上产生对地过电压，此电压对架空线路上的绝缘设备及高压变压器威胁最大。同时，雷电冲击波将对低压信号电线路的绝缘发生闪络，严重地影响和威胁信号交流电源系统。下面对雷电侵入信号交流电源系统的途径进行分析。

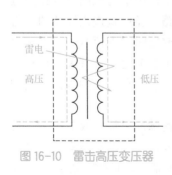

图 16-10　雷击高压变压器

侵入高压电线路的雷电冲击波传播到高压变压器，如果高压变压器未装避雷器，雷电波幅值又比较大时，就会把高低压间的绝缘击穿。于是，高压输电线上所出现的数百千伏雷电压，就直接加到信号交流电源系统中去，如图16-10所示。这样低压侧的信号设备就必然要遭到严重的破坏。

（2）由架空条件线、控制线系统侵入　自动闭塞、半自动闭塞、调度集中以及信号遥控与监督设备等的信号条件线、控制线，在非电化区段大部分使用架空线，它们均架设于信号与通信混合线路或自动闭塞高压信号线路上。由于它们暴露在旷野郊外，在雷雨季节容易遭受到雷电冲击波的袭击。

对于使用2条架空线构成回路的设备(半自动闭塞、路签闭塞以及信号选别器等)，当雷电冲击波落到架空线路上时，雷电就沿架空线袭击信号设备。如果闭塞设备未设防雷设施，线路继电器材就会被雷电冲击波击穿或烧毁。对于信号选别器也是同样，由于信号选别器线圈绕在铁芯上，而铁芯接信号机机柱(接地)，这样，雷电就可能击穿线圈与铁芯的绝缘经信号机柱入地，造成信号选别器被雷电击坏。

雷电袭击其他架空条件线时，雷电冲击波落在架空条件线上，沿着条件线潜入，经过器材及地下电缆至继电器箱内，在信号器材耐雷水平低的处所放电。雷电经架空线袭击信号器材的途径，如图16-11所示。

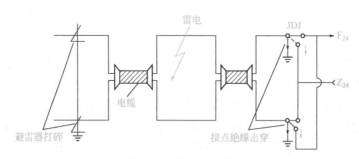

图 16-11　雷击架空线

（3）由轨道电路系统侵入　轨道电路采用钢轨作为传输线，用以传输信息。钢轨安装在道床上，路肩宽有数米，又铺有半米厚的石碴，因此一般高出地面 1～1.5m，甚至高达数米。有的钢轨受铁路两旁高山树木的影响，也有的钢轨设于突出水面的桥梁上，因此也经常遭受雷电的侵袭，其雷击频度仅次于铁路两旁的交流电源系统与架空线电路。

轨道电路虽然安装在铺有钢筋混凝土的轨枕上，但是由于轨道电路延伸较长，有较大的泄漏和不小的电容，而又都是均匀分布的 (钢轨本身电阻为 1~2Ω)，当雷电袭来时不能立即泄放掉，雷电波将传送一段距离，这对于用低压工作的轨道电路器材来说也是一个很大的威胁，因此轨道电路遭受雷电冲击波的袭击，也是雷击信号设备的主要途径之一。

雷电波由轨道侵入后，到达轨道电路器材，造成器材破坏。如交流计数电码自动闭塞轨道电路的 FP 型电动发码器，就可能在雷电袭击时，因雷电波侵入电动发码器线圈，造成设备烧毁。图 16-12 为交流计数电码自动闭塞轨道电路的轨道继电器 (GJ) 遭受雷击的情况。

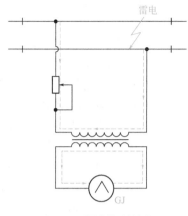

图 16-12　雷击轨道继电器

（4）雷电电磁场　上述三种雷击途径是传导性的，而雷击引起的电磁场还沿着空间传播，由雷击产生的强大电磁场会使雷击点附近建筑物内的导体线路上感应到过电压，直接作用于设备，会使电气设备的 PCB 上的线路和元器件产生感应电压，可能损坏设备，实验数据表明，设备（包括靠近设备的元器件）处在 2.4Gs（高斯，$1Gs=10^{-4}T$)的电磁场中时会对设备造成永久性损坏，设备（包括靠近设备的元器件）处在 0.07Gs 的电磁场中时设备会产生误动作。

因此，雷击时，处在引下线（明设在引下线或建筑物立柱内的钢筋）附近的设备是不安全的。总之，雷电电磁场的危害最终还是使设备及线路感应形成的过电压危害到设备的安全运行。

（5）地反击　从安全及运行稳定等角度来考虑，信号设备必须接地，如果雷击时，设备的接地线路为高电位，而设备的某处因某种原因为低电位，则地线对设备上该点的电位差由设备承受，实际上是地线对设备某点的过电压，该过电压会造成设备加速老化或直接将设备损坏。

这里需要说明，地反击是设备接地线路对设备某点的电位差（即电压），如果设备各点的电位同时升高或降低，就不存在电位差，这样，就不会产生超出设备承受能力的电位差，也就没有过电压，设备也就不会因为过电压而损坏。当单独的一台设备除地线外没有其他任何导体与外部连接时，即便设备接地线为高电压状态，地线与设备之间也不会存在电位差。

但对铁路电气系统来讲，不可能与外界没有任何电气连接，也就是说，设备接地线上高电压会对设备外接的配电线路、信号线路产生电位差，损坏设备。

真实的反应实际上是地线与电源、信号线路之间产生了过电压，对于铁路信号系统来讲，各系统如采用共用接地方式，不存在各系统的地与地之间的地电位反击，但地线与电源线、信号线之间还是存在地电位反击的，这也相当于从电源与信号线路上引入雷击过电压。

16.1.4.4　信号设备的电路的防雷设计

雷击时，强大的雷电流经过引下线和接地体泄入大地，在接地体附近呈放射形的电位分布。若有连接电子设备的其他接地靠近，就会产生高压地电位反击，入侵电压可高达数万伏。为了彻底消除雷电引起的毁坏性的电位差，就特别需要实行等电位连接。

电源线、信号线、金属管道、接地线都要通过过压保护器进行等电位连接。各个内层保护区的界面处同样要依此进行局部等电位连接，而且各个局部等电位连接棒必须相互连接，并最后与主等电位连接棒相连。电位均衡连接，可以为雷电流提供低阻抗通道，使它迅速泄流入地。为此建议室内设备的各类地线、窗栅、金属管线都要接在地栅上，实行等电位连接。同时可利用信号楼中的金属部件以及钢筋构成不规则的法拉第笼起到屏蔽作用。这样，可以彻底消除雷电引起的毁坏性的电位差，对信号设备起保护作用。

雷电流以传导方式窜入信号设备对设备造成影响或损坏，其主要通过两种途径，即通过设备的电源端口或信号端口，所以对设备的电源输入端和各类信号端口必须施以适当的保护电路，以免设备受到雷电流的冲击而造成故障或损坏。

（1）电源端口的防护

① 浪涌抑制器件的组合使用。防雷保护电路常用组合式，图 16-13 为其中一种方式，图中气体放电管式避雷器安排在最前端，硅雪崩二极管（也可用金属氧化物压敏电阻代替）安排在后面，中间用电阻或电感隔离，当浪涌侵入时，因为二极管响应速度快，可先对浪涌的快速上升进行抑制，大量的能量则通过放电管式避雷器泄放，为了防止放电管因为后级的钳位而达不到其放电起始电压，所以利用电阻或电感来隔离。

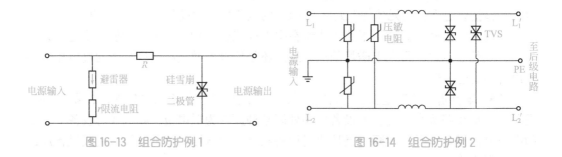

图 16-13　组合防护例 1　　　　图 16-14　组合防护例 2

由于气体放电管的特性，图 16-13 的电路仅适用于交流电路或工作电压小于 10V 的直流电路，另一种常见的组合方式是采用压敏电阻和 TVS 管并联起来结合使用，且直流或交流电路均可使用，如图 16-14 所示。压敏电阻允许通过的泄放电流较大，但导通时间略慢、残压较高，TVS 管导通时间很快，但功率容量略低，适合用来吸收经过压敏电阻后的残压，二者可以取得互补，使用时应当注意用作级间隔离的电感不可省略，否则压敏电阻将不起作用。

在对电源要求严格和频繁承受浪涌冲击的场合，气体放电管和压敏电阻都不适合单独在交流电源线上使用。气体放电管的问题还是它的续流效应，在浪涌泄流后仍要维持近半个工频周期的短路状态，若续流的时间较长，会导致放电管触点迅速烧毁，压敏电阻的问题则是随着受浪涌作用的次数增加交流漏电流增加，一个实用的方案是将气体放电管与压敏电阻串联起来使用，这种气体放电管与压敏电阻的组合除了可以避免上述缺点以外，还有一个好处就是可以降低限幅电压值（与单独使用压敏电阻相比较）；选用导通电压较低的压敏电阻，从而降低限幅电压值，如果同时在压敏电阻上并联一个电容，浪涌电压到来时，可以更快地将电压加到气体放电管上，缩短导通时间。

该连接方式对浪涌电压的抑制作用如图 16-15 所示。

一个理想的交流电源浪涌抑制方案如图 16-16 所示，它利用了不同吸收器的各自的优点。

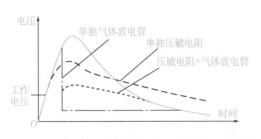

图 16-15 气体放电管和压敏电阻串联使用的效果

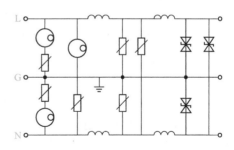

图 16-16 交流电源组合保护电路

第一级保护电路的电流容量应大于电路可能承受的最大电流容量；第二级、第三级保护电路的浪涌电流容量可以逐级递减，为了减少前级气体放电管反应时间，可以在前级压敏电阻上并联一个 1000 ~ 10000pF 的高频电容。

对浪涌电压不需太高测试等级的产品，可以省略第一级的气体放电管和压敏电阻串联电路以及相应的级间隔离电感，对保护残压不敏感产品，可以省略第三级的 TVS 管保护电路及相应的级间隔离电感，由于 TVS 管泄放能力有限，一般不单独在交流电源端口使用。

② 防雷变压器。将交流隔离电源变压器加上浪涌抑制器件后就成了防雷变压器，图 16-17 是这种产品的一个实例，图中的避雷器即气体放电管，浪涌吸收用用压敏电阻，变压器有静电隔离装置，二次侧的电容器可进一步抑制浪涌中的残留差模噪声，根据厂家提供的资料，对峰值 3kV、波宽为 40μs 的浪涌，能衰减到 10V，而普通电源变压器只能衰减到 260V。

③ 防雷模块或防雷组件。在大型信号设备（如多个分设备共用一路电源输入且安装在同一个机柜中）中，往往采用独立的防雷组件或防雷模块的形式，在电源输入端加以防护，防雷组件亦不外乎采用气体放电管、压敏电阻、TVS 管这几种元件中的一种或数种的组合。有时，还在其后端加上 EMI 电源滤波器，构成电源滤波组件，同时提供防雷和电源滤波的功能。

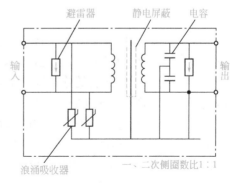

图 16-17 防雷变压器

（2）信号端口的防护 信号端口包括设备的各类通信端口、I/O 端口。这一类端口一般为弱电端口，其工作电压（电流）较低，所以如果不加以恰当的防护，往往更容易受到雷电流的影响。

信号端口的抗浪涌防护一般采用以下几种形式：

① 采用屏蔽电缆传输信号，并将屏蔽层良好接地，良好的屏蔽能够有效地抑制感应雷的影响，并抑制大多数共模形式的电磁干扰，在使用屏蔽电缆时需要注意电缆屏蔽层的接地方案，究竟采用单端接地还是双端接地要视具体的应用条件而定，不当的

接地方案可能会引入预期以外的干扰。在端口接插件处处理屏蔽层接地时，应尽量采用360°环接的方式，即将电缆屏蔽层与机箱形成一个贯通密闭的屏蔽腔体，否则，屏蔽的防护效果会降低。

② 端口隔离：对信号端口采用隔离措施，如采用光电耦合器、隔离信号变压器等，可以阻止来自信号线的冲击电流进入内部电路。

③ 采用浪涌抑制器件和去耦电路：对于差模方式侵入系统信号线的浪涌电流，可以采用浪涌抑制器件来进行防护，气体放电管、压敏电阻、TVS管这几类器件都可以采用，选用原则与电源端口的防护基本类同，对于弱信号端口，往往采用稳压二极管串联限流电阻的方式来进行电压钳位防护。在条件许可时，可以安装信号滤波器或去耦电路（RC、LC形式或采用带穿心电容的隔离接插件）以抑制干扰改善量。

④ 通信接口的浪涌抑制电路的技术要求较高，因为除了满足浪涌防护要求外，还须保证传输指标符合要求，加上与通信线路相连的设备耐压很低，对浪涌残压要求严格，因此在选择防护器件时较困难，理想的浪涌抑制电路应是电容小、残压低、通流大、响应快，故在选用浪涌抑制器件时需要特别注意：压敏电阻的极间电容大，故一般只适用于音频及以下低速通信端口；TVS管的极间电容也较大，如在高速数据线上使用，要用特制的低电容器件（可工作到几十兆赫），但是低电容器件的额定功率往往较小，气体放电管可以工作到非常高的频率，但是通信接口电路中的信号不允许含有过10V的直流分量。

16.1.4.5　室外设备雷电电磁环境的改善

① 将室外信号系统设备置于与大地连接的金属箱、盒 (最好是铁质) 内，金属箱、盒必须良好接地，使得信号系统处于雷电电磁脉冲屏蔽中。

② 与信号系统设备的连接采用屏蔽电缆，电缆屏蔽层必须良好接地，或者非屏蔽电缆穿金属管敷设，金属管与土壤直接接触。

③ 在室外信号系统设备集中的区域安装避雷器，防止雷电直击设备本身、电缆和轨道。避雷器的安装位置必须考虑能够避免站场内的信号系统设备遭受雷击，还要防止避雷器引雷后的雷电感应。尤其避雷器的地线一定要与站场内的钢轨、电缆径路有一定的安全距离 (一般大于 20m)，以避免雷电反击。

16.2

铁路信号系统电磁兼容标准

16.2.1　国际标准

目前，国外完善且系统的铁路电磁兼容标准主要是由欧洲电工标准化委员会（CENELEC）制定的欧洲标准。

CENELEC 1976 年成立，总部设在比利时的布鲁塞尔，宗旨是协调各国的电工标准，以消除贸易中的技术壁垒。制定统一的 IEC 范围外的欧洲电工标准，实行电工产品的合格认证制度。

CENELEC 从事电磁兼容工作的技术委员会为 TC 210（以前为 TC 110），它负责 EMC 标准制定或转化工作。TC 210 将现有的 IEC 的相关技术委员会和 CISPP 等的 EMC 标准转化为欧洲 EMC 标准。

其中，由技术委员会 TC 9X（铁路电气、电子应用）制定了系统的、完善的铁路标准: EN 50121，该标准为 CENELEC 自定标准，是规范铁路电磁兼容要求的系列标准，由五部分组成，见表 16-2。

表 16-2 EN 50121 标准项目

标准号	标准名称（英文）	标准名称（中文）
EN 50121-1	Railway applications-Electromagnetic compatibility-Part1:General	铁路应用—电磁兼容性—第 1 部分: 总则
EN 50121-2	Railway applications-Electromagnetic compatibility-Part2:Emissions of the whole railway system to the outside world	铁路应用—电磁兼容性—第 2 部分: 整个铁路系统对外界的发射
EN 50121-3-1	Railway applications-Electromagnetic compatibility-Part3-1: Rolling stock-Train and complete vehicle	铁路应用—电磁兼容性—第 3-1 部分: 机车车辆—列车及配套车辆
EN 50121-3-2	Railway applications-Electromagnetic compatibility-Part3-2: Rolling stock-Apparatus	铁路应用—电磁兼容性—第 3-2 部分: 机车车辆—设备
EN 50121-4	Railway applications-Electromagnetic compatibility-Part4:Emission and immunity of the signaling and telecommunications apparatus	铁路应用—电磁兼容性—第 4 部分: 信号与通信设备的发射和抗扰度
EN 50121-5	Railway applications-Electromagnetic compatibility-Part5:Emission and immunity of fixed power supply installations and apparatus	铁路应用—电磁兼容性—第 5 部分: 固定供电装置和设备的发射和抗扰度

EN 50121 系列标准是一个完整的体系，全面地概括了铁路系统的电磁要求。EN 50121-1 是总则部分，概述了整个系列标准的结构和内容，不涉及具体的试验要求和限值，必须和标准的其他部分一起使用才能确保系统符合电磁兼容要求；EN 50121-2 给出了整个电气化铁路系统的发射限值并详细规定了具体的测量方法；EN 50121-3 分为两部分，EN 50121-3-1 给出了机车车辆的发射限值及测量方法，EN 50121-3-2 给出了机车上设备的电磁兼容试验要求；EN 50121-4 则规定了铁路信号与通信设备的电磁兼容试验要求；EN 50121-5 给出了固定供电装置和设备的电磁兼容要求。

下面介绍 EN 50121：2006 标准的主要内容。

16.2.1.1 EN 50121-1 铁路应用—电磁兼容性—第 1 部分：总则

EN 50121 中的第 1 部分是整个系列标准的总则部分，描述了铁路系统的电磁特性，规定了整个系统标准的性能判据，引用 ENE 50238 铁路应用—机车车辆与列车检测系统间的兼容性（Railway applications-Compatibility between rolling stock and train detection systems），提出了管理铁路电磁兼容的要求。

总则部分概述了整个系列标准的结构和内容，不涉及具体的测试要求和限值，必须和标准的其他部分一起使用才能确保系统符合电磁兼容要求。

铁路是一个包含移动电磁能量源的复杂设施，由几个子系统组成，例如传输系统、

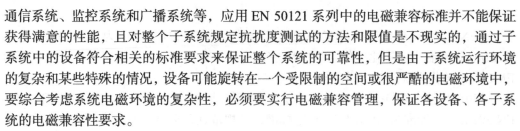

通信系统、监控系统和广播系统等，应用 EN 50121 系列中的电磁兼容标准并不能保证获得满意的性能，且对整个子系统规定抗扰度测试的方法和限值是不现实的，通过子系统中的设备符合相关的标准要求来保证整个系统的可靠性，但是由于系统运行环境的复杂和某些特殊的情况，设备可能旋转在一个受限制的空间或很严酷的电磁环境中，要综合考虑系统电磁环境的复杂性，必须要实行电磁兼容管理，保证各设备、各子系统的电磁兼容性要求。

此外，标准的附录介绍了铁路的电磁兼容特性，主要有：系统间的耦合机制、抗扰度的主要电磁现象、发射的主要电磁现象、不同电牵引系统的描述、电牵引系统的部件以及内部电磁噪声源等。

16.2.1.2　EN 50121-2 铁路应用—电磁兼容性—第 2 部分：整个铁路系统对外界的发射

本标准规定了包括在城市街道运行的城市车辆在内的整个铁路系统的发射限值，即包括弓网系统在内的整个电气化铁路系统对外发射，给出了各频段电磁发射量的测量方法，并给出了在牵引频率和射频段的典型场强测量值，这里重点介绍列车运行时铁路系统发射测量方法。

测量方法根据 EN 55016-1-1 无线电骚扰和抗扰度测量设备和方法的规范—第 1-1 部分：无线电骚扰和抗扰度测量设备—测量设备［Specification for radio disturbance and immunity measuring apparatus and methods-Part1-1:Radio disturbance and immunity measuring apparatus-Measuring apparatus（CISPER 16-1-1）］，改编应用于车辆运行时的铁路系统。

（1）检波方法　测量时采用峰值检波方法，并没有采用 EN 55016-1-1 的准峰值方法，由于车辆可能以高速运行，准峰值检波不能充分测量出宽频段内的干扰，而且 EN 55016-1-1 的方法只是被设计用于保护无线电通信免受干扰，并不考虑诸如应用于轨道旁或机场的电子安全系统，而在这种环境下经常出现的短时瞬态现象可能造成干扰，选择 EN 55016-1-1 作为欧洲标准的基础，必须应用峰值检波的方法。

标准推荐使用 50 ms 短时间窗的峰值检波，因为具备以下特点：

① 可以更好地表示对其他系统（电子或计算机）的影响，而准峰值检波的加权原理只表示对无线电传输的干扰。50ms 的时间窗可以捕获交流供电铁路的峰值发射，该发射常在发电流倒向时发生，对于中欧铁路系统所使用的最低频率是 16.7Hz，倒向间隔是 33ms，在 50ms 时间窗内总能检测到一次。

② 峰值检波比准峰值检波更快，因为检流计型仪器的要求，准峰值检波系统需要差不多 1s，这对于运动列车而言太长了。

③ 给出了 EN 55016-1-1 方法的测量值的最大值，表示对无线电传输干扰的"最恶劣情况"。

由于当牵引机车经过测试点时，噪声可能没有达到最大值，而机车在远处时达到，因此，在机车通过前后的充足时段内都要进行测试，以确保记录到最大噪声电平。此外，测试过程中，可能检测到开关切换产生的瞬时现象，例如电力电路断路器操作产生的瞬时现象，试验时选择峰值检波时，应该忽略瞬时现象。

在没有列车影响的情况下测量背景噪声，即通电的供电导体产生的噪声，如果噪声明显，建议在距离测试点 100m 处也进行测量，以识别任何非铁路的强噪声源。

（2）测量频率　与 EN 55016-1-1 一致，测量的频段和带宽见表 16-3。

表 16-3　测量频段和带宽

频段	$9 \sim 150kHz$	$0.15 \sim 30MHz$	$30 \sim 300MHz$	$300MHz \sim 1GHz$
带宽	200Hz	9kHz	120kHz	120kHz

实际测量频率的选择取决于测试点的环境，如果有强信号，如基站，选择频率时需考虑此因素，标准建议每 10 倍频至少选择 3 个频率点。

鉴于列车单次通过的测量时间很短，应用扫频测量技术，即当频率变化时采用峰值保持电路测量峰值噪声，可以提供噪声的足够信息，但仍存在时间问题，因为由于精度的考虑因素，频率变化率是带宽的函数，扫频分析仪通常设置自己的扫频率以符合这种需求，如果采用这种技术，应注明频率和带宽。

（3）测试点　选择测试点时，测量天线与列车运行轨道中心线之间的首选距离是 10m，对于对数周期天线，10m 距离是指列车运行轨道中心线到天线阵列的机械中心的距离。

天线与轨道中心之间的距离也有些其他选择，通常用于射频测试的距离是 1m、3m、10m 和 30m，由于安全性的原因不可能选择 1m。如果选择 3m，就存在这一种可能性，车体有很强的局部效应，导致将在测试点测量的场强值转换到等效 10m 的测量值时，得到的是虚假的场强值。此外，因为对于电力牵引供电，天线直接对准了滑动触点而且车体效应变小，所以优先选用 10m 距离。另一个标准距离是 30m，而且在一些特定的测试点更容易实现，但信号强度更低了，本地噪声可能使铁路噪声的测量更困难，因此，优先选择的测量距离是 10m。

不需要考虑在车辆的两侧进行两次测试，甚至车体两侧装有不同的设备，因为列车运行时主要发射是滑动触点产生的。

除了天线与轨道中心线的距离不是 10m，测试点符合所有推荐标准，可使用下面的公式将结果转换到等效 10m 的测量值：

$$E_{10}=E_x+20n\lg（D/10）$$

式中，E_{10} 为在 10m 处的测量值；E_x 为在 D（m）处的测量值；n 为系数，见表 16-4。

表 16-4　系数 n

频段	$0.15 \sim 0.4MHz$	$0.4 \sim 1.6MHz$	$1.6 \sim 110MHz$	$110MHz \sim 1GHz$
n	1.85	1.65	1.2	1.0

n 值是基于对高架电力线的观测结果，适用于开阔的乡村测试点，在高楼林立的城市区域，应发现更高的 n 值，表 16-4 的 n 值是已知足够精确的，例如 100MHz 的 n 值是为铁路专门测量的，对于 100m 的距离，发现是 1.25，此外，EN 55022 标准使用每 10 倍距离（$n=1$）-20dB，但是这只是针对导电地平面的特殊情况。

在铁路实际环境不适用参考距离的地方，测量方法可适应特定的环境，例如，铁路在隧道中，可在隧道的墙上使用小型天线，选择限值应考虑到测量方法的影响。

如果在接触网馈电的铁路进行测试，测试点应该在高架线的支撑电杆的中点，不在接触导线的不连续处。普遍认为高架系统在射频可能存在谐振，这可能需要改变测试频率，如果存在谐振，应在测试报告中注明。

铁路供电系统的状态会影响射频发射，馈电站的开关和临时作业会影响供电系统的响应，因而在测试报告里必须注明系统的状态，如果可能，所有类似的测试应在同一工作日内完成，如果铁路采用轨旁导体铁轨供电，测试点距离铁轨缝隙至少 100m，以避免集电极接触器开断产生的瞬态场的影响，导体铁轨和天线应在铁轨的同一侧。

如果测试点受到高架建筑、铁轨和悬链线的影响，就不符合完全空旷测试点的定义，然而，无论在哪里，只要可能，布置天线应远离反射物体，如果附近有高架电力线且并非铁路网部分，该电力线距离测试点不小于 100m。

（4）天线布置 为覆盖完整的频率范围，需要使用不同类型的天线，典型天线见表 16-5。

表 16-5　典型天线

频段	9kHz ～ 30MHz	30 ～ 300MHz	30MHz ～ 1GHz
天线	环天线或框天线	双锥天线	对数周期天线

对于环天线，天线相位中心在铁轨平面之上的高度在 1.0 ～ 2.0m 的范围内；对于偶极子天线或对数周期天线，是在 2.5 ～ 3.5m 的范围内。如果天线所在地面的高度与铁轨平面的差异超过了 0.5m，实际值应记录在测试报告中。

环天线的平面应垂直于轨道面且平行于轨线，双锥天线和对数周期天线都有垂直和水平两种极化布置，图 16-18 ～图 16-20 分别给出了几种天线的布置图，其中双锥天线和对数周期天线为垂直极化状态。

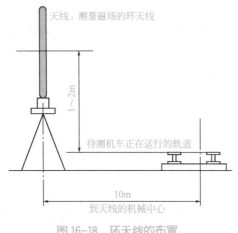

图 16-18　环天线的布置

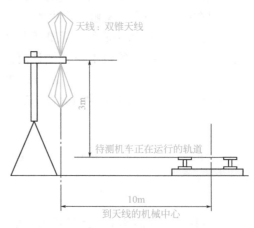

图 16-19　双锥天线的布置（垂直极化）

在高架铁路系统情况下，如果不能按照推荐的天线高度布置天线，可用地平面取代轨道平面作为天线中心高度的参考，这里 D 为列车和天线之间的斜距，应用前面所提到的公式进行转换，从天线的位置应能看到列车，抬高天线的轴，直接指向列车，对于很高的高架铁路，首选距轨道中心线 30m 的测试距离，应在测试报告中注明测试布置的全部细节。

（5）测量条件　为将天气对测量值的可能影响减少到最小，应在干燥天气完成测量（24h 降雨不超过 0.1mm 之后），

温度至少 5℃，风速小于 10m/s，湿度足够低，避免供电导体冷凝。因为要在天气条件已知前制订测试计划，则不得不在天气条件不符合预定条件时进行测试，在这些情况下，应在测试结果中记录实际的天气条件。

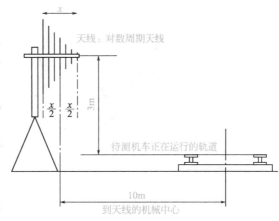

图 16-20　对数周期天线的布置（垂直极化）

对于列车牵引模式，指定了两个测试条件：

① 在速度超过最大业务速度的 90% 时测量（确保集电的动态变化与噪声电平直接相关）且在此速度能够产生最大功率。

② 在最大额定功率和选定的速度时测量（特别是关注低频时）。

如果列车能够电力制动，需要在制动功率至少为额定最大制动功率的 80% 时测量。

实际情况中，在测试区域内可能不止一辆列车，为了限定范围起见，当测量背景噪声时，可忽略测试区域外的列车，由于噪声源是运动的，虽然远处的列车也是噪声源，但对于高频场，场强随距离的衰减通常更大，往往可忽略，对于低频场，场强衰减小且影响区域内（可能扩展到几千米）所有列车的噪声电平，无论如何，要求场强叠加结果应在重复性误差区，且能根据限值评估单列列车的发射。

图 16-21、图 16-22 给出了某试验线上的铁路系统对外界发射的测量结果。

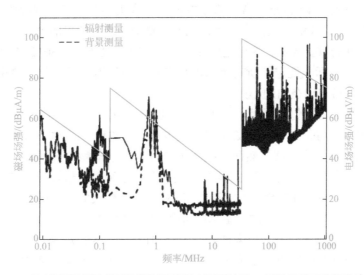

图 16-21　发射测量结果（环天线的天线面水平于轨道；其他天线垂直极化方式）

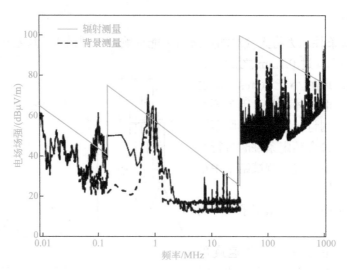

图 16-22　发射测量结果（环天线的天线面水平于轨道；其他天线水平极化方式）

　　图中的折线是发射限值线，限值线的不连续是由不同频段测量接收机分辨率带宽变化引起的。9kHz～30MHz 频段是磁场场强测量结果，这种干扰的主要来源是牵引电流，以及列车和列车上的控制、信号设备，例如 27MHz 频点的测量值就是列车的点式信息接收模块（即应答器接收模块）向应答器发射的载波。由于 30MHz～1GHz 这段频谱完全被划分使用，背景的频谱分量非常丰富，电气化铁路和列车的辐射干扰基本和背景噪声重叠，不易区分。其中，典型信号有 450MHz 的机车电台信号，806～960MHz 的移动通信信号。

16.2.1.3　EN 50121-3-1 铁路应用—电磁兼容性—第 3-1 部分：机车车辆—列车及配套车辆

　　EN 50121-3 分为两部分，第 1 部分规定了所有类型的机车车辆的发射要求。EN 50121-2 考虑的是将铁路系统作为整体，规定了整个系统对外界的电磁发射限值，这也是这两部分标准的重要区别，这里主要介绍 EN 50121-3-1 与 EN 50121-2 的不同之处。

　　EN 50121-3-1 标准规定了所有类型的机车车辆的发射要求，包括牵引车辆和在城市街道运行的城市车辆在内的小火车。

　　这部分标准的范围包括了机车车辆及其各自能量输入／输出的结合处。对于机车、小火车和有轨电车等情况，是指集电弓（受电弓、集电靴）；对于拖车的情况，是指交流或直流辅助电力连接器。然而，既然集电弓是机车车辆的一部分，不可能完全排除与电力线的结合处的影响。因此标准要求慢速和／或静态测试以尽可能减小这些影响，这也是 EN 50121-3-1 与 EN 50121-2 中试验时列车工作模式的重要区别。

　　基本上，所有集成进列车的设备都应符合 EN 50121-3-2 的要求，对于例外的情况，设备符合其他电磁兼容标准，但未证实与 EN 50121-3-2 标准完全兼容，应该通过设备进行综合测试或进行适当的电磁兼容分析和试验，证实设备的电磁兼容性。

　　此外，不需要对整车进行抗扰度测试，但是可选择 EN 50121-3-2 的抗扰度测试和限值。倘若准备和实施了电磁兼容计划，考虑了 EN 50121-3-2 的限值，可期望将设备装入整车的集成技术能够实现足够的抗扰度。

16.2.1.4　EN 50121-3-2 铁路应用—电磁兼容性—第 3-2 部分：机车车辆—设备

EN 50121-3 分为两部分，第 2 部分具体规定了应用在机车车辆上的电气、电子设备的电磁发射与抗扰度性能，除各项限值外，还介绍试验方法与要求。此外，对车内外的环境都作了统筹的考虑，对电磁发射的要求是这样的：应确保设备在车辆内正常工作时不产生超过某一限值的干扰量，如达到这一限值时可能会影响其他设备的正常工作状态。

标准对设备的主要端口都有相应电磁发射的频率范围、限值及性能的规定，同时也有对抗扰度性能试验项目、判定等级和严酷度（即设备应能经受的试验环境条件）的规定，这里端口是指设备与外部环境的特定接口，包括机箱端口、电源端口、输入/输出端口和地线端口，如图 16-23 所示。

图 16-23　端口构成

16.2.1.5　EN 50121-4 铁路应用—电磁兼容性—第 4 部分：信号与通信设备的发射和抗扰度

标准是为机车车辆外的信号、通信设备制定的，对这些设备同样制定了电磁发射限值和抗扰度性能判据，在进行试验时也可用逐个端口进行试验，标准中详述了试验方法、所需条件、设备及试验结果的分析方法等，我们在下一节详细讨论此标准。

16.2.1.6　EN 50121-5 铁路应用—电磁兼容性—第 5 部分：固定供电装置和设备的发射和抗扰度

标准为铁路固定装置中使用的电力电子设备制定了发射和抗扰度要求、变电站对外的发射限值，标准引用了 EN 50121-2 工作电压低于交流有效值 1000V 的设备，标准引用了 EN 61000-6-4；对于有界墙的变电站，标准给出了发射限值，此外，标准给出了设备的抗干扰要求。

除上述 EN 50121 标准外，EN 50343（铁路应用—机车车辆—电缆布线规则）也很有参考价值，因为各种不同电路和功能块导线间会出现耦合（电导性、电容及电感性耦合），以及车辆上安装空间的限制，难以保证各导线电缆间的间距，为此该标准给出了导线的电磁兼容分类，以及布线的一般规则，可以指导机车电缆的布线。

16.2.2　国家标准对铁路信号设备电磁兼容的具体要求

国家质量监督检验检疫总局于 2009 年 9 月 30 日颁布了 GB/T 24338.5—2009（轨道交通 电磁兼容 第 4 部分 信号和通信设备的发射与抗扰度）作为铁路信号产品电磁兼容的检验依据，并于 2010 年 1 月 1 日开始实施，本章节主要讲解该标准对铁路信号产品的电磁兼容要求，以便读者了解。

（1）端口划分 端口主要分类见图 16-24。

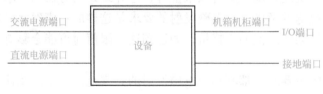

图 16-24 端口主要分类

（2）发射限值 应符合 GB/T 17799.4 的最大允许发射限值，传导发射限值适用于交流和直流电源端口，测量机箱端口的辐射发射时，可以应用 10m 测量距离，这时限值增加 10dB，如果设备不是预期安装使用在轨道环境中，需要采用合适标准规定的发射限值。GB/T 17799.4 限值要求见表 16-6。

 提示 如果由于较高的环境噪声或其他原因，不能在10m或30m距离测量场强，可以在更近的距离进行测量，如3m，这时，需要应用20dB/十倍距离的反比因子把测量数据归算到指定的距离，以决定它是否符合规定，用3m法测量较大的受试设备时，在30MHz频率附近应该关注近场效应。

表 16-6　GB/T 17799.4 限值要求

端口	频率范围 /MHz	限值	基本标准	适用范围	注释
外壳	30~230	30dB（μV/m） 准峰值 测量距离 30m	GB 4824	见注 1	如果满足 GB 4824 的规定，可以在 10m 距离测量，但限值增加 10dB
	230~1000	37dB（μV/m） 准峰值 测量距离 30m			
交流电源	0.15~0.50	79dBμV 准峰值 66dBμV 平均值	GB 4824	见注 2 见注 3	
	0.50~5	73dBμV 准峰值 60dBμV 平均值			
	5~30	73dBμV 准峰值 60dBμV 平均值			

注：1. 本标准不包括现场测量。

2. 脉冲噪声（喀呖声）小于 5 次 /min 时将不考虑限值；对于经常大于 30 次 /min 的喀呖声采用所列限值，而对于 5 ~ 30 次 /min 的喀呖声，所列限值允许放宽 $20\lg（30/N）$ dB（N 指每分钟的喀呖声数），划分喀呖声的准则可见 GB 4343。

3. 仅适用于工作在低于交流电压有效值 1000V 的设备。

（3）各端口抗扰度要求 机箱机柜端口、I/O 端口、直流电源端口、交流电源端口、接地端口的抗扰度要求见表 16-7～表 16-11。

表 16-7　抗扰度——机箱机柜端口

项目	环境现象	试验规范	单位	基础标准	试验布置	备注	性能判据
1.1	射频电磁场辐射	80~1000 10 80	MHz V/m（载波的 r, m, s 值） %AM（1kHz）	GB/T 17626.3	GB/T 17626.3		A
1.2	数字无线电话的射频电磁场辐射	800~960 1400~2000 20 80	MHz MHz V/m（载波的 r, m, s 值） %AM（1kHz）	GB/T 17626.3	GB/T 17626.3	见 a, b	A
1.3	工频磁场	50/60 16.7 0 100	Hz Hz Hz（直流） A/m（载波的 r, m, s 值）	GB/T 17626.8	GB/T 17626.8	见 a, b CRT 显示器干扰在 3A/m（载波的 r, m, s 值）以上是允许的，所有的频率均应进行试验	A
1.4	静电放电	±6 ±8	kV（接触放电） kV（空气放电）	GB/T 17626.2	GB/T 17626.2	见 a, b	B
1.5	脉冲磁场	300	A/m	GB/T 17626.9	GB/T 17626.9	见 a, b	B

a. 所规定的试验仅仅适用于 3m 区域内的设备，对于本区域以外，轨道环境内部的设备，可应用 GB/T 17799.2—2003 的要求。

b. 试验仅适用于包含对磁场敏感的器件的设备，如：霍尔元件，电动扬声器等。

c. 试验不适用于暴露在户外环境条件下的设备，如果设备既可以放在室内，也可以放在室外，应采用更严酷的试验等级。

d. 对于预定使用数字无线电话频率下工作的设备，应进行 GB/T 17626.3—2006 中 5.2 规定的试验。

表 16-8　抗扰度——I/O 端口

项目	环境现象	试验规范	单位	基础标准	试验布置	备注	性能判据
2.1	射频场感应的传导干扰	0.15~80 10 80	MHz V/m（载波的 r, m, s 值） %AM（1kHz） 源阻抗 Ω	GB/T 17626.3	GB/T 17626.3		A
2.2	电快速瞬变脉冲群	±2 5/50 5	kV(峰值) T_s/T_b ns kHz（重复频率）	GB/T 17626.4	GB/T 17626.4（容性耦合夹）	见 a	A
2.3	浪涌	1.2/50 ±2 ±1 ±2	μs kV（共模） kV（差模） kV（非平衡系统中差模）	GB/T 17626.5	GB/T 17626.5	见 a, c, d 试验等级优先考虑为调制波	B

a. 试验适用于 3m 范围内带有电缆，或 10m 范围内带有长度超过 30m 电缆的 I/O 端口，除上述电缆长度外，带有电缆的 I/O 端口应该满足 GB/T 17799.2—2003 的要求，但 GB/T17799.2—2003 中表 3 的注 2 除外。

b. 试验仅适用于有接口电缆的端口，根据制造商的规范要求，电缆的总长度可能超过 3m。

c. 本试验用于模拟间接耦合现象，因此，推荐应用 42Ω（40Ω 及 2Ω 为发生器内部的电阻）输出阻抗和 0.5μF 耦合电容。

d. 对于预期与高平衡线对连接的电信端口和其他端口，不需要进行差模试验。

表 16-9　抗扰度——直流电源端口

序号	环境现象	试验规范	单位	基础标准	试验布置	备注	性能判据
3.1	射频场感应的传导干扰	0.15~80 10 80 150	MHz V/m（载波的 r，m，s 值） %AM（1kHz） 源阻抗 Ω	GB/T 17626.6	GB/T 17626.6	试验等级优先考虑调制波	A
3..2	电快速瞬变脉冲群	±2 5/50 5	kV（峰值） T_a/T_b ns kHz（重复频率）	GB/T 17626.4	GB/T 17626.4（直接注入）		A
3.3	浪涌	1.2/50 ±2 ±1 ±2	μs kV（共模） kV（差模） kV（非平衡系统中差模）	GB/T 17626.5	GB/T 17626.5	见 a	B

a. 试验适用于模拟直接耦合现象，如果电源和地隔离，推荐应用 42Ω 输出阻抗和 0.5μF 耦合电容；如果电源和地没有隔离，推荐应用 12Ω（10Ω 及 2Ω 发生器）输出阻抗和 9μF 耦合电容，这些要求适用于电缆长度超过 30m 的情况。

表 16-10　抗扰度——交流电源端口

序号	环境现象	试验规范	单位	基础标准	试验布置	备注	性能判据
4.1	射频场感应的传导干扰	0.15~80 10 80 150	MHz V/m（载波的 r，m，s 值） %AM（1kHz） 源阻抗 Ω	GB/T 17626.6	GB/T 17626.6	试验等级优先考虑调制波	A
4.2	电快速瞬变脉冲群	±2 5/50 5	kV（峰值） T_a/T_b ns kHz（重复频率）	GB/T 17626.4	GB/T 17626.4（直接注入）		A
4.3	浪涌	1.2/50 ±2 ±1 ±2	μs kV（共模） kV（差模） kV（非平衡系统中差模）	GB/T 17626.5	GB/T 17626.5	见 a	B

a. 本试验适用于模拟直接耦合现象，因此，推荐应用 12Ω（10Ω 及 2Ω 发生器）输出阻抗和 9μF 耦合电容。

表 16-11　抗扰度——接地端口

序号	环境现象	试验规范	单位	基础标准	试验布置	备注	性能判据
5.1	射频场感应的传导干扰	0.15~80 10 80 150	MHz V（载波的 r，m，s 值） %AM（1kHz） 源阻抗 Ω	GB/T 17626.6	GB/T 17626.6	试验等级优先考虑调制波	A
5.2	电快速瞬变脉冲群	±1 5/50 5	kV（峰值） T_a/T_b ns kHz（重复频率）	GB/T 17626.4	GB/T 17626.4（直接注入）	见 a	A

a. 本试验适用于电缆长度小于 3m 的情况。

（4）牵引频率抗扰度要求　I/O 端口、直流及交流电源端口的牵引频率抗扰度要求见表 16-12。

表 16-12　抗扰度——I/O 端口、直流及交流电源端口

项目	环境现象	试验规范	单位	基础标准	试验布置	备注	性能评定
A1	牵引频率（线对地）	16.7 250	Hz V 牵引电流的感应电压（≥ 60s） A 短路电流（0.1s）		见注 2	试验需要在装置区域可用电源系统的工作频率下进行。试验时间（牵引电流的感应电压）为 60s，或者当 EUT 的操作周期大于 60s 时，试验时间等于操作周期。见 a	A
		1500					B
		50/60 150	Hz V 牵引电流的感应电压（≥ 60s） A 短路电流（0.1s）				A
		650					B

a. 这些数字基于 3km 的典型电缆长度，如果电缆长度较短，数值应该线性减小。

注：1. 不包括 GB/T 17626.16 中与此特定试验项目不相关的信息。

2. 试验布置如下：

a. 根据设备安装规范来布置和连接受试设备。

b. 时刻遵循受试设备、辅助设备以及试验设备的安全接地要求。

c. 根据制造商的规范要求将受试设备连接到保护地。将试验发生器、耦合网络及去耦装置连接到参考地平面（GRP）或共地端。由地连接到 GRP 或共地端的连线长度应小于 1m。

d. 如果辅助设备或电源已被隔离，则不需要专门的去耦 / 隔离装置。

e. 为了在不剪断电缆的情况下使用正常的端接头，去耦 / 隔离装置应放置于靠近辅助设备端口的电缆侧。

f. 应使用设备制造商指定的电缆。在缺少规范的情况下，应选用适合相关信号形式的非屏蔽电缆。

（5）抗扰度判据　根据 GB/T 24338.1—2009 轨道交通 电磁兼容 第 1 部分 总则标准，将判据分为以下三种：

性能判据 A：在试验过程中和试验后设备能按预期要求连续工作，当设备按预期使用时，设备的性能没有下降或功能丧失不允许低于制造商规定的相应性能等级，可以用允许的性能降低来代替性能等级，如果制造商没有规定最低性能等级或允许的性能降低，两者的任何一个可从产品的说明和文件中导出，也可从设备按预期使用时用户相应的要求导出。

性能判据 B：试验后设备能按预期要求连续工作，当设备按预期使用时，设备的性能没有下降或功能丧失不允许低于制造商规定的相应性能等级，可以用允许的性能降低来代替性能等级，试验过程中是允许性能下降的，但不允许实际运行状态或存储数据有所改变，如果制造商没有规定最低性能等级或允许的性能降低，两者的任何一个可从产品的说明和文件中导出，也可从设备按预期使用时用户相应的要求导出。

性能判据 C：只要设备功能可自行恢复或通过操作控制器来恢复，允许出现暂时的功能丧失。

16.3 信号产品电磁兼容设计举例

16.3.1 信号产品继电器端口防浪涌设计

在铁路信号系统中，各种继电器应用非常广泛。继电器驱动电路也是铁路信号器材最常用的电路之一，图16-25为常用非安全型继电器驱动电路，即开关型驱动电路。

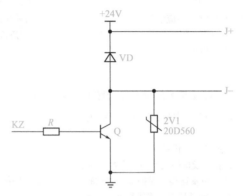

图 16-25 常用非安全型继电器驱动电路

图16-25中Q为开关管，J+、J-两端接继电器线圈，Q导通时继电器吸合，截止时继电器断开；2V1为保护压敏电阻，意在继电器端口做浪涌试验时（线-地试验）保护开关管。

经过浪涌试验后，发现继电器不能断开，经测试为Q击穿；为什么有保护压敏电阻，开关管还会击穿呢？分析认为，保护压敏电阻虽然起到放电作用，可是其放电电压为56V，可是三极管E-C之间的反压才为5V，所以反向电压造成了三极管Q的击穿，经过改进如图16-26所示。

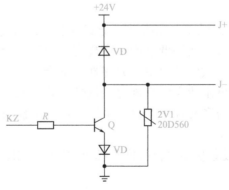

图 16-26 继电器驱动电路的改进电路

在 Q 的 E 极串入抑制高反压二极管，提高 Q 的反向耐压。改进后经反复测试，全无问题，电路改进成功。

16.3.2　信号产品 CAN 接口防脉冲群设计

CAN 通信是铁路信号微机监测终端与上位机通信的常用方式，由于其为小信号高速数字通信接口，电快速脉冲群试验时造成了接口芯片损坏。本想采用共模电容方式进行防护，可是由于其通信信号频率较高，电容太大会对信号造成影响，太小又恐不起作用；产品有安全要求，耐压试验要求 2000V/5mA，又不能采取 TVS 管进行防护，耐压试验时会造成 TVS 管放电。鉴于上述原因，设计下面的电路。

图 16-27 中 L 为共模电感对高速的差模信号无影响，2T4、2T5 与 2C8 构成泄放电路，有用信号电压较低，TVS 管不导通，不会对信号造成影响；而进行耐压试验时，2C8 容值较小，可以控制漏电流不超标。

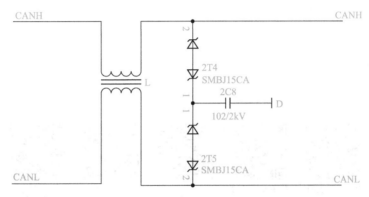

图 16-27　信号产品 CAN 接口防脉冲群设计电路

参考文献

［1］全国电磁兼容标准化技术委员会. 电磁兼容标准实施指南. 修订版. 北京：中国标准出版社，2010.

［2］陈伟华等. 电磁兼容使用手册. 北京：机械工业出版社，1998.

［3］王幸之，王雷，耀成等. 单片机应用系统抗干扰技术. 北京：北京航空航天大学出版社，2000.

［4］［法］米切尔·麦迪圭安. 电磁干扰排查及故障解决的电磁兼容技术. 刘萍，魏东兴，臧瑞华等译. 北京：机械工业出版社，2002.

［5］陈穷，蒋全兴，柳光福等. 电磁兼容工程设计手册. 北京：国防工业出版社，1993.

［6］白同云，吕晓德. 电磁兼容设计. 北京：北京邮电大学出版社，2001.

［7］张小青. 建筑物内电子设备的防雷保护. 北京：电子工业出版社，2003.

［8］谭秀炳. 交流电气化铁道牵引供电系统（第3版）. 成都：西南交通大学出版社，2009.

［9］周新. 电磁兼容原理、设计、应用一本通. 北京：化学工业出版社，2015.

电子器件检修实战视频集锦

电路板常用电子元器件	指针万用表的使用	数字万用表的使用	电阻器的检测	电位器的检测	压敏电阻器的主要参数	排阻的检测
电容器的检测	电感器的检测	检测变压器	二极管的检测	三极管的检测	检测达林顿管	绝缘栅IGBT晶体管的检测
IGBT的检测	单向晶闸管的检测	双向晶闸管的检测	开关与继电器的检测	石英晶振的检测	集成运算放大器的检测	检测555集成电路
三端稳压器的检测	LED数码管的检测	光电耦合器的检测	湿敏传感器的检测与应用	典型分立件开关电源无输出检修	分立件开关电源输出电压低检修	桥式开关电源原理与检修